特色名校技能型人才培养规划教材

锅炉设备及检修

主　编　周洪生

中国水利水电出版社
www.waterpub.com.cn
·北京·

内 容 提 要

本书本着"理论够用、实际实用"的原则,引导夯实基本检修工艺,创新特殊检修思维,以 600MW、1000MW 机组配套锅炉为基础,兼顾其他炉型的特点进行编写。

本书分为锅炉概述、锅炉本体检修、锅炉辅机检修和管阀检修四部分。除"锅炉概述"部分外,每一部分均由检修相关知识、特殊检修工艺和复习思考题三部分组成,首先简单介绍设备的理论知识,然后详细介绍与设备相关的基本检修工艺和特殊设备的检修工艺。

本书可以作为火力发电厂锅炉设备检修及锅炉检修专业技能鉴定的专业培训教材,也可作为从事火力发电工作专业人员的参考用书。

图书在版编目(C I P)数据

锅炉设备及检修 / 周洪生主编. -- 北京 : 中国水
利水电出版社,2018.1
特色名校技能型人才培养规划教材
ISBN 978-7-5170-6276-9

Ⅰ. ①锅… Ⅱ. ①周… Ⅲ. ①火电厂－锅炉－设备检
修－技术培训－教材 Ⅳ. ①TM621.2

中国版本图书馆CIP数据核字(2018)第008850号

策划编辑:杨庆川 责任编辑:周益丹 加工编辑:赵佳琦 高双春 封面设计:李 佳

书　　名	特色名校技能型人才培养规划教材 **锅炉设备及检修** GUOLU SHEBEI JI JIANXIU
作　　者	主 编 周洪生
出版发行	中国水利水电出版社 (北京市海淀区玉渊潭南路 1 号 D 座　100038) 网址:www.waterpub.com.cn E-mail:mchannel@263.net(万水) 　　　　sales@waterpub.com.cn 电话:(010)68367658(营销中心)、82562819(万水)
经　　售	全国各地新华书店和相关出版物销售网点
排　　版	北京万水电子信息有限公司
印　　刷	三河市鑫金马印装有限公司
规　　格	184mm×260mm　16 开本　20.5 印张　502 千字
版　　次	2018 年 1 月第 1 版　2018 年 1 月第 1 次印刷
印　　数	0001—3000 册
定　　价	79.00 元

丛书编委会

本书编写人员

主　　编　　周洪生

参加编写　　常胜运　　潘鸿琦　　杜啸英　　姜玉清

　　　　　　李　萍　　路广亚　　李永胜

主　　审　　张洪岩

审　　稿　　封　雷　　王其珍

序

  徐州电力高级技工学校始建于 1975 年，原隶属于江苏省电力工业局，2007 年 12 月随同徐州电厂划归神华集团国华电力公司，2017 年 4 月 26 日，学校升格为国华电力二级单位，更名为"神华国华电力公司职工技能培训学校"（简称"国华电力培训学校"）并保留徐州电力高级技工学校资质。

  国华电力培训学校是一所集职业培训、技能鉴定、资格认证、培训策划、岗位能力评估、学历教育和技术服务为一体的综合性教育培训机构。栉风沐雨 42 年，培训学校以其得天独厚的培训鉴定资质、过硬的师资队伍和配套齐全的实训设施，在广大教职员工辛勤耕耘下，为电力行业培养并输送了 18600 多名大中专、技校毕业生；近几年，又累计完成神华集团电力板块各类技能培训 36000 多人次、各类技能鉴定 24000 多人次，为系统内外发电企业的发展提供了强有力的培训支撑。

  国家正在推进的电力体制改革和供给侧改革，必将引起电力生产管理机制的巨变，也必然会给电力相关的技术培训带来新的要求，这对国华电力培训学校来讲，既是难得的机遇，也是巨大的挑战。

  国华电力培训学校升格管理后，利用资源优势，承接了上级公司多项培训、鉴定任务，未来学校还将拓宽业务面，开展多层次多类别的培训项目。为此，在提升培训管理标准的同时，还致力于打造特色、提升定位。为加强教材建设，学校组织编写了专业培训系列丛书。在编写过程中，遵循"不忘本来、吸收外来、面向未来"的原则，保留传统，创新思维，注重实用，力求理论与实践紧密结合，又能突出职业技能培训的特点。本套丛书既可作为企业职工集中培训的教材，又可作为在职专业人员继续深造提升的指导书。这套系列教材的出版，必将为国家能源投资集团有限责任公司的技能培训提供有力支持。

2017 年 11 月

前　　言

目前我国火电机组已基本实现大容量、高参数、高度自动化。与火电机组的快速发展相比，锅炉设备检修工作却稍显滞后，主要表现在锅炉设备检修的工艺技术滞后于"四新技术"的使用、检修工器具等难以及时更新、检修人员的管理观念和技术水平的提高需要过程、设备检修人员的培训时间少、新入职的员工得不到系统的检修知识培训、锅炉设备检修与维护工作的市场化有负面影响等。因此，提高锅炉设备检修的管理水平、提高检修队伍的整体素质成为火力发电厂迫切的、重要的任务。

纵观目前火力发电厂锅炉设备检修类的参考资料，高等院校培训教材偏重于设计和原理，与实际发电厂设备的使用和检修联系较少；而发电厂的检修规程只是针对某种机组炉型的检修制定的文件，局限性明显，缺少系统性和全面性；还有很多锅炉设备检修培训教材大都是针对过去超临界及其以下机组的特点编写的，不能满足现在超临界、超超临界压力锅炉检修及培训的使用要求。基于以上情况，为了帮助锅炉检修等相关人员系统、全面地掌握当前大容量、高参数锅炉设备及检修的知识和工艺，国华电力培训学校审时度势，组织人员查阅大量的文献、技术资料及现场规程，根据超临界、超超临界压力锅炉的炉型，兼顾其他炉型的特点，组织编写了这本培训教材。

本书具有以下鲜明特点：①紧密结合目前我国发电厂的主力炉型 600MW、1000MW 等级机组锅炉设备的特点编写，并兼顾其他炉型，具有先进性；②理论联系实际，本着"理论够用，实际实用"的原则编写；③基本检修工艺通用，特殊检修工艺详实，尽力解决锅炉设备检修时出现的疑难杂症；④突出锅炉检修的"四新技术"，竭力做到新技术和常规技术相结合；⑤引导夯实基本检修工艺，创新特殊检修思维。

本书包括锅炉概述、锅炉本体检修、锅炉辅机检修和管阀检修四部分，除"锅炉概述"部分外，每一部分均由检修相关知识、特殊检修工艺和复习思考题三部分组成，这三部分既相互联系又相互独立。

在本书编写过程中，国华电力培训学校常务副校长信超、教务长陶林、总务长杨启程倾注了大量心血，给予了大力支持与指导。本书得到了国华徐州发电有限公司副总经理于修林、国华太仓发电有限公司总工程师满长沛、国华生产技术部张强、国华沧东发电有限公司王晨，以及多家电厂领导和专业技术人员的大力支持和帮助，在此一并表示感谢。

由于编者水平有限及时间仓促，书中不妥之处在所难免，恳请读者批评指正。

编　者
2017 年 11 月

目　　录

第一篇　锅炉概述

第一章　绪论

锅炉是利用燃料燃烧释放的热能或其他热能，通过对水或其他介质进行加热，以获得规定压力、温度和品质的蒸汽、热水或其他工质的设备。出口介质为蒸汽的锅炉叫作蒸汽锅炉。蒸汽锅炉按用途可分为电站锅炉和工业锅炉，其中电站锅炉是指在电力工业中专门用于生产电能的发电锅炉（包括热电联产锅炉）。

一、电站锅炉的地位和作用

根据利用一次能源的不同，发电厂分为火力发电厂、水力发电厂、地热发电厂、风力发电厂、太阳能发电厂和原子能发电厂等。目前世界上大多数国家，包括我国在内，主要还是以火力发电厂为主。而火力发电厂的主要设备是由锅炉、汽轮机、发电机三部分组成的。锅炉在我国电力事业的发展中具有十分重要的地位和作用。

锅炉是火力发电厂的最主要设备。它的地位和作用可以通过火力发电厂的生产过程来说明。如图 1-1 所示，燃料送入锅炉（图 1-1 之 1）后，在锅炉炉膛中燃烧，产生的热量将水加热，水逐渐变成饱和蒸汽。饱和蒸汽在锅炉的过热器中进一步被加热后，成为具有一定压力和温度的过热蒸汽。过热蒸汽通过管道送至汽轮机（图 1-1 之 2），在汽轮机内膨胀产生高速汽流。高速汽流冲动汽轮机的转子，并带动发电机（图 1-1 之 3）的转子一起旋转。发电机利用导体切割磁力线产生感应电流的原理产生电能。蒸汽在汽轮机中做完功以后被排入凝汽器（图 1-1 之 4），在其中被循环水泵（图 1-1 之 11）送来的冷却水冷却而凝结成水，称为凝结水。凝结水经凝结水泵（图 1-1 之 5）升压后，流经低压加热器（图 1-1 之 6）并被加热，之后进入除氧器（图 1-1 之 7）。凝结水在除氧器中利用汽轮机抽汽管（图 1-1 之 10）抽出的蒸汽再进行加热，提高水温并除去水中的氧等气体，由给水泵（图 1-1 之 8）升压后，经过高压加热器（图 1-1 之 9）进一步提高温度后送回锅炉。这一过程周而复始地进行着，电能也就源源不断地产生着。

由此可知，火力发电厂的生产过程是一个能量转换的过程。这个能量转换过程是通过锅炉、汽轮机和发电机来实现的，其中锅炉是火力发电厂能量转换的首要环节，它在完成从燃料的化学能到蒸汽的热能的转换过程中，生产并根据需要供给汽轮机相应数量和规定质量的蒸汽。由于火力发电厂的能量转换过程是连续进行的，因而运行中锅炉设备一旦发生故障，必将影响到整个电能生产的正常进行。此外，由于锅炉运行要耗用大量燃料，因而它工作的好坏对整个电厂的经济性影响极大。由此可见，锅炉在火力发电厂的生产过程中不仅十分重要，而且系统复杂、运行工况恶劣、安全要求高。

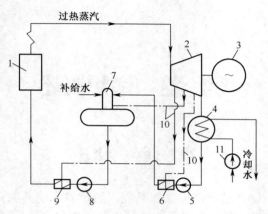

1—锅炉；2—汽轮机；3—发电机；4—凝汽器；5—凝结水泵；6—低压加热器；7—除氧器；
8—给水泵；9—高压加热器；10—汽轮机抽汽管；11—循环水泵

图 1-1　火力发电厂生产过程示意图

二、主要技术指标

（一）主要经济技术指标

锅炉作为一种特种设备，有表明其特性的技术和经济指标。技术指标包括锅炉的参数和输出介质的量（容量）；经济指标主要指锅炉效率，又叫锅炉热效率。

1. 锅炉容量

锅炉容量是反映锅炉生产能力大小的基本参数。

锅炉每小时产生的蒸汽量称为锅炉蒸发量。锅炉在设计运行条件下的最大连续蒸发量（MCR），叫作锅炉容量，用 D 来表示，单位是 t/h。锅炉容量一般为汽轮机设计条件下铭牌功率所需进汽量的 108%～110%。

2. 锅炉参数

锅炉参数是指输出介质的状态参数，简称参数。锅炉参数主要有两个：一是输出介质的压力，二是输出介质的温度。

锅炉蒸汽参数一般是指过热器出口处的过热蒸汽的压力和温度，是体现锅炉产品特性的基本数据。对于再热蒸汽锅炉，蒸汽参数还包括再热蒸汽的压力和温度。

蒸汽压力用符号 P 表示，单位是 MPa。垂直均匀作用在单位面积上的力称为压强，通常称为压力。压力的测量有两种方法：一种是以压力等于零作为测量起点，称为绝对压力，用符号 $P_{绝}$ 表示；另一种是以当时当地的大气压作为测量起点，也就是压力表测量出来的数据，称为表压力，用符号 $P_{表}$ 表示。我国锅炉所用的压力都是表压力。表压力和绝对压力的关系为 $P_{表}=P_{绝}-1$，单位：个大气压。

锅炉产品铭牌上标明的压力是这台锅炉的额定工作压力，也就是表压力。运行人员操作锅炉时要严格监视和控制锅炉压力，并使之维持稳定。锅炉运行时的正常汽压通常是锅炉的设计压力，锅炉压力应控制在允许的变化范围内：中压锅炉为±0.05MPa，高压锅炉为±0.1MPa，高压以上锅炉一般为±0.2MPa。

蒸汽温度用符号 t 表示，单位是℃，它表示蒸汽的冷热程度。

3. 锅炉效率及锅炉的净效率

锅炉效率又叫锅炉热效率，是指锅炉每小时的有效利用热量占输入锅炉全部热量的百分数，用 η 表示。大型电厂锅炉的效率一般在 90% 以上，而工业锅炉的效率为 50%～80%。

锅炉的净效率是指扣除锅炉机组运行时的自用能耗（热能和电耗）以后的锅炉效率。

（二）安全技术指标

锅炉的安全技术指标用来衡量锅炉运行的可靠性。锅炉运行时，安全技术指标不能进行专门测量，而需要用间接指标来衡量，通常有下面三个间接指标。

1. 连续运行小时数

锅炉的连续运行小时数是指锅炉两次检修之间的运行小时数。国内一般大中型电站锅炉的平均连续运行小时数在 4000h 以上，而大型电站锅炉则在 7000h 以上。

2. 事故率

事故率是指因事故停用小时数占总运行小时数和事故停用小时数之和的百分比，即

$$事故率 = \frac{事故停用小时数}{总运行小时数 + 事故停用小时数} \times 100\%$$

3. 可用率

可用率是指总运行小时数和总备用小时数之和占统计期间总小时数的百分比，即

$$可用率 = \frac{总运行小时数 + 总备用小时数}{统计期间总小时数} \times 100\%$$

锅炉的事故率和可用率一般是按一个适当长的周期来计算，我国火力发电厂通常以一年为一个统计周期。目前国内比较好的安全技术指标：事故率约为 1%，可用率约为 90%。国外有关统计资料表明，随着机组容量的增大，锅炉的可用率是下降的。

三、分类和型号

（一）分类

电站锅炉有多种分类方法，常用的有以下几种：

（1）按燃烧方式分类。锅炉分为室燃炉、旋风炉、流化床炉、层燃炉。

（2）按使用燃料分类。锅炉分为燃煤锅炉、燃油锅炉、燃气锅炉。

（3）按工质流动特性分类。锅炉分为自然循环锅炉、强制循环锅炉（强制循环锅炉又可分为直流锅炉、控制循环锅炉、复合循环锅炉）。

（4）按锅炉额定蒸汽压力分类。锅炉分为低压锅炉（P≤3.8MPa）、中压锅炉（3.8MPa≤P＜5.3MPa）、次高压锅炉（5.3MPa≤P＜9.8MPa）、高压锅炉（9.8MPa≤P＜13.7MPa）、超高压锅炉（13.7MPa≤P＜16.7MPa）、亚临界压力锅炉（16.7MPa≤P＜22.1MPa）、超临界压力锅炉（22.1MPa≤P＜26MPa）、超超临界锅炉（P≥26MPa）。

（5）按燃煤锅炉排渣方式分类。锅炉分为固态排渣炉和液态排渣炉。

（6）按锅炉容量（MCR）分类。锅炉分为小型锅炉（MCR＜220t/h）、中型锅炉（220t/h≤MCR≤440t/h）、大型锅炉（MCR≥670t/h）。

（7）按锅炉型式分类。锅炉分为 π 型锅炉、T 型锅炉、Γ 型锅炉（又叫倒 L 型锅炉）、U 型锅炉等。

（8）按通风方式分类。锅炉分为平衡通风锅炉（-50～-200Pa）、微正压锅炉（200～400Pa）

和增压锅炉（1 MPa～1.5MPa）。

电站锅炉的类型不同，其锅炉容量等参数也不相同。我国大多数电厂使用的电站锅炉的类型、容量及参数见表1-1。

表1-1　我国主要电厂锅炉的类型、容量及参数

容量（t/h）	蒸汽压力（MPa）	过热/再热蒸汽温度（℃）	给水温度（℃）	汽轮发电机功率（MW）		锅炉类型
35	3.8	450	150 或 170	6	中压	自然循环、燃煤、链条炉排、供热锅炉
75	5.3	485	150	12	中压	自然循环、循环流化床、燃煤、供热锅炉
220 或 240	9.8 或 9.81	540	215	50	高压	自然循环、循环流化床（或室燃炉）、燃煤、供热锅炉
410	9.8	540	215	100	高压	自然循环室燃炉，燃煤
400	13.7	555/555	240	125	超高压	自然循环锅炉或直流锅炉，燃煤或燃油一次中间再热
670	13.7	540/540	240	200	超高压	自然循环锅炉，燃煤或燃油，室燃炉或旋风炉，一次中间再热
1025	16.7 或 18.3	540/540	270 或 278	300	亚临界压力	自然循环或控制循环锅炉或直流锅炉，燃煤，一次中间再热
2008	18.3	541/541	278	600	亚临界压力	控制循环锅炉，燃煤，一次中间再热
1900	25.4	541/569	286	600	超临界压力	直流锅炉，燃煤，一次中间再热（引进机组）
3099	27.56	605/603	299	1000	超超临界压力	直流锅炉，燃煤，一次中间再热（引进机组）

（二）型号

JB/T 1617－1999规定了电站锅炉型号的编制办法。电站锅炉的型号一般用六组字码表示，其表达形式如下：

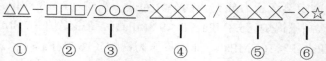

①——制造厂代号（其中HG为哈尔滨锅炉制造厂；SG为上海锅炉制造厂；DG为东方锅炉制造厂；BG为北京锅炉制造厂；WG为武汉锅炉制造厂）。

②——锅炉容量，即锅炉的最大连续蒸发量MCR（t/h）。

③——额定蒸汽压力（MPa）。

④——过热蒸汽温度（℃）。

⑤——再热蒸汽温度（℃）。

⑥——燃料代号（M 为燃煤；Y 为燃油；Q 为燃气；T 为其他燃料；MY 为煤油两用；YQ 为油气两用）和设计序号。如果锅炉是原型设计，其设计序号可不予标出。

例如：DG-1025/18.2-540/540-M2 表示东方锅炉制造厂生产的燃煤锅炉，其容量为 1025t/h，过热蒸汽压力为 18.2MPa，过热蒸汽温度为 540℃，再热蒸汽温度为 540℃，第二次改型设计；SG-3099/27.46-605/603-M545 表示由上海锅炉制造厂引进 Alstom-Power 公司的技术生产的燃煤锅炉，其容量为 3099t/h，过热蒸汽压力为 27.46MPa，过热蒸汽温度为 605℃，再热蒸汽温度为 603℃，生产标号为 545。

对于没有再热器的锅炉，则只用以上①②③⑥四组字码表示，如 HG-410/9.8-M1 表示哈尔滨锅炉厂生产，容量为 410t/h，过热蒸汽压力为 9.8MPa，第一次设计的燃煤锅炉。

四、受压元件用材和金属监督

电站锅炉的安全性十分重要。为了提高锅炉运行的安全性，相关人员必须具有较扎实的专业知识，锅炉检修人员也应时刻检修、维护好锅炉。因此，作为锅炉检修人员，了解电站锅炉用材（主要是指锅炉用钢）等方面的知识就很有必要。

（一）锅炉受压元件材料要求

1. 基本要求

国家质量监督检验检疫总局颁布的《锅炉安全技术监察规程》明确规定锅炉使用材料的基本要求主要如下：

（1）锅炉使用的受压元件材料、承载构件材料及其焊接材料应当符合有关国家标准和行业标准的要求，受压元件及其焊接材料在使用条件下应当具有足够的强度、塑性、韧性以及良好的抗疲劳性能和抗腐蚀性能。

（2）受压元件用钢板和钢管的制造单位应当取得相应的制造许可证书。

2. 性能要求

根据国家质检总局的相关规定，锅炉受压元件用材的性能必须符合以下要求：

（1）锅炉受压元件和与受压元件焊接的承载构件钢材应当是镇静钢。

（2）锅炉受压元件用钢材（碳素钢和碳锰钢）室温时的夏比（V 型缺口试样）冲击吸收功不低于 27J。

（3）钢板 20℃时的伸长率应不小于 18%。

3. 选用

锅炉用钢板、钢管、锻件、铸钢件、铸铁件、紧固件、拉撑件和焊接材料的选用，在国家质量监督检验检疫总局颁布的《锅炉安全技术监察规程》中已有明确的规定，应严格按照相关规定执行。

（二）火力发电厂金属监督的范围

根据《火力发电厂金属技术监督规程》（DL/T 438－2016）的规定，金属监督的范围如下：

（1）工作温度大于或等于 450℃的高温金属部件（含主蒸汽管道、高温再热蒸汽管道、过热器管、再热器管、联箱、阀壳和三通），以及与主蒸汽管道相连的小管道。

（2）工作温度大于或等于 435℃的导汽管。

（3）工作压力大于或等于 3.82MPa 的锅筒。

（4）工作压力大于或等于 5.88MPa 的承压汽水管道和部件（含水冷壁管、省煤器管、联箱和给水管道）。

（5）300MW 以上机组低温再热蒸汽管道。

（6）汽轮机大轴、叶轮、叶片及发电机大轴、护环、风扇叶。

（7）工作温度大于或等于 435℃的汽缸、汽室、主汽门。

（三）常用金属检验方法

对于钢的化学成分和组织结构缺陷，可以通过一定的方法进行鉴别。电厂常用的鉴别方法主要包括化学分析法、光谱分析法、金相分析法、无损探伤和机械性能试验等。化学分析法和光谱分析法都可以检验钢的化学成分，其中化学分析法根据化学反应来确定金属的组成成分，分为定性分析和定量分析，但由于光谱分析法操作简单、分析速度快，所以在电厂中应用广泛。金相分析法主要用来分析金属材料内部的组织结构和宏观缺陷。无损探伤是在不损伤金属材料的前提下探测金属内部缺陷的鉴别方法。电厂常用的无损探伤方法有磁粉探伤、超声波探伤、着色探伤和射线探伤等。机械性能试验主要用来测定金属材料的强度、塑性、硬度和冲击韧性。

五、典型锅炉介绍

蒸汽锅炉按照水或水蒸气循环动力的不同，分为自然循环锅炉、控制循环锅炉、直流锅炉和复合循环锅炉，后三种锅炉统称为强制循环锅炉，又称为强迫循环锅炉。

自然循环锅炉是指依靠炉外不受热的下降管中的水与炉内受热的上升管中的工质之间的密度差来推动汽水循环的锅炉。

控制循环锅炉是指依靠下降管和上升管之间装设的锅水循环泵的压头推动水循环的汽包锅炉。直流锅炉是指在给水泵压头作用下，工质按顺序一次通过加热、蒸发和过热，从而产生符合规定参数的蒸汽的锅炉。复合循环锅炉是指依靠锅水循环泵的压头将蒸发受热面出口的部分或全部工质进行再循环的锅炉，包括全部负荷下需投入锅水循环泵运行的全负荷复合循环锅炉，以及在低负荷下投入锅水循环泵运行，而高负荷时按直流工况运行的部分负荷复合循环锅炉。由于复合循环锅炉在我国使用极少，这里不作详细介绍。

（一）自然循环锅炉

自然循环锅炉的显著结构特点是有汽包。在自然循环锅炉中，汽包、下降管、下联箱、蒸发受热面（有的还包括上联箱和汽水导管）共同构成水循环回路。下降管布置在炉外，不受热。蒸发受热面由布置在炉内的水冷壁管组成，也称为上升管。因为上升管内汽水混合物的密度比下降管内水的密度小得多，工质正是依靠这种密度差而产生的动力保持流动，不需要消耗任何外力，所以叫作自然循环。

我国 1000t/h 级亚临界压力自然循环锅炉主要与 300MW 汽轮发电机组配套使用，目前这种炉型在我国大都用在供热机组，其型号主要有 1000/16.7、1025/16.7、1025/18.2 等。现以 1025/18.2 型亚临界压力自然循环锅炉为例进行介绍。

（1）主要参数

该锅炉的主要参数如下：最大连续蒸发量为 1025t/h；额定蒸发量为 935t/h；过热蒸汽压力为 18.2MPa；过热蒸汽温度为 540℃；再热蒸汽流量为 851.37t/h；再热蒸汽温度为 324/540℃；再热蒸汽压力为 3.92/3.73MPa；给水温度为 273℃；一次热风温度为 328℃、二次热风温度为 313℃；排烟温度为 126℃；锅炉设计效率为 90.6%。

（2）整体布置

该锅炉按照从美国福斯特·惠勒能源公司引进的 W 形火焰锅炉技术设计制造。锅炉整体呈 F 型布置，双拱型、单炉膛，燃烧器布置于下炉膛前后拱上，呈 W 形火焰，尾部为双烟道结构，采用挡板调节再热汽温，固态排渣，全钢构架，全悬吊结构，平衡通风，露天布置，燃烧混煤（50%无烟煤+50%贫煤），锅炉带基本负荷，并有一定的调峰能力。锅炉整体结构如图1-2 所示。

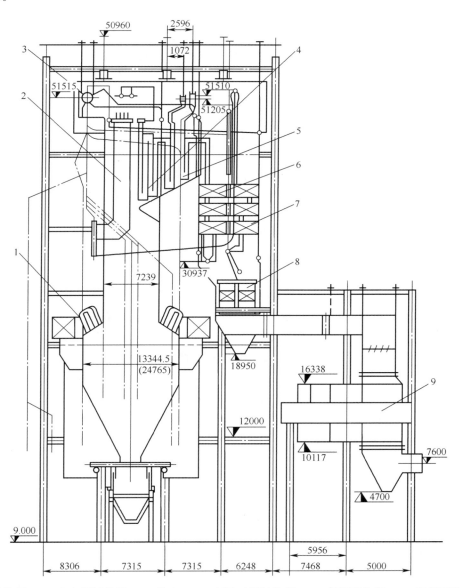

1—燃烧器；2—全大屏过热器；3—汽包；4—高温对流过热器；5—高温再热器；6—低温再热器；
7—低温过热器；8—省煤器；9—回转式空气预热器

图 1-2　1025/18.2 型亚临界压力自然循环锅炉整体结构图

炉膛上部布置有全大屏过热器；按烟气流程，水平烟道依次布置高温对流过热器和高温再热器；分隔墙将后竖井分隔成前后两个平行烟道，前烟道内布置低温再热器，后烟道内布置低温过热器；尾部竖井布置有省煤器（42排蛇形管$\phi51\times6mm$）；两台三分仓回转式空气预热器布置在竖井的下方。

锅炉采用4台双进双出球磨机作为正压直吹式制粉系统，共配有24个按FW技术设计制造的双旋风筒分离式煤粉燃烧器，错列布置在锅炉下炉膛的前后拱上，这是该锅炉的特点之一。单个燃烧器的出力（煤粉）为5.4t/h，每个燃烧器喷嘴配有一支油点火器（采用高能点火器），油点火器设计总容量约为15%BMCR热输入量。

整个炉膛四周为全焊式水冷壁，炉膛分上下两部分。下炉膛呈双拱型，前后拱上布置燃烧器，部分区域敷设了卫燃带，以利于煤粉的着火及低负荷稳燃。汽包布置在炉膛上方51m标高上，炉膛冷灰斗倾角为55°，下方接水封式除渣装置，灰渣经碎渣机破碎后排出。

（3）锅炉特点

1）蒸发设备系统

由汽包、大直径下降管、水冷壁下联箱、前后墙及两侧墙水冷壁、连接管组成蒸发设备的自然循环系统。

汽包为单段蒸发系统，内径为1792mm、厚度为145mm、总长度为26.7m，筒体材料为13MnNiMo54，由两根U型吊杆将其悬吊于大板梁上。汽包采用内夹层结构，是该锅炉的特点之一。由于汽包夹层内充满了来自水冷壁的汽水混合物，汽包上下壁温比较一致。同时，进入汽包内的给水，通过夹层上留出的管口进入下降管，夹层起到了将给水与汽包内壁分隔的作用，减小了温度较低的给水进入汽包对汽包壁的不利影响。汽包内布置有190个卧式汽水分离器和69个立式百叶窗分离器。

蒸发设备系统采用7根$\phi406.4\times40mm$的集中下降管，再由下降管底端的分配联箱接出146根$\phi159\times18mm$的分配支管，将水引入水冷壁下联箱。炉膛四周为全焊式水冷壁，下炉膛水冷壁管尺寸为$\phi76\times9mm$，上炉膛水冷壁管尺寸为$\phi89\times9.5mm$，共670根（前后墙各259根，两侧墙各76根）。整个水冷壁共分为60个循环回路。

2）过热器系统

过热器系统由顶棚过热器、包覆管过热器、低温级（对流）过热器、全大屏过热器、高温级（对流）过热器五级受热面组成，采用二级喷水减温器。第一级减温作为粗调，第二级减温作为细调，以维持额定的过热汽温。

3）再热器系统

再热器系统按蒸汽流程依次分为低温段再热器和高温段再热器。从汽轮机高压缸左侧来的蒸汽进入低温段再热器的入口联箱，蒸汽流经低温段再热器和高温段再热器后，由出口联箱左侧引出至汽轮机中低压缸。通过调节尾部烟气挡板可以调节再热汽温，在再热器的进口管道上还设置了事故喷水减温器，用于控制紧急状态下的再热汽温。

（二）强制循环锅炉

随着锅炉容量的增大，自然循环锅炉的压力相应提高，饱和水与饱和水蒸气之间的密度差随压力的增大而减小，水循环的推动力随之减小，工质在蒸发系统中的循环流动随压力提高而逐渐变得困难。当压力达到临界值22.12MPa时，饱和汽与水之间的密度差几乎为零，这时工质循环停止。如果锅炉要向更高压力发展，就需要借助外力，此外力可以依靠水泵运行产生的压头实现。强制循环锅炉主要就是依靠水泵在运行中产生的压头推动锅炉水循环的。

1. 2008/18.3 型亚临界压力控制循环锅炉

2008/18.3 型亚临界压力控制循环锅炉主要配套 600MW 汽轮发电机组，现对其进行介绍。

（1）主要参数

该锅炉主要参数如下：锅炉最大连续蒸发量为 2008t/h；锅炉额定蒸发量为 1815t/h；主蒸汽压力为 18.3MPa；主蒸汽温度为 540.6℃；再热蒸汽流量为 1634t/h；再热蒸汽压力为 3.86/3.6MPa；再热蒸汽温度为 315/540.6℃；锅炉给水温度为 278℃；锅炉排烟温度为 128℃；锅炉效率为 92.11%；设计发电标准煤耗率为 310.6g/（kW·h）。

（2）整体布置

该锅炉的整体布置如图 1-3 所示。

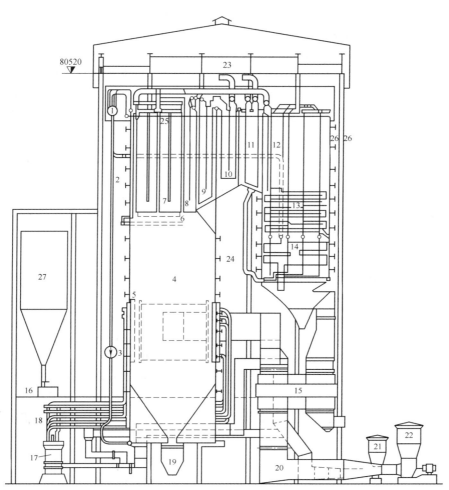

1—汽包；2—下降管；3—循环泵；4—炉膛及水冷壁；5—燃烧器；6—墙式辐射式再热器；7—分隔屏过热器；8—后屏过热器；9—屏式再热器；10—末级高温对流再热器；11—末级高温对流过热器；12—立式低温过热器；13—水平低温过热器；14—省煤器；15—容克式空气预热器；16—给煤机；17—磨煤机；18—一次风煤粉管道；19—水封斗式除渣装置；20—风道；21—一次风机；22—送风机；23—大板梁；24—刚性梁；25—顶棚管；26—包墙管；27—原煤仓

图 1-3 2008/18.3 型（烟煤）亚临界压力控制循环锅炉布置图

锅炉整体呈 π 型布置，单炉膛，平衡通风，一次中间再热。炉膛上部为 CE 公司的典型布置，即布置了大节距的分隔屏和墙式辐射再热器，以增强过热器和再热器的辐射特性。分隔屏还起到切割旋转烟气流，以减小烟气进入水平烟道沿炉宽度方向的温度偏差的作用。分隔屏沿炉宽共布置 6 大片，并采用多组小屏式结构。墙式辐射再热器布置在上部前墙和两侧墙的膜式水冷壁管的外面；炉膛出口至水平烟道沿烟气流程依次布置后屏过热器、屏式再热器、末级高温对流再热器、末级高温对流过热器；尾部竖井烟道依次布置立式低温过热器、水平低温过热器、省煤器，竖井下面布置两台容克式空气预热器。

锅炉悬吊构架采用钢结构，运转层标高为 17m。

锅炉四周设置了必要的水平刚性梁。由于水平烟道两侧墙的跨度最大，为减小挠度，故在该部位两侧墙设有两根垂直刚性梁，并与水平刚性梁相连。

锅炉装有 4 台五电场静电除尘器，有效通流面积为 227m^2，除尘效率为 99%。锅炉为固态排渣，采用水封斗式除渣装置，裂化后的渣块经碎渣机破碎后排出。

锅炉按引进技术设置了膨胀中心，可进行精确的热位移计算，作为膨胀补偿、间隙预留和应力分析的依据，这对保证锅炉的可靠运行和密封性能的改善有重要作用。

锅炉采用程控吹灰。在炉膛、各级对流受热面和回转式空气预热器处均装有墙式、伸缩式等不同型式的吹灰器，吹灰器的运行为程序控制，所有吹灰器根据煤质和受热面积灰情况定期全部运行一遍。

在汽包、过热器出口、再热器进出口均装有直接动作式弹簧安全阀。在过热器出口处还装有一只动力控制阀，以减少主安全阀的动作次数。

锅炉按两种运行方式设计，可满足定压运行和滑压运行的要求。在定压运行 70%最大负荷和滑压运行 60%最大负荷时，一、二次汽温可维持额定值。该锅炉配有一台 65t/h（3.9MPa）的启动用小锅炉。

（3）结构特点

1）锅炉水循环系统

锅炉水循环系统采用 CE 公司的 CC+循环系统，即"循环泵+内螺纹管"控制循环系统，这种系统不仅保留了控制循环原有的优点，而且降低了水冷壁的质量流速和循环倍率，并减少了循环泵约 1/3 的电耗。水冷壁回路的平均质量流速为 949kg/（m^2·s），最大连续负荷时的循环倍率为 2.087，考虑汽包凝汽率后，其实际循环倍率为 1.674。

水冷壁为膜式壁结构，采用 ϕ50.8mm 的管子，其节距为 63.5mm，且为碳钢管。为防止产生膜态沸腾，在热负荷较高的区域采用了内螺纹管。

锅炉水循环系统装有 3 台低压头锅炉水循环泵，压头为 0.1766MPa，工作温度为 350℃，电动机功率为 350kW，转速为 1467r/min，由沈阳水泵厂制造。

2）过热器及再热器

该锅炉的过热器和再热器系统及其蒸汽流程，与 300MW 机组 SG-1025/18.3 型亚临界压力控制循环锅炉的系统基本相同，是 CE 公司的典型系统之一。

过热器系统包括七级受热面，按"顶棚管"→"水平烟道及尾部竖井烟道的包覆管"→"水平低温过热器"→"立式低温过热器"→"分隔屏"→"后屏"→"末级高温对流过热器"的顺序布置。按照 CE 公司的设计传统，过热器的调温主要靠喷水减温器，喷水减温器为笛管式。为增加调节的灵敏性，600MW 机组的锅炉过热汽温采用两级喷水减温器调节，第一级喷水减温器布置在立式低温过热器与分隔屏之间的大直径连接管道上,第二级喷水减温器布置在末级高温过热器进口。再热器系统包括三级受热面,按"墙式(壁式)辐射再热器"→"屏式再热器"→"末级高温对流再热器"的顺序布置。墙式辐射再热器布置在炉膛上部的前墙和两侧墙,沿水冷壁表面排列,分成左右两个管组,进、出口联箱均呈 L 形;屏式再热器与高温对流再热器之间未设联箱;再热汽温的调节采用"摆动燃烧器+喷水减温器(事故情况用)",装在再热器进口导管上的两只事故喷水减温器为雾化喷嘴式;过量空气系数的改变对再热器和过热器的调温也有一定的影响。

600MW 机组 HG-2008t/h 锅炉过热器及再热器系统的主要特点如下:

①采用较粗管径(ϕ51mm～ϕ63mm)、较大横向节距的顺列布置,这对降低流动阻力、防止结渣积灰、增强设备的刚性、减轻飞灰磨损等都是有利的,采用大横向节距还便于蛇形管穿过顶棚处装设高冠板式的密封装置,提高炉顶的密封性。

②各级受热面之间采用单根或数量很少的大直径连接管,以减小阻力,并能起到良好的蒸汽混合作用、减轻热偏差,各联箱与大直径连接管之间均采用锻造三通相连。

③汽冷定位管和吊挂管在系统中得到了最大限度的应用,保证了运行的可靠性。分隔屏、后屏沿炉深方向有 6 组汽冷定位夹持管,其与前水冷壁之间装设了导向定位装置。后屏过热器和屏式再热器采用横穿炉膛的汽冷定位管。水平低温过热器和省煤器均由自竖井包墙管下联箱引出的汽冷吊挂管悬吊和定位。

④过热器系统装设了 5%最大负荷的启动小旁路,可加速锅炉启动时过热器的升温,从而缩短启动时间,小旁路与炉膛出口处的烟温探枪相配合可以满足机组冷热态启动的要求。小旁路管从尾部竖井包覆管下联箱引出。

3)炉膛及燃烧系统

炉膛一般宽为 18.5m、深为 16.4m,宽深比约为 1.13,截面接近正方形,这为切向燃烧创造了良好条件,并使炉膛四周热负荷比较均匀;炉膛高大,具有较低的截面热负荷和容积热负荷,对防止结渣和水冷壁超温有利;上排燃烧器中心到屏底的距离达 20m 以上,保证了足够的火焰长度。

炉膛配有较先进的安全监控系统,除具有单根点火油枪灭火和炉膛火焰监测功能外,还具有一系列联锁保护及锅炉启停时辅机的切投功能,对防止炉膛爆炸、锅炉安全点火和启停以及各种紧急事故的处理等均有重要意义。

燃烧器为直流式,采用按 CE 技术设计的带水冷喷口的摆动式燃烧器,布置于炉膛四个切角,借助气动执行机构燃烧器可上下摆动 30°。每一个切角有 6 个煤粉喷口(四周设周界风),与二次风喷口交错布置,均等配风,顶部为两个上二次风喷口,用来降低 NO_x 的生成量,所有喷嘴进口处均装有调节挡板。燃烧器每个角均装有 Y 型蒸汽雾化式油喷嘴,用于锅炉点火暖炉及甩负荷时稳定燃烧。燃烧器采用先进的高能点火器两级点火系统,由高能电弧点燃轻油或重油,再点燃煤粉。

该锅炉采用中速磨煤机冷一次风机正压直吹式制粉系统。6 台 RP-1003 型中速磨煤机(出力为 66t/h,转速约 40r/min)在炉前布置成一排,每台磨煤机带一层煤粉燃烧器。干燥剂为热风,干燥剂入口温度约为 205℃,磨煤机出口温度约为 80℃。每台磨煤机配有一台先进的电子重力式皮带给煤机,出力为 80t/h,给煤量通过改变皮带速度进行调节,其称重精度可达±0.5%,并带有断煤报警和堵煤报警装置。系统中所配用的一次风机(动叶可调轴流式)和送风机(入口动叶可调轴流式)的出口均装有隔离挡板,以保证运行中一台风机解列时空气不倒流入风机;考虑到一次风机有单台运行的可能,空气预热器的一次风分仓进、出口均装有隔离挡板,而二次风分仓仅出口侧装有隔离挡板。

4)空气预热器

该锅炉采用两台按引进技术设计制造的三分仓容克式空气预热器,装有高传热效率的波形板传热元件和可弯曲扇形板漏风控制系统,其漏风率在投运一年内为 8%,长期运行不超过 10%。

按燃煤的含硫量及腐蚀特性,冷段波形板可选用耐腐蚀合金钢或涂搪瓷的波形板。支承大轴承采用先进的平面轴承,其寿命较长,维修时只需要更换巴氏合金块。每台空气预热器均装设伸缩式吹灰器和固定式水清洗装置,以防止堵灰,保证传热效率和运行安全。

2. 1900/25.4 型超临界压力直流锅炉

世界上首台超临界压力机组锅炉于 1957 年投入运行。我国首次从国外引进的两台具有 20 世纪 80 年代国际先进水平的 1900t/h 超临界压力锅炉,于 1992 年 6 月、12 月先后在石洞口第二电厂投入运行并创造了较好的运行实绩。此后,超临界压力锅炉在我国得到了较好的发展。

(1)主要参数

该锅炉主要参数如下:锅炉最大连续蒸发量为 1900t/h;过热器出口蒸汽压力为 25.4MPa;过热器出口蒸汽温度为 541℃;再热器蒸汽流量为 1613t/h;再热器蒸汽压力为 4.77/4.58MPa;再热器蒸汽温度为 301/569℃;省煤器进口给水温度为 286℃;省煤器进口给水压力为 29.4MPa;炉膛出口烟温为 1235℃;锅炉排烟温度为 130℃;空气预热器漏风系数小于 10%;一次热风温度为 336℃,二次热风温度为 321℃;电除尘器效率在燃用设计煤种时大于 99%;在燃用设计煤种时的锅炉效率为 92.53%;允许最低稳燃负荷(不投油)为 30%。

(2)整体布置

该锅炉为超临界压力一次中间再热螺旋水冷壁直流锅炉,其整体布置如图 1-4 所示。

锅炉整体仍采用 π 型布置,单炉膛,全悬吊结构,平衡通风,露天布置。炉膛高为 62.12m(冷灰斗口至顶棚),炉架宽为 61m、深为 69.55m,大板梁顶高为 81.25m。

炉膛上部布置前屏和后屏过热器,水平烟道依次布置高温再热器、高温过热器,尾部烟道布置有低温再热器和省煤器,尾部烟道的下方布置两台容克式空气预热器。省煤器的灰斗采用支搁方法,与尾部烟道的连接采用非金属膨胀节。

两台动叶可调轴流式送风机和两台单吸离心式一次风机布置在空气预热器的下方,分别接二次风入口和一次风入口。两台引风机为双速双吸离心式。

锅炉装有两台框架型四电场静电除尘器,在 MCR 工况下除尘效率不低于 99%。

锅炉构架采用全钢悬吊结构,用大六角高强度螺栓连接,大板梁共 6 根,均直接搁置在立柱顶端,立柱按高度分为 6 节,构架按 7 级地震强度设计。炉膛采用自重较轻的蜂窝状刚性梁系统,与同等级刚度要求的工字型刚性梁相比,总重可减轻约 20%。

锅炉布置有 104 只水冷壁吹灰器和 60 只长伸缩吹灰器,每台空气预热器装有 1 只摆动式吹灰器。

每台锅炉装有两套独立的除灰系统,即炉底灰渣系统和飞灰系统。炉底灰渣系统为炉底固态排渣,采用水封斗式除渣装置,渣块落入水封斗内,裂化后由水封斗出渣门排出,经碎渣机破碎后排入灰渣管,由渣泵输送至灰池,再用泵输送到离电厂约 3km 的灰渣场,此系统还能排除由磨煤机排出的硫化铁矿石。飞灰系统用于排除电除尘器和空气预热器灰斗排出的灰,用气力将灰输送至飞灰斗，弄湿后送到灰池或沉淀池，然后用水力或卡车将灰送到灰场，也可以将干灰从灰斗装上卡车供给需要干灰的用户。烟囱为双管集束型（钢筋混凝土外筒，内设2个 $\phi 6.5m$ 的钢内筒），两台锅炉共用一座，高为240m，上口直径为6.5m。

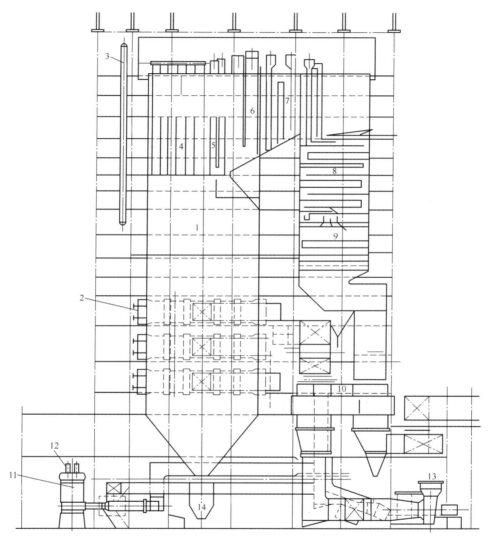

1—炉膛；2—燃烧器；3—汽水分离器；4—前屏过热器；5—后屏过热器；6—高温再热器；7—高温过热器；8—低温再热器；9—省煤器；10—容克式空气预热器；11—中速磨煤机；12—一次风煤粉管道；13—送风机；14—出渣装置

图1-4 1900/25.4型超临界压力直流锅炉布置图

机组热控采用微机分散控制系统，选用ABB公司的主控设备，两台机组由同一主控室集中控制。该控制系统可提供机组的自动启停、自动程控调节和二元控制以及报警、事故处理，还有锅炉燃烧器控制、蒸汽温度控制、炉膛安全监控系统等。机组自动化程度很高，每台机组有六台CRT操作键盘，可以对机组进行软手操。就地控制设备多数采用气动控制装置，测量信号变送器就近安装，基地式控制内容较多。

（3）结构特点

1）水冷壁及汽水系统

一次汽水流程如下：给水→省煤器→炉膛下部螺旋管圈水冷壁→中间过渡联箱→炉膛上部垂直管屏水冷壁及折焰角、后墙悬吊管→汽水分离器→顶棚管、前后墙包覆管→后烟井两侧墙、低再悬吊管、水平包覆管→前屏过热器→一级喷水减温器→后屏过热器→二级喷水减温器→高温对流过热器→汽轮机。

水冷壁为膜式壁，炉膛下部（包括冷灰斗）采用螺旋盘绕管圈，管子规格为 $\phi38\times5.6mm$ 或 $\phi38\times6.3mm$，共 316 根，螺旋升角为 13.95°，盘旋圈数为 1.74 圈；炉膛上部水冷壁为垂直管屏，左前右三面共 1264 根管子，规格为 $\phi33.7\times5.6mm$，后墙悬吊管 125 根，规格为 $\phi60.3\times10mm$；炉底环形联箱（水冷壁下联箱）标高为 7.875m。

整个汽水流程以汽水分离器为界设计成双流程。汽水分离器为一圆柱形筒体，垂直布置在炉前锅炉中心线上，长（即高）为 25m，重 58t，安装高度（顶部标高）为 72m。锅炉备有一套启动及低负荷再循环系统。

再热蒸汽流程如下：汽轮机高压缸排汽→事故喷水减温器→低温再热器→高温再热器→汽轮机中压缸。

主蒸汽采用两级喷水调温。再热汽温的调节主要依靠摆动式燃烧器，喷水减温器则作为事故备用。

2）燃烧系统及设备

炉膛截面尺寸（宽×深）为 18.8m×16.6m。炉膛顶棚管标高为 70.3m。

燃烧系统及设备采用摆动式直流煤粉燃烧器，四角布置切圆燃烧，双切圆顺时针旋转，切圆直径约为 1588mm 和 2061mm。燃烧器分成上、中、下三组独立结构，共 6 层，有 24 个煤粉喷口，每个角和每组内都布置有 2 个分叉式煤粉喷口和 1 个位于中间的配有轻、重油枪和点火器的喷口，并且间隔布置了 3 个二次风喷口，轻、重油枪各 12 根。锅炉点火采用高能点火器三级点火系统，点火燃料为轻油，低负荷稳燃燃料为重油。重油燃烧器采用蒸汽雾化，雾化压力为 1.14MPa，燃油温度为 170℃，单只重油枪出力约 6t/h。

该锅炉采用中速磨煤机冷一次风机正压直吹式制粉系统。六台 HP-943 型碗式中速磨煤机（出力约 55t/h，转速为 43r/min）布置在炉前煤仓间零米层，干燥剂为热风，每台磨煤机分别连接一层煤粉喷口。磨煤机上部的煤粉分离器为内锥体型式。每台磨煤机配用一台电子重力式皮带给煤机，出力为 67～112t/h，采用变速电动机调节给煤量。每台锅炉设有六个 600m³ 的钢原煤仓（内衬不锈钢），其容积可满足每台锅炉在最大连续负荷下运行 10h 的用煤量。

3）空气预热器

每台锅炉所配用的两台三分仓容克式空气预热器，其转子直径为 12.934m，转速为 1.1r/min，每台空气预热器总重 534.3t，配有热端漏风控制系统、转子停转报警和红外线探测装置等。

3. 3000t/h 级超超临界直流锅炉

该级别锅炉配套 1000MW 机组，是我国目前在运容量最大的锅炉，现以 3099/27.56 型超超临界直流锅炉为例进行介绍。

（1）主要参数

该锅炉的主要参数如下：锅炉效率为 93.72 %；锅炉最大连续蒸发量为 3099t/h；过热器出口蒸汽压力为 27.56 MPa；过热器出口蒸汽温度为 605℃；再热蒸汽流量为 2580.9 t/h；再热器

进口蒸汽压力为 6.06 MPa；再热器出口蒸汽压力为 5.86 MPa；再热器进口蒸汽温度为 374℃；再热器出口蒸汽温度为 603℃；省煤器进口给水温度为 298℃。

（2）整体布置

该锅炉的整体布置如图 1-5 所示。

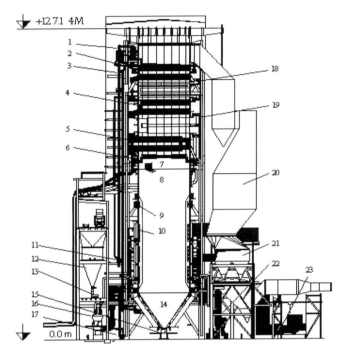

1—汽水分离器；2—省煤器；3—汽水分离器疏水箱；4—二级过热器 5—三级过热器；6—一级过热器；7—垂直水冷壁；8—螺旋水冷壁；9—燃尽风 10—燃烧器；11—炉水循环泵；12—原煤斗；13—给煤机；14—冷灰斗；15—捞渣机；16—磨煤机；17—磨煤机密封风机；18—低温再热器；19—高温再热器；20—脱硝装置；21—空气预热器；22—一次风机；23—送风机

图 1-5　3099/27.56 型超超临界直流锅炉简图

该锅炉为超超临界参数变压运行螺旋管圈直流塔式锅炉，采用一次再热、单炉膛单切圆燃烧、平衡通风、露天布置、固态排渣、全钢构架、全悬吊结构布置。

锅炉炉膛宽度为 23.2m、深度为 23.2m，水冷壁下集箱标高为 4m，炉顶管中心标高为 117.9m，大板梁上端面标高为 126.2m。

锅炉炉前沿宽度方向垂直布置 6 只汽水分离器，汽水分离器外径为 0.61m、壁厚为 0.08m，每个分离器筒身上方布置 1 根内径为 0.24m 和 4 根外径为 0.2191m 的管接头，其进出口分别与汽水分离器和一级过热器相连。当机组启动，锅炉负荷小于最低直流负荷 30%BMCR 时，蒸发受热面出口的介质经分离器前的分配器后进入分离器进行汽水分离，蒸汽通过分离器上部管接头进入两个分配器后再进入一级过热器，而不饱和水则通过每个分离器筒身下方 1 根内径为 0.24m 的连接管进入下方 1 只疏水箱中。疏水箱直径为 0.61m、壁厚为 0.08m，设有水位控制，通过下方 1 根外径为 0.57m 的疏水管引至一个连接件，再通过连接件一路疏水至炉水再循环系统，另一路接至大气扩容器中。

炉膛由膜式水冷壁组成，水冷壁采用螺旋管加垂直管的布置方式。从炉膛冷灰斗进口到标高为 68.18m 处的炉膛四周采用螺旋水冷壁，管子规格为 ϕ38.1mm，节距为 53mm。在螺旋水冷壁上方为垂直水冷壁，螺旋水冷壁与垂直水冷壁之间采用中间联箱连接过渡，垂直水冷壁分为两部分，首先选用的管子规格为 ϕ38.1mm，节距为 60mm，在标高为 88.88m 处，两根垂直管合并成一根垂直管，管子规格为 ϕ44.5mm，节距为 120mm。

炉膛上部依次分别布置一级过热器、三级过热器、二级再热器、二级过热器、一级再热器、省煤器。

锅炉燃烧系统按照中速磨正压直吹系统设计，配备 6 台磨煤机，正常运行中运行 5 台磨煤机可以达到 BMCR，每根磨煤机引出 4 根煤粉管道到炉膛四角。炉外安装煤粉分配装置，每根管道分配成两根管道，分别与两个一次风喷嘴相连。48 个直流式燃烧器分 12 层布置于炉膛下部四角（每两个煤粉喷嘴为一层），在炉膛中呈四角切圆方式燃烧。

燃烧器紧挨顶层设置 CCOFA，在燃烧器组上部设置 SOFA，每个角有 6 个喷嘴，采用 TFS 分级燃烧技术，减少 NO_x 的排放。

在每层燃烧器的两个喷嘴之间设置有油枪，采用燃用#0 柴油，设计容量为 25%BMCR，在启动阶段和低负荷稳燃时使用。

锅炉设置有膨胀中心及零位保证系统，炉墙为轻型结构带梯形金属外护板，屋顶为轻型金属屋顶。

锅炉采用等离器点火器，在启动阶段和低负荷稳燃时，也可以投入等离子系统，减少柴油的耗量。

过热器采用三级布置，在每两级过热器之间设置喷水减温器，主蒸汽温度主要靠煤水比和减温水控制。再热器采用两级布置，再热蒸汽温度主要采用燃烧器摆角调节，在再热器入口和两级再热器布置危急减温水。

在省煤器出口设置脱硝装置，脱硝采用选择性触媒 SCR 脱硝技术，反应剂采用液氨汽化后的氨气，反应后生成对大气无害的氮气和水汽。

尾部烟道下方设置两台三分仓回转容克式空气预热器，两台空气预热器转向相反，转子直径为 16.421m，空气预热器采用两段设计，没有中间段，低温段采用抗腐蚀大波纹 SPCC 搪瓷板，可以防止脱硝生成的 NH_4HSO_4 粘结。

锅炉排渣系统采用机械出渣方式，底渣直接进入捞渣机水封内，水封可以冷却、裂化底渣，同时可以保证炉膛的负压。

（3）锅炉特点

该锅炉具有以下特点：

1）锅炉系统简单。

2）锅炉省煤器、过热器和再热器采用卧式结构，具有很强的自疏水能力。

3）锅炉启动疏水系统设计有炉水循环泵，锅炉启动能量损失小，同时具备优异的备用和快速启动特点。

4）采用单炉膛单切圆燃烧技术并对烟气进行了消旋处理，在所有工况下，水冷壁出口温度、过热器和再热器烟气温度分布均匀。

5）炉膛尺寸大，降低炉膛截面热负荷和燃烧器区域壁面热负荷，既降低了结焦的可能性，又降低了烟气流速，减少了烟气转弯，受热面磨损小。

6）采用低 NO_x 同轴燃烧技术。

7）过热蒸汽温度采用煤水比粗调，两级八点喷水减温器细调；再热器温度采用燃烧器摆角调节，在再热器进口和两级再热器中间装有微量喷水减温器作危急备用，在低负荷时可以通过调节过量空气系数调节再热器温度。

8）水冷壁设置有中间混合联箱，再热器、过热器不会产生水力侧造成的温度偏差，蒸汽温度分布均匀。

9）在不同受热面之间采用联箱连接方式，由于不存在管子直接连接的现象，因此不会因为安装引起偏差（携带偏差）。

10）受热面间距布置合理，下部宽松，不会堵灰。

11）锅炉采用全悬吊结构，悬吊结构规则，支撑结构简单，锅炉受热后能够自由膨胀，同时塔式锅炉结构占地面积小。

12）锅炉高温受热面采用先进材料，受热面金属温度有较大的裕度。

（三）循环流化床锅炉

为了解决劣质燃料燃烧的问题，我国在 20 世纪 60 年代就开始了对流化床锅炉的研究。20 世纪 80 年代初，首批 35～75t/h 的循环流化床锅炉（简称 CFB）投入运行，但由于产品设计和循环流化床锅炉的理论发展落后的原因，运行问题较多，直到 80 年代中后期才得以快速发展。

循环流化床锅炉和常规的电站锅炉相比，其汽水系统的工作原理是相同的，不同的是燃烧系统。

循环流化床锅炉的燃烧系统的工作原理：煤和脱硫剂被送入炉膛后，迅速被炉膛内存在的大量高温物料包围，着火燃烧并发生脱硫反应，在上升烟气流的作用下向炉膛上部运动，对水冷壁和炉内布置的其他受热面放热；粗大粒子在被上升气流带入悬浮区后，在重力及其他外力的作用下，不断减速偏离主气流，并最终形成贴壁下降粒子流，向下流动；被夹带出炉膛的粒子气固混合物进入高温分离器，大量固体物料（包括煤粒和脱硫剂）被分离出来，重新送回炉膛进行循环燃烧和脱硫；未被分离的极细粒子及烟气进入尾部烟道，进一步地对省煤器、空气预热器受热面放热，从而被冷却，再经除尘器除尘后，由引风机将烟气送入烟囱，排入大气。

在我国，440/13.7 型超高压、中间再热循环流化床锅炉和 135MW 汽轮发电机组配套使用，现对其进行介绍。

1. 主要参数

该锅炉的主要参数如下：额定蒸发量为 440t/h；过热蒸汽压力为 13.7MPa；过热蒸汽温度为 540℃；再热蒸汽流量为 359.9t/h；再热蒸汽进口压力为 2.70MPa；再热蒸汽出口压力为 2.45MPa；再热蒸汽进口温度为 320.9℃；再热蒸汽出口温度为 540℃；给水温度为 246.3℃；排烟温度为 140℃；锅炉效率为 91.5%。

2. 整体布置

该锅炉的整体布置如图 1-6 所示，它采用超高压、中间再热技术。锅炉采用循环流化床燃烧技术，循环物料的分离采用两台绝热高温旋风分离器。

锅炉主要由炉膛、高温绝热分离器、自平衡 U 型回料阀和尾部对流烟道组成。燃烧室蒸发受热面采用膜式水冷壁。水循环采用单汽包、自然循环、单段蒸发系统。布风装置采用水冷布风板和大直径钟罩式风帽。燃烧室内布置双面水冷壁来增加蒸发受热面，再布置屏式二级过热器和屏式再热器热段，以提高整个过热器系统和再热器系统的辐射传热特性，使锅炉过热汽温和再热汽温具有良好的调节特性。

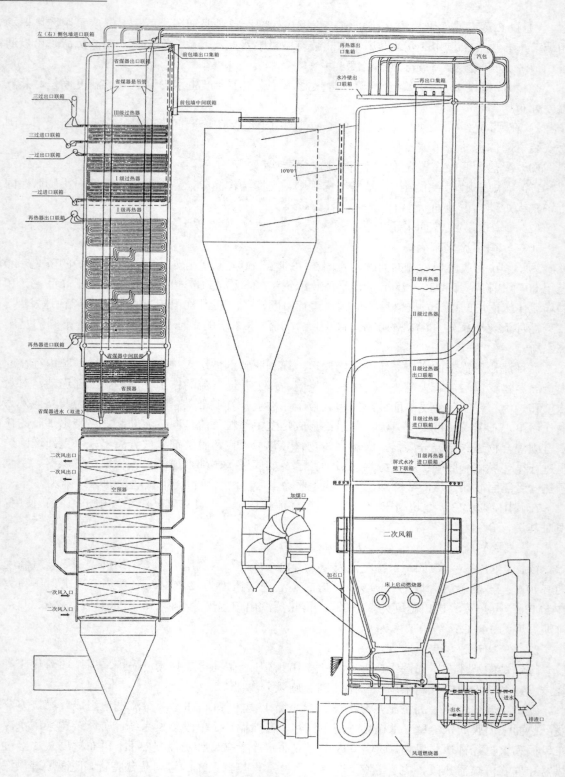

图 1-6　440/13.7 型超高压、中间再热循环流化床锅炉布置图

锅炉采用两个内径为 7.7m 的高温绝热分离器，将其布置在燃烧室与尾部对烟道之间。高温绝热分离器回料腿下布置一个非机械型回料阀，回料为自平衡式，由流化密封用高压风机单独供给。分离器及回料阀外壳由钢板制造，内衬绝热材料及耐磨耐火材料。

高温绝热分离器、回料腿、白平衡 U 型回料阀构成了循环物料的回料系统。经过分离器分离的烟气进入尾部烟道。尾部对流烟道中布置有三级过热器、一级过热器、冷段再热器、省煤器、空气预热器。过热蒸汽温度由在过热器之间布置的两级喷水减温器调节，减温水来自于高加前的给水出口。冷段再热器的入口布置有事故喷水器，冷段和热段再热器中间布置有一级喷水减温器，减温水来自于给水泵中间抽头。尾部烟道采用的包墙过热器为膜式壁结构。

省煤器、空气预热器烟道采用护板结构。

启动燃烧器共 6 支油枪，其中床上 4 支，床下 2 支，都为回油式机械雾化油枪，采用燃用#0 轻柴油。

3. 结构特点

该锅炉不同于煤粉锅炉，其各个系统的结构具有独特的特点，分别介绍如下：

（1）水冷壁系统

为了保证水循环安全可靠，水冷壁采用多个水循环回路。前后墙各有 2 个循环回路，两侧墙各有 1 个循环回路，双面水冷壁有 1 个循环回路，共计 7 个循环回路。

为了减少锅炉启动时间，在水冷壁下集箱内装设有邻炉蒸汽加热装置。

两侧水冷壁各有一个下集箱和上集箱，水经四根 $\phi426\times40mm$ 集中下水管和分配管进入下集箱，先至侧水冷壁后至上集箱，再由汽水引出管将汽水混合物引至汽包。前、后水冷壁各有两个下集箱，共用两个上集箱，水经集中下水管和分配管分别进入前水冷壁下集箱和后水冷壁下集箱，前水冷壁有一部分水经前水冷壁进入上集箱，还有一部分通过水冷风室经前水冷壁进入上集箱，另外有很少一部分水经水冷风室的管子进入后水冷壁下集箱，与后水冷壁下集箱的水汇合，然后经后水冷壁引至前后水冷壁上集箱，再由汽水引出管引至汽包。

双面水冷壁有独立的循环回路由 $\phi325\times31mm$ 的下降管供水，先到双面水冷壁后到上联箱，经汽水引出管到汽包。

（2）燃烧系统

原煤从原煤斗下落至第一级耐压计量皮带给煤机，经第二级耐压刮板式给煤机后进入炉膛。

一次风机供风分为两路：第一路经空气预热器加热后成为热风进入炉膛底部的布风板下，第二路未经预热的冷风直接进入风道燃烧器。

二次风机供风分为四路：第一路未经预热的冷风作为给煤机的密封用风，第二路经空气预热器加热后的热风直接经炉膛上部的二次风箱送入炉膛，第三路热风作为密封风引至给煤口，第四路热风作为密封风引至石灰石口。

回料阀配备高压压头的罗茨风机提供流化风。

石灰石从石灰石粉仓下落至旋转给料机后，进入发送罐，然后由石灰石输送风机气力输送送入炉内。

烟气由炉膛出口经过旋风分离器分离出大颗粒送回炉膛燃烧，分离后的烟气再经过过热器、再热器、省煤器、空气预热器、电除尘器，经引风机从烟囱排出。

（3）过热蒸汽系统

饱和蒸汽从汽包顶部由 8 根连接管分别引入两侧包墙管过热器的上集箱，每侧 4 根，然后经 116 根（每侧 58 根）侧包墙管下行至侧包墙下集箱，再分别引入前、后包墙下集箱。其中，前墙蒸汽经 109 根前墙包墙管至前包墙出口集箱，再通过 13 根立管将蒸汽送入尾部烟道的顶棚出口集箱，后墙蒸汽经 109 根后墙包墙管也引入顶棚出口集箱。蒸汽由此集箱两端引出经两根连接管向下流入位于后包墙下部的一级过热器入口集箱。蒸汽流经一级过热器后，逆流而上进入一级过热器出口集箱，再自集箱两端引出，经两根连接管引向炉前，途经一级喷水减温器，经减温器后的蒸汽由分配集箱进入 4 根二级过热器管屏入口集箱，然后流入 4 片屏式二级过热器向上进入此 4 片屏的中间集箱，之后，每根集箱上引出两根连接管分别交叉引入其余 4 个中间集箱。过热蒸汽下行至二级过热器出口集箱，进入二级过热器汇集集箱，从集箱两侧引出，经连接管向后流经串联其上的二级喷水减温器，再进入尾部烟道后部的三级过热器的入口集箱，然后沿三级过热器受热面逆流而上，流至三级过热器的出口集箱，达到 540℃的过热蒸汽最后经两端引出，进入汽轮机高压缸。

（4）再热蒸汽系统

来自汽轮机高压缸的蒸汽从两端进入再热器入口集箱，引入位于尾部对流烟道的冷段再热器蛇形管，逆流而上进入冷段再热器的出口集箱，再自集箱两端引出，经两根连接管引向炉前，途经喷水减温器，之后由分配集箱进入 6 根热段再热器管屏入口集箱，然后流入 6 片屏式再热器并向上进入热段再热器入口集箱。达到 540℃的再热蒸汽最后经两端进入汽轮机中压缸。

复习思考题

1. 简述火力发电厂的生产过程。
2. 锅炉的技术指标有哪些？分别作出解释。
3. 锅炉分类方法有哪些？可以分为哪些锅炉？
4. 简述煤粉汽包锅炉的特点。简述其中具有代表性的炉型的汽水流程。
5. 简述控制循环汽包锅炉的特点。简述其中具有代表性的炉型的汽水流程。
6. 简述直流锅炉的特点。简述其中具有代表性的炉型的汽水流程。
7. 简述 SG-3099/27.56-M54X 型锅炉一次汽系统及二次汽系统的流程。
8. 简述 SG-3099/27.56-M54X 型锅炉水冷壁的特点。
9. 简述循环流化床锅炉燃烧系统的特点。
10. 请对汽包炉（自然循环、控制循环）、直流锅炉、循环流化床锅炉系统的特点进行比较。

第二篇　锅炉本体检修

锅炉本体包括"炉"和"锅"两部分。炉是锅炉的燃烧系统，由炉膛、燃烧器、空气预热器、烟道等组成，它的主要任务是使燃料良好地燃烧和安全经济地放热。锅是锅炉的汽水系统，它的任务是安全经济地吸收燃料燃烧放出的热量，将水加热成规定压力和温度的过热蒸汽等。锅主要包括汽包、下降管、水冷壁、过热器、再热器、省煤器、联箱、炉水循环泵及连接管道等，不同的炉型包括的设备不尽相同。

第二章　锅炉本体检修相关知识

第一节　燃料及燃烧

一、锅炉燃料

火力发电厂是利用燃料燃烧产生的热能加热介质从而发电的，所以燃料是火力发电厂的原始能源。电站锅炉常用的燃料有煤、油、气，其中煤的使用最为广泛。

（一）煤

1. 煤的组成及性质

煤的组成及各成分的性质可用元素分析方法和工业分析方法进行研究，但由于元素分析方法复杂、需用设备昂贵并且其研究结果对现场锅炉运行的指导意义不大，所以电站锅炉燃料分析一般只作工业分析。

（1）煤的元素分析成分

煤所含的化学元素也称为化学成分，是锅炉燃烧计算和研究煤的特性的重要依据，它包括碳（C）、氢（H）、硫（S）、氧（O）、氮（N）五种元素，以及水分（M）和灰分（A）两种物质。这些成分的性质如下：

1）碳（C）。碳是煤中主要的可燃元素，也是煤的基本成分。它在煤中的含量约为40%～85%。随着煤碳化程度的提高，煤中碳的含量逐渐增加。煤的含碳量越高，其发热量也越高，每千克碳完全燃烧时可放出约32830kJ的热量；若不完全燃烧，则仅能放出约9260kJ的热量。煤中的碳有两种不同的状态，一部分与氧、氢、氮、硫等结合成挥发性有机化合物，其余部分呈单质状态，称为固定碳（FC），固定碳要在较高的温度下才能着火、燃烧。因此，煤中固定碳的含量越高，着火、燃烧就越困难。

2）氢（H）。氢是煤中发热量最高的元素。它在煤中的含量一般为3%～6%。煤的地质年龄越长，氢含量越少，每千克氢气燃烧生成水蒸气时可放出约119600kJ的热量。氢气极易着火，燃烧迅速，故燃料含氢越多，越易着火、燃烧。

3）硫（S）。煤中的硫有三种形态，分别为有机硫（So）、黄铁矿硫（Sp）和硫酸盐硫（Ss）。前两种硫可以燃烧，称为可燃硫（Sc），后一种硫不能燃烧，并入灰分。硫在煤中的含量一般为 2%以下，每千克可燃硫燃烧放出约 9030kJ 的热量，燃烧生成的 SO_2 将会造成环境污染和锅炉尾部受热面低温腐蚀。在燃烧高硫煤时，应采取燃料脱硫和烟气脱硫等措施，以减轻造成的危害。因此，硫是一种有害元素。

4）氧（O）和氮（N）。氧和氮是煤中的杂质。燃料中的氧，一部分与氢、碳结合成化合状态，另一部分呈游离状态，其含量变化较大。氮的含量不多，燃烧时有少量转变为 NO_x，造成大气污染。

5）水分（M）。煤中的水分是煤的主要杂质，对于锅炉运行是一种有害成分。各种煤的水分含量差别很大，少的仅有 2%左右，多的可达 50%～60%。通常说的煤的水分叫作煤的全水分 M_t，包括表面水分 M_f 和固有水分 M_{inh}。表面水分 M_f 也叫外部水分或外在水分，主要是在开采、运输、贮存过程中受雨露冰雪等影响而形成的，可以通过自然干燥除去。要除去煤的固有水分，必须将煤加热至 105℃（褐煤为 145℃）并保持一定时间才可以。由于水分的存在，不仅煤中的可燃成分含量相对减少，而且煤燃烧时水分蒸发还要吸收热量，所以煤的实际发热量会降低。水分多的煤不易点燃，因而会导致燃烧过程推迟，燃烧温度降低，增加不完全燃烧热损失、排烟热损失和引风机耗电量，还可能降低磨煤机出力，造成制粉系统的堵塞。

6）灰分（A）。灰分也是煤的主要杂质。燃料完全燃烧后，其中不可燃矿物质形成的残渣称为灰分。煤中的灰分含量一般为 10%～35%，劣质煤的灰分含量可高达 50%左右。煤中的灰分含量多，对锅炉的安全经济运行很不利，原因如下：一是当煤中的灰分含量多时，煤中的可燃成分含量相对减少，煤的发热量低；二是在燃烧过程中，灰分会妨碍可燃质与氧的接触，增加煤着火和燃尽的困难，造成燃烧不稳，燃烧损失增大；三是灰粒随着烟气一起流动时，会造成锅炉受热面的磨损，还可能造成堵灰和高温腐蚀；四是在高温下熔化的灰分若粘结在受热面上形成焦渣，就会影响传热，严重时将威胁锅炉的安全运行；五是灰分含量多时，锅炉运行中排除灰渣带走的热量也多，造成热损失增加；六是灰分从烟囱和排渣系统排出，还将污染环境。

（2）煤的工业分析成分

煤的工业分析是按规定的条件通过对煤样进行干燥、加热和燃烧，测定煤中的水分（M）、挥发分（V）、固定碳（FC）和灰分（A）的含量。这些成分是煤在炉内的燃烧过程中分解的产物。因此，煤的工业分析成分能更直接地表明煤的某些燃烧特性，同时也是发电用煤分类的重要依据。

煤的组成成分及其关系如图 2-1 所示。

2. 煤成分的分析基准

为了确切地反映煤的特性，不仅要了解煤的成分，而且还要知道分析煤的成分时煤所处的状态。由于煤中的灰分和水分的含量随着开采、运输、贮存及气候条件的变化而变化，所以同一种煤，当其处于不同状态时，分析得出的成分含量百分数是不同的。煤成分的分析基准是指测定煤的成分百分含量时煤所处的状态或测试条件，目前采用的分析基准有收到基、空气干燥（分析）基（简称"空干基"）、干燥基、干燥无灰基四种。

（1）收到基

收到基是指煤运到电厂煤场时的实际应用状态，以此为基准分析得到的煤的成分称为收到基成分，用角标"ar"表示。

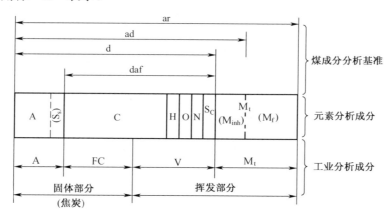

图 2-1　煤的组成成分及其关系

用元素分析法分析，煤的收到基成分的组成方程式为

$$C_{ar}+H_{ar}+O_{ar}+N_{ar}+S_{ar}+A_{ar}+M_{ar}=100\%$$

用工业分析法分析，煤的收到基成分的组成方程式为

$$FC_{ar}+V_{ar}+A_{ar}+M_{ar}=100\%$$

式中　C_{ar}、H_{ar}、O_{ar}、N_{ar}、S_{ar}、A_{ar}、M_{ar}、FC_{ar}、V_{ar} 为煤中碳、氢、氧、氮、硫、灰分、全水分、固定碳、挥发分的收到基百分数含量。

收到基成分是锅炉燃料实际应用的成分，在锅炉设计、实验和进行燃烧计算时必须使用。

（2）空干基

在实验室内以经过自然风干后与空气湿度达到平衡状态的煤为基准分析而得的成分，称为空干基成分，用角标"ad"表示。与收到基比较，它已去除外在水分。

用元素分析法分析，煤的空干基成分的组成方程式为

$$C_{ad}+H_{ad}+O_{ad}+N_{ad}+S_{ad}+A_{ad}+M_{ad}=100\%$$

用工业分析法分析，煤的空干基成分的组成方程式为

$$FC_{ad}+V_{ad}+A_{ad}+M_{ad}=100\%$$

很显然，$M_{ad}=M_{inh}\neq M_{ar}$。

（3）干燥基

以去除全水分状态的煤为基准分析而得的成分，称为干燥基成分，用角标"d"表示。

用元素分析法分析，煤的干燥基成分的组成方程式为

$$C_d+H_d+O_d+N_d+S_d+A_d=100\%$$

用工业分析法分析，煤的干燥基成分的组成方程式为

$$FC_d+V_d+A_d=100\%$$

（4）干燥无灰基

以假想的无水无灰状态的煤为基准分析而得到的成分，称为干燥无灰基成分，用角标"daf"表示。

用元素分析法分析，煤的干燥无灰基成分的组成方程式为

$$C_{daf}+H_{daf}+O_{daf}+N_{daf}+S_{daf}=100\%$$

用工业分析法分析，煤的干燥无灰基成分的组成方程式为

$$FC_{daf}+V_{daf}=100\%$$

以上四种基准成分中，以干燥无灰基成分最为稳定。因此，煤的干燥无灰基成分能更正确地反映出煤的特性，煤中挥发分的干燥无灰基百分数含量就以 V_{daf} 表示，以此来表明煤的燃烧特性和划分煤的种类。

煤的各种基准成分之间可以利用表 2-1 所给出的系数进行计算。由一种基准成分换算成另一种基准成分时，只需乘以一个换算系数即可。

表 2-1　煤的不同基准成分的换算系数

欲求基准 \\ 已知基准	收到基 ar	空干基 ad	干燥基 d	干燥无灰基 daf
收到基 ar	1	$\dfrac{100-M_{ad}}{100-M_{ar}}$	$\dfrac{100}{100-M_{ar}}$	$\dfrac{100}{100-M_{ar}-A_{ar}}$
空干基 ad	$\dfrac{100-M_{ar}}{100-M_{ad}}$	1	$\dfrac{100}{100-M_{ad}}$	$\dfrac{100}{100-M_{ad}-A_{ad}}$
干燥基 d	$\dfrac{100-M_{ar}}{100}$	$\dfrac{100-M_{ad}}{100}$	1	$\dfrac{100}{100-A_{d}}$
干燥无灰基 daf	$\dfrac{100-M_{ar}-A_{ar}}{100}$	$\dfrac{100-M_{ad}-A_{ad}}{100}$	$\dfrac{100-A_{d}}{100}$	1

3. 煤的主要特性

煤的主要特性包括煤的发热量、灰的性质、煤的可磨性及磨损性等。这些特性是通过工业分析来进行测定的，它们与锅炉及其制粉系统的工作有直接的关系。

（1）煤的发热量

1）概念

发热量是煤的主要特性之一。单位质量的煤完全燃烧时所放出的热量称为煤的发热量，用 Q 表示，单位为 kJ/kg。

煤的成分有不同的分析基准，因而也有不同基准的发热量，通常采用的是收到基发热量 Q_{ar}。煤的各种基准的发热量之间也可以通过表 2-1 中的系数进行换算。

2）分类及计算

发热量有高位和低位之分。

当 1kg 煤完全燃烧生成的水蒸气全都凝结成水时，煤所放出的热量称为煤的高位发热量，通常用 Q_{gr} 来表示。

当 1kg 煤完全燃烧生成的水蒸气未凝结成水时，煤所放出的热量称为煤的低位发热量，通常用 Q_{net} 来表示。

由此可见，高、低位发热量之间的差别在于是否包括燃烧生成的水蒸气所包含的那部分汽化潜热。锅炉运行中，由于在通常的排烟温度（110～160℃）下，烟气中的水蒸气不会凝结，汽化潜热不能释放出来，因此实际能被锅炉利用的只是煤的低位发热量。

3）标准煤和折算成分

为了能更好地描述煤的性质，便于掌握煤的性质对锅炉运行的影响，这里介绍很重要的两个与发热量有关的概念：一是标准煤；二是折算成分。

标准煤是指收到基低位发热量为 29271kJ/kg 的煤。

各种煤的发热量差别很大，在发电厂或锅炉负荷不变的情况下，燃用低发热量的煤时，煤耗量就大，而燃用高发热量的煤时，煤耗量就小。因此，不能只用煤耗量的大小来比较各发电厂或锅炉的经济性，而必须将煤的实际耗量折算为标准煤后，才能进行比较。为此引入了标准煤的概念，实际煤耗量可用下式折算为标准煤：

$$B_n = \frac{BQ_{net,ar}}{29271}$$

此公式中的 B_n 为标准煤耗量，单位为 kg/h；B 为实际煤耗量，单位为 kg/h；$Q_{net,ar}$ 为实际使用的煤的收到基低位发热量，单位为 kJ/kg。

对应于每千瓦·时电能的标准煤耗量称为标准煤耗率 b_n，单位为 kg/（kW·h）。若机组（或发电厂）的发电功率为 P（kW），则标准煤耗率：

$$b_n = \frac{B_n}{P}$$

折算成分是指对应于 4187kJ/kg 发热量的煤的成分。

煤中的水分、灰分、硫分对煤的燃烧和锅炉的运行都有不利的影响。但如果只看其含量的质量百分数，并不能正确估计它们对锅炉的各种危害程度。例如一台锅炉在同一负荷下，分别燃用灰分相同，但发热量不同的两种煤时，发热量低的煤耗量就大，带入炉内的灰分也多，危害也大。因此，为准确反映水分、灰分、硫分对锅炉工作的影响，需要将它们的含量与煤的发热量联系起来，进行成分的折算，从而便于比较。

折算成分与实际成分的关系如下：

$$A_{ar,zs} = 4187 \frac{A_{ar}}{Q_{net,v,ar}} \times 100\%$$

$$M_{ar,zs} = 4187 \frac{M_{ar}}{Q_{net,v,ar}} \times 100\%$$

$$S_{ar,zs} = 4187 \frac{S_{ar}}{Q_{net,v,ar}} \times 100\%$$

当煤的折算成分 $A_{ar,zs}>4\%$、$M_{ar,zs}>8\%$ 和 $S_{ar,zs}>0.2\%$ 时，分别称为高灰、高水和高硫煤。

（2）灰的性质

灰的性质主要是指它的熔融性。灰的熔融性就是指煤中灰分熔点的高低，影响着炉内运行工况。当炉内温度达到或超过灰分的熔点时，固态的灰分将逐渐变成熔融状态。融化的灰分具有黏性，当它未得到及时冷却而与受热面接触时，就会粘附在受热面上形成结渣（也称结焦）。受热面上结渣会导致传热恶化，影响正常的水循环，严重时将威胁固态排渣锅炉的正常运行。但对于液态排渣锅炉炉膛的熔渣段，灰渣保持熔化的流动状态有利于从炉底排渣孔顺利排出。

关于灰分的熔融性质，目前一般是用试验方法来确定。先把灰样做成一定尺寸的等底边三角形锥体（底边长为 7mm，高为 20mm），然后把灰锥放在可以调节温度、充有适量还原性介质的电炉中逐渐加热，随着灰的温度逐渐升高，灰锥的形态也在不断变化。图 2-2 所示灰锥的三种形态是其变化过程中具有代表性的形态，这四种形态时灰锥的温度分别称为变形温度、软化温度和液化温度。

图 2-2　测定灰熔点时灰锥的几种形态

变形温度是指灰锥尖端变圆或开始弯曲时的温度，用字母"DT"表示；软化温度是指灰锥尖端弯曲而触及锥底平面或整个锥体变成球体时的温度，用字母"ST"表示；液化温度是指灰锥完全熔融成液态并能流动时的温度，用字母"FT"表示。

DT、ST、FT 是煤灰熔融性的三个主要特征温度，可用来判断所用煤种在炉内燃烧过程中结渣的可能性。其中，当灰的 ST-DT=100～200℃时称为短渣；当灰的 ST-DT=200℃时称为长渣。各种煤的灰熔点一般为 1100～1600℃。

锅炉通常用 ST 代表灰分的熔点。一般认为，灰粒温度低于软化温度 ST 时，在受热面上只能形成疏松的弱粘结性灰渣，易脱落；当灰粒或积灰温度高于 ST 时，灰将以粘聚性较强的渣型粘附于受热面上；灰层表面温度进一步升高时，就可能形成熔融渣。另外液化温度 FT 与变形温度 DT 的差值也与灰渣形态有关。为了避免炉膛出口处结渣，一般要求炉膛出口烟温至少要比 ST 低 50～100℃。

关于煤的灰熔点。不仅不同的煤有不同的灰熔点，就是同一种煤其灰熔点也不是固定不变的。影响灰熔点的因素很多，主要与灰成分及其含量有关，其次受周围介质的影响。灰分的组成很复杂，由于各成分对灰熔融性的影响不同，故成分不同灰熔点也不同。当其周围介质性质发生改变时，也会使灰熔点发生变化。

（3）煤的可磨性及磨损性

煤的可磨性和磨损性主要影响锅炉制粉系统的运行。如果煤的这方面的指标控制不好，不但会影响锅炉的经济性，而且还会影响其安全性。

1）煤的可磨性。由于煤的机械强度不同、脆性不同，煤磨制成煤粉的难易程度也不同。为了表示煤磨制成煤粉的难易程度，必须测定煤的可磨系数，其目的在于估算锅炉运行时磨煤机的实际出力、电耗以及制粉设备的磨损情况。我国原煤的可磨系数 $K_{BTи}$ 一般在 0.8～2.0 范围内，通常认为 $K_{BTи}$＜1.2 为难磨煤，$K_{BTи}$＞1.5 为易磨煤。

2）煤的磨损性。制粉系统在运行时，磨煤设备会受到磨损。煤对金属磨损的强弱程度，用煤的磨损指数 K_e 来表示。K_e 值越大，煤对金属部件的磨损越强烈。磨损指数 K_e 不仅可以衡量煤对金属磨损的程度，而且关系到磨煤机型式的选择与磨煤机金属磨耗率。煤的磨损指数是通过实验方法确定的，K_e＜2，为磨损性不强的煤；K_e=2～3.5，为磨损性较强的煤；K_e＞3.5～5，为磨损性很强的煤；K_e＞5，为磨损性极强的煤。

4. 动力煤的分类

锅炉用煤称为动力煤。动力煤通常以煤的干燥无灰基挥发分 V_{daf} 含量为主要依据进行分类，大致分为无烟煤、贫煤、烟煤、褐煤等几类。

（1）无烟煤

无烟煤 $V_{daf}<10\%$，俗称白煤，其特点是有明亮的黑色光泽，机械强度较高，密度较大，不易研磨，无焦结性；埋藏年代长，碳化程度最高，含杂质少；燃烧时有很短的蓝色火焰，由于挥发分低，故不易着火，贮存时不会自燃。

（2）贫煤

贫煤 $V_{daf}=10\%\sim19\%$，其特点是挥发分较低的贫煤不易点燃，燃烧时火焰短，不焦结，故其燃烧特性比较接近于无烟煤，而其碳化程度却接近烟煤。

（3）烟煤

烟煤 $V_{daf}=19\%\sim40\%$，其特点是外表呈灰黑色，有光泽，质地松软，大多数烟煤具有一定的焦结性；碳化程度次于无烟煤；挥发分高，容易着火、燃烧，火焰长，发热量较高，某些烟煤含氢较多，其发热量甚至超过无烟煤；但有的劣质烟煤杂质较多，灰分含量高达 50%，故燃烧困难。

（4）褐煤

褐煤 $V_{daf}>40\%$，其特点是挥发分含量高，碳化程度低，易点燃并容易自燃，火焰长，灰分和水分含量都较高；发热量低，无焦结性；外表呈棕褐色，质软易碎。

除以上几类煤种外，还有洗中煤、泥煤、煤矸石、油页岩等，但这些燃料的发热量很低，杂质多，燃烧很困难。因此，今后加强对这些燃料的开发利用是我国的一项基本能源政策。

5. 煤粉性质

目前，煤粉锅炉仍是我国火力发电厂的主力炉型。煤粉是由原煤磨制而来，其性质和原煤有很大的不同。煤粉很细小，在锅炉炉膛内不但燃烧迅速，而且易燃尽。但是煤粉很膨松、流动性强，在锅炉运行中，如果控制不好，也极易出现煤粉爆炸等事故。因此，掌握煤粉的性质是保证煤粉锅炉安全经济稳定运行的基本要求。

（1）煤粉的物理性质

煤粉锅炉使用的煤粉是由原煤经过制粉设备磨制而成的。它是由各种尺寸和形状不规则的颗粒组成，其颗粒尺寸一般在 $1000\mu m$ 以下，其中大多数为 $20\sim60\mu m$。

煤粉具有以下物理性质：一是刚磨制出来的煤粉是疏松的；二是干的煤粉能吸附大量的空气，煤粉颗粒之间被空气隔开，具有很好的流动性，易于同气体混合成气粉混合物用管道输送。

（2）煤粉的自燃与爆炸

气粉混合物在制粉系统的管道中流动时，煤粉可能因某些原因从气流中分离出来，并沉积在死角处，由于缓慢氧化产生热量，温度逐渐升高，而温度升高又会加剧煤粉的进一步氧化，最后温度达到煤的着火点而引起煤粉的自燃。

当煤粉和空气混合至一定浓度时，如有明火接近或煤粉沉积物的自燃，则会引起煤粉的爆炸，造成设备损坏和人身事故。

1）影响煤粉爆炸的因素有以下几个方面：

①挥发分含量。一般含挥发分高的煤粉易爆炸，含挥发分低的煤粉不易爆炸。当 $V_{daf}<10\%$（无烟煤）时无爆炸危险。

②煤粉细度。煤粉越细，越容易自燃和爆炸。因此，对于挥发分含量高的煤种不易磨得

过细。粗煤粉爆炸的可能性较小，例如颗粒尺寸大于 0.1mm 的烟煤煤粉几乎不会发生爆炸。当制粉系统在运行时，应根据不同的煤种调节细度。

③煤粉浓度。煤粉在空气中的浓度为 1.2～2.0kg/m³ 时，爆炸的危险性最大，在大于或小于该浓度时，爆炸的可能性较小。但在实际运行中煤粉是很难避免出现危险浓度的，所以制粉系统必须加装防爆装置。

④输送煤粉气体中的含氧量。输送煤粉的气体中的含氧量越大，越容易爆炸。对于挥发分含量高的煤粉，可以采取在输送介质中掺入惰性气体（一般是烟气）的方法来降低含氧量，以防止爆炸。

⑤气粉混合物的温度。温度越高越易爆炸，低于一定温度时则无爆炸的危险。制粉系统运行时应严格控制磨煤机出口气粉混合物的温度，如表 2-2 所示。

表 2-2 磨煤机出口气粉混合物温度限值

测点位置	用空气干燥		用烟气、空气混合干燥	
风扇磨煤机直吹式制粉系统，分离器后	贫煤	150℃	烟煤、褐煤和油页岩 108℃	
	烟煤	130℃		
	褐煤和油页岩	100℃		
钢球磨煤机中间储仓式制粉系统，磨煤机后	贫煤	130℃	褐煤	90℃
	烟煤和褐煤	70℃	烟煤	120℃
中速磨煤机制粉系统，分离器后	当 V_{daf}=12%～14%时，70～120℃			

⑥煤粉自燃及其他火源。煤粉无自燃、无明火时，不会发生爆炸。有爆炸危险的气粉混合物，只有在遇到明火时才能引起爆炸。

2）为防止制粉系统煤粉爆炸，应根据具体情况从多方面采取措施。除根据影响煤粉爆炸的具体因素，采取相应的措施外，还可以采取其他的补充措施。例如：制粉系统中的煤粉管道在安装时应具有一定的倾角，不采用水平煤粉管道，煤粉管道应无死角，气粉混合物的流速不应太低，防止易燃易爆物品混入煤中，严禁对运行中的煤粉管道进行焊接等。

（3）煤粉的颗粒特性

煤粉细度和煤粉的均匀性是表明煤粉颗粒特性的重要指标，也是在锅炉运行中应重点监视的参数。下面就分别介绍这方面的知识。

1）煤粉细度

煤粉细度是指煤粉颗粒的粗细程度。它是表示煤粉颗粒特性的数据之一，是衡量煤粉品质的主要指标。煤粉经过专门的筛子筛分后，剩余在筛子上的煤粉量占筛分前煤粉总质量的百分数，就叫作煤粉细度，用 R_x 表示。

$$R_x = \frac{a}{a+b} \times 100\%$$

式中：a 为筛子上剩余的煤粉质量；b 为通过筛子的煤粉质量；x 为筛孔尺寸，μm。

由此可知，在筛子上面剩余的煤粉越多，其 R_x 值越大，煤粉越粗。常用筛子规格和煤粉细度见表 2-3。

表 2-3　常用煤粉筛子的规格及煤粉细度的表示法

筛号（每厘米的孔数）	66	8	12	30	40	60	70	80
筛孔宽度（μm）	1000	750	500	200	150	100	90	75
煤粉细度表示	R_1	R_{750}	R_{500}	R_{200}	R_{150}	R_{100}	R_{90}	R_{75}

这里需要指出的是，在电厂的实际应用中，对于烟煤和无烟煤，煤粉细度只用 R_{90} 和 R_{200} 表示；燃用褐煤时，则应用 R_{200} 和 R_{500} 表示。如果只用一个数值来表示煤粉细度，则常用 R_{90}。

煤粉细度直接关系到整个锅炉机组运行的经济性。煤粉过粗，在炉膛内不易完全燃烧，则未燃烧热损失（主要是 q_4）会增大；煤粉细，对着火和完全燃烧虽然有利，但制粉设备的电耗（q_p）和金属磨损消耗（q_M）将会增加。因此，在锅炉运行中，煤粉细度应当有一个最佳值，使总损失最小，机组的经济性最高。这个最佳值就是经济细度。所谓经济细度就是指当燃烧热损失、制粉电耗和金属磨耗之和（$q=q_4+q_p+q_M$）为最小时的煤粉细度。图 2-3 表明了煤粉经济细度的确定方法。经济细度通常都是一个范围，如图 2-3 所示两条虚线之间表示的部分。另外，煤粉的经济细度因煤种、制粉设备和燃烧设备型式不同而异，应通过运行调整试验来确定。

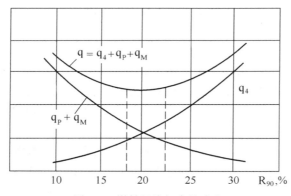

图 2-3　煤粉经济细度的确定

2）煤粉的均匀性

煤粉的均匀性是衡量煤粉品质的另一个重要指标。因为煤粉的颗粒特性仅用煤粉细度来表示是不全面的，还需要看煤粉的均匀性。如果说煤粉细度是从质量上衡量煤粉的颗粒特性，那么煤粉的均匀性就是从颗粒数上衡量煤粉的颗粒特性。如果有甲乙两种煤粉，其 R_{90} 相同，但甲种煤粉留在筛子上的煤粉中较粗的颗粒比乙种多，而通过筛子的煤粉中较细的颗粒也比乙种多，则乙种煤粉较甲种煤粉均匀。由于粗颗粒多，不完全燃烧损失大；细颗粒多，则磨制时的电耗和金属磨耗大，因此燃用甲种煤的经济性较差。

煤粉的均匀性可以用均匀性指数 n 来表示。当 n＞1 时，过粗和过细的煤粉都比较少，中间尺寸的多，煤粉的颗粒分布就比较均匀；反之，当 n＜1 时，过粗和过细的煤粉都比较多，中间尺寸的少，煤粉的均匀性较差。所以，n 值一般要求接近于 1。不同制粉设备所制煤粉的 n 值可参考表 2-4。

表 2-4　不同制粉设备所制煤粉的 n 参考值

磨煤机型式	粗粉分离器型式	n 值	磨煤机型式	粗粉分离器型式	n 值
筒型球磨机	离心式	0.8～1.2	风扇磨	惯性式	0.7～0.8
	回转式	0.95～1.1		离心式	0.8～1.3
中速磨煤机	离心式	0.86		回转式	0.8～1.0
	回转式	1.2～1.4			

（二）燃料油

发电厂燃料油主要是石油提取汽油、煤油、柴油后剩下的残留物——重油和渣油，此外还有锅炉点火及助燃使用的燃油。其成分和煤一样，都是由 C、H、O、N、S、A 及 M 组成的。

重油和渣油中碳的含量为 84%～87%，氢的含量为 12%～14%，水分和灰分等杂质很少，发热量为 42000kJ/kg，很容易着火和燃烧，是一种优质燃料。重油和渣油在燃烧时几乎不存在炉内结渣和受热面磨损的问题，并且加热到一定温度就能流动，故输送控制方便。但其含硫量大，燃烧后易产生受热面腐蚀；燃烧产生的灰分很少且很细，故受热面的积灰现象比烧煤的锅炉严重。同时，因重油和渣油易着火，所以要严格管理，注意防火。

燃料油主要用于锅炉点火、低负荷和其他原因引起燃烧不稳时的助燃。

下面介绍燃料油的主要特性。

1. 黏度

黏度表示油流动时产生阻力的大小，是反映油流动性能的指标。黏度大，流动性差；黏度小，流动性好。油的黏度用运动黏度 v 表示。重油在常温下黏度很大，便于输送。锅炉在使用燃料油时，为了保证雾化质量，必须加热到 100℃ 左右，使油的运动黏度小于 $29.5\times10^{-6}m^2/s$。

2. 凝固点

液态油温降低，发生凝固时的温度称为凝固点。凝固点高的油将增加输送和管理的难度。重油的凝固点不是一个固定值，我国重油的凝固点一般在 15℃ 以上。

3. 闪点和燃点

提高油温会加速油气的挥发，当油面上的油气和空气混合到某一比例时，若有明火接近油面，就会发生短暂的蓝色火焰，此时的最低温度称为闪点。重油的闪点较高，一般为 80～130℃。对油持续加热，到一定温度后油会着火、燃烧，能使重油持续燃烧时的最低温度称为燃点或着火点。油的燃点一般要比它的闪点高 20～30℃。

闪点和燃点表明了油的着火燃烧性能，是重要的安全性指标，与油的贮存和运输的安全关系极大。闪点和燃点越低，发生着火甚至爆炸的危险性就越大。

二、煤粉燃烧

煤粉在锅炉炉膛内燃烧是一个复杂的物理化学反应。如何保证煤粉能够既安全又最大可能地多放出热量，是一个永恒的研究课题。

（一）煤粉在炉膛内的燃烧过程

煤粉的燃烧就是把原煤磨成煤粉用空气送入炉内，使其在悬浮状态下燃烧。

煤粉在炉膛内的燃烧过程大致分为三个阶段：着火阶段、燃烧阶段和燃尽阶段。其过程如下：煤粉颗粒由输送它们的空气喷入炉内后，受到炉内火焰、高温烟气的加热，温度升高，开始把水分蒸发掉，然后温度再升高，煤中的挥发分开始析出，并在煤粉颗粒周围燃烧放热，煤粉进一步加热，在析出挥发分后，煤粉颗粒就会变成高温的焦炭颗粒，并进一步燃烧，直到燃尽为止。煤粉在炉内燃烧按煤粉火炬的行程可划分三个区域，分别为着火区、燃烧区、燃尽区，但三个区域没有明显的分界面。具体来讲，燃烧器出口附近为着火区；炉膛中心与燃烧器附近同一标高的区域或稍高的区域属于燃烧区；高于燃烧区直至炉膛出口的区域则为燃尽区。

（二）煤粉完全燃烧的必要条件

煤粉在炉内的燃烧应在稳定燃烧的前提下，做到既迅速又完全，才能保证锅炉出力和锅炉效率。为此，必须具备下述条件。

1. 相当高的炉膛温度

燃烧是一种复杂的化学反应过程，随着温度的升高，反应过程也会变得迅速、强烈。在一定的温度范围内，炉温越高，燃烧越迅速，越有利于煤粉的燃烧。从燃烧的整个过程看，都需要高温条件，着火区周围的温度高，可以促使煤粉着火很快；在燃烧阶段形成的炉膛火焰中心温度高，则燃烧迅速而强烈；燃尽阶段温度也不宜低，否则少量残炭仍不能燃烧完全。对于燃用难于着火、燃烧的煤种，除用热风送粉外，还应将燃烧器区的一部分水冷壁用耐火材料遮盖，形成燃烧带（又叫卫燃带），以提高该区温度，有利于着火迅速。

2. 合适的空气量

每千克煤粉完全燃烧所需要的理论空气量能够计算出来，但不能保证炉膛中每一个可燃质分子都能充分接触到氧气，这将造成不完全燃烧损失。为了使煤颗粒完全燃烧，实际供应的空气量要大于理论空气量。但实际空气量大于理论空气量过多，又会导致排烟量过大而增大排烟热损失，还会降低炉温，影响煤粉着火和燃烧。因此，送入炉膛的空气量应保持在最佳范围内，也就是指各项热损失达到最小时的空气量。

3. 煤粉与空气的良好混合

为了使煤粉气流更快地加热到煤粉颗粒的着火温度，不能把煤粉燃尽所需空气一次性都与煤粉混合，而是应该用其中一部分空气运载煤粉，这一部分空气称一次风，其余的空气则称为二次风及三次风。

因此，在锅炉的燃烧技术上，多采用"两次混合燃烧"。第一次混合是指煤粉由一次风送入炉内的混合，即煤粉进入炉膛后，由于高温烟气的混入和炉膛辐射热的共同作用，其温度达到着火点时就开始着火、燃烧，因而一次风中的氧很快被消耗。第二次混合是二次风以高于一次风的速度喷入炉内，与煤粉混合形成强烈扰动，冲破或减少炭粒表面的烟气层和灰壳，将氧气强行扩散到炭粒的表面，与炭粒充分接触，迅速燃烧。

4. 足够的燃烧时间

燃烧反应虽然十分迅速，但总需要一定的时间。煤粉从燃烧器喷口喷出到炉膛出口的时间一般在 2～3s。由于在这段时间内煤粉在炉内必须完全燃掉，那么煤粉在炉内的停留时间就应该满足煤粉完全燃烧的时间要求，这样才能保证煤粉在离开炉膛之前完全燃烧。

煤粉在炉内的停留时间主要取决于炉膛容积和单位时间内炉膛内产生的烟气量。因此，炉膛的容积是保证燃烧时间的一个重要条件。

（三）锅炉燃烧空气量

1. 理论空气需要量

燃料燃烧所需要的氧，一般都取自空气。空气中氧的含量，按体积计为空气的 21%，按重量计为空气的 23.2%。理论空气需要量（简称理论空气量）是指 1kg（或 1Nm³）燃料完全燃烧而燃烧产物中又没有多余的氧存在时，所需要的空气量，用 V^0（Nm^3/kg）表示。

2. 实际空气需要量、过量空气系数

燃料在炉内燃烧时，由于许多因素的影响，不可能与空气理想混合。为了使燃料在炉内能够完全燃烧，实际供给的空气量 V^K（简称实际空气量）必须大于理论空气量 V^0。

过量空气系数就是指实际空气量与理论空气量之比，用 α 表示，即

$$\alpha = \frac{V^K}{V^0}, \quad \alpha > 1$$

过量空气量是指实际空气量与理论空气量的差值，用 ΔV 表示，即

$$\Delta V = V^K - V^0 = (\alpha - 1)V^0$$

由公式 $V^K = \alpha V^0$ 可知，对于相同成分的燃料，由于 V^0 相同，α 的大小就与 V^K 成正比例关系，所以 α 可表明实际空气量 V^K 的大小。例如，$\alpha = 1.25$ 表明燃料实际供给的空气量 $V^K = 1.25\,V^0$。

3. 过量空气系数的计算

当燃煤不要求计算精确的 α 数值时，可用下面的简化公式求 α。

$$\alpha = \frac{21}{21 - O_2}$$

由此式可知，当完全燃烧时，α 随 O_2 增大而增大。故通过监视烟气中的 O_2 值，同样可达到监视和控制入炉实际空气量的目的，而且烟气中的过量氧 O_2 与 α 的关系受煤种变化的影响很小。目前电厂锅炉已普遍采用氧量表来监测烟气中的含氧量 O_2。

对于电厂锅炉正常运行时，炉膛出口处 α_L'' 的大小，可参考表 2-5。α 的大小与燃烧设备、燃烧方式、燃料种类及运行条件都有关系。

表 2-5　炉膛出口处的过量空气系数 α_1'' 参考值

炉型	燃料	α_1''
固态排渣煤粉炉	无烟煤、贫煤 烟煤、褐煤	1.25 1.20
液态排渣煤粉炉	无烟煤、贫煤、烟煤、褐煤	1.15～1.20（单室炉） 1.10～1.15（双室炉）
旋风炉	无烟煤、贫煤、烟煤、褐煤	1.10～1.20
燃油炉、燃气炉	重油、天然气、石油气	1.15
链条炉	无烟煤、贫煤 烟煤、褐煤	1.50 1.30

4. 漏风系数的计算

由于煤粉锅炉一般都采用负压运行，也就是炉内压力略低于大气压力，在锅炉炉膛和烟

道的不严密处就有可能漏入外界的冷空气，从而使过量空气系数沿炉内烟气流程逐渐增大。

锅炉烟气通道出、进口处烟气的过量空气系数之差，或空气通道进、出口处空气量的差值与理论空气量之比，称为该通道的漏风系数，用 $\Delta\alpha$ 表示。

若设某段烟气通道出口处烟气的过量空气系数为 α''，进口处烟气的过量空气系数为 α'，则漏风系数 $\Delta\alpha$ 可由下式求得：

$$\Delta\alpha = \alpha'' - \alpha'$$

$$或\ \Delta\alpha = \frac{V_k'' - V_k'}{V^0}$$

式中：V_k' 指某段烟气通道进口处的空气量；V_k'' 指某段烟气通道出口处的空气量。

在锅炉正常运行时，炉膛及烟道各区段允许的漏风系数极限值应根据锅炉制造厂的规定进行控制，具体数值可参考表 2-6。

表 2-6　额定蒸发量下锅炉烟道各处的漏风系数 $\Delta\alpha$ 参考值

烟道名称	结构特性	$\Delta\alpha$	烟道名称	结构特性	$\Delta\alpha$
固态排渣炉膛	带有金属护板	0.05	直流锅炉过渡区		0.03
	不带金属护板	0.10	省煤器每一级	D＞50t/h	0.02
液态排渣炉膛		0.05	空气预热器	D＞50t/h，管式每一级	0.03
燃油、燃气炉膛	带有金属护板	0.05		D＞50t/h，回转式	0.20
	不带金属护板	0.08		板式每一级	0.10
负压旋风炉		0.03		D＞50t/h，电气式	0.10
凝渣管		0	除尘器	旋风式、多管式	0.05
屏式过热器		0			
对流过热器		0.03	炉后烟道	钢制的每 10m 长	0.01
再热器		0.03		砖砌的每 10m 长	0.05

需要指出的是由于空气预热器内空气的压力远远大于烟气的压力，从空气侧漏到烟气侧的空气量要多些，所以此处的漏风系数就大些。

【例题】已知某燃煤锅炉，运行中空气预热器前烟气中的氧量 O_2'=3.5%，空气预热器出口处烟气中的氧量 O_2''=7%，又知这台锅炉的理论空气需要量 V^0=5.5 Nm^3/kg，求这台锅炉空气预热器的漏风系数及漏风量是多少？

解：$\Delta\alpha = \alpha_{KY}'' - \alpha_{KY}' = \dfrac{21}{21-O_2''} - \dfrac{21}{21-O_2'} = 0.3$

$\Delta V = \Delta\alpha \cdot V^0 = 0.3 \times 5.5 = 1.65$（$Nm^3/kg$）

所以这台锅炉空气预热器的漏风系数为 0.3，漏风量为 1.65Nm^3/kg。查表 2-6 可知，此空气预热器漏风超标。

第二节　锅炉水循环及安全

不同的炉型水循环方式不同。按工质流动特性，锅炉可分为自然循环锅炉和强制循环锅炉，强制循环锅炉又可分为直流锅炉、控制循环锅炉和复合循环锅炉。这里主要介绍常用炉型的水循环及其安全。

一、锅炉蒸发系统

（一）锅炉蒸发设备

蒸发设备是锅炉的重要组成部分，不同的炉型其结构不同，但作用是一样的。它的作用是吸收燃料燃烧放出的热量，使水受热变成饱和蒸汽等。自然循环锅炉的蒸发设备由汽包、下降管、水冷壁、联箱及其连接管道组成一个循环回路，如图2-4所示。

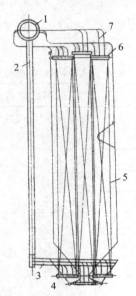

1—汽包；2—下降管；3—分配支管；4—下联箱；5—上升管；6—上联管；7—汽水引出管

图2-4　自然循环锅炉蒸发系统

由于锅炉的型式、容量、参数等不同，蒸发设备的组成及结构也不完全相同。现代高参数、大容量锅炉的蒸发设备特点如下：

①随着蒸汽压力提高，将饱和水变成饱和蒸汽所需的汽化热减少，这将造成对烟气的冷却不足，使炉膛出口处的烟温升高，容易引起炉膛出口处和水冷壁结渣。为了充分冷却烟气，将未饱和水送入汽包，增大给水欠焓，即水冷壁承担了省煤器加热水的一部分任务。

②随着锅炉容量的增加，炉膛容积也在增大，但是炉壁面积的增大赶不上炉膛容积的增大。为保证烟气充分冷却，防止结渣，现代高参数、大容量锅炉的水冷壁管中含汽量较大。

③压力越高，饱和水和饱和汽的密度差越小，对水循环影响越大。

（二）蒸发受热面安全工作条件

在炉膛高温火焰的强烈辐射下，蒸发受热面能否长期安全可靠地运行主要取决于管壁金属的温度工况。锅炉承压部件金属材料都有一个强度的极限允许温度，如20g钢的极限允许温度为460℃，12CrMo钢的极限允许温度为540℃……此外，若壁温周期性波动，即使壁温低于极限允许温度，管子也可能受交变热应力而产生疲劳破坏。

在一定热负荷下，管子外壁温度主要取决于管壁对工质的放热系数。蒸发受热面中工质的流动是以汽、水两种状态出现的两相流动，当管内汽水混合物流动正常时，由于沸腾水的放热系数很大，一般在 11.63～17.45kW/（m²·℃）左右，所以管壁温度只比饱和温度略高几度，管壁不会超温。但是，当管内汽水混合物流动不正常，水不能连续冲刷管子内壁时，工质的放热系数将显著降低，从而使管壁超温。

管内汽水混合物的流动情况，与水流速度、蒸汽在混合物中的含汽率、压力的高低和热负荷的大小等因素有关。在均匀受热的垂直上升管中，汽水混合物向上运动时的流动结构主要有汽泡状、汽弹状、汽柱状及雾状四种，如图2-5所示。

当受热面热负荷不大时，汽水混合物中的蒸汽含量较少，流速低，只在管壁上产生一些小汽泡，被水冲到管子中心随水一起向上流动，这种流动状态叫作汽泡状流动，如图 2-5 中 A 段所示。随着受热面热负荷加大，产生的蒸汽量增多，小汽泡合并成大汽泡，几乎占了管子的全部截面。由于密度不同，管中汽、水向上流动时，汽的流速总是大于水的流速，因而将汽泡逼迫成上小下大的子弹状，这种流动状态叫作汽弹状流动。这时弹状汽泡与管壁之间

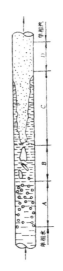

A—汽泡状流动；B—汽弹状流动；
C—汽柱状流动；D—雾状流动
图 2-5　汽水混合物的流动结构

被较薄的水层隔开，如图 2-5 中 B 段所示。受热面负荷再增加，蒸汽含量更大，这时蒸汽汇合成柱状沿中心流动，水在四周成环状沿管壁流动，这种流动状态叫作汽柱状流动，如图 2-5 中 C 段所示。受热面热负荷再增加，蒸汽含量和汽、水流速更大，这时管壁水膜很薄，高速汽流会将水膜撕破变成小水滴而均匀地分布在汽流中随之流动，因而汽、水形成雾状混合物，这种流动叫作雾状流动，如图 2-5 中 D 段所示。

上述四种流动状态是在热负荷和压力都不太高的条件下得出的，当压力提高或热负荷增大时，从一种流动状态转变为另一种流动状态的范围缩小，甚至完全消失。

当沸腾管中的流动状态为汽泡状、汽弹状、汽柱状时，其传热区域属于核态沸腾，此时管子内壁不断被水冲刷，管壁温度趋近管内工质的饱和温度或高出不多，管壁是安全的。

在高参数、大容量锅炉炉膛高热负荷区域的蒸发管中，有时会遇到沸腾传热恶化问题，当产生沸腾传热恶化现象时，蒸发管内壁直接与蒸汽接触，不再受到水膜的冷却，放热系数大幅度下降，管壁温度急剧升高，甚至管子过热烧坏。

第一类沸腾传热恶化发生在含汽量较小（汽泡状流动）和受热面热负荷特别大的区域。由于热负荷高，使管子内壁的整个面积都产生蒸汽，蒸汽来不及被管中水流带走因而在管子内壁面上覆盖了一层汽膜，发生第一类沸腾传热恶化，或称膜态沸腾，形成了管子中间是水，四周是汽的流动状态。此时壁温上升是相当快的。在该类传热恶化中起主要决定因素的是受热面的热负荷。对于电站锅炉来说，要达到临界热负荷，一般可能性不大。因此第一类传热恶化在电站锅炉中发生的可能性比较小。

第二类沸腾传热恶化发生在较高的热负荷下的汽柱状流动区域。当该区域管内汽水混合物中含汽率太高时，汽柱状流动的水膜很薄，容易被撕破或被"蒸干"而导致沸腾传热恶化。这时的流动状态是雾状流动。由于第二类沸腾传热恶化发生时的热负荷比第一类低得多，因此，

在现代大容量锅炉蒸发管中遇到的大都是第二类沸腾传热恶化。

在水平或倾角较小的蒸发管中，当汽水混合物流速很高时，其流动状态与垂直蒸发管大体相似，只是蒸汽稍靠管子上部，从而形成不对称流动。但在水平或微倾斜的蒸发管中，当流速较低时，则会出现上部是汽、下部是水的汽水分层流动状态，如图2-6所示。这种汽水分层现象可能造成管子上部和汽、水交界处管壁损坏。因此，自然循环锅炉的蒸发管应避免水平或倾斜角度较小的布置方式。

图 2-6   汽水分层流动状态

从上述汽水混合物的流动结构与传热区域可知，要保证受热蒸发管安全可靠地工作，必须保证良好的水循环对管壁进行有效地冷却。为此，管内汽水混合物应以一定流速连续流动，在管内维持一层稳定的连续水膜，同时对热负荷也应有所限制，避免沸腾传热恶化提前发生。

二、自然水循环及安全

（一）自然水循环的形成

在自然水循环回路中，冷态时上升管和下降管都是温度相同的水，管中的水是不流动的。在锅炉运行时，上升管受热，管中的水被加热到饱和温度并产生部分蒸汽；下降管布置在炉外不受热，管内为饱和水或未饱和水。因此，上升管中汽水混合物的密度小于下降管中水的密度，在下联箱两侧产生液柱的重位压差，此压差推动汽水混合物沿上升管向上流动，水沿下降管向下流动，从而形成自然循环。在这个流动过程中，蒸汽只流经回路的一部分，由上升管进入汽包后就被分离送出；而汽水混合物中的水在汽包内被分离出来后，又流入下降管继续在回路中循环流动，直至变成蒸汽。

随着锅炉工作压力的增高，蒸汽和汽水混合物的密度差减小，组织稳定的水循环就趋向困难。理论和实践证明，对于饱和蒸汽压力为19MPa及以下的锅炉，可继续采用自然循环。但压力再高就很难保证水循环稳定，这时，必须采用强制流动，利用水泵的压头推动工质流动，如直流锅炉或强制循环锅炉。

（二）自然水循环的可靠性指标

1. 循环流速 ω_0

良好的水循环要求受热上升管中的汽水混合物必须以一定流速连续流动。循环回路中，上升管入口按工作压力下饱和水密度折算的水流速度称为循环流速。

在稳定流动时，循环流速不变。循环流速的大小直接反映了管内流动的水将管外传入的热量及所产生的蒸汽泡带走的能力，流速大，工质放热系数大，带走的热量多，因此管壁的散热条件好，金属不会超温。所以，循环流速是判断水循环安全的重要指标之一。

2. 循环倍率 K

在循环回路中，进入上升管的循环水量 G 与上升管出口产生的蒸汽量 D 之比，称为循环倍率，即 $K=\dfrac{G}{D}$，K 的倒数称为上升管质量含汽率或汽水混合物的干度 X，即 $X=\dfrac{1}{K}=\dfrac{D}{G}$。

一般循环倍率不得低于界限值，即界限循环倍率（不引起水循环失常的最小循环倍率称为界限循环倍率）。

3. 自补偿能力

在一定的循环倍率范围内，当自然循环回路上升管吸热增加时，循环流速和循环水量随之增加；而上升管受热减弱时，循环流速和循环水量随之降低，这种特性叫作自补偿特性或自补偿能力。很显然，这一特性不但对水循环安全是有利的，而且也是自然循环的一大优点。

对应图 2-7 上最大循环流速时的上升管质量含汽率 x 称为界限含汽率 x_{jx}，与界限含汽率相对应的循环倍率称为界限循环倍率 K_{jx}。当循环倍率大于界限循环倍率时，运行中负荷发生变化，循环具有自补偿能力。反之，循环倍率在低于界限循环倍率的情况下运行，循环失去自补偿能力。

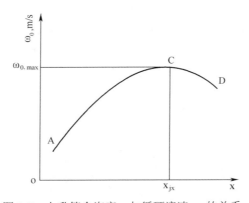

图 2-7 上升管含汽率 x 与循环流速 ω_0 的关系

为了保证蒸发受热面能得到良好的冷却，以避免出现不稳定流动，循环倍率的数值不应太小，因而推荐的循环倍率应比界限循环倍率大一定数值。

对于各种参数的常用锅炉，其循环倍率及界限循环倍率的数值规定见表 2-7。

表 2-7　界限循环倍率及推荐循环倍率

汽包压力（MPa）	4～6	10～12	14～15	17～19
锅炉蒸发量（t/h）	35～240	160～420	185～670	≥800
界限循环倍率 K_{jx}	8～10	5	3	≥2.5
推荐循环倍率 K_{tj}	15～25	8～15	5～8	4～6
循环流速 ω_0	0.5～1	1～1.5	1～1.5	1.5～2.5

（三）自然水循环常见故障及采取的措施

1. 自然水循环常见故障

锅炉运行中，由于各方面的原因，自然水循环可能出现一些不安全的情况。自然水循环的故障包括上升管中的工质产生循环停滞、循环倒流、沸腾传热恶化及下降管含汽等。

（1）循环停滞、循环倒流和沸腾传热恶化

锅炉的每个循环回路都有许多并列上升管和公共下降管组成，并都具有自补偿特性。当并列上升管受热不均时，各并列管间流量分配也遵循自补偿特性：受热强的管产汽量多，运动压头大，循环流速高；受热弱的管产汽量少，运动压头小，循环流速低。

假定在某一循环回路中，管子受热减弱，弱到一定程度后，就会出现循环停滞、倒流。对于水平或微倾斜管，若循环流速太低将出现汽水分层。

与此相反，个别受热太强的管，当管内质量含汽率超过一定限度时，将导致沸腾传热恶化。

1）循环停滞

并列上升管受热不均时，受热较弱的管产汽量少，循环流速低。当循环流速接近或等于零，进入该上升管的循环水量 G 仅只能补充该管所蒸发的水量时，称为循环停滞。

当直接引入汽包水空间的上升管发生循环停滞时，管中产生的蒸汽会逐渐向上积聚形成很大的汽塞。当直接引入汽包汽空间的上升管发生循环停滞时，水将停留在上升管一定的部位上，形成自由水面。

停滞的上升管中，水几乎不流动，少量汽泡穿过静止的水层向上浮动。热量的传递主要依靠导热，虽然停滞管的热负荷较低，但由于热量不能及时带走，管壁仍可能超温。此外，由于水的不断蒸干，水的含盐浓度增加，又会引起管壁结盐和腐蚀。

在形成自由水面的管子里，水面以上的受热管段只有少量蒸汽缓慢流动，冷却条件恶化，壁温迅速升高，易超温爆管。同时，由于水面不断波动，在水面附近管壁与汽、水交替接触，壁温不断变动所产生的交变热应力会使管子疲劳损坏。

2）循环倒流

在受热较弱的上升管中，当循环流速为负值即工质反向流动时，称为循环倒流。

循环倒流发生在引入汽包水空间的上升管。倒流发生时，如果倒流水量很大，而蒸汽量不大，这时倒流的水能将蒸汽带着往下运动；如果倒流管中蒸汽量较多，蒸汽向上的速度大于倒流水速，就直接向上运动进入汽包。这两种情况中，倒流管都能得到水膜良好的冷却，工作是安全的。但是当蒸汽向上的流速与倒流水速相近时，下降的水速不足以将汽泡带着向下流动，却阻止汽泡上浮。这些处于停滞或流动很缓慢的汽泡会逐渐积聚、增大，形成汽塞。汽塞忽上忽下的缓慢运动与壁温的交替变化，将导致管壁超温或疲劳损坏。

实践证明，对有上下联箱的循环回路或汽包压力 P≥13.7MPa 的锅炉发生循环停滞和循环倒流的可能性不大。特别是锅炉压力越高、容量越大时，由于上升管单位截面蒸发量越来越大，管中含汽率很高，循环安全问题已从受热弱的管子转化到受热强的管子上，即设法不发生沸腾传热恶化。

3）沸腾传热恶化

高参数、大容量锅炉由于上升管的含汽率较高，在上升管出口可能出现"蒸干"传热恶化。因此，对于汽包压力 P=16.7MPa～18.6MPa 的锅炉和汽包压力 P=13.7MPa～15.7MPa 而循环倍率 K≤4 的锅炉，应对上升管组中受热最强的管进行校验。不发生沸腾传热恶化的条件：受热最强管出口质量含汽率小于临界质量含汽率。

临界质量含汽率 x_{1j} 为蒸发管在一定条件下发生沸腾传热恶化的最小质量含汽率。

（2）下降管含汽

下降管含汽，管内工质的平均密度减小，重位压差减小。同时，由于工质的平均容积流量增加，流速增加，加之蒸汽密度较小，有向上流动的趋势，因而增大了下降管的流动阻力。结果使克服上升管阻力的能力减小，循环回路压差降低，循环流速减小，增大出现循环停滞、循环倒流、自由水面等不正常流动现象的可能。此外，如果蒸汽带入下联箱，则可能引起上升管汽量分配不均，导致上升管流量分配不均，使偏差管的工作条件恶化。因此，应尽量避免或减少下降管含汽。

下降管含汽的原因：在下降管入口锅水自汽化、下降管进口截面上部形成旋涡斗、汽包水室含汽，同时运行中下降管受热也会造成下降管含汽。

1）下降管入口锅水自汽化

当下降管进口处的压力低于汽包工作压力时，流入下降管的饱和水将部分自行汽化，产生的蒸汽就会被带入下降管，导致下降管含汽。

2）下降管进口截面上部形成旋涡斗

汽包内的水在流入下降管的过程中，由于流动方向和流动速度的突然变化，在管口处产生旋转涡流，涡流中心区是一个低压区，水面降低形成空心旋涡斗。如果斗底根深甚至进入下降管，则蒸汽就会由旋涡中心被吸入下降管。

下降管截面上部水柱高度、下降管进口流速、管径及汽包内水的流速等都将影响旋涡斗的形成；水位越低、进口流速越高、管径越大则越容易形成旋涡斗。

高参数、大容量锅炉的下降管流速较高，又普遍采用大直径下降管，因此形成旋涡斗的可能性很大。为了消除旋涡斗，在下降管进口截面上部加装格栅或十字板，以破坏旋涡斗的形成。

3）汽包水室含汽

汽包水室总是或多或少地含有蒸汽，而且蒸汽很可能被带入下降管，这是下降管含汽原因中最普遍存在的问题。含汽量的多少，主要取决于汽水混合物引入汽包的方式和流向下降管的水流速度。当采用锅内旋风分离器时，可以减少进入锅水中的汽泡量，并且水面波动和撞击减小，下降管含汽量减少。分散布置下降管并采用较低流速，也可以减少蒸汽携带。

对于亚临界压力自然循环锅炉，下降管含汽的主要原因是汽包水室含汽和旋涡斗。由于压力高，汽水分离困难，从汽水分离器中出来的水含有汽。另外，采用大直径集中下降管，蒸汽在水中的上浮速度较小，下降管进口流速又比较大，故下降管含汽是很难避免的。运行中下降管受热也将导致下降管含汽。

为防止集中下降管含汽，现代大容量、高参数锅炉也采用在汽包内部装设下降管注水装置，将省煤器来的给水部分直接送入下降管入口处。

2. 提高自然循环安全性的措施

已知并列上升管受热不均是造成循环故障的主要原因，可以说自然循环的安全性在很大程度上取决于并列上升管受热的均匀程度；另外提高循环回路的运动压头，降低回路的流动阻力，可以保证足够的循环流速，即保证上升管具有良好的冷却条件。提高自然循环的安全可靠性，正应当从上述两个基本方面着手，为此可以在循环回路的结构、布置和运行上采取一些具体措施。

（1）减小并列上升管的受热不均

由于炉内热负荷分布的不均匀性，造成炉膛中不同部位的水冷壁管受热情况不同，一般中间部位的水冷壁受热较强，尤其是燃烧器附近区域的热负荷最大，而炉角管和炉膛下部受热最弱。炉内热负荷的分布取决于燃料性质、燃烧器的布置、炉膛截面形状及大小，以及燃烧工况等。燃烧器四角布置呈切圆燃烧时，炉内负荷的分布比较均匀；对于容易着火的燃料、燃烧器数目较少或单只燃烧器出力较大时，燃烧放热比较集中，则热负荷分布的不均匀性较大。

为减小并列上升管的受热不均，现代锅炉除了在结构和布置上采取措施外，在运行上采取的措施如下：①保持炉膛火焰中心的正确位置，减小火焰偏斜；②保持水冷壁的清洁，及时吹灰打渣；③避免锅炉长期低负荷运行，因为低负荷运行投入的燃烧器较少，炉温较低且分布不均匀，火焰充满程度差，因而造成水冷壁受热不均的程度相对较大。

由于高参数、大容量锅炉蒸发受热面的主要故障是沸腾传热恶化，因此对沸腾传恶化的防护途径，一是防止沸腾传热恶化的发生，二是把沸腾传热恶化的发生位置推移至热负荷较低处，使其管壁温度不超过允许值。具体措施有以下几项：

1）保持一定的质量流速。提高质量流速，可以大幅度地降低传热恶化时的管壁温度，还可以提高临界含汽率，使传热恶化的位置向低热负荷区移动或移出水冷壁工作范围而不发生传热恶化。

2）降低受热面局部热负荷。降低受热面局部热负荷的措施：①多投入燃烧器以减少每只燃烧器的热负荷；②防止火焰直接冲刷炉墙；③采用炉膛烟气再循环；④降低炉内烟气温度水平。

3）在高热负荷区水冷壁采用内螺纹管或扰流子。

（2）降低下降管和汽水引出管的流动阻力

降低下降管和汽水引出管的流动阻力，可以提高循环流速，即提高上升管的工质流速，有利于上升管的安全工作。为此运行方面应尽量防止或减少下降管含汽，以避免下降管的流动阻力增大，使下降管不受热；维持汽包正常水位，通过运行调整来避免水位过低或水位波动剧烈时造成下降管带汽；保持负荷及汽压的稳定，控制负荷变化的速度，防止负荷突增或汽压突降造成下降管入口锅水自汽化等。

三、直流锅炉水循环及安全

（一）直流锅炉的工作原理和特点

1. 工作原理

直流锅炉没有汽包，给水在给水泵压头的推动下，一次流过省煤器、水冷器、过热器，完成水的加热、汽化和蒸汽过热过程，其循环倍率（水冷壁的进口水量与水冷壁的出口蒸汽量之比）$K=1$。直流锅炉的工作原理和在低于临界压力的工质参数变化如图 2-8 所示。

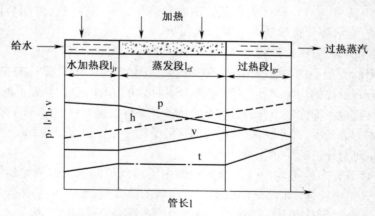

图 2-8　直流锅炉的工作原理和参数变化示意图

2. 特点

由于直流锅炉蒸发受热面内的工质流动是受迫流动，水冷壁允许有较大的压力降。直流锅炉在结构上没有汽包，因此与汽包锅炉相比它有下述特点：

（1）由于没有汽包，水冷壁可采用小管径，所以节省钢材，制造、运输和安装也较方便。

（2）工质压力不受限制，适宜于超高压以上锅炉。自然循环锅炉的压力不宜超过18.6MPa。

（3）水冷壁受热面布置灵活，容易满足炉膛结构的要求。

（4）在启、停过程中不受汽包应力限制，因而可提高启动和停炉速度。冷炉点火后约40～45min就可供给汽轮机额定参数的过热蒸汽，而一般自然循环锅炉需8～10h左右。

（5）水的加热、蒸发和过热受热面没有固定的界限，若燃料量和给水量比例失调，则将导致蒸温度变化很大。而且直流锅炉的储热能力小，当锅炉负荷变化时，蒸汽压力变化速度比较快。由此可见，直流锅炉要求具有更灵敏的控制技术和调节系统。

（6）由于直流锅炉不能进行锅内蒸汽净化，给水中的盐量将会沉积在锅炉受热面上或被蒸汽带走沉积在汽轮机的通流部分。因此，给水品质要求高，这将增大水处理系统的投资和运行费用。

（7）直流锅炉蒸发受热面中会出现流动不稳定和脉动等特有的问题，在高热负荷、高含汽的条件下，还会发生沸腾传热恶化，这些都将影响到锅炉的安全运行。

（8）由于蒸发受热面内的工质流动是靠给水泵的压头推动的，并且需要较高的给水泵压头，因而泵的电耗增大。

（9）启动时自然循环锅炉中的蒸发受热面是靠自然水循环得到冷却保护，而直流锅炉应有专门的启动旁路系统，以保证能有足够的水量通过蒸发受热面，保护受热面管壁不致被烧坏。

（二）直流锅炉蒸发受热面安全

直流锅炉蒸发受热面的安全问题包括水动力特性、流体的脉动、蒸发受热面的热偏差、蒸发受热面的沸腾传热恶化等，下面作简要介绍。

1．直流锅炉的水动力特性

（1）水动力特性的概念

水动力特性是指在一定的热负荷下，在强制流动的蒸发受热面管屏中，工质流量 G 与管屏进出口压差（即流动阻力和流动压降）ΔP 之间的关系，如图2-9所示。

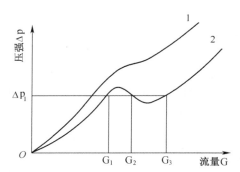

1—稳定的水动力特性曲线；2—不稳定的水动力特性曲线

图2-9　水动力特性曲线

如果对应于一个压差只有一个流量，则这样的水动力特性是稳定的，或者说是单值的，如图2-9曲线1所示。当管中的工质为单相流体（只是水或只是蒸汽）时，就属于这种情况。

如果对应于一个压差可能有两个甚至三个流量，则这样的水动力特性是不稳定的，或者说是多值性的，如图 2-9 曲线 2 所示。当管中的工质为双相流体（汽水混合物）时，就可能出现这种情况。这种情况会使并联各管屏出口的工质状态参数产生较大变化。

当产生不稳定流动特性时，并联工作的各蒸发受热面管子是不安全的。因为这时管屏进出口端的压差虽然相等、管屏的总流量不变，但是管屏的各根管子中的流量却不相同，而且可能相差很远，此时流量小的管子出口温度可能过高，管壁有超温的危险。同时各管的流量还可能随时间而呈非周期性变化，工质流量时大时小，蒸发点随之前后移动，这将使蒸发点附近管屏金属温度经常波动，容易引起管屏金属的疲劳损坏。

（2）水平管圈中的水动力特性

水平围绕管带、水平迂回管带及螺旋式水冷壁，都可按水平布置的管圈（泛指管带、管屏，有时指单根管子）来分析。在水平布置的蒸发受热面中，由于管子很长而管屏的高度相对较小，即与流动阻力相比较重位压头相对较小，因此可忽略重位压头的影响，而认为管子进出口两端的压差就等于流动阻力。产生不稳定水动力特性的根本原因是水与汽的比容存在着差别。此外，管子进口的工质状态也是一个重要的影响因素。

（3）垂直管屏中的水动力特性

垂直管屏包括多次垂直上升管屏、直立迂回管带及一次垂直上升管屏，现以一次垂直上升管屏为例进行说明。

由于垂直管屏的高度相对较高，因而分析其水动力特性时，必须同时考虑流动阻力和重位压头与流量之间的关系。

对于一次垂直上升管屏，其重位压头为 $\Delta p_{zw}=H\rho_{qs}g$，其中管屏高度 H 是不变的，而工质的密度 ρ_{qs} 在热负荷一定时，总是随着流量 G 的增加而增大，因而重位压头 Δp_{zw} 随流量增加而成单值性的增大。而流动阻力与流量之间的关系，在高压以上尤其在超高压以上时往往是单值性的，在这种情况下水动力特性是稳定的。在压力较低时，流动阻力与流量之间的关系可能是多值性的，但是加上重位压头的影响后，其总的阻力特性仍然是多值的，所以一次垂直上升管屏的水动力特性是稳定的。

但是，由于并联各管的受热不均匀性，在这种管屏中可能产生类似自然循环锅炉中的停滞和倒流现象。

（4）消除或减轻水动力不稳定性的一些方法

1）适当减小蒸发受热面进口水的欠焓。当进口水的欠焓为零，即进口水为饱和水时，管中就不存在加热区段，在一定的热负荷下，管内蒸汽产量不再变化，因而管中流量与流动阻力成单一变化关系，而与工质的平均比容基本无关。所以，进口水的欠焓越小，即进口水温越接近相应压力下的饱和温度，则水动力特性越趋于稳定。但是，进口欠焓过小也是不合适的，因为在这种情况下，工质稍有变动，管屏进口处就可能有蒸汽产生，这样会引起进口联箱至各管的蒸汽流量分配不均，容易增大热偏差。

2）增加加热区段的阻力。在进口水相同的欠焓下，如果增加加热区段的阻力，压降增大，水很快就会达到饱和温度，则加热区段将缩短，这样与进口水欠焓的道理一样，可以相应减小平均比容的变化对水动力特性的影响，水动力特性趋于稳定。增加加热区段阻力的办法一般是在并联各管的进口加装节流圈。这样，虽然总的流动阻力增加，但能使水动力特性稳定；另一个办法是在进口处采用小管径，然后逐级扩大。小管径的阻力大，与节流圈的作用相似。

3）加装呼吸箱。在蒸发区段用连接管将各并联蒸发管连通至一公共联箱——呼吸箱，当管屏发生不稳定流动时，各并联管中的流量不同，故沿管长的压力分布也不同。在相同管长处，流量小的管子中的压力较高，而流量大的管子中的压力较低，于是工质便从流量小的管子通过呼吸箱流入流量大的管子，因而进口联箱中流入小流量管子的流量增加而流入大流量管子的流量减小，从而使管屏中各级的压力和流量逐渐趋于平衡。实践证明，呼吸箱装在管间压差较大的地方，即含汽率 x 大约为 0.1～0.15 的部位效果较好。

如上所述，产生不稳定的水动力特性的根本原因是蒸汽与水的比容存在着差别。当锅炉工作压力提高时，汽、水的比容差减小，平均比容变化的影响也减小，因而水动力特性将趋于稳定。

2. 直流锅炉流体的脉动

（1）脉动的概念

脉动现象是指蒸发受热面中流量随时间周期性发生变化的现象。

当锅炉工况不正常时，并联工作的某些管子进口水流量周期性地大于或小于各管的平均水流量，其出口的蒸汽量也发生周期性的相反变化，即进口水流量与出口蒸汽量的变化有 180°的相位差，由于流量脉动又引起管子出口处过热汽温的周期性波动，如图 2-10 所示。

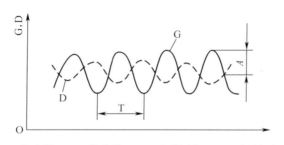

G—给水量；D—蒸汽量；T—脉动周期；A—脉动振幅

图 2-10　脉动现象

发生脉动时将导致管壁温度周期性的波动，引起金属的疲劳损坏。此外，脉动时并联各管会出现较大的热偏差，管壁金属容易过热烧坏。

产生脉动的外因是并联管中的某些管子蒸发段始端热负荷变化，内因是储热量周期性地储、放，而根本原因是水与蒸汽的比容存在着差异。

直流锅炉的脉动现象有三种形式，分别为全炉脉动、管屏（管带）间脉动和管间脉动。

全炉脉动是指整个锅炉并联管子中的流量随时间同时发生周期性的波动，它与给水泵的特性有关。当给水泵供水量发生周期性波动时，就会引起全炉脉动。故选择合适特性的给水泵，全炉脉动便会减轻或不发生。管屏（管带）间脉动是指并联管屏（管带）间的流量脉动，而管间脉动则是指同一管屏（管带）中各管之间的流量脉动。

（2）防止脉动的措施

1）保持较高的质量流速。当管圈进口工质流速相当高时，由于热负荷突增而产生的蒸汽很快就被带走，这样就不会形成较大的局部压力，也就不会有明显的脉动现象。因此，锅炉启动时，蒸发管圈内必须建立足够的启动流量。

2）提高加热区段的流动阻力。提高加热区段的流动阻力就等于相对提高了管圈进口处的压力。这样，当蒸发开始区段出现局部压力升高时，对进口工质流量的影响较小，则可以加快把工质推向出口，使局部压力不致升得很高或很快消失。由此可见，提高加热区段阻力的实质是提高加热区段与蒸发区段阻力的比值。提高加热区段阻力的方法是在加热段各管进口加装节流圈，或者在加热段采用小管径。

3）蒸发区段加装中间联箱或呼吸箱。该措施对平衡并联各管内的压力波动，避免局部压力升高和防止脉动是有效的。

4）结构和运行上的措施。结构方面应使并联各管的长度、直径、弯曲等情况尽可能相同，以减小结构偏差引起的流量偏差；在运行方面，应尽可能保持燃烧工况稳定和并使炉内温度分布均匀。

5）采用较高的锅炉工作压力。压力越高，水和汽的比容越接近，就不容易出现脉动。实践证明，压力在 13.7MPa 以上时，不会发生脉动现象。但是，超高压以上的直流锅炉在启动时因压力较低仍可能产生脉动，因而应保持较高的启动压力。

3. 直流锅炉蒸发受热面的热偏差

在蒸发受热面各并联管子中，由于管圈结构上的差异、在炉膛内受热情况和工质流量的不同，会导致某些管子出口工质的温度和焓增高于整个管组的平均数值，这种现象称为热偏差。热偏差严重时可能造成个别管子超温而损坏，也可能发生工质脉动和水动力不稳定，所以运行中应尽力降低水冷壁管热偏差。

（1）影响热偏差的因素

直流锅炉蒸发受热面热偏差的影响因素有受热不均和工质流量不均两个方面。

1）受热不均

直流锅炉蒸发受热面的受热不均是由于受锅炉运行工况以及受热面的布置与结构等因素的影响，导致炉膛中烟气（火焰）温度分布不均匀。这就使得炉膛内的受热面在宽度、深度和高度方向的热负荷不均。一般来说，垂直管屏的热负荷不均匀程度大于水平管圈。

锅炉运行中，如发生炉膛结渣及火焰偏斜等情况，会造成较大的热负荷不均，严重时受热面之间的热负荷相差好几倍。

需要指出的是，直流锅炉蒸发受热面的受热不均匀对热偏差的影响与自然循环锅炉不同，直流锅炉的工质流动没有自补偿特性，蒸发受热面中受热较强的管子产生的蒸汽量增多，工质比容增大，流动阻力增大，因而管内流量减小；而流量减小反过来又使工质焓增更大，比容更大。这样会使热偏差达到相当严重的程度。由此可见，直流锅炉蒸发受热面的受热不均，不但会造成热偏差，而且还会通过对工质流量的影响扩大热偏差，这对管壁安全不利。

2）工质流量不均

工质流量不均是由于并联各管的流动阻力不等、沿联箱长度的压力分布不同，以及各管间的重位压头不同而造成的。水动力不稳定和脉动也是造成工质流量不均的原因。另外，受热不均也会引起工质流量不均。当工质采用多点引入和引出联箱时，沿联箱长度的压力变化对流量不均影响很小，一般不予考虑。故仅分析流动阻力和重位压头的影响。

流动阻力对热偏差的影响：对于水平围绕管圈，因重位压头的影响相对很小，故只需考虑流动阻力的影响。由于两相流体的比容随焓值的增加而剧烈增加，当并列各管受热不均时，将引起工质流量不均。例如当某根管子热负荷较大时，管中工质的平均比容随焓值的增大而剧烈地增大，导致流动阻力增大，流量减小，而该管中流量减小，又进一步增大工质的焓和比容，这样就会使热偏差达到相当严重的程度。此外，由于管中流量减小，流速降低，不仅造成管壁内侧放热系数降低，而且在水平或微倾斜管中还可能发生汽水分层流动等不正常工况，导致管壁金属温度升高而损坏。

重位压头的影响：在垂直上升管屏中，必须考虑重位压头的影响。锅炉在高负荷运行时工质流速较高，如果某些偏差管的热负荷偏高，则偏差管中工质平均比容增大，引起流动阻力增大，流量减少；但另一方面由于偏差管中工质密度的减小，重位压头减小，又会促使流量增大。因此，此时重位压头有助于减小热偏差。然而，当锅炉在低负荷运行或启停工况时，重位压头在总压降中占主要部分，在受热弱的管子中，由于工质密度很大，重位压头很大，因而在这些管子中可能发生流动停滞，故这时重位压头会引起不利的影响。

（2）减小热偏差的措施

在运行操作上应保证火焰中心不偏斜，烟气不冲刷水冷壁，炉内负荷尽量均匀，并防止受热面积灰和结渣。

在结构设计上采取下列措施：

1）加装节流圈。在并联各蒸发管进口加装节流圈或在管屏进口加装节流阀可以减小热偏差。在蒸发管进口加装节流圈后，等于增大了每根管的流动阻力。当阻力系数一定时，由于阻力与流量的平方成正比，故原来流量小的管子有较小的阻力增量。在同一管屏中，各蒸发管是并列连接在公共进出口联箱上，各根管两端的引出量必须相等。要满足该条件，则原来流量大的管子必须减小流量，而原来流量小的管子必须增大流量。这样，就使各管流量趋于均衡，即管屏中的流量不均较小。当在管屏进口装设节流阀时，其开度应使热负荷大的管屏具有较大的进水流量，以防止各管屏间出现过大的热偏差。

2）将蒸发受热面分成若干并联回路。减少同一管屏的并联管子根数和管屏宽度，则在同样的炉膛温度分布情况下，可使各管之间的受热不均和流量不均减小，因而可减小热偏差。例如 1000t/h 直流锅炉的下辐射区分成 48 个独立管屏，每个管屏仅宽 1m 左右。

3）使工质进行中间混合。在水冷壁系统中装设中间混合联箱或混合器，工质在其中进行充分混合，然后进入下一级受热面，这样前一级的热偏差不会延续到下一级，工质进入下一级时的焓值比较均匀，因而可减小热偏差。

4）采用较高的工质质量流速。采用较高的工质质量流速可以降低管壁温度，偏差管不致过热。对于垂直管屏，由于其重位压头较大，如果质量流速过低，则在低负荷运行时容易因受热不均而引起不正常的工况，因而其工质的质量流速采用的较大。

4. 直流锅炉蒸发受热面的沸腾传热恶化

（1）影响沸腾传热恶化的因素

在直流锅炉蒸发管中，工质状态经过泡状、环状和雾状流动而到单相蒸汽。从水膜蒸干起至进入雾状流动这一阶段，工质对管子冷却能力急剧减弱，使管壁金属温度迅速升高，也就产生了沸腾传热恶化。直流锅炉蒸发受热面中的沸腾传热恶化是不可避免的。

直流锅炉蒸发受热面沸腾传热恶化的主要影响因素有工质的质量流速、工作压力、热负荷和工质含汽率等，并常以界限含汽率 x_{jx} 作为判断沸腾传热恶化出现的界限。工作压力增高时，饱和水的密度和表面张力均减小，管子内壁上的水膜容易被撕破，导致壁温升高。热负荷增大时，欠焓核心数目增多，容易形成传热恶化的贴壁汽膜。工质的质量流速 ρ_ω 的影响具有两重性。当质量流速增大时，一方面使水膜的扰动增强，水膜稳定性降低；另一方面传热能力增强，容易带走贴壁的汽泡。实践证明，后者（即有利于防止传热恶化的方面）的影响较大。

因此，当热负荷增大、工作压力增高、工质质量流速降低时，界限含汽率 x_{jx} 减小，也就是沸腾传热开始恶化的地点提前（即靠近高热负荷区）；反之，则 x_{jx} 增大，也就是推迟沸腾传热恶化的出现（即远离高热负荷区）。

（2）防止沸腾传热恶化的措施

防止沸腾传热恶化的问题就是如何改善沸腾传热工况，增强对管壁的冷却，或者设法推迟开始发生沸腾传热恶化的地点，使它远离高热负荷区，从而降低管壁温升的程度，使之不超过容许值。

目前在结构和设计方面采取的防止措施如下：

1）保证足够的工质质量流速。实践证明，适当提高工质的质量流速，可以改善管壁的传热工况，对降低管壁的温升程度十分有效。

2）采用内螺纹管。实践证明，在可能发生传热恶化的高热负荷区的蒸发受热面采用内螺纹管，对防止沸腾传热恶化效果较好。目前多数大容量直流锅炉都采用了这种技术，例如3099/27.56 型超超临界直流锅炉就是采用这种技术。

3）加装扰流子。扰流子是装在蒸发受热面管内扭成螺旋状的金属片，如图 2-11 所示。加装扰流子后，工作中心及沿管壁流体因受扰动而混合比较充分，不易在壁面上形成汽膜。它在推迟沸腾传热恶化和降低壁温方面所起的作用与内螺纹管相似，但在强化传热方面不及内螺纹管。

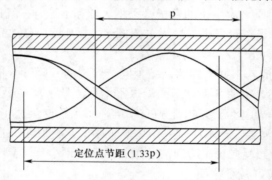

图 2-11　扰流子（p—螺距）

4）采用小出力燃烧器。采用多只燃烧器，并采取分散的布置方式，可以分散热负荷。但是，在实际运行中，特别是在启、停炉过程中，炉膛热负荷较高的燃烧器区域，仍有可能出现沸腾传热恶化。所以，在运行中还应采取下列措施：一是在总燃料量不变的情况下，沿炉膛高度方向尽可能多投燃烧器，以分散热负荷；二是正确调整燃烧，减小炉内火焰偏斜等；三是尽量避免低负荷下长时间运行，并经常对水冷壁温度进行监视。

四、控制循环锅炉、复合循环锅炉水循环及安全

（一）控制循环锅炉的工作原理及特点

1. 控制循环锅炉的工作原理

控制循环锅炉是在自然循环锅炉的基础上发展而成的。它在循环回路的下降管上装置了循环泵，如图 2-12（a）所示。其工质流程：给水在省煤器中加热后送进汽包；汽包中的锅水经下降管、循环泵、水包（下联箱）进入水冷壁，在水冷壁中吸热、汽化，形成汽水混合物后送入汽包；在汽包中进行汽水分离，分离出的蒸汽从汽包上部引出送入过热器；分离出的水与省煤器来的给水混合后进入下降管，再进行循环。可见，工质的循环是靠下降管内水和水冷壁内汽水混合物的密度差产生的压力差，以及循环泵的压头来推动的。因此控制循环锅炉的水循环推动力要比自然水循环推动力大得多（大 5 倍左右），这样控制循环锅炉能克服较大的流动阻力，并由此带来了控制循环的一些特点。

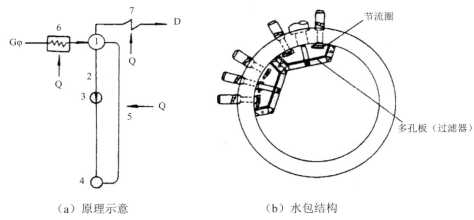

（a）原理示意　　　　　　　　（b）水包结构

1—汽包；2—下降管；3—循环泵；4—水包；5—水冷壁；6—省煤器；7—过热器

图 2-12　控制循环锅炉

2．控制循环锅炉的特点

水冷壁布置较自由，可根据锅炉结构采用较好的布置方案：

（1）水冷壁可采用较小的管径，一般为 42～51mm。因管径小、厚度薄，所以可减少锅炉的金属消耗量。

（2）水冷壁管内工质质量流速较大，$\rho_\omega=900～1500kg/（m^2 \cdot s）$，对管子的冷却条件好，因而循环倍率较小，一般 K=3～4（若在热负荷高的区域水冷壁管采用内螺纹管，循环倍率可减小至 2 左右）。但由于工质质量流速大，流动阻力较大。

（3）水冷壁下联箱的直径较大（俗称水包），在水包里装置有滤网和在水冷壁的进口装置有不同孔径的节流圈，如图 2-12（b）所示。装置滤网的作用是防止杂物进入水冷壁管内。装置节流圈的目的是合理分配并联管的工质流量，以减小水冷壁的热偏差。

（4）汽包尺寸小。因循环倍率低，循环水量少，可采用分离效果较好而尺寸较小的汽水分离器（蜗轮式分离器）。例如配 300MW 机组 1025t/h 亚临界压力自然循环锅炉的汽包内径为 1792mm、长为 22.25m，而控制循环锅炉的汽包内径为 1728mm、长为 16m。

（5）控制循环锅炉汽包低水位时造成的影响较小。汽包水位即使降到最低水位附近，也能通过循环泵向水冷壁提供足够的水冷却。

（6）采用了循环泵，增加了设备的制造费用和锅炉的运行费用。

（7）循环泵运行的可靠性将直接影响到整个锅炉运行的可靠性。

（二）复合循环锅炉概述

复合循环锅炉是在直流锅炉和控制循环锅炉的基础上发展形成的。它与直流锅炉的基本区别是在省煤器和水冷壁之间装置了循环泵、混合器、分配器，以及在水冷壁出口到循环泵入口之间装置了再循环管。在锅炉运行时，依靠循环泵的压头使水冷壁出口工质在部分负荷或整个负荷范围内进行再循环。复合循环锅炉有全部负荷复合循环锅炉和部分负荷复合循环锅炉两种。

全部负荷复合循环锅炉，又叫作低循环倍率锅炉。低循环倍率锅炉是在整个负荷范围内蒸发受热面均有工质进行再循环的锅炉，其循环倍率一般为 K=1.2～2；额定负荷时，K=1.2；低负荷时，K=2。随着锅炉负荷的降低，水冷壁内工质的流动阻力减小，水冷壁出口到循环泵入口的压差增大，再循环流量增多，循环倍率 K 增大，因而保证了工质的质量流速，提高了水冷壁的安全性。

部分负荷复合循环锅炉，又叫作复合循环锅炉。复合循环锅炉是指在低负荷运行时进行再循环，而在高负荷时转入直流运行。锅炉由再循环转变到直流运行的负荷一般是额定负荷的65%～80%，容量大时可取低值。复合循环锅炉与低循环倍率锅炉在系统上的主要差别是，复合循环锅炉在循环管上装有循环限制阀。给水经省煤器进入混合器，当再循环运行时，水冷壁出来的部分工质进入混合器与给水混合，再经循环泵升压后由分配球送入水冷壁下联箱。在分配球内的分配管座上开有不同直径的节流孔，以按炉膛热负荷分配流量。当锅炉按直流工况运行时，循环限制阀严密断关，这时循环泵只起到提升压头的作用，也可停用循环泵，工质通过循环旁路流过。亚临界压力复合循环锅炉与超临界压力复合循环锅炉的工作原理相同，只是在系统上水冷壁出口设置了汽水分离器。汽水分离器分离出的蒸汽送到过热器，分离出的水则送到混合器与省煤器来的给水混合。

（三）控制循环锅炉、复合循环锅炉水动力工况的特点

控制循环锅炉和复合循环锅炉的水动力工况，可以参考汽包炉和直流锅炉的特点，这里不再详述。由于控制循环锅炉和复合循环锅炉，在蒸发受热面系统中均装有锅水循环泵，故它们具有一些不同于直流锅炉的水动力特点，简述如下：①由于装有锅水循环泵，循环系统中的工质流量随锅炉负荷的变化不大，除部分负荷复合循环锅炉的直流运行工况外，其循环倍率随锅炉负荷降低而增大，锅炉在低负荷时仍有足够大的工质质量流速，不仅有利于受热面的可靠冷却，而且有利于防止发生流体停滞等不正常工况；②蒸发管入口的给水欠焓一般小于直流锅炉，故容易获得较稳定的水动力特性；③蒸发受热面的水动力工况是否良好，在很大程度上取决于循环泵和再循环系统工作的可靠性，特别要求循环泵内不产生水的汽化现象。

第三节　锅炉用水与蒸汽净化

一、锅炉用水及不良水质的危害

在火力发电厂，水是传递能量的工质。为了保证机组的正常运行，对锅炉用水的质量有严格的要求，而且机组的蒸汽参数越高，其要求也越严格。在我国，炉型繁多，水质复杂，开展锅炉的水处理工作，必须因炉、因水制宜地选用行之有效的水处理方法。

1. 锅炉用水名称

锅炉用水有以下几种：

（1）原水。也称生水，对于锅炉而言指未进行任何处理的水源水。一般指地下水、地表水或是自来水。

（2）给水。进到锅炉内的水叫作给水。它是指经过水处理后直接进到锅炉内的水。对于热水锅炉，给水称为补给水；对于发电锅炉，因有回收水，所以给水也称补给水，只是补给水

占总水量的比例较小。

（3）锅水。锅水就是指锅炉内的水。

（4）排污水。锅炉为了改善锅水的品质而排掉的那一部分含盐或含杂质比较多的锅水称为排污水。

（5）生产回水。热电厂蒸汽经生产设备或采暖设备进行热交换冷却后返回锅炉的水，称为生产回水（又叫冷凝水）。

2. 锅炉用水的水质不良对电厂所造成的危害

进入锅炉或其他热交换器的水，如果水质不良，就会造成以下几方面的危害：

（1）热力设备结垢

如果进入锅炉或其他热交换器的水质不良，经过一段时间的运行后，就会在和水接触的受热面上生成一些固体附着物，这些固体附着物称为水垢，这种现象称为结垢。结垢的速度与锅炉的蒸发量成正比。当然，如果品质不良的水进入高参数、大容量机组的水汽循环系统，就有可能在短时间内造成更大的危害。因为水垢的导热性能比金属差几百倍，这些水垢又易在热负荷很高的锅炉炉管内形成，这样会使结垢部位的金属管壁温度过热，引起金属强度下降，在管内压力作用下，就会发生管道局部变形，产生鼓包，甚至引起爆管等严重事故，从而影响锅炉的安全运行。

结垢不仅危害到锅炉的安全运行，而且还会影响整个发电厂的经济效益。其原因如下：①如果汽轮机凝汽器内结垢，会导致凝汽器真空度降低，使汽轮机达不到额定出力，热效率下降；②如果加热器结垢，会使水的加热温度达不到设计值，致使整个热力系统的经济性降低；③热力设备结垢后还要及时清洗，因此增加了机组的停运时间，减少了发电量，增加了清洗、检修的费用，也增加了环保工作量等。

（2）热力设备腐蚀

热力设备的运行常以水作为介质。如果水质不良，则会引起金属的腐蚀。由于金属材料与环境介质发生化学反应，而引起金属材料的破坏叫作金属的腐蚀。火力发电厂的给水管道、各种加热器、锅炉的省煤器、水冷壁、过热器和汽轮机凝汽器都会因水中含有溶解性气体和腐蚀介质而引起腐蚀。腐蚀不仅会缩短金属的使用寿命，而且由于金属腐蚀产物溶入水中，使给水杂质增多，从而又缩短了在热负荷高的受热面上的结垢过程，使结垢增多。结成的垢又会促进锅炉管壁的垢下腐蚀。这种恶性循环会迅速导致爆管事故的发生，严重影响机组的安全运行。

（3）过热器和汽轮机积盐

如果锅炉使用的水质不良，蒸汽的含盐量就会增多。随蒸汽带出的杂质就会沉积在蒸汽的流通部分，这种现象称为积盐。如果过热器管内壁积盐，会引起金属管壁过热，甚至爆管；如果汽轮机通流部分积盐，就会使通流部分的截面积减小，大大降低汽轮机的出力和效率。特别是对于高温、高压的大容量汽轮机，它的高压蒸汽通流部分的截面积本来就很小，因而少量的积盐就会大大增加蒸汽流通的阻力，使汽轮机的出力下降。当汽轮机积盐严重时，还会使汽轮机的轴向推力增大，增大了推力轴承的负荷，容易使隔板弯曲，造成事故停机。

总结以上内容并分析，水中杂质对水处理设备和热力设备的具体影响如表 2-8 所示。

表 2-8　水中杂质对设备的影响

序号	杂质名称	对设备影响
1	悬浮物	污染树脂，降低其交换性能，尤其对逆流再生设备影响较大
2	有机物	使阴离子交换树脂污染老化，降低交换容量及使用寿命；进入锅炉后能造成汽水共腾，恶化蒸汽品质
3	游离氯	是氧化剂，能形成树脂的不可逆膨胀而使树脂损坏
4	溶解氧	可造成水处理系统和给水系统的腐蚀，但在高纯给水中进行中性水加氧处理，可形成一层保护膜，减缓对给水系统的腐蚀
5	硅酸化合物	易在热力系统结垢，在汽轮机叶片上结垢析出，影响机组出力
6	碳酸盐化合物	在加热后能分解出二氧化碳，在给水系统造成二氧化碳腐蚀
7	钙镁盐类	能在强受热面上结出坚硬的水垢
8	钾钠盐类	能在过热器、汽轮机叶片上结盐
9	铜铁垢	进入离子交换树脂内不易再被交换出来；在锅炉水冷壁管上结垢又能造成溃疡性垢下腐蚀，严重影响锅炉安全运行
10	氨和铵盐	适量的氨对抑制系统中的二氧化碳腐蚀有好处，但量大后能促使对铜的腐蚀
11	硝酸、亚硝酸盐	能形成水冷壁及过热器的腐蚀

二、水质指标及水质标准要求

所谓水质，是指水和其中的一些杂质共同表现出来的综合特性。评价水质优劣的项目称为水质指标。

水质指标分为两类：一类为成分指标，它反映水中某种杂质的含量，主要针对一些离子或化合物，如钙离子、氯离子、硫酸根、溶解氧等；另一类为技术指标，它是人为规定的为了描述水的某一方面特性的指标，如总硬度、含盐量、悬浮物等。

国家质量监督检验检疫总局发布的《火力发电机组及蒸汽动力设备水汽质量》，明确规定了火力发电机组及蒸汽动力设备的水汽质量标准，各电站也都有各自的蒸汽动力设备水汽质量标准，但一般要求各电站的水汽质量标准高于国家所规定的水汽质量标准。

三、化学监督

1. 锅炉化学监督的任务

锅炉化学监督的任务是防止水汽系统和受压元件的腐蚀、结构、积盐，保证锅炉安全经济运行。

2. 水、汽质量监督项目

水、汽质量监督就是用仪表或化学分析法，测定各种水和汽的质量，看其是否符合标准，以便必要时采取措施的过程。其目的就是为了防止锅炉、汽轮机及其他热力系统的结垢、腐蚀和积盐。水、汽质量监督项目主要有以下几个方面：

（1）给水质量监督项目

为了防止锅炉给水系统的腐蚀、结垢，保证给水水质合格，必须对给水进行监督。给水质量监督的项目有硬度、含油量、溶解氧、联胺、pH 值、含铁量和含铜量等，其监督的意义如下：

1）硬度。监督给水硬度是为了防止锅炉给水系统生成钙、镁水垢。

2）含油量。如果给水中含有油，则当它被带进锅炉后，会产生以下危害：

①油附着在炉管管壁上，易受热分解生成一种导热系数很小的附着物，使传热阻力增大，管子壁温升高，危及炉管安全。

②促进炉水泡沫的形成，容易引起蒸汽品质的劣化。

③含油的细小水滴若被蒸汽携带到过热器内，还会因生成附着物，从而导致过热器管的过热损坏。

3）溶解氧。在加氧处理工况下，溶解氧含量过低或过高，都会引起给水系统和锅炉省煤器的腐蚀。

4）联胺。在铵－联胺处理工况下，应监督给水中的过剩联胺量，以确保辅助除氧的效果。

5）pH 值。在加氧处理工况下，给水 pH 值过低会造成给水系统和省煤器系统的腐蚀，过高会增加凝结水精处理系统的负担。

6）含铁量和含铜量。给水中的铜和铁腐蚀产物的含量是评价热力系统金属腐蚀情况的重要依据，必须对其进行监督。给水中全铁、全铜的含量高，不仅证明系统内发生了腐蚀，而且还会在炉管中生成铁垢和铜垢。

（2）蒸汽质量监督项目

蒸汽质量监督的目的是为了寻找蒸汽品质劣化的原因，判断蒸汽携带物在过热器中的沉积情况，监督项目主要是含钠量和含硅量，分别介绍如下：

1）含钠量。由于蒸汽中的盐类成分主要是钠盐，蒸汽含钠量可代表含盐量，所以含钠量是蒸汽监督指标之一。为了随时掌握蒸汽汽质的变化情况，还应投入在线检测仪表，进行连续测量并自动记录下来。

2）含硅量。若蒸汽中的硅酸含量超标，就会在汽轮机内，特别是在汽轮机的低压缸内沉积难溶于水的二氧化硅附着物，对汽轮机的安全运行有较大影响。因此，含硅量也是蒸汽监督指标之一。

（3）凝结水质量监督项目

凝结水监督的项目主要是指硬度和溶解氧。其监督的意义如下：

1）硬度。对凝结水硬度的监督目的是为了掌握凝汽器的泄漏和渗漏情况。当凝结水硬度居高不下时，应及时采取相应措施，以防凝结水中的钙、镁离子大量进入锅炉系统。

2）溶解氧。凝结水溶解氧高的主要原因是从凝汽器或凝结水泵不严密处漏入空气。凝结水溶氧较大时会引起凝结水系统的腐蚀，使进入锅炉给水系统的腐蚀产物增多，影响水质、汽质。

对凝结水处理系统的监视，除正常监督凝结水质量外，还应监督凝结水经过处理后的质量。其监视的主要项目有：硬度、电导率、二氧化硅含量、含钠量、含铁量、含铜量等。其监视的目的是掌握凝结水处理装置的运行状态，以保证送往锅炉的水质良好。

3. 锅炉化学监督对管排、管材的要求

锅炉化学监督对管排、管材的具体要求如下：

（1）锅炉制造厂供应的管排、管材及其部件、设备均应经过严格的清扫，内部不允许有存水、泥污和明显的腐蚀现象。

（2）管子开口处均应用牢固的罩子封好。

（3）重要的部件和管排，应采取充氮、气相缓蚀剂等保护措施。

（4）安装单位应按规定进行验收和保养。

（5）锅炉没有投入生产前，应对各受热面管排及管道系统做好停用保护、化学清洗和蒸汽吹扫等工作。

（6）管材、管排及设备部件封闭的密封罩，在施工前方可开启。

（7）汽包炉的汽包内部汽水分离装置和清洗装置，在出厂前应妥善包装、保管和防护，防止运输中发生碰撞变形，造成雨淋而发生腐蚀。

4. 锅炉化学监督对水质的要求

锅炉化学监督对水质有以下要求：

（1）锅炉部件制造完毕进行水压试验后，应将存水排净、吹干，采取防腐措施，严禁锅炉水压试验后，不符合水质指标的存水进入锅炉水循环系统。

（2）禁止质量不符合标准要求的水进入锅炉。

（3）机组不具备可靠化学水处理条件时，禁止启动锅炉。

（4）当额定蒸汽压力为 9.8MPa 及以上的锅炉进行水压试验时，应采用除盐水，水质应满足下列要求：

①氯离子含量小于 0.2mg/L。

②联氨或丙酮肟含量为 200～300mg/L。

③pH 值为 10～10.5（用氨水调节）。

5. 锅炉化学监督对新安装锅炉的要求

新安装的锅炉应进行化学清洗，清洗的范围按《电力基本建设热力设备化学监督导则》的规定执行，具体要求如下：

（1）过热器整体清洗时，应有防止垂直蛇形管产生汽塞、铁氧化物沉淀和奥氏体钢腐蚀的措施。

（2）未经清洗的过热器、再热器应进行蒸汽加氧吹洗。

（3）锅炉经化学清洗后，一般还应进行冷态冲洗和热态冲洗。

（4）新安装的锅炉化学清洗后应采取防腐措施，并尽可能缩短至锅炉点火的间隔时间，一般不应超过 20 天。

6. 锅炉化学监督对停用锅炉的要求

锅炉停止运行备用时，应按《火力发电厂停（备）用热力设备防锈蚀导则》的要求，采取有效的保护措施，具体要求如下：

（1）采用湿法防腐时，冬季应有防冻措施。

（2）锅炉安装、试运行阶段应按《电力基本建设热力设备化学监督导则》搞好化学监督。

7. 锅炉化学监督对锅炉使用单位的要求

锅炉运行单位应按《化学监督制度》和《火力发电厂水汽化学监督导则》的规定做好各项工作，具体要求如下：

（1）建立加药、排污及取样等监督制度。

（2）保持正常的锅内、炉外水工况。

（3）健全锅炉化学监督的各项技术管理制度和各种技术资料。

（4）进行热化学试验和汽水系统水质查定。

（5）努力降低汽水损失。

（6）水汽取样装置探头的结构型式和取样点位置应保证取出的水、汽样品具有足够的代表性，并应经常保持良好的运行状态（包括取样水温、水量及冷却器的冷却能力），以满足仪表连续监督的需要。

（7）锅炉采用喷水减温器时，减温水质量应保证减温后的蒸汽钠离子、二氧化硅和金属氧化物的含量均符合蒸汽质量标准。

（8）饱和蒸汽中所含盐类在过热器管内聚集会影响过热器的安全运行，必要时应安排过热器反冲洗。

8. 锅炉化学监督对运行锅炉的要求

运行锅炉化学清洗按《火力发电厂锅炉化学清洗导则》规定执行，具体要求如下：

（1）应定期割管检查受热面管子内壁的腐蚀、结垢、积盐情况。

（2）当受热面沉积物（按酸洗法计算）达到规定数值时，或锅炉化学清洗间隔时间超过表 2-9 中规定的极限值时，应安排对锅炉的化学清洗。以重油作为燃料的锅炉和液态排渣炉，按高一级蒸汽参数标准要求。

表 2-9　锅炉化学清洗间隔

锅炉类型	工作压力（MPa）	沉淀物（g/m^2）	清洗间隔（年）
汽包锅炉	＜5.88	600～900	12～15
	5.88～12.64	400～600	10
	≥12.7	300～400	6
直流锅炉		200～300	4

（3）为防止锅炉的酸性腐蚀，当锅水 pH 值低于标准时，应查明原因并采取措施。

（4）凝汽器发生漏泄时应及时消除，并密切注意给水品质。一旦发现水冷壁向火侧内壁有腐蚀迹象时，应采取预防进一步发展为氢脆的措施。

（5）胀接锅炉锅水中的游离 NaOH 含量不得超过总含盐量（包括磷酸盐）的 20%。为了防止锅炉的碱性腐蚀，当采取协调磷酸盐处理时，锅水钠离子与磷酸根离子的比值一般应维持在 2.5～2.8。

（6）采用酸洗法进行锅炉化学清洗时，应注意不锈钢部件（如节流圈、温度表套、汽水取样装置等）的防护，防止不锈钢的晶间腐蚀。

四、汽包炉提高蒸汽品质的途径

对于汽包炉，要获得洁净的蒸汽，除了对给水进行严格的炉外水处理，保证给水的品质，以从根本上减少带入锅炉的杂质数量外，还应针对蒸汽被污染的原因和具体影响因素，从以下几个方面来提高蒸汽品质：①进行汽水分离，在汽包内装设汽水分离设备，以减少蒸汽对水分的机械携带；②装设蒸汽清洗装置对蒸汽进行清洗，以减少蒸汽对盐分的选择性携带；③进行锅炉排污，降低锅水的含盐量；④锅内补充处理。

（一）汽水分离

在汽包内装设汽水分离设备进行汽水分离，可以显著地减少饱和蒸汽对水分的机械携带，提高蒸汽品质。

汽包内的汽水分离原理有重力分离、离心分离、惯性分离、水膜分离。锅炉在实际运行中，一般不是只简单地利用上述某一种作用原理，而是综合利用几种作用原理来实现汽水分离的。汽包内的汽水分离过程通常分为两个阶段：一是粗分离阶段，又叫一次分离阶段，在这个阶段中将蒸汽中的大部分水份分离出来，并消除汽水混合物的动能；二是细分离阶段，又叫二次分离阶段，在这一阶段中将蒸汽中的微细水滴作进一步的分离，以降低蒸汽的湿度，使之符合规定。

现代汽包锅炉采用的汽水分离设备主要有旋流式分离器、蜗轮式分离器、波形板分离器、顶部多孔板和简单分离板等，分别介绍如下：

（1）旋流式分离器

旋流式分离器简称旋流器，又称为旋风分离器或旋风子，有内置式和外置式两种。常用的是装设在汽包内的内置式旋流器，或称为锅内旋流器，下面所介绍的是内置式旋流器。

内置式旋流器的结构如图 2-13 所示，由筒体、波形板顶盖、底板及导向叶片等部件组成。其主要部件是筒体，它用 2～3mm 厚的钢板制成。顶盖是紧挨着筒体的上端安装的，顶盖本身是一个立式波形板分离器。在旋流器筒体下端装设底板和导向叶片，是为了使分离出的水分能较平稳地流入汽包水容积，同时防止蒸汽向下进入水容积中。为了避免筒体上部的贴壁水膜被上升汽流撕破并带出水分，在筒体上端设有环形溢流通道（又叫溢流环），以便筒壁上部水膜能由此溢出并流入汽包水容积中。此外，为了防止旋流器的排水将蒸汽带入下降管，在筒底下部一般还装有托斗。

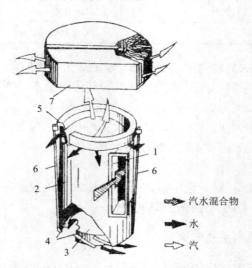

1—进口连接法兰；2—筒体；3—底板；4—导向叶片 5—溢流环；6—拉杆；7—波形板顶盖

图 2-13　内置式旋流器

在内置式旋流器的上端装设波形板分离器作为顶盖并使蒸汽径向引出，其目的如下：①因为筒内蒸汽旋转上升，流速是很不均匀的，但在内置式旋流器的上端装设波形板分离器作为顶盖并使蒸汽径向引出，就能使旋流器出口的汽流速度均匀，并使蒸汽平稳地流入汽包蒸汽空间；②利用波形板分离器本身的分离作用进一步分离蒸汽中的水分；③在旋流器的蒸汽端可增加一个阻力，使各旋流器的负荷分配比较均匀。

影响内置式旋流器的分离效果的主要因素有以下两个方面：

1）汽水混合物进入旋流器的速度。在一定范围内，速度越高，离心分离作用越强，分离效果越好。但旋流器的阻力也随之增加，而旋流器的阻力是水循环回路上升管系统阻力的一部分，因而汽水混合物进入旋流器的速度太高对水循环不利。一般推荐的内置式旋流器汽水混合物进口速度，在高压和超高压锅炉中为 4～6m/s，在中压锅炉中为 5～8m/s。

2）内置式旋流器的个数。内置式旋流器单只出力不大，故所需旋流器的数量较多。它们在汽包内一般是沿轴线方向分两排平行布置，分为若干组，每组的几个旋流器与同一汇流箱连接。旋流器常采用交错反向布置，即相邻两个或两组旋流器内工质的旋转方向相反，以互相抵消其旋转动能，从而保持比较平稳的汽包水位面。

内置式旋流器综合利用了多种分离原理，是一种分离效果很好的一次分离设备，因而得到了广泛的应用。其主要优点如下：①能有效地消除汽水混合物的动能，并能充分利用其动能进行汽水分离；②汽水混合物进入旋流器后，汽与水成反向流动，蒸汽不从汽包水容积通过，不致引起汽包水容积膨胀，故这种旋流器允许在锅水含盐浓度较高的情况下工作；③各旋流器沿汽包长度均匀布置，汽流分布也比较均匀，能避免局部蒸汽流速过高；④不承受内压力，只承受出入口工质间很小的压差，故可用薄钢板制成，金属耗量少，加工容易。

（2）蜗轮式分离器

蜗轮式分离器的结构如图 2-14 所示，它也装在汽包内。其结构特点是在分离器的筒体内装有一个固定的蜗轮，蜗轮由蜗轮芯与固定螺旋形导向叶片（通常为 4 片）构成，蜗轮的安装位置一般使导向叶片的下缘高出汽包正常水位约 30mm。

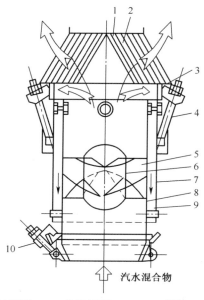

1—梯形波形板顶罩；2—波形板；3—集汽短管；4、10—螺栓；5—固定螺旋形导向叶片；
6—蜗轮芯子；7—外筒；8—内筒；9—排水夹层

图 2-14　蜗轮式分离器

汽水混合物由筒体底部轴向引入，经过蜗轮时，依靠固定螺旋形叶片的导向作用，汽水混合物产生强烈旋转而使汽水分离。水沿筒壁旋转向上，到顶部受顶盖的阻挡后从内筒与外筒之间的环形缝隙（排水夹层）中流入汽包水容积。蒸汽则由筒体中心部分旋转上升，经波形板顶盖作进一步分离后径向流出至汽包蒸汽空间。

这种分离器的分离效果与集汽短管的直径有直接的关系。若筒壁上部的水膜过厚，水环的内直径小于集汽短管直径时，则将有大量水分进入集汽短管被蒸汽带走。一般集汽短管与内筒的直径比为 0.8～0.85。

这种分离器同样具有很高的分离效率，但其阻力较大。蜗轮式分离器目前用于我国部分引进技术生产的锅炉上。例如 SG-1025/18.3 型控制循环锅炉的汽包内采用了 56 只蜗轮式分离器。

（3）波形板分离器

波形板分离器是由许多压制成的波形薄钢板保持一定的间距（约 10mm）平行组装而成，如图 2-15 所示。固定波形板的边框用薄钢板或角钢制成。

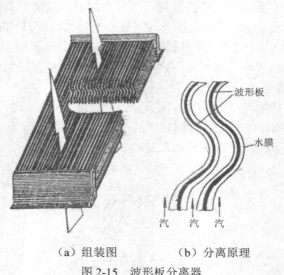

波形板

水膜

汽　汽　汽

（a）组装图　　　（b）分离原理

图 2-15　波形板分离器

汽水混合物进入汽包经过粗分离以后，蒸汽中仍带有许多细小水滴。细小水滴因其质量轻，很难利用重力和离心力将其从蒸汽中分离出来，所以利用附着力（粘附力）作用进行分离效果较好。波形板分离器主要就是根据这种作用原理工作的。蒸汽流进波形板分离器时，被分成许多股汽流，在波形板之间作曲折流动的过程中，蒸汽中的水滴由于惯性力作用不断地碰撞波形板，并粘附于波形板壁面上形成水膜，而水膜又能粘附住蒸汽中的细小水滴，水膜沿波形板的板壁向下流动，在波形板的下端形成较大的水滴而落入汽包水容积中。所以，这种分离器能够聚集和除去蒸汽中带有的细小水滴，在高压以上的大容量锅炉中普遍用来作为细分离设备。

波形板分离器的分离效果与分离器中的蒸汽流速有很大关系。蒸汽流速不能过高，否则会将波形板上的水膜撕破，并将水滴带走，分离效果大大降低。此外，波形板分离器的疏水是否畅通对它的分离效率也有较大的影响。

波形板分离器可以水平布置，也可以立式布置。在水平波形板分离器中，蒸汽与水膜成平行相对流动。水平波形板分离器常与多孔板组装在一起布置在汽包内的顶部。在立式波形板分离器中，蒸汽与水膜成垂直交叉流动。立式波形板分离器常与内置式旋流器或蜗轮式分离器联合布置并作为其顶盖，它单独布置时所占的空间位置较大。立式波形板分离器由于其汽、水流向互相垂直，蒸汽流不易撕破水膜，故其分离效果较好，允许的蒸汽流速也可较高。

（4）顶部多孔板

在汽包内顶部饱和蒸汽引出管之前，通常装一多孔板，称为顶部多孔板（也叫集汽孔板或均汽孔板。顶部多孔板一般是用 3～4mm 厚的钢板制成，其上均匀地钻有许多小孔，孔径一般为 10mm 左右。装设顶部多孔板的目的是利用孔板的节流作用，使蒸汽沿汽包水平截面均匀分布，避免局部蒸汽流速过高而带水，改善重力分离的效果；同时它还能阻挡一部分小水滴，起到一定的细分离作用。

顶部多孔板的蒸汽穿孔速度要求不能过低，以对汽包各处的上升汽流产生一定的附加流动阻力。只有这样，才能促使汽包蒸汽空间各处的上升汽流速度均匀。为了防止汽包顶部因大量蒸汽被抽出而影响蒸汽品质，一般要求饱和蒸汽引出管入口处的蒸汽速度不得超过多孔板蒸汽穿孔速度的 70%。若不能满足这一要求，则在多孔板上正对蒸汽引出管入口的部位可不开孔，或者在蒸汽引出管入口的正下方装设一挡板（称为盲板），使上升蒸汽绕过盲板才能流进饱和蒸汽引出管。

顶部多孔板可以单独布置，也可以与波形板分离器一起配合布置。配合布置时，通常多孔板装在上面，这样可以均衡波形板前的蒸汽负荷。两者之间应保持一定的距离，以免穿过多孔板的高速汽流将已经分离出来的水分再带走。

（5）简单分离板

当汽水混合物从汽包的蒸汽空间引入时，一些汽包锅炉在汽包内汽水混合物引入管管口处装设一些简单的挡板，从而对汽水进一步地分离。这些简单的挡板就称为简单分离板，也叫进口挡板或导向挡板。需要说明的是，现代汽包锅炉的汽包中，虽然不一定装有单独的简单分离板，但在某些分离元件上却有这种分离板的分离作用。

（二）蒸汽清洗

1. 蒸汽清洗的目的和原理

汽水分离设备只能降低蒸汽机械携带的盐量，而无法减少蒸汽溶解携带的盐量。高参数蒸汽具有直接溶解盐分的能力，因此对于高压以上的锅炉只采用汽水分离的方法，是不能满足其对蒸汽品质的要求的，这就要求必须对蒸汽进行清洗。

（1）蒸汽清洗的目的

蒸汽清洗简单地讲就是用清洗水（给水）清洗蒸汽，也就是使蒸汽与清洁的给水相接触，用给水去清除溶解在蒸汽中的盐分，从而减少蒸汽的选择性携带。蒸汽清洗的目的是减少直接溶解于蒸汽中的盐分，提高蒸汽的品质。

（2）蒸汽清洗的原理

蒸汽清洗的原理可归纳为两点：①利用锅水与给水的含盐浓度差来提高蒸汽品质；②依靠蒸汽在清洗水层中的物质扩散作用，使溶解在蒸汽中的盐分部分地转溶于清洗水中，从而减少了溶解在蒸汽中的盐分。

2. 蒸汽清洗装置的结构

目前蒸汽清洗装置广泛应用的是穿层式（或水层式）蒸汽清洗装置，它可分为钟罩式和平孔板式两种，如图 2-16 所示。

（1）钟罩式穿层清洗装置

如图 2-16（a）所示，钟罩式穿层清洗装置由槽形清洗板（或清洗槽）和钟形顶罩两部分组成。清洗槽上没有开孔，顶罩的部分板面上则开有一些小孔。由于相邻两块清洗槽之间的空隙正好被顶罩的未开孔部分所盖住，蒸汽不会直通上部蒸汽空间，而只能从此空隙进入清洗装置，在清洗槽与顶罩之间经两次转弯，穿过清洗水层及顶罩上的小孔，然后离开清洗装置。

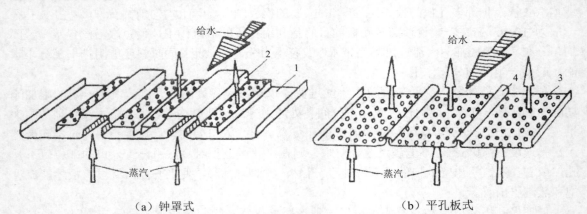

（a）钟罩式　　　　　　　　（b）平孔板式

1—槽形清洗板；2—钟形顶罩；3—平孔板清洗板；4—U 型卡

图 2-16　蒸汽穿层清洗装置

钟罩式穿层清洗装置通过实际运行证明工作可靠，效率也较高，但其结构比较复杂，阻力也较大，而且由于受开孔面积的限制，清洗面积较小，即蒸汽与清洗水的有效接触面积较小。

（2）平孔板式穿层清洗装置

如图 2-16（b）所示，平孔板式穿层清洗装置的清洗板是平孔板，它由若干块平孔板组成，相邻平孔板之间用 U 型卡连接。在平孔板的四周焊有溢流挡板，以形成一定厚度的水层。平孔板用 2～3mm 厚的薄钢板制成，其上钻有许多 5～6mm 的小孔，开孔数根据平孔板小孔中流过的蒸汽流速的大小而定。

为了使清洗水不会从清洗板的小孔中漏下，必须保证清洗板上、下具有足够的压差来克服水的自重，即必须保证蒸汽具有一定的穿孔速度，能够把水托住。但是蒸汽穿孔速度也不能过高，以免造成蒸汽大量携带清洗水。

给水可以从清洗板的一端引入，也可以从中间引入，然后由两端流入汽包的水容积中。

平孔板式穿层清洗装置的结构简单，阻力损失小，清洗面积较大，清洗效果较好，故在高参数汽包锅炉中得到广泛的应用。

3. 影响蒸汽清洗效果的因素

影响蒸汽清洗效果的主要因素是清洗水的品质和清洗水层厚度。

（1）清洗水的品质

清洗水的品质越好，则清洗后蒸汽所带的盐分越少，清洗效果越好。

清洗水的品质取决于清洗水的数量、给水的品质，清洗水量适中、给水品质越高，则清洗水的品质就越好。给水可以全部作为清洗水，也可以部分作为清洗水。一般推荐的清洗水量为锅炉给水量的 40%～50%。

（2）清洗水层的厚度

当清洗水层厚度太薄时，由于蒸汽与清洗水的接触时间短，故清洗效果较差；当清洗水层过厚时，对改善清洗效果并不显著，反而可能使蒸汽的带水量增加，造成蒸汽含盐量增大，这也是不好的。所以，理想的水层厚度为 50～70mm。

（三）锅炉排污

锅炉为什么要排污呢？其原因如下：一是进入汽包的给水无论多么清洁，总会带有一些盐分；二是在锅水进行加药处理后，锅水中的结垢性物质会生成水渣；三是锅炉金属腐蚀，也会产生一些腐蚀产物。在锅炉运行中，这些杂质只有少部分被蒸汽带走，而绝大部分会留在锅水中。随着锅水的不断蒸发浓缩，这些杂质的含量会逐渐增多，锅水的含盐浓度和水渣浓度也就不断增大，这样不但会影响蒸汽品质，而且还会造成受热面结垢和腐蚀，影响锅炉的安全运行。因此必须将一部分含盐和含水渣浓度大的锅水排掉，才能保证锅水中杂质的含量维持在允许的范围内，从而保证蒸汽的品质。所以，锅炉排污是提高蒸汽品质的一个重要方法。

1. 锅炉排污的定义

锅炉运行中，排出一部分含盐浓度大或含水渣浓度大的锅水的现象，叫作锅炉排污。

2. 锅炉排污的分类及目的

锅炉排污分为定期排污和连续排污两种。

定期排污的目的是定期排除锅水中不溶解的沉淀杂质——水渣。定期排污的地点应选在沉淀杂质聚积最多的地方，即水渣浓度最大的部位。这一部位一般是在蒸发设备系统的最低部位——水冷壁下联箱。定期排污量的多少及间隔时间，主要视水质、由电厂化学部门来确定。当补给水量很大、水质较差时，排污量较大，排污的次数较多；若补给水的水质较好，则排污量可以减小，排污的间隔时间也可以加长。

连续排污的目的是连续排除锅水中溶解的部分盐分，使锅水的含盐量保持在规定的范围内，并维持一定的锅水碱度。连续排污的部位应在锅水含盐浓度最大的部位，通常是在汽包蒸发面附近。连续排污也能排出一些细小水渣和悬浮物等。连续排污管布置在汽包内的蒸发面附近，排污管上沿长度方向均匀地开有一些小孔，排污水从小孔流入排污管，然后通过引出管排走。引出管上装有流量孔板和调节阀门等。连续排污量的大小是由调节阀门的开度控制，调节阀门的开度是由化学部门根据水汽品质来确定。

3. 排污率

排污量的大小通常用排污率来表示，所谓排污率是指排污量占锅炉蒸发量的百分数，用字母 p 表示。其计算公式为

$$p = \frac{G_{ps}}{D} \times 100\% = \frac{S_{gs}}{S_{ls} - S_{gs}} \times 100\%$$

由此式可知，锅炉排污率的大小主要与给水品质和锅水品质有关。降低给水含盐量和提高排污水的含盐量，均可减少锅炉的排污率；反之，排污率增大。

在锅水含盐量一定的情况下，提高给水品质，即降低给水含盐量，可以降低排污率，从而可减少因排污造成的热量损失和工质损失。但排污率过低，会导致锅水含盐量逐渐增大，使蒸汽品质恶化。

在不提高给水品质的情况下，降低锅水含盐量，可以提高蒸汽品质，但必须要通过加大排污率才能实现，结果使排污损失增大。

由以上分析可知，为了保证蒸汽的品质，排污率不能太小；同时为了不过分增加排污损

失，以免影响电厂热效率，排污率也不能太大，所以应对排污率加以限制。我国规定的锅炉最大允许排污率如表 2-10 所示。

表 2-10　电厂锅炉最大允许排污率

补给水类别	凝汽式电厂	热电厂
除盐水或蒸馏水	1%	2%
软化水	2%	5%

为了防止锅内聚集水渣等杂质，锅炉最小排污率不应小于 0.3%。在锅炉运行中，实际所需的排污率应根据水质分析结果来确定。

（四）锅内水处理

由于水处理技术的不断提高，目前在发电厂中已能获得质量很高的化学净水。但是，对于大容量锅炉，在受热面蒸发强度很高的情况下，锅水中的钙、镁离子的浓度仍可能达到很大的数值，从而引起蒸发受热面管内结垢。为了防止这种现象的发生，现在广泛采用对锅水进行锅内补充处理的措施，这种处理即是锅内水处理。其原理是在锅水中加入一些专用的药剂，这些药剂的阴离子与给水中的钙、镁离子发生化学反应，从而生成难溶且不易粘附在受热面上的泥浆状沉淀物。这些沉淀物在锅炉排污的作用下，随着排污水而被排出炉外。

锅炉锅内水处理常用的药剂是磷酸三钠 Na_3PO_4，它能使锅水中的钙、镁离子与磷酸根离子发生化学反应，生成难溶的磷酸钙和磷酸镁沉淀物。其化学反应式为

$$3CaSO_4+2Na_3PO_4 \rightarrow Ca_3(PO_4)_2+3Na_2SO_4$$
$$3MgSO_4+2Na_3PO_4 \rightarrow Mg_3(PO_4)_2+3Na_2SO_4$$

磷酸三钠是预先配制好的磷酸盐溶液，用单独的活塞式小容量加药泵直接送至汽包内的加药管。加药管上沿长度方向均匀地开有很多向下的小孔，药液由小孔流入锅水中。考虑到加药后可能形成分散的磷酸盐泥渣，造成锅水表面起泡沫，故加药管不能装在靠近水位的地方，而应装在汽包水容积的下部下降管附近。需要说明的是，对于大型的控制循环汽包炉，其加药的位置是在混合水箱处。

五、直流锅炉的水质

（一）直流锅炉的给水水质标准

为了防止给水中的杂质在直流锅炉内沉积并被蒸汽带往汽轮机中，影响锅炉和汽轮机的安全、经济运行，直流锅炉对给水水质有非常严格的要求，现将这些要求叙述如下。

1. 硬度

因为随给水带入的钙、镁盐类几乎完全沉积于直流锅炉的炉管中，所以给水的硬度应接近于零。

2. 含钠量

因为直流锅炉给水中的绝大部分钠盐能被蒸汽溶解并带到汽轮机中，所以给水中的含钠量应由汽轮机进口蒸汽（即锅炉送出的蒸汽）中允许的含钠量来决定。现规定锅炉出口蒸汽压力为 5.9MPa～18.6MPa 时，蒸汽含钠量应少于 10μg/kg，所以直流锅炉给水含钠量应不大于 10μg/L，争取小于 5μg/L。

3. 含硅量

直流锅炉给水中的硅酸化合物能全部被蒸汽溶解并带到汽轮机中，所以给水含硅量的允许值应由汽轮机进口蒸汽中所允许的含硅量来决定。根据运行经验，当汽轮机进口蒸汽的含硅量（以 SiO_2 表示）小于 $20\mu g/kg$ 时，基本上可避免汽轮机中沉积二氧化硅。所以现规定，直流锅炉给水含硅量应不大于 $20\mu g/L$。

4. 含铁量

铁的氧化物在亚临界压力及超临界压力锅炉送出的过热蒸汽中的溶解度为 $10\sim15\mu g/kg$；在超高压力及超高压力以下参数的锅炉送出的过热蒸汽中，它的溶解度更小。目前我国规定，对于 $5.9MPa\sim18.6MPa$ 直流锅炉，其给水含铁量不应超过 $10\mu g/L$，以防止锅炉的水冷壁管内沉积铁的氧化物。为了防止铁的氧化物沉积在汽轮机和再热器中，直流锅炉给水含铁量应该更小，但目前的水处理技术还未能做到。

5. 含铜量

为了防止铜的氧化物沉积在炉管中，目前规定：对于亚临界压力及低于亚临界压力的直流锅炉，给水含铜量不应超过 $5\mu g/L$。对于超临界压力直流锅炉的给水含铜量，有的规定应小于 $2\mu g/L$，这主要是为了减少超临界压力蒸汽的带铜量，从而避免引起汽轮机内沉积铜。因为对于超临界压力机组，在水处理方面已采取了许多措施，热力系统的水、汽中其他杂质较少，而汽轮机内铜的沉积变成了比较突出的问题。为此，在有的超临界压力机组的热力系统中不采用铜合金制件，各种加热器都采用钢管，并将给水 pH 值提高到 $9.3\sim9.5$。

对于直流锅炉的给水水质，除规定有上述标准外，为了防止热力系统的腐蚀，还应该对给水的含氧量、联氨过剩量、pH 值及给水总二氧化碳等水质指标作出规定。

（二）杂质在直流锅炉中的沉积部位

随给水带入锅内的杂质，可能沉积在直流锅炉炉管中的主要是给水中的钙盐、镁盐、硫酸钠等盐类物质，以及金属腐蚀产物。这些杂质随给水带入直流锅炉后，由于水的不断蒸发，它们就不断地浓缩在尚未汽化的水中，当它们达到饱和浓度后，便开始呈固相析出在管壁上，所以，它们主要沉积在残余湿分最后被蒸干和蒸汽微过热的这一段炉管内。在中压直流锅炉中，沉积物沉积的部位从蒸汽湿度小于 20%的管段开始到蒸汽过热度小于 30℃的管段为止；在高压直流锅炉中，沉积物沉积的部位从蒸汽湿度小于 40%的管段开始到蒸汽微过热的管段为止，高压直流锅炉沉积物最多的部位为蒸汽湿度小于 6%的管段。对于超高压和亚临界压力直流锅炉，从蒸汽湿度为 60%的管段部位开始就有沉积物的析出，在残余水分被蒸干和蒸汽微过热的管段内沉积物最多。

对于中间再热式直流锅炉，在再热器中可能会有铁的氧化物沉积。各种杂质在蒸汽中的溶解度大都是随汽温升高而增大的，所以当蒸汽在再热器内升温时，它们一般不会沉积出来。但铁的氧化物在蒸汽中的溶解度是随着蒸汽温度的升高而降低的，这就是在再热器中只有铁的氧化沉积的原因。

如果汽轮机高压汽缸排出的蒸汽中，铁的氧化物含量大于它在再热器中蒸汽的溶解度，那么蒸汽中铁的氧化物就会沉积在再热器中。蒸汽中铁的氧化物一般是沉积在再热器出口管段，这是因为这里的再热蒸汽温度最高，铁的氧化物在此再热蒸汽中的溶解度降至最低的缘故。除了再热蒸汽中铁的氧化物可能沉积在再热器中以外，再热器本身的腐蚀也会使再热器中沉积铁的氧化物。由于沉积铁的氧化物可能导致再热器管烧坏，因此对于中间再热式机组，应该考虑防止再热器中沉积铁的氧化物的问题。解决这一问题的根本途径是降低锅炉给水的含铁量和防止锅炉本体与热力系统的腐蚀。

六、提高汽水品质的管理措施

认真执行 GB/T 12145《火力发电机组及蒸汽动力设备水汽质量》标准，保证进入锅炉的水质和运行中汽水品质合格。

严禁品质不合格的给水进入锅炉，严禁凝结水精处理设备退出运行。冷态冲洗不合格禁止点火；热态冲洗不合格禁止升压；运行时，汽水品质不合格禁止升压。机组启动时应及时投入凝结水精处理设备（直流锅炉在冲洗时即应投入精处理设备），保证精处理出水质量合格。锅炉启动和正常运行中，严格执行保证汽水品质的有关要求。启动过程中的各阶段水汽品质监督化验记录要经专业人员签字审核，每次记录表单要存档备查。

对于采取给水加氧的超临界、超超临界机组锅炉，更要控制好加氧量和 pH 值，采用微加氧方式，氧浓度控制在标准的下限（30～50μg/L），氧浓度监视测点具备条件时要引入DCS 内。

第四节　锅炉受热面概述

锅炉受热面包括水冷壁、省煤器、过热器和再热器，俗称"四管"。

一、水冷壁

水冷壁是锅炉的主要蒸发受热面，它布置在炉膛四周，其主要作用如下：吸收炉膛高温火焰及炉烟的辐射热，逐渐使水冷壁内的水汽化，产生饱和蒸汽；防止高温火焰及烟气烧坏炉墙，保护炉墙，防止炉墙结渣；强化传热，减少锅炉受热面面积，节省金属耗量；悬吊炉墙。

水冷壁主要是由水冷壁管、上下联箱、下降管、汽水混合物上升管及刚性梁等组成。常用水冷壁有光管式和膜式两种。为了有效消除膜态沸腾，现代大型锅炉广泛采用膜式内螺纹管式水冷壁。

1. 自然循环锅炉水冷壁的结构及特点

常用的自然循环锅炉水冷壁如图 2-17 所示。

自然循环锅炉的水冷壁采用垂直管屏式布置。自然循环锅炉的水冷壁布置在炉膛四周，前后墙水冷壁下部形成冷灰斗，后墙水冷壁上部向炉膛内凸出形成折焰角，有的锅炉在折焰角上部还设有一定数量的水冷壁悬吊管，用以支撑后墙水冷壁的重量。自然循环锅炉的水冷壁有许多循环回路，每一个回路由一个下联箱、一个上联箱、数根下降管和汽水混合物上升管以及许多根水冷壁管组成，循环倍率较高，所以自然循环锅炉一般采用管径比较粗的水冷壁管。

自然循环锅炉最明显的特征是在锅炉的炉膛上部有一个汽包。因为循环回路中汽与水的密度差建立了水循环，所以自然循环锅炉的工作压力是在超高压以下。考虑在炉膛的前后墙、侧墙或四角的水冷壁上布置燃烧器以及在适当的位置布置人孔门、吹灰孔、看火孔等，水冷壁管在这些地方需用弯管重叠布置，以便留出空间安装燃烧器等设备。

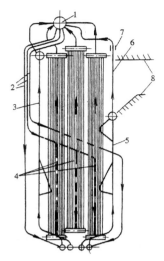

1—汽包；2—下降管；3—前水冷壁；4—侧水冷壁；5—后水冷壁；6—后水冷壁引出管；
7—中间支座；8—对流烟道

图 2-17　自然循环锅炉水冷壁

2. 强制循环锅炉水冷壁的结构及特点

随着锅炉容量的增加，参数的提高，汽与水之间的密度差越来越小，此时汽水分离困难。为了更有效地建立水循环，在锅炉上升管与下降管之间装设炉水循环泵，利用炉水循环泵的压头进行强制循环，这样的锅炉称为强制循环锅炉，如图 2-18 所示。

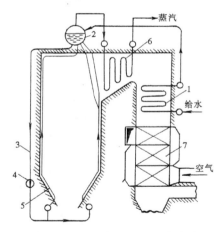

1—省煤器；2—汽包；3—下降管；4—炉水循环泵；5—水冷壁；6—过热器；7—空气预热器

图 2-18　强制循环锅炉

强制循环锅炉水冷壁与自然循环锅炉水冷壁一样，只是多了炉水循环泵，它们的结构及特点类似。由于安装了炉水循环泵，其水循环效果很好，与自然循环锅炉水冷壁相比，就可以采用较小内径的汽包及较小管径的水冷壁管。

3. 直流锅炉水冷壁的结构及特点

直流锅炉水冷壁管内工质是靠给水泵的压头以一定的速度流动进行热量交换的，其布置型式一般有三种：垂直管屏式、迂回管屏式及水平围绕管圈式，如图 2-19 所示。

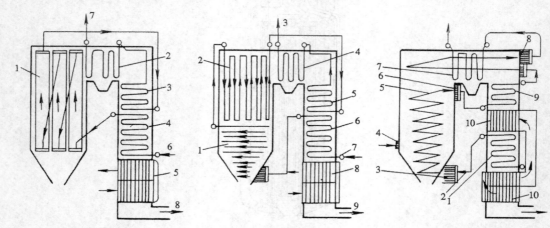

（a）垂直管屏式　　　　　　　（b）迂回管屏式　　　　　（c）水平围绕管圈式

1—垂直管屏；2—立式过热器；	1—水平迂回管屏；2—垂直迂回管	1—省煤器；2—进水管；3—给水
3—卧式过热器；4—省煤器；	屏；3—过热蒸汽出口；4—立式过	分配联箱；4—燃烧器；5—水平围
5—空气预热器；6—给水入口；	热器；5—卧式过热器；6—省煤器；	绕管圈；6—汽水混合物出口联箱；
7—过热蒸汽出口；8—烟气	7—给水入口；8—空气预热器；	7—对流过热器；8—包墙过热器；
出口	9—烟气出口	9—卧式过热器；10—空气预热器

图 2-19　直流锅炉

（1）垂直管屏式。图 2-19（a）所示的是垂直管屏式直流锅炉水冷壁，这种直流锅炉水冷壁又可分为一次垂直上升和多次垂直上升两种。垂直管屏式直流锅炉水冷壁的特点是制造、安装方便，节省钢材，但其对滑压运行的适应性较差，多次垂直上升使其金属消耗量较大。

（2）迂回管屏式。图 2-19（b）所示的是迂回管屏式直流锅炉水冷壁，它的水冷壁呈屏式水平布置在炉膛四周，一般情况下它与垂直管屏式混合使用。这种结构水冷壁的特点是布置方便，节省钢材。但由于其管子较长且水平布置，故热偏差较大，制造、安装很困难。

（3）水平围绕管圈式。水平围绕管圈式直流锅炉水冷壁是由很多根管子倾斜并沿炉膛四周盘旋而上，形成蒸发受热面，如图 2-19（c）所示。其特点是节省钢材，水循环稳定，利于疏水排汽，便于滑压运行，但安装、检修很困难。

大型超超临界锅炉的水冷壁分为螺旋水冷壁和内螺纹垂直水冷壁两种。随着锅炉高度和容积的增加，采用内螺纹垂直水冷壁的安全性差，且其要求的设计水平和制造精度高，所以炉型较高的塔式布置锅炉下部炉膛采用螺旋水冷壁、上部炉膛采用内螺纹垂直水冷壁的结构，如图 2-20 所示。

采用螺旋水冷壁具有以下优点：①管径和管数选择灵活，不受炉膛周界尺寸的限制，解决了周界尺寸和质量流速之间的矛盾，只要改变螺旋管的升角，就可以改变工质的质量流速，以适应不同容量机组和煤种的需要；②可以采用较粗的（直径为 38mm 以上）的管子，因而对管子的制造公差引起的水动力偏差敏感较小，运行中不易堵塞；③可以采用光管，不必用制造工艺复杂的内螺纹管就可以实现锅炉的变压运行和带中间负荷的要求；④不需要在水冷壁入口处和水冷壁下集箱进水管上装设节流圈以调节流量；⑤带有螺旋水冷壁的炉膛设计，能保证在整个负荷范围内，水冷壁管进行相同的吸热和充分的冷却；⑥抗燃烧干扰能力强，当切圆燃烧的火焰中心发生大的偏斜时，各管的吸热偏差与出口温度偏差仍能保持较小值，与一次垂直上升的管屏相比更有利；⑦有良好的负荷适应性，即使在 30%负荷以下，质量流速仍高于膜态沸腾的界限流速，能保持一定的壁温裕度。

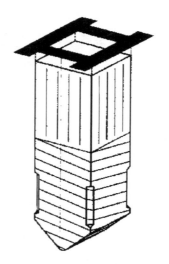

图 2-20　塔式锅炉水冷壁布置示意图

但螺旋水冷壁也有其缺点：①螺旋水冷壁阻力大，给水泵功率与垂直屏水冷壁相比增加 2%～3%；②在亚临界区域中相同或稍高的质量流速下，与内螺纹管相比，光管的传热能力较差；③负荷变动的时候，水冷壁和吊件之间存在温度偏差；④螺旋水冷壁比垂直水冷壁更容易挂焦。

4. 水冷壁的拉固装置结构及特点

锅炉水冷壁主要由许多小管径的管子组成，布置在炉膛四周。由于其管子较长，并且在炉内受热，如果没有可靠的拉固装置，水冷壁管容易发生较大的变形，因此所有水冷壁都有可靠的拉固装置。

常见的拉固装置有两种：搭接式与框架式。

搭接式刚性梁水冷壁拉固装置就是采用波形板直接焊在水冷壁管上，再通过螺栓或其他连接装置将波形板拉固在外边的刚性梁上，中间填入耐热保温材料。在刚性梁的铰接处开有椭圆形孔，以适应水冷壁上下联箱膨胀的要求。整个刚性梁水冷壁拉固装置可以随水冷壁向下自由膨胀，这种拉固装置称为搭接式刚性梁水冷壁拉固装置，水冷壁管自上至下每隔 2.5～3m 加一道。其特点是结构简单，节省钢材，一般用于中等容量的锅炉。

框架式刚性梁水冷壁拉固装置是在搭接式刚性梁水冷壁拉固装置的基础上，外加一圈框架，其刚性比搭接式刚性梁更强，目的是防止搭接式刚性梁变形超出允许范围。框架式刚性梁水冷壁拉固装置的特点是结构复杂，金属消耗量大，适用于更大容量的锅炉。

二、省煤器

省煤器是利用锅炉燃烧产生的烟气热量加热给水的一种热交换装置，一般布置在空气预热器之前。由于进入该部分受热面的烟温已经不高，通常将省煤器和空预器称为尾部受热面。

省煤器在锅炉中的作用：①吸收低温烟气的热量，降低排烟温度，提高锅炉效率，节省燃料；②由于给水在进入蒸发受热面之前先在省煤器内加热，这样就减少了水在蒸发受热面内的吸热量，因此采用省煤器可以替代部分蒸发受热面，也就是以管径较小、管壁较薄、传热温差较大、价格较低的省煤器替代部分造价较高的蒸发受热面；③提高了进入水冷壁的给水温度，减小水冷壁的温度梯度，从而减小水冷壁的热应力。

按照省煤器出口工质的状态，可以将省煤器分为沸腾式和非沸腾式两种。如果省煤器出口水的温度低于给水的饱和温度，就叫作非沸腾式省煤器；如果水被加热到饱和温度时省煤器的出口水中含有部分蒸汽，这种省煤器就叫作沸腾式省煤器。对于中压锅炉，由于水的潜热大，因而蒸发吸热量大，为不使炉膛出口烟温过低，有时采用沸腾式省煤器，以减小炉膛蒸发吸热量。沸腾式省煤器中生成的蒸汽量一般不应超过 20%，以免省煤器中流动阻力过大而产生汽水分层。随着工作压力的提高，水的汽化潜热减小，预热量增大，省煤器内工质几乎总是处于非沸腾状态，所以大型锅炉都是采用非沸腾式省煤器。

省煤器按其所用材料的不同可分为铸铁式和钢管式两种。铸铁式省煤器耐磨耐腐蚀，但不能承受高压，目前只用在中压以下的小型锅炉上。钢管式省煤器可用于任何压力、容量及任何形状的烟道中，与铸铁式相比，具有体积小、重量轻、价格低的优点，因而大型锅炉均采用钢管式省煤器。

省煤器按照管子的布置形式可以分为错列布置和顺列布置。错列布置省煤器指省煤器管屏沿着烟气方向，每隔一行的管道布置在前一行管道的缝隙之间。顺列布置省煤器指省煤器的管子沿烟气方向平行布置，与错列布置省煤器相比较，顺列布置省煤器换热效果差一些，占用面积比较大，但清灰效果比较好。

省煤器按照换热面表面结构可以分为光管省煤器、鳍片管省煤器、膜式省煤器。如图 2-21 所示，采用鳍片管、肋片管及膜式水冷壁换热效果好。在相同金属耗量的情况下，焊接鳍片管省煤器所占据的空间比光管省煤器所占据的空间少 20%~25%，而采用轧制鳍片管可使省煤器的外形尺寸减小 40%~50%。因此，鳍片管省煤器比光管省煤器占用空间小，在烟道截面不变的情况下，可以采用较大的横向截距，从而使烟气通流截面增大，烟气流速下降，磨损就大为减轻。即使有磨损，也只会导致肋片的磨损，不会对管子产生磨损。但与光管相比较，由于该部分烟气温度比较低，有可能导致鳍片之间积灰无法清除，需要增加吹灰器的支数和吹灰频率。

省煤器蛇形管中水的流速不仅影响传热，而且对金属的腐蚀也会有一定的影响。当给水除氧不完善时，进入省煤器的水在受热后会放出氧气。这时如果水的流速很低，氧气就会附着在金属的管壁上，造成局部金属腐蚀。因此，当水平管子中水的流速大于一定值时（非沸腾式省煤器中水的流速为 0.5m/s，沸腾式省煤器中水的流速为 1.0m/s），可以避免氧气的附着，从而避免金属的局部腐蚀。

省煤器处烟速的选取应综合考虑传热、磨损和积灰三个因素。过高的烟速可增强传热，节省受热面，但管子的磨损也较严重，同时也增加了风机的耗电；反之，过低的烟速不仅传热性能差，还会导致管子的严重积灰。因此，烟速不宜过高或过低，一般控制在 3~13m/s 范围内，当煤的灰分多和灰分的磨损性强时取较小值，当灰分少和灰分的磨损性弱时取较大值。

省煤器常采取的防磨措施有：在省煤器蛇形管弯头和箱体之间加装折流板，使各处的烟气流速均匀，防止出现烟气走廊，避免管子局部磨损严重；在管子表面相应位置装设防磨装置；采用光管的省煤器在靠近炉膛两侧一定的距离加装防磨板，防止吹灰器刚开始吹灰的时候，蒸汽过热度低，导致蒸汽中带水对省煤器管的损坏。

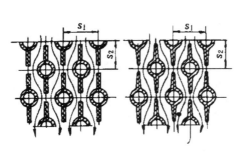 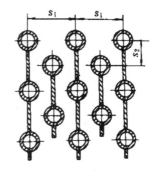

（a）焊接鳍片管省煤器　（b）轧制鳍片管省煤器　　　（c）膜式省煤器

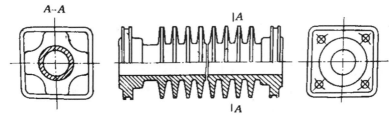

（d）肋片式省煤器

图 2-21　省煤器

省煤器常见的支持结构如图 2-22 所示，有支撑式和悬吊式两种。

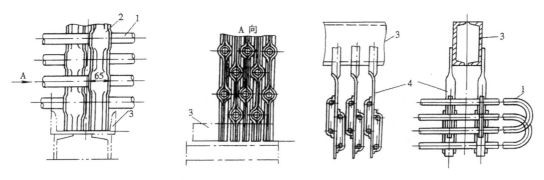

（a）支撑式　　　　　　　　　（b）悬吊式

1—管子；2—支撑架；3—横梁；4—吊杆

图 2-22　省煤器的支持结构

支撑式结构是利用支撑架固定省煤器的管束，并将支撑架固定在横梁上。为了防止支撑横梁在烟道内受热变形，在支撑横梁内通风冷却。

悬吊式结构是用悬吊架将支撑架悬吊在烟道内的横梁上，或用悬吊管将管束悬吊在烟道内。悬吊管式省煤器是用固定卡将省煤器的管子固定在悬吊管上。现代大型锅炉广泛采用悬吊管式省煤器，悬吊管既承担省煤器的重量，又作为省煤器的出水管。

三、过热器、再热器

过热器是锅炉的重要组成部分，它的作用是把饱和蒸汽加热成具有一定过热度的过热蒸汽，并要求在锅炉变工况运行时，保证过热蒸汽温度在允许的范围内变动。

提高蒸汽初压和初温可提高电厂循环热效率，但蒸汽初温的进一步提高受到金属材料耐热性能的限制，目前大多数电厂的过热蒸汽温度被限制在 620℃以下。蒸汽初压的提高也可提高循环热效率，但过热蒸汽压力的进一步提高受到汽轮机排汽湿度的限制。为了提高循环热效率并减少排汽湿度而采用再热器，再热器实际上是一种中压过热器，它的工作原理与过热器是相同的。

再热蒸汽压力为过热蒸汽压力的 20%左右，再热蒸汽温度与过热蒸汽温度相近。机组采用一次再热可使循环热效率提高 4%～6%，采用二次再热可使循环热效率进一步提高 2%。

高参数、大容量锅炉过热器和再热器的吸热量占工质总吸热量的 50%以上。过热器和再热器受热面在锅炉总受热面中占很大比例，需要把一部分过热器和再热器的受热面布置在炉膛内，即需要采用辐射式、半辐射式过热器和再热器。

过热器和再热器管内流动的为高温蒸汽，其传热性能差，而且过热器和再热器又位于高温烟气区，所以管壁温度较高。

为了降低锅炉成本，需要尽量减少采用高级别的合金钢。设计过热器和再热器时，选用的管子金属几乎都工作在接近其温度的极限值。过热器及再热器所用的材料取决于其工作温度。当金属管壁温度不超过 500℃时，可采用碳钢；当金属温度更高时，必须采用合金钢或奥氏体合金钢。

过热器、再热器设计和运行的主要原则：①防止受热面的金属温度超过材料的许用温度；②在较大的负荷范围内能通过调节来维持额定汽温；③防止受热面表面积灰、磨损和腐蚀；④为保证锅炉安全运行，其受压元件必须有超压保护功能，必须布置足够数量的安全阀。

1. 过热器

过热器按其传热方式可分为对流式过热器、辐射式过热器及半辐射式过热器，按其布置方式可分为立式过热器、卧式过热器、墙式过热器及屏式过热器等。

（1）立式过热器的结构及特点

立式过热器一般布置在锅炉水平烟道内，主要吸收对流热，常见的布置方式有顺流布置、逆流布置和混流布置，如图 2-23 所示。

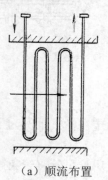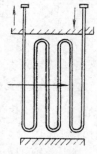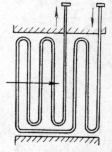

（a）顺流布置　　　　　（b）逆流布置　　　　　（c）混流布置

图 2-23　立式过热器

立式过热器的特点：不易积灰，支吊方便，但排汽疏水性差，管内容易腐蚀。顺流布置的传热效果最差，受热面最多，壁温最低，故一般布置在烟温较高的区域。逆流布置和顺流布置正好相反，其传热效果最好，受热面最少，壁温最高，一般布置在烟温较低的区域。混流布置由于具有顺流布置和逆流布置共同的优点，所以被广泛采用。

（2）卧式过热器的结构及特点

卧式过热器一般布置在锅炉尾部垂直烟道内，吸收对流热，由于尾部垂直烟道的烟气温度较低，因而卧式过热器均采用逆流布置。

卧式过热器的特点是支持结构复杂，安装检修不方便，但排汽疏水性好。

（3）墙式过热器的结构及特点

墙式过热器一般布置在锅炉水平烟道或尾部垂直烟道的壁面上，以及锅炉炉膛、水平烟道和尾部垂直烟道的上方，其作用是使该处形成敷管式炉墙，一般制成膜式，有的墙式过热器也布置在锅炉炉膛上方水冷壁的表面上。墙式过热器由于其单面受热，吸热方式为辐射吸热，故吸热量有限，所以大多将其作为初级的过热器使用。

布置在锅炉水平烟道或尾部垂直烟道壁面上的墙式过热器称为包墙式过热器，布置在锅炉炉膛、水平烟道及尾部垂直烟道的上方的墙式过热器称为顶棚过热器。

墙式过热器的特点是吸热量少，安装检修方便。除膜式外，布置在锅炉炉膛上方水冷壁表面上的过热器及顶棚过热器的支吊复杂，安装与检修都很困难。

（4）屏式过热器的结构及特点

屏式过热器布置在锅炉炉膛上方或炉膛出口，主要用来吸收辐射热。布置在炉膛出口处的屏式过热器既吸收辐射热，又吸收对流热，故又称为半辐射式过热器。屏式过热器又分为立式屏式过热器、卧式屏式过热器及垂直疏水式屏式过热器三种，其中现代大型锅炉很少采用卧式屏式过热器和垂直疏水式屏式过热器，而广泛采用立式屏式过热器，其结构如图2-24所示。

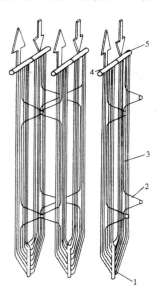

1—夹屏管；2—定位管；3—屏式过热器管子；4—出口联箱；5—入口联箱。

图2-24　立式屏式过热器

立式屏式过热器的特点：结构简单，检查检修方便，管子表面结渣、积灰较轻，但其排汽疏水性较差，管内容易腐蚀。在立式屏式过热器的基础上发展起来的垂直疏水式过热器的特点：排汽疏水性好，具有立式屏式过热器的一些优点，但结构复杂，安装、检修很不方便。

（5）过热器的支持结构及特点

过热器的支持结构也分支撑式和悬吊式两种。支撑式结构与省煤器一样，适用于卧式过热器，但是现代大型锅炉卧式过热器很少采用支撑式结构。悬吊式结构既适用于卧式过热器，又适用于立式过热器。

立式过热器的悬吊式结构大都采用吊钩、挂环将过热器管子吊挂在炉膛及水平烟道上方的吊梁上。这种结构的特点是结构简单，安装容易，但由于吊钩及吊梁安装在耐火保温层内，所以检查、检修不方便。

2. 再热器

再热器是用来加热从汽轮机高压缸排出的中温中压蒸汽，使汽温达到额定温度的热交换设备。再热器与过热器的结构一样，其布置型式同过热器类似，也分为立式、卧式及墙式三种。不同之处在于再热器加热的蒸汽压力较低，比容较大，所以再热器采用多管圈布置，且采用薄壁管，从传热面积来看，再热器比过热器大得多。

再热器的支持结构及特点与过热器类似，不同点在于再热器管圈多，其支持结构比过热器稍微复杂一些。

3. 减温器的结构及特点

大容量锅炉过热器和再热器的减温器均采用喷水减温器。过热器系统一般采用二级或三级喷水减温器，再热器系统采用事故喷水减温器。典型的喷水减温器如图 2-25 所示。

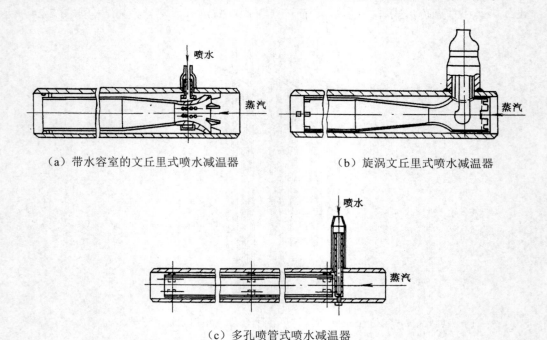

（a）带水容室的文丘里式喷水减温器　　　（b）旋涡文丘里式喷水减温器

（c）多孔喷管式喷水减温器

图 2-25　典型的喷水减温器

喷水减温器的常见结构有带水容室的文丘里式、旋涡文丘里式及多孔喷管式等。喷水减温器具有结构简单，调节灵敏，容易实现自动化控制等优点，但由于是将水直接喷入蒸汽中，故对水的品质要求比较高。

（1）带水容室的文丘里式喷水减温器

带水容室的文丘里式喷水减温器是在文丘里式管喉部设有一个环形的水容室，并在喉部开有多排 $\phi 2 \sim \phi 3$ 的小孔。减温水进入水容室，通过这些小孔喷入文丘里式管中与蒸汽混合。带水容室的文丘里式喷水减温器的特点是减温水与蒸汽混合较好，缺点是结构复杂，安装、检修困难。其结构如图 2-25（a）所示。

（2）旋涡文丘里式喷水减温器

旋涡文丘里式喷水减温器是在文丘里式管端部设有一个雾化质量较好的旋涡喷嘴，减温水通过旋涡喷嘴雾化后进入文丘里式管里与蒸汽混合。旋涡文丘里式喷水减温器具有结构简单，减温水与蒸汽混合较好的优点。缺点是其旋涡喷嘴为悬臂式结构，容易产生振动而发生断裂等严重问题。其结构如图 2-25（b）所示。

（3）多孔喷管式喷水减温器.

多孔喷管式喷水减温器是在减温器联箱上装设有一个立式多孔喷管，其侧面或端面开有几排 $\phi 4 \sim \phi 6$ 的小孔，侧面开孔喷管式喷水减温器的减温水通过多孔喷管直接喷入减温器内套中，端面开孔喷管式喷水减温器的减温水通过多孔喷管喷入减温器文丘里式管喉部。多孔喷管式喷水减温器结构简单，但其雾化质量较差，减温器联箱内需要很长的保护套筒。其侧面开孔式的结构如图 2-25（c）所示。

复习思考题

1．煤的分析方法有哪些？各有哪些成分？
2．什么是标准煤？什么是煤粉细度？
3．动力煤可以分为哪几种？各有什么特性？
4．影响煤粉自燃与爆炸的因素有哪些？
5．煤粉充分并完全燃烧的必要条件是什么？
6．锅炉按水循环方式可以分为哪几种？各有什么特点？
7．分析自然水循环常见的故障及预防措施。
8．简述直流锅炉的水循环特性。
9．试分析提高蒸汽品质的途径有哪些？主要设备是什么？
10．锅炉受热面有哪些？各有什么作用和特点？

第三章　锅炉本体特殊检修工艺

第一节　锅炉受热面检修

锅炉受热面在运行时，管内承受着工质高压力的冲击和某些化学物质的侵蚀，管外承受着高温火焰的辐射、烟气的熏烤腐蚀、灰粒的冲刷磨损、管件间的碰磨、意外情况下渣等的砸伤、漏风和吹灰器风的吹磨，容易使锅炉受热面出现超温、积灰、结渣、腐蚀、磨损、损坏等现象，从而造成受热面管发生失效和爆漏，威胁锅炉机组的安全运行。

据统计，现在火力发电厂锅炉四管泄漏已是造成火力发电机组非计划停运、影响机组安全稳定的最主要的原因之一。特别是大型超超临界锅炉发生四管泄漏次数平均占到机组非计划停运次数的 41%左右，停运时间平均占总停运时间的 60%以上。所以，保证锅炉安全运行，防治锅炉受热面泄漏，是锅炉检修中一项很重要的工作。

为了建立、健全锅炉防磨防爆管理体系，目前大型火力发电厂大都成立了专门的防磨防爆小组，从而对锅炉承压部件从设计、制造、安装、运行、检修和检验的全过程实施管理，收到了较好效果。

一、锅炉受热面的清扫

锅炉受热面表面结渣、积灰，不仅影响传热，造成锅炉排烟温度升高，锅炉效率降低，而且容易使管子超温，甚至爆管。为了消除这些影响，同时也为了给锅炉受热面的检查、检修创造良好的工作条件，有必要对锅炉受热面进行清扫。锅炉受热面的清扫方法主要有两种：一是机械清扫；二是压力清扫。

（一）机械清扫及其应用范围

机械清扫就是人工使用各种除渣、除灰工具，对锅炉受热面表面上的焦渣及积灰进行清除。常见的清扫工具有钢丝刷、锉刀、扫帚以及自制的除渣、除灰工具等，采用机械清扫的锅炉受热面有水冷壁、过热器和再热器。

（二）压力清扫及其应用范围

压力清扫就是利用压力工质将锅炉受热面表面上的焦渣及积灰进行清除，常见的压力工质有水和空气。压力水清扫又分为低压水清扫和高压水清扫。

1. 低压水清扫

低压水清扫即用低压水对受热面进行冲洗，就是利用具有一定压力的低压水对受热面表面上的焦渣、积灰进行冲洗。低压水冲洗压力较低，一般在 1.0MPa 以下。低压水冲洗主要适用于清扫省煤器、过热器、再热器或空气预热器等锅炉受热面。

2. 高压水清扫

高压水清扫即用高压水对受热面进行冲洗，就是利用压力泵将水提高到一定压力，用高压水枪对锅炉受热面表面上的焦渣、积灰进行冲洗。高压水冲洗的压力一般都比较高，在

10MPa～30MPa 之间。高压水冲洗主要适用于清扫水冷壁、过热器及再热器等受热面上较硬的焦渣，另外，回转式空气预热器的传热元件也可以利用高压水冲洗。

3. 压力空气清扫

压力空气清扫即压缩空气吹扫，就是利用生产现场的压缩空气对受热面表面上的积灰进行吹扫。利用压缩空气吹扫的受热面有省煤器、过热器和再热器，也可以利用压缩空气吹扫火焰监视器、炉膛压力取样管等热工设备。用压缩空气吹扫受热面的表面，其目的主要是方便检查受热面的磨损情况，尤其适用于检查鳍片管式省煤器及螺旋肋片管式省煤器的磨损情况。

二、锅炉受热面缺陷分析

锅炉受热面常见的缺陷有：磨损、腐蚀、弯曲、变形、裂纹、疲劳、胀粗、过热、爆管、损伤、鼓包、蠕变、刮伤等。

1. 磨损

磨损是锅炉受热面常见的缺陷之一。锅炉受热面布置在锅炉的炉膛及烟道内，尤其是锅炉尾部烟道内的受热面，由于烟温相对炉内低，灰粒硬，长期受烟气冲刷，烟气中的灰粒就会使受热面的管壁磨损减薄，这种由烟气冲刷使受热面管壁减薄的现象称为磨损。锅炉受热面的磨损速度与烟气的温度和流速、烟气中灰粒的浓度及硬度、管束的布置方式等因素有关，其中烟气的流速对受热面的磨损影响最大。实验测得受热面管子的磨损速度与烟气流速的三次方成正比，因此必须有效地对烟气流速进行严格控制。

炉墙漏风、烟道局部堵灰、对流受热面局部严重结渣，都会使烟道的局部烟气流速过大，使受热面管子局部磨损加剧。另外，当吹灰器工作不良时，高压蒸汽会将受热面的管子吹蚀，使管壁减薄，发生爆管泄漏，而且这种事故在超临界和超超临界机组锅炉较为常见，必须引起足够的重视。

受热面管子磨损经常发生的区域如下：①冷灰斗、燃烧器、折焰角、人孔门以及吹灰孔附近的水冷壁管子；②烟气转向室前立式受热面的下部管子；③尾部竖直烟道布置的卧式受热面管排上部第二三根管子、下部第二三根管子、管子支撑卡子边缘部位、靠近炉墙的边排管子及个别突出管排的管子等。

减少受热面磨损的主要方法：减少锅炉负荷，降低烟气流速；燃用优质煤种，降低锅炉烟气中飞灰含量；改变管束布置方式，由错列布置改为顺列布置；清除烟道结渣及堵灰，增加烟气流通面积；减少炉墙漏风；加装阻流板或防磨装置；保证吹灰器运行良好等。

2. 腐蚀

腐蚀是锅炉受热面常见的缺陷。它的实质是受热面表面的金属与其他物质发生化学反应，使金属原子脱离金属表面，这种现象称为腐蚀。按腐蚀发生的部位可分为外部腐蚀与内部腐蚀两种。

（1）外部腐蚀

锅炉受热面长期处于高温烟气中，由于烟气中含有一定量的多元腐蚀性气体，它们在高温条件下与受热面管子表面的金属发生化学反应，使受热面管子的表面发生腐蚀。因为这种腐蚀发生在受热面管子的外表面且又是在高温条件下发生的，所以称为外部腐蚀或高温腐蚀。

外部腐蚀经常发生的区域：锅炉炉膛上方及炉膛出口布置的屏式过热器；炉膛出口及水平烟道入口布置的立式对流受热面；水冷壁的高热负荷区域，如燃烧器附近的水冷壁管子等。

减少锅炉外部腐蚀的主要方法：运行时调整好燃烧，降低炉膛火焰中心高度，减少热偏差；燃用优质煤种，降低锅炉烟气中腐蚀性气体的含量；在易发生外部腐蚀的区域更换优质耐腐蚀钢管。

（2）内部腐蚀

锅炉受热面管内发生的腐蚀称为内部腐蚀。内部腐蚀主要是由于受热面管内水中含有 O_2、CO_2 等气体，这些气体在高温条件下与管子内表面的金属发生化学反应，使管子内表面发生腐蚀。另外，当锅炉停止运行时，立式受热面由于疏水不彻底，使立式受热面下部的 U 型管内存有一定量的水，这些长期存在于管子内部的水就会对受热面的管子造成腐蚀。对于长期停用的锅炉，防腐工作做的不好也会使受热面的管子发生腐蚀。

内部腐蚀主要发生的区域：水冷壁或省煤器水循环不好的区域，如前后墙布置燃烧器的炉膛四角水冷壁管子、省煤器管排；低温烟气区域立式受热面下部的 U 型管处等。

减少锅炉内部腐蚀的主要方法：提高除氧器的除氧效果，减少炉水中的 O_2；加强炉水循环，保证一定的水流速度，使气体依附在管子内表面的机会减少；锅炉停止运行时，采用带压放水，加强锅炉立式受热面的疏水，利用锅炉余热将管内的存水蒸发掉，尽量减少立式受热面 U 型弯头处的存水；做好锅炉的防腐工作。

3. 弯曲

弯曲主要是指锅炉受热面的管子在受热膨胀时受阻或受热不均而造成受热面管子的弯曲变形。弯曲主要针对受热面的管子而言，主要发生在立式受热面管子较长的部位，尤其是立式受热面管壁温度最高的区域或管子的固定装置损坏的区域。

防止发生受热面的管子弯曲变形的主要方法：消除管子膨胀受阻因素；调整好燃烧，减少热偏差；降低立式受热面管壁温度最高的区域管子的壁温；修复或增加受热面管子的固定装置等。

4. 变形

变形主要是指锅炉受热面的管排或支持装置受热后改变了原来的形状。变形可以发生在任何受热面上。防止锅炉受热面变形主要是加强受热面检查，消除管排的膨胀受阻因素，更换损坏受热面管排的支持装置。

5. 裂纹

裂纹是锅炉受热面最常见最危险的缺陷之一。它可以发生在锅炉任何受热面上，主要发生在受热面的焊口及其热影响区域，也可以发生在管子的弯头、减温器联箱内部等热应力较大的区域。裂纹是由于金属内部冷热不均，存在较大的热应力，在受到内部较大的压力或受到外力的长时间作用造成金属内部结构发生破坏而形成的。裂纹能引起受热面泄漏，严重时甚至可能发生爆破事故。

防止裂纹发生可采取以下措施：加强焊接质量管理，严格按焊接工艺进行施焊，正确进行焊前预热及焊后热处理，有效地消除焊接热应力；严把管子进货质量关，加强对有弯头或焊口管件的检查力度，最大限度地减少备件质量缺陷；加强现场设备检查，加固各种管道的支吊装置，防止管道发生振动；消除减温器的各种故障，合理使用减温器，防止低负荷时减温水直接喷溅到减温器联箱内壁上。

6. 疲劳

疲劳是指由于锅炉受热面承受交变热应力长期运行，导致锅炉受热面局部出现的永久性损伤。锅炉受热面发生疲劳的最终结果是受热面发生微型裂纹。疲劳是锅炉受热面的隐性缺陷，外观很难发现，因此它具有很大的潜在危险，必须给予高度的重视。

锅炉受热面最易发生疲劳的部位是受热面联箱与受热面管子相连接的角焊口处等热应力较集中的区域。锅炉机组的频繁启停是造成该区域疲劳的重要原因之一。另外，频繁发生晃动或振动的锅炉受热面管子也易于发生疲劳。通过减少锅炉机组的启停次数，防止锅炉受热面管子发生晃动或振动，可以减少锅炉受热面发生疲劳的概率。

7. 胀粗

锅炉受热面管子既要承受高温，又要承受很高的压力以及长时间的运行，管子的金相组织会发生变化，使管子的外径超出原设计管子的外径，这一现象称为胀粗。受热面管子发生胀粗是在一定条件下发生的，当受热面管子的壁温在允许温度以下，管子发生胀粗的趋势很小，用普通测量仪器几乎测不出来。当受热面管子的壁温超过允许温度时，管子发生胀粗的趋势明显增大。

锅炉受热面管子最易发生胀粗的部位如下：布置在炉膛上方及炉膛出口的屏式过热器；布置在炉膛出口及水平烟道的立式受热面；锅炉水冷壁温度最高的区域，如燃烧器附近；尤其是布置在炉膛出口的对流过热器管子壁温最高的区域，最容易发生胀粗现象。

管子发生胀粗是由于管子壁温超过该材质管子的最高允许温度造成的，降低管子壁温就能有效地防止管子发生胀粗现象。主要措施如下：降低锅炉负荷，调整好燃烧，防止过热器、再热器管壁温度超过最高允许温度；禁止超温运行；在过热器或再热器管壁温度最高区域更换耐热性能更高的管子。

8. 过热

锅炉受热面在运行中，由于没有很好地冷却、控制好管壁温度，使受热面管子壁温超过允许温度，如果受热面在超温状态下长时间运行，就会使管子表面严重氧化，甚至出现脱碳现象，这种现象称为管子过热。管子过热现象一般与管子胀粗现象同时发生，管子严重过热时会发生爆管事故。

锅炉受热面管子过热与胀粗发生的部位相同。在事故情况下，如锅炉水冷壁水循环被破坏、锅炉尾部烟道发生再燃烧或立式过热器、再热器管中堵有杂物等，都会使受热面管子发生过热。防止锅炉受热面管子发生过热应采取的措施如下：降低锅炉负荷，调整好燃烧，防止锅炉受热面管子超温运行；保证水冷壁的水循环正常；合理使用省煤器再循环管，防止省煤器管中的水停止流动或流动不畅；加强尾部受热面的除尘工作，防止发生尾部烟道再燃烧事故；加强检修管理，防止受热面换管时管中落入杂物；对过热器和再热器易于过热的区域更换耐热钢管。

9. 爆管

锅炉受热面发生爆管是锅炉受热面最严重的事故。锅炉受热面发生爆管会使锅炉机组被迫停止运行。锅炉受热面发生爆管的主要原因如下：①受热面管子磨损或腐蚀使管壁减薄，当其承受不了管内的压力时，管子就会发生爆破；②过热器或再热器管子由于长期超温运行，致使管子过热胀粗，造成管子的强度急剧下降，直至引起爆管；③水冷壁水循环破坏使管子过热、锅炉受热面管子产生裂纹等都可能引起爆管事故的发生。从统计数据来看，爆管主要发生在由于过热引起的过热器或再热器以及磨损严重的省煤器。

防止锅炉受热面发生爆管，应从以下几个方面入手：首先从运行方面，控制好锅炉负荷，调整好锅炉燃烧，减少热偏差，防止锅炉结渣，降低受热面管壁温度，防止管子发生过热现象；

其次加强运行监控，防止发生水循环破坏、水流停止及锅炉尾部烟道再燃烧等事故的发生；再次，加强设备检查与维护，及时发现锅炉受热面管子磨损、腐蚀、裂纹、胀粗等缺陷，根据实际情况进行处理，防止缺陷继续发展扩大；最后严格检修管理，防止发生管内落入异物、错用钢材、错用焊接材料等现象。

10. 损伤

损伤是受热面表面受外力或电火焊所伤，特征是管子的外表面有明显的伤痕。损伤可以发生在任何受热面上。锅炉受热面在运输、安装及检修过程中都有可能发生这样或那样的损伤。这就要求在施工中加强管理，严格按施工工艺进行施工，杜绝野蛮施工；平时加强检查，发现损伤及时处理，避免受热面管子带伤运行。

11. 鼓包

鼓包是指受热面管子的外表面在锅炉高温烟气的长期熏烤下，管子的外表出现的水泡状突出物。它是管子过热的表现之一，但也可能是由于管子的原始缺陷造成。鼓包主要发生在锅炉水冷壁热负荷最强的区域、水平烟道中部的垂直受热面。水平烟道前部的受热面由于管子表面通常会结一层焦渣，所以一般不发生鼓包现象。防止管子鼓包现象发生的方法主要有两点：一是加强管子质量检查，不合格的管子坚决不用；二是控制好管子外壁温度。

12. 蠕变

蠕变是指锅炉受热面的管子、管道、联箱等设备长期在高温高压下运行，其管壁温度虽然未达到最高允许温度，但在锅炉受热面金属内部逐渐形成塑性变形的现象。蠕变的发生发展过程很慢，有时甚至10年、20年之后才表现出来，但由于蠕变是不可修复的永久性缺陷，蠕变发展到一定时期其金属内部会产生很微小的蠕变裂纹，蠕变往往发生在炉外的重要管件上，因此，对于蠕变必须给予足够的重视。

任何承受高温高压的锅炉受热面都会发生蠕变。对于炉内的管子，由于其管径很小，对蠕变一般不予考虑；对于炉外的导汽管、联箱，由于其管壁温度较低并且长度较短，对蠕变只做次要考虑。对蠕变需要作重点考虑的是管壁温度较高且管道较长的主蒸汽管道、再热蒸汽管道。对于主蒸汽管道、再热蒸汽管道需要制订严格详细的蠕变监督计划，合理布置蠕变测点，定期进行蠕变测量。当设备蠕变变形接近或达到蠕变允许值时，应对其进行鉴定，确定其是否继续服役或更换。

13. 刮伤

刮伤是指受热面在运行或检修时，管子与管子之间、管子与其他设备之间发生摩擦或碰撞，使受热面管子表面造成的损伤。其发生的部位及防止措施与损伤相同。

三、锅炉受热面检查

（一）锅炉受热面的检查方法

锅炉受热面的检查方法有许多种，主要有观察法、手摸法、测量法（包括用定距卡规或游标卡尺测量管子外径，用测厚仪测量管子壁厚等）、照射法（聚光灯法）、敲击法、拉线法、着色法、超声波法、内窥镜法、放大镜法、反射镜法等。

1. 观察法

观察法是在光线较强的环境下，用肉眼对锅炉受热面进行目测。观察法主要是检查受热面管子及其支持装置的结渣、积灰情况；检查受热面管子、防磨装置以及受热面支持装置的变形情况；检查各受热面管子中间是否有阻碍烟气流动的杂物；检查受热面附近的炉墙、人孔门等的密封情况等。

2．手摸法

手摸法是由检查人员用手去摸锅炉受热面的管子来判断管子缺陷的方法。手摸法主要是检查锅炉各受热面管子的磨损及腐蚀情况，尤其适用于用观察法不易检查的卧式受热面管子的磨损检查，有时也用于采用游标卡尺测量不了的管子的检查。

3．测量法

测量法是利用测量工具或测量仪器对受热面管子进行测量。测量的内容有两项：管子外径测量和管子壁厚测量。

（1）定距卡规测量法

定距卡规是根据受热面各种管子的不同规格，加工制造出的一批尺寸固定的卡规。每一种尺寸的管子，根据其管子材质的不同制作出两种或三种尺寸的卡规。最大值卡规是根据碳钢管最大胀粗不超过 3.5%或合金钢管最大胀粗不超过 2.5%的规定而制作的。用最大值卡规根据管子的材质进行管子外径测量，可以判断管子胀粗是否超过规定。最小值卡规是根据管子的最大减薄量不超过管子壁厚的 1/3 的规定而制作的。用最小值卡规进行管子外径测量，可以判断管子减薄量是否超过规定。

采用定距卡规测量受热面管子是否超过规定，具有效率高，检查速度快，减轻检查人员劳动强度等优点。

最大值卡规常用来检查过热器、再热器管子的胀粗情况，而最小值卡规常用来检查过热器、再热器或省煤器的磨损或腐蚀情况。

（2）游标卡尺测量法

用游标卡尺对受热面的各种管子易于烧胀或磨损的部位进行测量。在实际操作中，一般对过热器或再热器管子壁温最高区域进行测量，用以验证管子是否胀粗、磨损或腐蚀。用游标卡尺对受热面管子易于烧胀部位进行测量的意义还在于将受热面管子测量部位及其测量结果记录在案，以便与下次检修时在同一部位进行测量得出的数值进行比较，从而判断受热面管子易于烧胀部位的烧胀趋势，作为以后检修的依据。

（3）测厚法

测厚法是利用测厚仪对受热面磨损或腐蚀管子的减薄区域进行壁厚测量，用以判断管子减薄的程度。测厚法适用于各种受热面的检查，尤其适用于检查受热面管子内部的腐蚀情况。

4．照射法

照射法也称为聚光灯法，检查大面积的膜式水冷壁或过热器管子时常采用此方法。利用聚光灯的高亮度，将灯头放在管间的凹处，使光线沿着管子照射，保持光线与管子平行，检查人员顺着光线去看管子的表面，如果管子的表面有凹坑，就很容易检查出来。此方法尤其适用于检查冷灰斗上的斜坡膜式水冷壁，当锅炉正常运行或检修时，免不了会有渣块或其他东西落下砸在斜坡膜式水冷壁上，造成管子表面出现凹坑，因此斜坡膜式水冷壁最适于用照射法进行检查。

5．敲击法

敲击法是利用小锤敲击锅炉受热面的管子或管子的支吊装置，根据敲击发出的声音来判断管子内部是否有杂物或管子的支吊装置是否存在烧损、开裂现象。敲击法适用于检查立式过热器、再热器的管子或其支吊装置。

6. 拉线法

判断受热面管子的变形情况常采用拉线法，即两人用一根线拉直放在变形的受热面管子上，从而测量出管子的变形情况。拉线法既可以测量管子的变形情况，又可以测量整个管排的变形情况。

7. 着色法

着色法就是利用金属着色剂来检验锅炉受热面管子的焊口以及联箱内、外表面是否存在微型裂纹等缺陷的方法。着色法主要用来检验锅炉受热面大口径管子的焊口或大尺寸承压设备的焊口，如汽包、水包、扩容器、联箱等设备的焊口。

8. 超声波法

超声波法是利用超声波检测仪器对受热面管子的焊口或弯头等部位进行检查，以判断其是否存在缺陷的方法。超声波法主要适用于检查水冷壁、过热器、再热器、省煤器及锅炉压力容器的所有焊口，也适用于检查锅炉受热面所有管件的弯头背弧或管件其他部位的缺陷。

9. 内窥镜法

内窥镜法是利用内窥镜深入到锅炉受热面的联箱或大口径管子等肉眼看不到的设备内部，检查设备内部情况，用以确认设备内部是否存在缺陷。使用内窥镜主要是为了检查减温器联箱内部的减温水喷头、文丘里管及套筒等部件，也适用于检查其他联箱或大口径管道的内部情况。

10. 放大镜法

放大镜法是利用放大镜用肉眼检查受热面表面是否存在裂纹、重皮、焊口夹渣等缺陷，这种方法适用于对任何受热面的表面进行检查。

11. 反射镜法

对于检查位置困难，不能正面或全面检查到的受热面管子，可以采用反射镜法进行检查。利用反射镜将受热面管子的背面反射过来，以利于检查。利用反射镜检查立式受热面边侧的管子很方便，尤其适用于检查卧式受热面管子下部的情况或其他不易正面检查到的管子背面的情况。

（二）水冷壁检查

1. 检查项目

水冷壁检查的主要项目：管子磨损检查、胀粗鼓包检查、结垢及腐蚀检查、损伤检查、弯曲检查、鳍片密封检查、悬吊管检查、管子弯头及焊口检查、膨胀检查、保温检查等。

2. 检查过程

水冷壁面积大，管子暴露广，水冷壁检查的原则是先重点，后一般。

（1）重点检查

1）利用观察法和手摸法，检查燃烧器、冷灰斗、吹灰孔、人孔门、打渣孔、折焰角处的管子是否有磨损、腐蚀、鼓包、过热、胀粗等缺陷。

2）利用观察法和照射法，检查冷灰斗斜坡水冷壁管子是否有损伤等缺陷。

3）利用观察法检查水冷壁悬吊管，检查水冷壁悬吊管下部是否存在磨损现象，检查水冷壁悬吊管是否有漏风现象，密封情况是否良好，防磨装置是否完整。

4）利用着色法和放大镜法，检查水冷壁上联箱和下联箱管子角焊缝是否有裂纹存在。

5）利用观察法、放大镜法和超声波法，检查水冷壁上升管和下降管弯头及焊口处是否存在缺陷。

6）割管送交化学部门，检验水冷壁管内的结垢和腐蚀情况。

（2）一般检查

1）利用观察法检查水冷壁管子的结渣情况。

2）利用观察法和照射法检查水冷壁管子是否有损伤等缺陷。

3）利用拉线法检查水冷壁管子的弯曲程度。

4）利用观察法检查水冷壁的排污装置和加热装置是否完整，以及是否存在缺陷。

5）利用观察法检查水冷壁的膨胀情况及膨胀指示装置位置，看其膨胀是否自由无阻碍，指示装置是否完整无缺陷。

6）利用观察法检查水冷壁的保温层是否完整。

（三）过热器、再热器检查

过热器和再热器的结构、布置方式基本相同，它们的检查项目、检查过程也基本相同。

1．检查项目

过热器、再热器的检查项目：管子结渣与积灰检查、磨损检查、胀粗及鼓包检查、结垢及腐蚀检查、损伤检查、弯曲检查、管子支持装置检查、管排定位管检查、管子弯头及焊口检查、管子膨胀检查、管道和联箱焊口及支吊装置检查、减温器检查、排空气管及疏水管检查、管子鳍片密封检查、炉墙密封检查、保温检查等。

2．检查过程

（1）用观察法检查过热器、再热器的结渣及积灰情况。

（2）用观察法和测量法，检查过热器、再热器管壁温度最高区域的管子是否有过热、胀粗或鼓包现象。

（3）用观察法、手摸法和测量法，检查过热器、再热器管子易磨损处（包括过热器、再热器的管排定位管）的磨损情况。

（4）割管送交化学部门，检查过热器、再热器管内的结垢及腐蚀情况。

（5）利用观察法和照射法，检查过热器、再热器管子的损伤情况。

（6）利用拉线法检查过热器、再热器管子的弯曲程度。

（7）利用观察法和敲击法，检查过热器、再热器管子的防磨装置是否有烧损、变形、偏移等缺陷。

（8）利用观察法和敲击法，检查过热器、再热器管子及管排的支持装置是否有开裂、烧损、变形等缺陷。

（9）利用观察法检查过热器、再热器管子的膨胀情况，如管子膨胀是否受阻，膨胀是否自由。

（10）利用观察法、放大镜法、着色法或超声波法，检查过热器、再热器联箱各处焊口是否有裂纹等缺陷。

（11）利用观察法和敲击法，检查过热器与再热器联箱上的吊杆等支吊装置是否有缺损、变形等缺陷。

（12）利用观察法、内窥镜法和着色法或超声波法，检查减温器各处焊口是否有裂纹等缺陷，检查减温器内部雾化喷嘴、文丘里管、套筒及其支持装置是否有裂纹、变形、移位等缺陷。

（13）利用观察法、放大镜法和着色法，检查过热器、再热器的排空气管和疏水管是否有堵塞、变形、移位现象，焊口是否有裂纹等缺陷。

（14）利用观察法检查墙式过热器和过热器、再热器处炉墙的密封情况。

（15）利用观察法检查过热器、再热器各处的保温情况。

（四）省煤器检查

1. 检查项目

省煤器的检查项目：管子积灰检查、磨损检查、结垢及腐蚀检查、损伤检查、管子和管排变形检查、管子弯头及焊口检查、管子防磨装置检查、管子膨胀检查、管道和联箱焊口及支吊装置检查、炉墙密封检查、保温检查等。

2. 检查过程

（1）用观察法检查省煤器的积灰情况。

（2）用观察法、手摸法和测量法检查省煤器管子易磨损部位的磨损情况。

（3）割管送交化学部门，检查省煤器管内的结垢及腐蚀情况。

（4）用观察法检查省煤器管子的损伤情况。

（5）用观察法和拉线法检查省煤器管子及管排的变形情况。

（6）用观察法、放大镜法和着色法或超声波法，检查省煤器管子弯头及焊口是否存在裂纹等缺陷。

（7）用观察法和敲击法，检查省煤器管子的防磨装置是否完整。

（8）用观察法检查省煤器管子及联箱的膨胀情况，检查联箱膨胀指示装置是否完整、牢固，以及指示是否准确。

（9）用观察法、放大镜法和着色法或超声波法，检查省煤器联箱和与联箱相连的各种管子焊口是否有裂纹等缺陷，检查省煤器联箱的支吊装置是否完整、牢固。

（10）用观察法检查省煤器处炉墙的密封情况。

（11）用观察法检查省煤器联箱及管道的保温情况。

四、锅炉受热面检修

锅炉受热面经过长期运行，免不了会发生各种缺陷，只有及时发现各种缺陷并处理好，才能保证锅炉的安全运行。

（一）受热面检修的主要工具

锅炉受热面检修的工具很多，这里主要介绍受热面检修几种常用工具的特点及使用方法。

1. 电动无齿锯

电动无齿锯是利用电动机带动树脂切割片对钢管、型钢等钢材进行切割的工具，按重量的大小分为固定式电动无齿锯和移动式电动无齿锯两种。

固定式电动无齿锯重量较大，体积也较大，移动很不方便，电动机采用 380V 电源，一般固定在车间内，适用于切割大口径管件及型材。其特点是结构简单，使用方便，切割速度快；缺点是不便移动，需要使用 380V 动力电源。

移动式电动无齿锯体积小，重量轻，移动方便，电动机采用 220V 电源，可以随身携带，适用于切割小口径管件及型材。其特点是结构简单，携带方便，更换锯片比较容易，现场随地可用；缺点是动力小，切割能力差。

固定式电动无齿锯的使用方法：①摆正无齿锯，将被割件平放在无齿锯的锯床上，定位夹紧；②抬起锯片，启动电源，待锯片转动正常后，轻放锯片进行切割；③在切割过程中，稍向下用力，直至将被割件切断；④关闭电源，待锯片停止转动后，抬起锯片。移动式电动无齿锯的使用较简单，可参考固定式电动无齿锯的使用方法。

在使用电动无齿锯进行切割时，除了遵守《电业安全工作规程》中关于使用电动工具的有关规定外，还应注意以下几点：①使用前，详细检查树脂锯片，不完整的锯片不许使用；②使用一段时间后，当锯片直径减小到一定程度时，应更换锯片；③更换锯片时，必须切断电源；④使用者应戴上护目镜，并且注意切割时火星飞溅的方向，要求火星飞溅的方向无人员和可燃物品；⑤切割时，用手握住锯片把手随着锯片移动向下用力，不要强力下压，以防夹锯，严重时将锯片夹死，甚至会造成锯片碎裂，发生危险；⑥若感觉锯片的转速明显下降，应立即抬起锯片，待锯片转速正常后，再进行切割；⑦使用移动式电动无齿锯切割受热面管子时，应由熟练人员操作，在专用的滑道上进行并由专人负责监护。

2. 气动割管机

气动割管机是利用压缩空气作为动力，驱动气动马达，带动较薄的树脂切割片进行切割钢管的机器。气动割管机主要是用来切割受热面管子，其特点如下：安全性好，可以在潮湿的地方使用，没有触电的危险；使用灵活，弹性好，不易发生像电动无齿锯锯片碎裂的危险，操作难度较小。

气动割管机的使用方法：①操作人员站好位置，按操作程序拿起气动割管机，启动压缩空气开关，待切割片转动正常后，对准切割位置进行切割，手持气动割管机顺着割口移动，直至将管子切断；②关闭压缩空气开关，待切割片停止转动后，方可放下气动割管机。

气动割管机的注意事项与电动无齿锯类似。

3. 坡口机

坡口机是用来加工受热面管子坡口的机器，有电动驱动和气动驱动之分，也有外卡式和内卡式之分。电动驱动和气动驱动的差别前面已有叙述，这里主要说明外卡式和内卡式的特点。

外卡式坡口机的特点：优点是夹管比较方便，效率高；缺点是刀具更换不方便，车出的铁屑容易落入管内。内卡式坡口机的特点：优点是更换刀具方便，车出的铁屑不易落入管内；缺点是夹管不如外卡式方便，操作不好容易使内卡式坡品机落入管内。

坡口机的使用方法：①根据受热面管子的规格，选用规格合适的坡口机；②选配好合适的刀具和夹具；③检查管子的切口是否平齐，否则应用工具进行修整；④将坡口机夹在管子上，旋紧夹具，调节进刀旋钮，将车刀离开管口几毫米；⑤合上开关，待刀具旋转正常后，调节进刀旋钮开始加工坡口，进刀速度不要太快；⑥随着铁屑的车出，缓慢进刀，直至将坡口车好；⑦调节进刀旋钮，使刀具离开管口；⑧关闭开关，待刀具停止转动后，松开夹具，卸下坡口机。

坡口机使用的注意事项：①使用前应检查刀具是否锋利；②夹具一定要夹紧，使用内卡式坡口机，调节夹具要防止调过头，以免夹具落入管内；③合上开关前，一定要检查刀具是否离开管口，不然容易将车刀崩坏；④更换车刀时，必须拔下电源插头；⑤在坡口的车制过程中，若发现坡口机的转速急剧减慢，说明进刀量过大，应及时减少进刀量，防止崩坏刀具或损坏坡口机。使用电动坡口机应遵守《电业安全工作规程》中使用电动工具的有关规定。

4. 角向磨光机

角向磨光机是用来磨制坡口或打光金属表面的手持式小型电动工具，一般使用$\phi100mm\sim$ $\phi150mm$ 的钹形砂轮片。其优点是使用方便、灵活，缺点是对操作人员的水平要求较高。

角向磨光机的使用方法：①将需要磨制的管子固定住，防止其晃动；②磨制前注意周围是否有人或易燃物品；③操作者戴好护目镜和手套，单手持角向磨光机，用另一只手打开开关；④当角向磨光机转动正常后，双手持角向磨光机进行磨制；⑤磨制完成后，关闭电源开关，待角向磨光机停止转动后，方可将其放下。

除了需要遵守《电业安全工作规程》中关于使用电动工具的有关规定外，使用角向磨光机时还应注意以下几点：①使用前，必须检查砂轮片是否完整，不完整的砂轮片禁止使用；②更换砂轮片时必须拔下电源插头；③磨制容易晃动的管子时，必须将管子可靠固定住，严禁磨制晃动的管子；④使用角向磨光机时应远离人员且附近无可燃物；⑤磨制有豁口的管子时，应使砂轮片顺着豁口的一侧缓慢磨制，严禁将砂轮片完全放入豁口内同时磨制豁口两侧，防止管子豁口将砂轮片夹住造成飞车，伤害操作人员或损坏角向磨光机。

（二）受热面管子的配制

锅炉受热面主要由钢管组成，当受热面管子发生严重缺陷时，就需要用新管更换有缺陷的旧管子，此时就要求配制合适的受热面管子。

1. 管材要求

更换管子时，尽可能选用同规格、同材质的管子。选用代用管子时，应注意：选用材质相近或高于被换管材质的管子；选用不同材质管子应注意焊接方面的有关要求；选用外径相同、壁厚不低于被换管的管子，壁厚差不大于原壁厚的 15%，最大不超过 3mm；尽量不选用外径不同的管子。

检查更换管子的质量：①检查更换管子是否有生产厂家的出厂合格证、检验合格证等；②检查管子是否通过涡流探伤检验；③用观察法检查管子的外表面是否有明显的外部缺陷；④用游标卡尺测量管子外径、壁厚及椭圆度等，应符合选用标准；⑤检查管子的材质是否符合使用要求，必要时使用光谱仪进行检查确认；⑥使用带有焊口的管子时，应检查焊口是否有检验合格证，按有关规定进行抽检，并对管子进行通球试验；⑦使用带有弯头的管子时，对弯头部分进行检查，并对管子进行通球试验；⑧所有管子在使用前，应用压缩空气将管内的杂质吹净。

2. 坡口要求

锅炉受热面管子制作坡口的目的是使受热面管子可靠地进行焊接，防止出现焊接缺陷。受热面管子的坡口型式主要有 V 型、双 V 型、U 型等几种。

对于受热面管子壁厚不大于 6mm 的管子，一般采用全氩弧焊接，其坡口如图 3-1（a）所示，采用 V 型坡口。而对于受热面管子壁厚大于 6mm 的管子，采用氩弧焊打底，电弧焊盖面的焊接工艺进行焊接，其中壁厚在 6～16mm 的管子采用 V 型坡口；壁厚在 16～20mm 的管子采用双 V 型坡口，如图 3-1（b）所示；壁厚在 20mm 以上的管子采用 U 型坡口，如图 3-1（c）所示。

坡口要求如下：

（1）V 型坡口角度 α 一般为 30°～35°，钝边 S 一般为 0.5～2mm，坡口端面应与管子中心线垂直，最大偏斜值不超过 1.5mm，在管口的内外壁 10～15mm 长度范围内要清除油漆锈垢，打磨至露出金属光泽。

（2）双 V 型坡口，坡口角度 α 一般为 35°～45°、β 一般为 10°～15°，钝边 S 一般为 1.5～2mm，坡口端面应与管子中心线垂直，最大偏斜值不超过 1.5mm，在管口的内外壁 15～25mm 长度范围内清除油漆锈垢，打磨至露出金属光泽。

（3）U 型坡口，坡口角度 β 一般为 10°～12°，钝边 S 一般为 1.5～2mm，圆弧半径 R 一

一般为 5～8mm，坡口端面应与管子中心线垂直，最大偏斜值不超过 1.5mm，在管口的内外壁 15～25mm 长度范围内清除油漆锈垢，打磨至露出金属光泽。

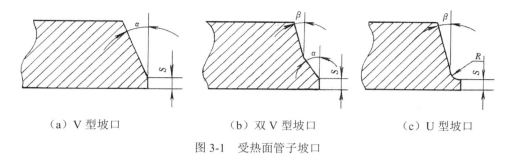

（a）V 型坡口　　　　　（b）双 V 型坡口　　　　　（c）U 型坡口

图 3-1　受热面管子坡口

3. 弯头要求

受热面换管时，如果受热面的弯头或弯头附近管子发生故障，需要更换带弯头的管子，配制时就需要进行弯管。锅炉受热面的弯管一般都是小口径管，均采用冷弯工艺，弯曲半径一般为 2d～4d（d 为管子外径）。管子弯好后应检查：①弯曲部分最大椭圆度小于 8%；②焊口布置位置距离弯曲部分起弧点 70mm 以上；③弯曲外弧不应有明显的拉制痕迹及缺陷，必要时用放大镜进行检查；④弯曲内弧不应有明显的褶皱及其他缺陷；⑤所有的弯管均应进行通球试验；⑥高合金管子弯好后，必须进行相应的热处理。

4. 对口要求

受热面管子焊接对口时应采用专用的对口工具进行对口，除按规定进行的冷拉焊口外，严禁强行对口，以免在焊口内部产生附加应力。

对口时应保持对口面与管子中心线垂直，对口间隙为 1～3mm；保持两管中心在一条直线上，偏差小于 2mm；保持两管口中心重合，错口小于 0.5mm；不同壁厚管子对口时，应将厚壁管子的内径削去一部分，使两管内径相同并使削去部分保持 1:6 以上的坡度光滑过渡。

（三）受热面管子的更换

受热面管子有很多种，其换管方法也各不相同，这里主要介绍膜式水冷壁、省煤器和立式对流过热器的换管方法，其他的可以参考进行。

1. 膜式水冷壁管子的更换

膜式水冷壁管子之间由鳍片组成，换管较光管麻烦。膜式水冷壁换管时最好更换鳍片管，这样能减少工作量，还能避免用钢板代替鳍片与膜式水冷壁管焊接所产生的问题。

膜式水冷壁管子的更换方法如下：

（1）根据水冷壁的换管位置，接好足够亮度的照明，搭设好脚手架。

（2）拆除炉外换管部位的外护板、保温等。

（3）清除炉内水冷壁换管部位的焦渣，保持管子表面清洁。

（4）用气割将所换管子的鳍片割开，再把换管割口部位的鳍片上下各切去 100mm，注意切割时不要伤及管子本身。

（5）用专用的割管机进行割管，先割管子下部，割完后用薄金属片将下口堵上，再割上部，将管子割下后，标上记号移出炉外。

（6）用坡口机或角向磨光机加工上下管口坡口，加工时将下管口用易溶纸堵上，加工好后取出易溶纸，再用软木塞堵上。

（7）选好合适的管子进行配制，配制好的管段应比割下的上下管口间距短 4～5mm，确保对口间隙满足焊接要求。

（8）去掉软木塞，将配制好的管子放入割管处，对口焊接，焊接时炉内炉外各安排一名焊工进行对焊，并要求一次焊完。

（9）焊口焊完后待温度降下来，进行无损探伤，焊口不合格时应及时处理。

（10）焊口合格后进行鳍片的焊接工作：如果更换的是鳍片管，可直接进行鳍片的焊接工作；如果更换的是光管，需要配制合适的扁钢代替鳍片，放在管子之间的空隙处进行焊接。需要注意的是，换管焊口区域的切口应重点进行恢复，尤其注意管子与钢板之间的焊接。

（11）恢复炉外拆除的保温、护板等，拆除炉内的脚手架。

2. 省煤器管排中间单根管子的更换

省煤器管排中间单根管子出现严重的缺陷时，需要对有缺陷的管子进行更换，更换的方法如下：

（1）根据换管位置，接好足够亮度的照明，清理换管部位附近的积灰，在换管管排的两侧铺好专用的胶皮，防止工具或其他东西落入管排之间。

（2）用气割割开管排之间的定位装置和吊架，留出起吊管排的空间；支撑式结构的省煤器应将支撑架下部的焊点割开。

（3）对于悬吊布置的省煤器，用割管机将悬吊管割下一段，其长度视省煤器管排的高度而定，割下的悬吊管制作好坡口并留下备用，将管排上的悬吊管制作好坡口并用软木塞堵上。

（4）在被割管排的正上方焊接临时吊架，准备好手拉葫芦等起重工具。

（5）用割管机将换管的省煤器管排与省煤器出入口联箱相连接的管子割开。

（6）用手拉葫芦将换管的省煤器管排两侧的管排向两边拉开一些，使被换管的省煤器管排容易吊出。

（7）用手拉葫芦将换管的省煤器管排吊起，起吊应缓慢进行，在起吊过程中随时检查管排上升情况，防止管排被卡住而受拉变形，起吊直至被换管露出一段高度为止，将手拉葫芦手链锁死。

（8）找出有缺陷的管子，用割管机将有缺陷的部分割下，标上记号移出烟道外。如果被换管较长或被换管含有弯头，应先用气割将管排支撑架或悬吊管吊卡割开，再用割管机进行割管。

（9）制作管排上管口和出入口联箱上管口的坡口备用。

（10）根据被割的管子，配制合适的管子，加工好坡口，放在被割管的位置对口进行焊接。若配制的管子含有弯头，应经过检验合格后，再进行换管工作。

（11）对焊口进行无损探伤，不合格时应及时处理。

（12）焊口合格后，将割下的支撑架或悬吊管吊卡焊上。

（13）松开手拉葫芦，将管排放入原位。

（14）焊接省煤器出入口联箱相连接的管子并经探伤合格。

（15）取出软木塞，焊接省煤器悬吊管并经探伤合格。

（16）恢复省煤器吊卡。

（17）撤除手拉葫芦等起重工具，拆除临时吊架，将省煤器管排之间的定位装置复位。

（18）清点工具，清扫现场，撤除专用胶皮及照明。

3. 立式对流过热器中间管子的更换

墙式过热器中间管子的更换方法与膜式水冷壁管子的更换方法类似；卧式过热器中间管子的更换方法与省煤器中间管子的更换方法相同；屏式过热器由于其屏间间距较大，屏式过热器中间管子的更换比较方便，此处不进行叙述。这里主要介绍管排间距比较小的立式对流过热器中间管子的更换方法，其更换的方法如下：

（1）根据换管部位，接好足够亮度的照明，搭设好脚手架。

（2）清除换管部位管子上的焦渣与积灰，保持管子清洁。

（3）摘除换管部位附近管排间的梳形定位卡子，用气割或电焊将换管部位附近管排间的定位装置割掉，使换管部位的管排可以向两侧摆动。

（4）确定换管管排，用两台1t的手拉葫芦将被换管管排两侧的管排向两侧拉开一段距离，留出换管空间。

（5）找出有缺陷的管子，在换管的上下位置搭好临时脚手架。

（6）如果被换管较长，应用气割或电焊将被换管处的管间定位卡子割掉。

（7）如果被换管位置靠近锅炉顶棚，换管空间狭小，或被换管包含弯头，由于位置窄，不利于焊口焊接，此时应用气割或电焊将被换管上部弯头处的吊卡以及管间定位卡子割掉，连同弯头一起更换，并将焊口位置设置在管排中部有利于焊接的位置。

（8）用割管机割管，先割管子下口，割完后用薄金属片堵住下口，再割上口，将管子拿下后，标上记号移出炉外。

（9）用坡口机加工坡口，注意下管口不要落入异物，坡口加工好后用软木塞将下管口堵住。

（10）根据割下的管子，配制合适的管子，制作好坡口，注意管子长度应满足对口间隙要求。

（11）取下软木塞，将新管与原割管管口处对口焊接，并对焊口进行相应的热处理。

（12）焊口检验，合格后将管间定位卡恢复。

（13）拆除焊口位置的临时脚手架，撤去拉管排的手拉葫芦，将管排复位。

（14）恢复管排上部的弯头吊卡。

（15）加装管排梳形定位卡子，恢复管排间的定位装置。

（16）清理现场，拆除脚手架，撤去照明。

（四）受热面管子弯曲处理

锅炉受热面管子由于热膨胀受阻或管间定位卡子烧损都可能使受热面管子弯曲。立式受热面管子严重弯曲时会使管子突出管排，造成管排受热不均，出现热偏差，甚至造成管子过热而引起炉管爆破。卧式受热面管子严重弯曲时也会使管子突出管排，阻碍烟气流通，使突出的管子磨损加快，严重时造成管子泄漏。因此对于受热面弯曲严重的管子，必须进行校直。受热面管子校直的方法有两种：一是炉内校直法；二是炉外校直法。

1. 炉内校直法

锅炉受热面管子弯曲不太严重且管子较细时，由于校直的难度较小，可在炉内直接校直，其方法如下：

（1）先找出管子弯曲变形的原因，然后将原因消除，不能消除时可采取临时补救措施，以防止管子再次发生弯曲变形。

（2）用气割或电焊将弯曲管子的管间定位卡子割掉。

（3）用氧气乙炔焰在管子的弯曲变形处进行加热，加热时应随时注意加热温度，防止管子过烧，管子微微变红时就可以了。

（4）加热的同时用撬棍等工具向相反方向校正弯曲的管子，校正时应多点进行，防止校正过头使管子向另一方向弯曲。

（5）管子校直后冷却，当管子不再有明显的弯曲变形时，加装新的管间定位卡子。

2. 炉外校直法

锅炉受热面管子弯曲比较严重或管子较粗时，由于校正的难度较大，采用炉内校直法比较困难，这时可采用炉外校直法校正，也就是将弯曲变形的管子割下，拿到炉外进行校正。炉外校直法的操作程序如下：

（1）先找出管子弯曲变形的原因，然后将原因消除，不能消除时可采取临时补救措施，以防止管子再度发生弯曲变形。

（2）用气割或电焊将弯曲管子的管间定位卡子割掉，使弯曲的管子可以较为方便地取下来。

（3）用割管机将管子的弯曲部分割下来，标上记号移出炉外。

（4）加工炉内管子坡口，下管口用软木塞堵住。

（5）将弯曲变形的管子放在校正平台上，用专用的校正工具进行校正，必要时辅以氧气乙炔焰加热校正。

（6）管子校直并冷却后，确认管子不再有弯曲变形时，加工管子坡口。

（7）将管子送入炉内对口焊接。

（8）焊口检验合格后，加装新的管间定位卡子。

（五）锅炉受热面管子磨损处理

检查发现锅炉受热面管子发生磨损时，应及时查找原因，采取可靠措施，防止磨损加剧。如果磨损比较严重，磨损量超过原管子壁厚的 1/3 以上且磨损面积较大，或锅炉受热面管子发生大面积磨损时，应及时进行换管；若磨损较轻，磨损量未超过原管子壁厚的 1/3 或磨损面积较小时，可采取以下方法进行处理。

1. 防磨瓦法

防磨瓦法就是利用与受热面管子相配合的防磨瓦，加装在管子磨损的地方，用防磨瓦代替管子的磨损，以达到延长管子使用寿命的目的。防磨瓦法适用于管子普遍磨损，但磨损量较小的部位。使用防磨瓦法应注意，防磨瓦的尺寸应符合要求，加装时应将防磨瓦与管子靠严，并且加装要牢固，无松动现象。防磨瓦不允许出现偏斜现象，以防加剧管子的磨损。防磨瓦法也可用在吹灰孔附近的管子，防止管子被吹灰器吹蚀。

2. 补焊法

在受热面管子发生局部磨损，磨损比较严重且磨损面积不大时，既可采用对磨损处进行补焊的方法处理，又可采用火焊、电弧焊或氩弧焊进行修补加强，补焊完后用角向磨光机将补焊部位打磨圆滑、光亮，用这种方法可以在不换管的情况下，延长受热面管子的使用寿命。

3. 喷涂法

喷涂法就是利用喷涂技术在受热面管子易于磨损的部位喷涂一层耐磨涂料，以提高管子抗磨能力的一种方法。该方法适用于烟气温度较低的尾部垂直烟道的受热面，对于未磨损或磨损较轻的管子使用喷涂效果较好。

五、锅炉受热面管子固定装置检修

受热面管子固定装置有许多种，常见的有吊卡、管间卡、管夹、固定拉钩、支撑架等。受热面管子固定装置一般由耐热钢制造，其冷加工性能与焊接性能都比较差，所以当受热面管子固定装置出现缺陷时，一般不易修复。如果管子定位装置变形很小或开裂，可用补焊的方法进行处理；如果变形严重，就只能采取更换的方法进行处理。这里介绍具有代表性的三种受热面管子固定装置的更换方法。

1. 顶棚吊卡的更换方法

光管式顶棚过热器管子以及立式对流受热面上部的倒 U 型弯头，都是用吊卡吊挂在顶棚过热器上方横梁上的。当吊卡烧损或更换倒 U 弯头而将吊卡割开时，需要更换顶棚吊卡。更换方法如下：

（1）炉膛内接好照明，搭设脚手架，确定吊卡损坏区域。

（2）拆除吊卡损坏处顶棚过热器上部的耐火层、保温层和密封层，露出损坏的吊卡。

（3）将吊卡损坏处管间的耐火材料清除干净，保持管子与吊卡清洁。

（4）用临时吊架将更换吊卡处的管子固定住，注意加装临时吊架的位置应避开原吊卡的位置，防止加装新吊卡时发生困难。

（5）用电焊将损坏的吊卡割除，再次清理吊卡处的管子，使两侧的管子能相对活动，便于新吊卡能顺利穿入。

（6）将新吊卡穿入管子并且挂在横梁挂钩上，合拢后用电焊焊牢，或直接将吊卡焊在横梁上。

（7）拆除临时加装的吊架，清理管子与吊卡。

（8）恢复顶棚过热器上部的耐火层、保温层及密封层。

（9）拆除炉内搭设的脚手架，撤去照明。

2. 立式受热面管间卡的更换方法

立式对流受热面管子之间一般采用管间卡固定，也有采用钢筋和扁钢板固定管子的，它们均采用耐热钢制造。在长期承受高温状态下运行，管间卡会出现开焊变形甚至烧损等缺陷，如果开焊变形不严重，可用手锤将其打合后用电焊焊牢，必要时用氧气乙炔焰加热；如果开焊变形比较严重或烧损，应将其更换，其更换方法如下：

（1）接好照明，搭脚手架。

（2）清洗管间卡上部管子表面，使表面光洁、无焦渣。

（3）在旧管间卡上安装临时专用夹管工具。

（4）调整好管子节距，将临时专用夹管工具夹紧，防止管子间距发生变化，造成新管间卡安装困难。

（5）用电焊将旧管间卡割下。

（6）在原位置安装新管间卡，靠紧并用电焊焊牢。

（7）拆下临时安装的专用夹管工具。

（8）拆除脚手架，撤去照明。

3. 过热器管间固定拉钩更换方法

现代大型锅炉随着容量的提高，其过热器越来越复杂，管排一般都比较密，所以管排管子与管子之间都采用固定拉钩的方式固定管子，使整排管子形成一个整体。固定拉钩由一对互相钩合的部件组成，分别焊在两根管子上，并互相钩合，用以固定管子。固定拉钩由耐热钢制成，体积较小，加上它们与管子紧紧焊在一起，因此在通常情况下，烧损的可能性较小。出现的问题主要是安装质量不良或管子严重变形使固定拉钩脱出，造成管子突出管排，此时要将变形管子复位并将固定拉钩挂合是非常困难的，只能更换固定拉钩。其操作步骤如下：①先将原来的固定拉钩割下，再用角向磨光机将管磨光；②校正变形的管子；③用夹具固定，安装固定拉钩，使之可靠挂合；④用电焊将固定拉钩焊牢；⑤对焊点进行热处理。

第二节　锅炉压力容器检修

锅炉压力容器包括很多种设备，本节主要介绍具有代表性的汽包、水包、扩容器、直流锅炉启动分离器、汽－汽热交换器等锅炉设备的检修，其他压力容器的检修可以参照进行。

一、汽包检修

汽包是自然循环与强制循环锅炉最重要的部件，它的作用如下：汽包是加热、蒸发、过热的大致分界点和连接枢纽；汽包有很强的蓄热能力，对锅炉的运行特别有利，可以减缓蒸汽压力的突变，适应锅炉负荷的变化；汽包内有各种蒸汽清洗装置，可以净化蒸汽，提高蒸汽品质；汽包上有水位计、安全门、压力表等锅炉附件，可以保证锅炉的运行安全。

常见的汽包有夹层式汽包和无夹层汽包。

（一）汽包结构及支持装置

1. 夹层式汽包

夹层式汽包的结构如图 3-2 所示。

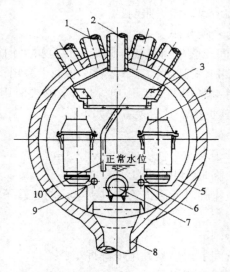

1－汽水混合物上升管；2－饱和蒸汽引出管；3－干燥器；4－旋风分离器；5－汽水混合物汇流箱（夹层）；6－加药管；7－给水管；8－下降管；9－排污管；10－疏水管

图 3-2　夹层式汽包结构

　　这种汽包的两侧均设有一个夹层，由水冷壁上升管而来的汽水混合物从汽包上部进入汽包夹层，再顺着夹层沿着汽包壁向下进入汽包中下部的旋风分离器底座，接着进入旋风分离器进行汽水分离。蒸汽从旋风分离器的顶帽出来，进入汽包上部的干燥器进行进一步分离后，合格的蒸汽通过汽包正上方饱和蒸汽引出管送出。夹层式汽包结构比较紧凑，适用于亚临界压力的强制循环锅炉。

　　2. 无夹层汽包

　　无夹层汽包的结构如图 3-3 所示。

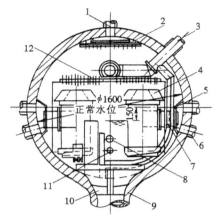

1—饱和蒸汽引出管；2—多孔板；3—给水管；4—旋风分离器；5—汇流槽；6—汽水混合物上升管；
7—旋风分离器引入管；8—排污管；9—下降管；10—十字隔板；11—加药管；12—清洗孔板

图 3-3　无夹层汽包结构

　　这种汽包的两侧没有像夹层式汽包那样的夹层，汽水混合物从汽包的中下部进入汽包内部的旋风分离器进行汽水分离。蒸汽从旋风分离器顶帽出来经过蒸汽清洗孔板进行清洗，除去一部分盐分后，蒸汽进入汽包上部的波形板分离器进行进一步分离，再通过多孔板从汽包顶部的导汽管送出。

　　无夹层汽包适用于超高压压力及以下的自然循环锅炉。

　　3. 汽包的支持装置

　　汽包是由厚钢板卷制而成的，其重量大，所以对汽包的支持结构有较高的要求，常见的支持结构有支撑式与悬吊式两种。

　　（1）支撑式结构

　　在锅炉上部钢架汽包中间位置安放一个强度很高的固定支座，在汽包两侧各安放一个强度很高的活动支座，活动支座里安放有纵横叠放的滚子。滚子周围有限位装置，可以限制其移动的范围。滚子上安放汽包支座，汽包支座可以纵横移动，汽包就安放在这两个活动支座和一个固定支座上。由于汽包安放在可以纵横移动的活动支座上，所以就能满足汽包的热膨胀要求与承重要求。

　　（2）悬吊式结构

　　利用 U 型吊杆将汽包悬吊在汽包上部的钢架上，并采用多个吊杆承担汽包的重量，中间的吊杆采用固定式，两侧的吊杆采用滑动式，以适应汽包受热膨胀的需要。

（二）汽包的检查检修项目

1. 汽包内部检查项目

进入汽包应穿专用服装，带好专用检查工具。汽包内部检查的主要项目如下：①用观察法和放大镜法检查汽包人孔门密封结合面以及人孔门情况；②通知化学部门检查汽包内部的结垢与腐蚀情况；③用着色法检查汽包筒身内壁纵向及横向焊口情况；④用观察法和放大镜法检查汽包内部其他各处焊口情况；⑤用观察法检查汽包内部各管口、管子及其固定装置的情况，必要时进行疏通或加固；⑥用观察法检查汽包内部的旋风分离器以及顶帽的固定情况，必要时重新进行加固；⑦用观察法检查汽包内部的清洗孔板、波形干燥器及其固定装置；⑧用观察法和放大镜法检查汽包内部下降管口的焊口及格栅情况；⑨用观察法检查汽包内部的排污及加热装置等。

2. 汽包外部检查项目

汽包外部检查项目如下：①用观察法检查汽包人孔门密封螺栓及其支架；②用观察法检查汽包支座或汽包悬吊装置；③用观察法检查汽包膨胀情况及膨胀指示装置；④用观察法、放大镜法、着色法或超声波法检查汽包外部与汽包连接的各种管道的焊口情况；⑤用观察法检查汽包和与汽包相连接的各种管道的保温情况；⑥用观察法检查汽包的水位计、压力表计、温度测点等；⑦用观察法检查汽包上的管道、阀门、安全门等设备的支吊装置等；⑧利用连通器原理的方法检查汽包的水平情况。

3. 汽包内部的清扫方法

汽包内部的清扫方法有两种：基本清扫法和完全清扫法。

（1）基本清扫法是在不拆除汽包内部所有汽水分离装置的情况下进行清扫。清扫方法如下：①先将汽包两侧用扫帚清扫干净；②在汽包一侧人孔门安装轴流式风机，使风从外流向汽包内部；③在另一侧人孔门安放与汽包人孔门孔径相同的轻质管道，并把管道引向厂房外；④清扫人员从安装轴流式风机侧开始，用压缩空气软管对汽包内部所有设备进行吹扫，同时启动轴流式风机，使汽包内的锈垢随空气从轻质管道流出厂房外；⑤顺着汽包一侧逐步进行清扫，注意应将每一个设备都吹扫到，直至将汽包内部吹扫干净。

（2）完全清扫法是在将汽包内部所有汽水分离装置全部拆除的情况下进行清扫。清扫方法如下：①将汽包内部的汽水分离装置拆除并放在厂房外；②用钢丝刷对汽包内壁进行清扫，个别不易清扫的地方用铲子铲除；③再用扫帚进行清扫，收集锈垢带出汽包外；④最后按基本清扫法清扫一遍。

4. 汽包汽水分离器的清扫方法

汽包汽水分离器是汽包内最主要的设备，主要作用是对上升管来的汽水混合物进行汽水分离，使饱和蒸汽的干度达到要求。汽包汽水分离器主要由旋风分离器和各种干燥器组成，其结垢最严重，也最难清理，因此汽包清扫主要就是对这些汽水分离器进行清扫。

汽水分离器在不拆除的情况下，清扫的效果一般，只有在全部拆除并移出汽包外后进行清扫，才能清扫干净。其清扫方法如下：①将汽包内的汽水分离器标上记号拆除，运至厂房外的平台上；②接好压缩空气管子和吹扫枪；③用压缩空气吹扫枪逐个将旋风分离器的筒身、顶帽、干燥器进行吹扫。吹扫时应上下左右多方位进行。吹扫过程中，可用木锤敲击，以利于更彻底地吹扫，直至将每个器件吹扫干净。吹扫完毕后，按先后顺序将汽水分离器移至厂房内。

5. 汽包汽水分离器的检修方法

汽包内汽水分离器的检修是汽包检修的主要内容，其检修方法如下：

（1）打开汽包人孔门，检查汽水分离器。

（2）将汽包内旋风分离器标号、拆除，移出厂房外进行清扫。

（3）将汽包内波形干燥器标号、拆除，移出厂房外进行清扫。

（4）检查旋风分离器底座是否有开焊变形情况，如果有应进行补焊、校正处理。

（5）检查波形干燥器固定架是否有开焊变形情况，如果有应进行补焊、校正处理。

（6）检查旋风分离器筒身、顶帽是否有开焊变形情况，如果有应进行补焊、校正处理。

（7）检查波形干燥器是否有开焊变形情况，如果有应进行补焊、校正处理。

（8）按后拆先装的顺序，将波形干燥器进行回装。回装时，从开始装时就应将波形干燥器各连接螺栓拧紧，防止最后一个波形干燥器安装时发生困难。用扁铲将螺栓的丝扣剔坏，或用氩弧焊将螺栓丝扣点死，防止螺栓松动、脱落。

（9）按顺序将旋风分离器进行回装，拧紧螺栓并用扁铲将螺栓的丝扣剔坏，或用氩弧焊将螺栓丝扣点死，防止螺栓松动、脱落。

（10）按顺序回装集水管、清洗孔板等设备。

（11）清理汽包内部，将工具和剩余的螺栓、螺母、垫片等清理干净。

6. 汽包人孔门的密封方法

汽包人孔门是进入汽包进行检查与检修的通道。当汽包内部检修结束后，就要封闭人孔门，人孔门封闭的好坏直接影响锅炉的上水与水压工作，因此人孔门封闭是一项重要工作，人孔门的封闭方法如下：

（1）检查汽包筒体人孔门密封结合面与人孔门密封结合面，必要时用#320、#360 或#400 细砂纸进行研磨，确保结合面平整光亮。

（2）检查缠绕垫片，其密封面应薄厚均匀，表面光滑，无沟痕，用钢板尺测量其内外径，应符合尺寸要求。

（3）对于自剪的高压石棉垫片，应选用光滑、平整、无刮痕、且薄厚均匀的高压石棉板，剪制过程中应保持其剪口圆滑，内外径尺寸符合要求。

（4）使用缠绕垫片时，一人先进入汽包内，与汽包外一人互相配合将垫片压扁后送入汽包，然后将垫片恢复原状。检查垫片缠绕部分是否有明显开裂现象，如果有则更换垫片；如果垫片完好，则将垫片安放在人孔门的凸台上，检查垫片与人孔门凸台的配合情况，配合应松紧合适，否则更换垫片。

（5）使用石棉垫片时，直接将垫片放在人孔门的凸台上，检查垫片与人孔门凸台的配合情况。如果合适，则将垫片取下涂上铅粉，再放在人孔门凸台上；如果配合不合适，则更换垫片。

（6）汽包内人员出来，关闭人孔门，放好支架，用手稍稍拧紧螺栓。

（7）用小撬棍调整人孔门的位置，保持其上下间隙均匀，用汽包扳手将螺栓拧紧，保持各螺栓松紧一致。

（8）待锅炉点火后压力升至 0.3MPa～0.5MPa 时，必须热紧汽包螺栓。

7. 汽包检修的安全注意事项

（1）汽包检修工作开始前，必须隔绝所有与汽包有关的汽水系统，并将有关的汽水阀门关闭并加锁。

（2）当汽包温度降至 40℃ 以下时，方可进入汽包内工作。

（3）进入汽包工作的人员必须穿专用汽包服，衣服口袋不允许有物品（如钥匙等东西）。

（4）进入汽包工作前，必须将专用的胶皮铺设在下降管管口处，防止东西落入下降管。

（5）进入汽包工作，带入的工具、备件或材料应进行登记，并应使用工具袋、备件盒等，不允许将工具、备件随便乱放。

（6）汽包内工作照明电压不得高于 12V，行灯和变压器必须装设在汽包外部。

（7）进入汽包工作应加强通风，保持汽包内氧气充足，尤其是在汽包内进行电火焊作业时，更应加强通风。

（8）汽包内有人工作时，汽包外必须设专人监护，并应随时与汽包内的工作人员进行联络。

（9）在汽包内使用电焊时，汽包外应在电焊线上设立刀闸，必要时可立即切断电源。

（10）工作结束后离开汽包时，应用临时活动金属网将汽包人孔门封住，必要时可贴上封条，防止无关人员进入。

（11）封闭人孔门之前，必须详细检查汽包内是否有遗漏的工具、备件、材料等物品，在确认汽包内无任何无关东西和人员后，方可封闭人孔门。

（三）汽包水位计检修

汽包水位计正常运行时波动范围较小，水位的监视与控制对保证锅炉安全运行至关重要。用来显示锅炉汽包水位的设备称为水位计，常用的水位计有云母板式水位计、双色水位计、电接点水位计等，现代大型锅炉均采用双色水位计。

1. 双色水位计的结构

双色水位计的结构如图 3-4 所示，这种水位计由表体、视窗组件、遮光罩（遮光罩由外壳、灯具、灯泡、形腔、红绿滤光片、毛玻璃、柱面镜等部件组成）、汽阀、水阀、放水阀等部件组成。其工作原理如下：表体的前后视窗面不平行，且表体里上部是汽，下部是水，当光源箱内的光源穿透表体时就产生了折射，又因为汽与水对光线的折射率不同，所以在视窗上就形成了汽红、水绿的现象。

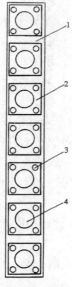

1—水位计本体；2—盖板；3—盖板螺栓；4—玻璃视窗

图 3-4　双色水位计

2. 双色水位计的检修方法

双色水位计的常见故障：①视窗组件模糊不清或视窗组件泄漏；②光源罩发生故障，如灯泡烧坏、灯具变形不齐、毛玻璃损坏、滤光片损坏、柱面镜损坏等。不论是视窗组件，还是光源罩发生故障，其修复的可能性较小，一般均采用更换的方法进行处理。

（1）视窗组件更换。视窗组件的拆装顺序：①切断水位计电源；②关闭水位计汽水一、二次门；③开启水位计放水门；④卸下遮光罩和光源罩；⑤拆下视窗组件压板螺栓，取下压板（注意只有当表体内无汽水时，方可拆卸螺栓）；⑥取下视窗组件，并将结合面清扫干净；⑦取来新的视窗组件，按顺序回装；⑧装复视窗组件压板，均匀用力紧固压板螺栓；⑨关闭放水门，开启汽水一、二次门，检查是否有泄漏，如果有泄漏，则关闭汽水一、二次门，重新紧固压板螺栓；如果无泄漏，则回装光源罩和遮光罩。

（2）光源罩拆装。光源罩的拆装顺序：①切断水位计电源；②从水位计上卸下光源罩；③拧下固定灯具螺钉，取下灯具、灯泡；④拧下检修孔板螺栓，取下孔板；⑤取下柱面镜及毛玻璃；⑥卸下光源罩形腔；⑦取下滤光片；⑧检查所有部件，如果部件模糊不清、变形或损坏，应进行更换；⑨装复时按拆卸的相反顺序进行。

二、水包检修

水包是强制循环锅炉连接水冷壁管与下降管的圆筒形容器，它代替了水冷壁下联箱，在水包的两端设有人孔门。

1. 水包结构

常见的水包结构如图 3-5 所示。

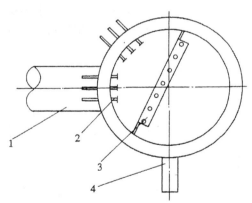

1—下降管；2—水冷壁管；3—滤网；4—放水管

图 3-5　常见水包结构

水包的结构比较简单，在水包内的斜上方装设一封闭式滤网，滤网安装在水冷壁管口以及下降管管口处。为了合理安排炉膛内各区域水冷壁的水流速度，在水冷壁的管口还设有节流孔板。

2. 水包的清扫、检查、检修方法

（1）水包清扫

水包清扫分两种：基本清扫和完全清扫。

　　基本清扫是在不拆除滤网的情况下进行清扫，即用钢丝刷、铲子和扫帚将水包内部的锈垢清扫干净。

　　完全清扫是在拆除滤网的情况下进行清扫，方法如下：①将滤网拆除，移出水包外；②用钢丝刷、铲子对水包内壁进行清扫，尤其注意水冷壁管口处应重点清扫；③将清扫下来的锈垢用扫帚扫除；④在水包外面用钢丝刷对滤网进行清扫。

　　（2）水包检查

　　水包内部检查包括人孔门密封结合面检查、水包内部结垢与腐蚀检查、水包内部各焊口检查、水包内部滤网检查、水冷壁节流孔板检查、水包内部各管口检查。

　　水包外部检查包括人孔门螺栓及其支架检查、水包支吊装置检查、水包膨胀情况与膨胀指示装置检查、水包及连接管道保温检查。

　　（3）水包检修

　　水包的检修工艺：①水包外部检查后，用专用扳手卸下人孔门螺栓，打开人孔门，通风冷却；②接好照明，通知化学部门检查水包内部结垢与腐蚀情况；③用扫帚将水包下部清扫一遍；④将滤网标上记号拆除，移出水包外；⑤用钢丝刷、铲子、扫帚对水包内部进行彻底清扫；⑥检查水包内各管口，疏通管口；⑦检查水包内部各焊口情况；⑧测量水冷壁节流孔板；⑨确认无问题后，回装滤网；⑩再次进行清扫，检查内部无异常后封闭人孔门。

　　3．水包内水冷壁节流孔板的测量方法

　　水包内的水冷壁节流孔板是为了适应水冷壁各区域受热不均而装设的。在水包的检修中需要对这些节流孔板进行测量，测量节流孔板的工具是专用的测量塞规。测量时根据不同孔径的节流孔板可以用不同的塞规对号进行测量。塞规是用来测量节流孔板内径的，用塞规进行测量时，可以测出该节流孔板是否由于长期水流冲刷，造成节流孔板内径增大。根据测量结果可以判定节流孔板是否超标，如果节流孔板内径超出规定标准，应进行更换。节流孔板拆装时，一定要与水冷壁管口一一对应，严禁装错。

　　三、锅炉扩容器检修

　　锅炉扩容器是由钢板卷制而成的圆筒形的压力容器，其主要作用是将锅炉排出的高温高压汽水送入扩容器内扩容降压、降温，并将这部分汽水进行回收利用。锅炉扩容器按其用途可分为定期排污扩容器、连续排污扩容器、疏水扩容器等。

　　1．定期排污扩容器的检修

　　锅炉排污分为两种，即定期排污和连续排污。定期排污扩容器主要接纳锅炉定期从水冷壁下联箱排出的盐分含量较多的炉水，这部分排出的炉水量较少，一般不利用，由定期排污扩容器的放水管直接排至地沟内，蒸汽由排大气管排出。定期排污扩容器的结构简单，其筒身上部安装了通向大气的排汽管，下部安装了通向地沟的排水管，筒身一般不装压力表和安全门。

　　定期排污扩容器的检修方法如下：

　　（1）在人孔门前搭设脚手架，开启人孔门，通风冷却。

　　（2）检查人孔门密封结合面、人孔门及螺栓。

　　（3）检查筒身内壁及内部其他部位的锈垢与腐蚀情况。

　　（4）对筒身内壁及内部其他部位焊口用着色法或超声波法进行检查。

　　（5）对扩容器内部各管口进行检查、疏通。

（6）对扩容器内部防磨板、裙板进行检查，如有损坏，应进行更换。

（7）对扩容器排大气管及其支架进行检查。

（8）对扩容器筒身支座进行检查。

（9）对上述检查出的缺陷逐一进行处理。

（10）确认内部缺陷处理完以及内部无杂物后，封闭人孔门，拆除脚手架。

定期排污扩容器检修的注意事项如下：

（1）必须确认与定期排污扩容器相连的运行系统已经隔绝并已加锁。

（2）容器内有人工作时，容器外必须设专人监护。

（3）使用行灯电压不得超过12V，行灯变压器必须放在容器外。

（4）使用电火焊时，应加强通风。

（5）使用电动工具或电弧焊时，容器外应设立刀闸，必要时可立即切断电源。

（6）进入容器内工作前，必须用胶皮将下部放水管口盖住，防止杂物落入管中。

（7）封闭人孔门前，必须检查内部情况，确认无异常后方可封闭人孔门。

2. 连续排污扩容器的检修

连续排污扩容器主要接纳由锅炉汽包连续排出的含盐浓度高的炉水。这部分炉水压力很高，进入连续排污扩容器后扩容降压，使连续排污扩容器内形成以水为主的蓄热体。

由于连续排污扩容器是一个蓄热体，因此连续排污扩容器较定期排污扩容器结构复杂，在其筒身上不但有向上的排汽管、向下的放水管，而且还有压力表、安全阀等设备。连续排污扩容器送出的热量主要供给生产现场的需要，如检修和运行班组的浴池，北方地区锅炉与汽机厂房的暖气等。

连续排污扩容器的检修方法如下：

（1）在连续排污扩容器周围搭设脚手架，拆除筒身的保温，露出金属表面。

（2）用着色法或超声波法检查筒身的纵向及横向焊口。

（3）检查筒身上部的法兰密封情况，如果密封面有问题，应解体重新密封。

（4）检查筒身所有管子的角焊口。

（5）检查连续排污扩容器的安全阀，必要时进行解体检修。

（6）对压力表进行检查、校对。

（7）对连续排污扩容器筒身的支座进行检查。

（8）对上述检查出的问题逐一进行处理。

（9）恢复连续排污扩容器的保温。

（10）连续排污扩容器投入运行后，对安全阀进行校验。

（11）拆除脚手架。

3. 疏水扩容器的检修

疏水扩容器主要用来接纳来自停止运行后锅炉的过热器、再热器以及大口径蒸汽管道的疏水。疏水扩容器将这些疏水收集后，集中送到锅炉除盐水箱里，起到回收疏水的作用。

疏水扩容器的检修方法与定期排污扩容器的检修方法类似。

四、直流锅炉启动分离器检修

直流锅炉启动分离器是直流锅炉在启动过程中，进行汽水分离并保护锅炉的过热器、再热器等设备安全的圆筒形设备。其结构相当于中压锅炉的汽包，故其检修方法与汽包相似。

1. 检查项目

直流锅炉启动分离器的检查项目与汽包的内部检查项目和外部检查项目相同。

2. 检修方法

直流锅炉启动分离器的检修方法与汽包的检修方法基本相同，其检修的注意事项也基本相同。

五、锅炉汽－汽热交换器检修

锅炉汽－汽热交换器是利用过热蒸汽加热再热蒸汽的表面式热交换设备。汽－汽热交换器在现代锅炉中使用得不多，一般有圆筒式和管式两种结构，其中比较常见的是圆筒式汽－汽热交换器。过热蒸汽是从汽－汽热交换器筒身的管内通过，再热蒸汽是从汽－汽热交换器筒身的管间流动，在再热蒸汽的入口管处设有三通阀，用以调节再热蒸汽进入汽－汽热交换器的流量，从而达到调节再热蒸汽汽温的目的。

圆筒式汽－汽热交换器的检查检修方法如下：

（1）在汽－汽热交换器周围搭设脚手架，拆除筒身保温。

（2）打开人孔门，检查人孔门密封结合面、人孔门和螺栓。

（3）检查汽－汽热交换器筒身内部结垢及腐蚀情况。

（4）检查汽－汽热交换器筒身的纵向及横向焊口。

（5）检查与汽－汽热交换器筒身相连的各种管子的角焊口。

（6）检查汽－汽热交换器筒身内部蛇形管。

（7）检查汽－汽热交换器筒身内部疏水管。

（8）检查汽－汽热交换器过热器入口小联箱各部焊口。

（9）检查汽－汽热交换器再热器管道与三通阀。

（10）检查汽－汽热交换器筒身的支吊装置。

（11）对上述检查项目中检出的缺陷逐一进行处理。

（12）确认所有缺陷全部处理完后，封闭人孔门。

（13）恢复汽－汽热交换器筒身保温，拆除脚手架。

六、锅炉承压部件裂纹处理

锅炉承压部件裂纹主要发生在锅炉的汽包、水包、扩容器、各受热面的联箱以及大口径管道上的焊口、弯头、三通等设备上，尤其是与受热面联箱相连接的受热面管子或管道的角焊口最容易产生裂纹。当锅炉承压部件的裂纹比较长且比较深时，应及时进行更换，彻底消除这一隐患。

如果承压部件的裂纹比较浅，可采取以下方法进行处理。

1. 打磨法

对于汽包、水包、联箱及大口径厚壁管道出现的小裂纹，可用打磨法进行处理。先用角向磨光机将裂纹磨掉，使边缘光滑过渡，然后用着色法进行检验并确定裂纹已被磨掉，否则继续打磨，直至将裂纹全部磨掉。根据磨去的深度，对照原始壁厚进行强度校核，强度校核无问题后，对打磨处不作其他处理。

2. 挖补法

对于汽包、水包、联箱及大口径厚壁管道出现较深的裂纹，或其他薄壁容器、管道以及小口径管子出现的裂纹，可采用挖补法进行处理。具体方法如下：先用钻头在裂纹两端钻出止裂孔，钻孔深度超过裂纹深度 2~3mm，然后用角向磨光机将裂纹磨去；用着色法检查，确认裂纹全部磨掉后，用电焊进行补焊并用角向磨光机将补焊处磨光，如果补焊的是合金管件，在焊前应进行预热，焊后也应进行热处理。

第三节　锅炉煤粉燃烧器检修

煤粉燃烧器是将一次风、煤粉混合物及二次风送入炉膛进行燃烧的装置，它是锅炉的主要部件。它的结构和布置对于锅炉能否组织合理的燃烧具有重要的作用。

煤粉燃烧器的作用：将燃料及燃烧所需要的空气及时送入炉膛，并控制、调整炉内的空气动力场，使得煤粉能迅速稳定地着火；及时供应空气，使燃料和空气充分混合，达到必须的燃烧强度，使燃料在炉内尽量完全燃烧；保证锅炉安全、经济运行；防止燃烧器烧坏，降低 NO_x 的生成。

对煤粉燃烧器的基本要求：保证着火及时、稳定；一、二次风混合合理，确保较高的燃烧效率；具有良好的调节性能，能适应不同性质的煤种和负荷的变化；火焰在炉内的充满度好；燃烧器的阻力小；能减少 NO_x 的生成。

煤粉燃烧器按其一、二次风的流向可分为直流煤粉燃烧器和旋流煤粉燃烧器。

一、直流煤粉燃烧器检修

一次风和二次风都是直流运动的煤粉燃烧器称为直流煤粉燃烧器。由于直流煤粉燃烧器的一、二次风是直线运动，它们进行混合的效果要比旋流煤粉燃烧器差得多，因此直流煤粉燃烧器一般布置在锅炉炉膛的四角，在燃烧器喷口中心形成一个或两个假想的切圆。

（一）直流煤粉燃烧器的结构

常见直流煤粉燃烧器的结构如图 3-6 所示。

直流煤粉燃烧器一般布置在锅炉炉膛的四角，每一角纵向排列数个燃烧器。直流煤粉燃烧器分为固定式和摆动式。为了适应锅炉不同负荷变化的要求，现代大型锅炉直流煤粉燃烧器大都采用摆动式。摆动式直流煤粉燃烧器每一组所有的一次风喷口、二次风喷口以及油燃烧器喷口组成一个整体，由一个气动装置驱动，带动整组所有喷口上下摆动，以达到调节炉膛火焰中心高度的目的。

直流煤粉燃烧器的一、二次风口是相间布置，并且每两个一次风口之间布置两个二次风口，二次风的数量远远超出一次风的数量，这样可以加强直流煤粉燃烧器一、二次风的混合效果，强化煤粉燃烧。有的直流煤粉燃烧器在最上层的一、二次风口上部布置有三次风口，用来加强煤粉的燃烧。摆动式直流煤粉燃烧器的摆角一般为±30°。

固定式直流煤粉燃烧器的喷口是固定的，不可调节，一般情况下喷口呈水平布置，也有少数呈向上一定角度的倾斜式喷口。

直流煤粉燃烧器一、二次风的配风结构分为均等式配风结构和分级式配风结构。

1．均等配风直流煤粉燃烧器的结构

均等配风直流煤粉燃烧器的结构如图 3-6 所示，其特点是一、二次风喷口相间布置，两个一次风喷口之间均等布置一个或两个二次风喷口。这种布置有利于煤粉与空气的充分混合，对燃烧比较有利。采用均等式配风结构的直流煤粉燃烧器适用于燃用褐煤及烟煤。

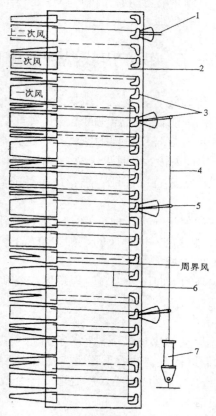

1—手动柄；2—传动连杆；3—曲轴；4—主动连杆；5—传动手柄；6—喷嘴连杆；7—汽缸推动器

图 3-6　均等配风直流煤粉燃烧器的结构

2．分级配风直流煤粉燃烧器的结构

分级配风直流煤粉燃烧器的结构如图 3-7 所示，其特点是将一次风喷口两个或三个集中布置在一起，在一次风喷口的上方布置二次风喷口，二次风喷口一般分几层间隔布置。这样布置的目的是把二次风分级送入炉膛，一次风与二次风混合得较晚，使煤粉着火推迟。待煤粉全部着火以后，再分批地送入二次风，使空气与着火燃烧的煤粉强烈混合，促使煤粉燃烧和燃尽。采用分级式配风结构的直流煤粉燃烧器适用于燃用贫煤及无烟煤。

（二）直流煤粉燃烧器的检修方法

现以常用的摆动式直流煤粉燃烧器为例，介绍其检修方法。

1．检查项目

摆动式直流煤粉燃烧器的检查项目如下：一次风粉管弯头磨损及密封检查；一次风喷口磨损及烧损变形检查；一次风管磨损检查；一次风喷口摆动连接机构检查；二次风喷口烧损变

形检查；二次风喷口摆动连接机构检查；二次风风道挡板开关及风道挡板驱动机构检查；三次风喷口烧损变形检查；三次风风道挡板开关及风道挡板驱动机构检查；二次风道、三次风道密封检查；一次风、二次风、三次风喷口平行度检查；燃烧器摆动机构各连杆、销轴、安全销以及气动装置检查；油燃烧器；点火装置及气动装置检查；燃烧器火焰检测冷却风消防设施等设备检查；燃烧器整体吊挂装置检查；燃烧器整体保温检查。

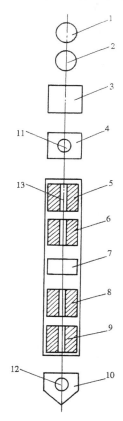

1—上三次风；2—下三次风；3—上上二次风；4—上下二次风；5——次风；6——次风；7—中二次风；8——次风；9——次风；10—下二次风；11—油燃烧器；12—油燃烧器；13—夹心风

图 3-7 分级配风直流煤粉燃烧器的结构

2. 检修前的准备工作

解列油燃烧器系统，关闭油燃烧器的来油门、来汽门；解列消防系统，关闭燃烧器的消防门；解列压缩空气系统，关闭燃烧器气动装置的来气门；拆除燃烧器上的热工设备，关闭有关电源及气源；在炉膛内部搭设好脚手架或移动升降平台；准备好检修所用的各种工器具，如大锤、手锤、撬棍、手拉葫芦、电动扳手、千斤顶、活扳手、钢丝绳扣、电焊机、电焊工具、气割工具等；准备好检修所用的消耗性材料，如螺栓松动剂、砂布、清洁用布、铁线、氧气、乙炔等。

3. 检修方法

检修方法如下：

（1）用气割割除燃烧器附近的围栏、护板、平台、消防管道、冷却风管道，铺设临时的围栏、平台等。

（2）用手拉葫芦将来粉管弯头吊住，松开来粉管弯头两端的夹扣螺栓，卸下夹扣，放在可靠位置。将来粉管弯头卸下，检查来粉管弯头的磨损情况，对重点部位进行测厚，如果磨损严重，应及时更换。

（3）用扳手卸下燃烧器外护板螺母，拆下外护板并标上记号，放在一旁；拆除燃烧器处的保温棉被，放在一旁。用扳手松开燃烧器内护板螺母，卸下内护板并标上记号，放在一旁。用手拉葫芦将一次风管吊住，用活扳手卸下一次风管下部的支座螺栓。卸下一次风管喷口摆动拉杆销轴，用铁线将拉杆绑在一次风管上。

（4）用几个手拉葫芦同时作业，相互协调，将一次风管从燃烧器上抽出，注意不要碰到燃烧器的其他部件。检查一次风管及其喷口，清理喷口处的焦渣。如果一次风管磨损严重或喷口烧损变形严重，应该进行更换；如果一次风管磨损不严重或喷口烧损不严重，则进行修补，将裂纹处开出坡口并用电弧焊进行补焊处理。

（5）清理所有二次风、三次风喷口处的焦渣与积灰，检查二次风、三次风喷口的烧损情况。如果烧损情况不严重，则利用补焊法进行处理；如果烧损严重，应进行更换。更换的方法如下：①拆除二次风（或三次风）护板；②用手拉葫芦将二次风（或三次风）喷口吊住，拆下二次风（或三次风）喷口上的摆动销轴及所有拉杆、连杆销轴；③将二次风（或三次风）喷口卸下；④换上新的二次风（或三次风）喷口，用手拉葫芦将其就位；⑤将喷口摆动销轴、拉杆销轴、连杆销轴装复；⑥卸下手拉葫芦。

（6）检查所有一次风喷口、二次风喷口、三次风喷口的拉杆，应无明显变形。调节螺栓应调节灵活、无卡涩，如果严重变形或调节螺栓锈死不可松动，则应进行更换；如果变形不严重，应进行校正；如果调节螺栓较紧不易调节，则可用螺栓松动剂或柴油浸泡使之松动。检查所有一次风喷口、二次风喷口、三次风喷口的传动轴套，应转动灵活，否则用千斤顶等工具将传动轴套拆下，清除轴套和传动轴上的锈垢，装复轴套使之转动灵活。

（7）检查所有一次风喷口、二次风喷口、三次风喷口的摆动销轴，如有移位情况，应将其复位，并在其端部焊上限位挡板，防止其移位。检查所有一次风喷口、二次风喷口、三次风喷口的连杆，应无明显变形，否则，拆下校正。检查所有一次风喷口、二次风喷口、三次风喷口的所有连杆销轴，应无明显变形、缺损现象，开口销完整齐全，否则应进行更换。检查所有二次风、三次风风道挡板的开关情况以及挡板驱动装置，挡板的实际开关状态应与外部的指示相符，否则应进行校正，必要时可将挡板拆下检修后再进行校正。

（8）检查燃烧器外部摆动的驱动装置及其拉杆、连杆、销轴、安全销等连接机构，皆应无明显变形、缺损现象，尤其是安全销更应重点检查，如果发现有严重变形，应进行更换。

（9）确认所有一次风管及其喷口、二次风喷口及其风道、三次风喷口及其风道的缺陷全部消除后再进行一次风管的回装工作，按拆卸的相反顺序进行回装。回装一次风管，加装一次风管支座螺栓；加装一次风管喷口拉杆销轴；按原位置装复燃烧器内护板；装复二次风、三次风护板；安装保温棉被；按原位置装复燃烧器外护板。

（10）检查所有一次风喷口、二次风喷口、三次风喷口的平行度，并与外部的指示装置进行对照，如果有不平行现象，则应校正外部指示位置，并以外部指示为基准调节各喷口拉杆的调节螺栓，使它们相互平行，角度与外部指示相符合。

（11）回装来粉管弯头，套好密封胶圈，装好夹扣，将所有螺栓均匀紧固，保持各螺栓紧力均匀，使弯头连接严密不漏。

（12）拆除临时铺设的围栏、平台，恢复燃烧器附近的栏杆、护板、平台、消防管道、冷却管道等。清理现场，撤去起重工具。最后，进行燃烧器摆角试验。

4. 燃烧器摆动角度的调整方法

在确认燃烧器全部回装完毕，工作票已收回后，即可联系热工人员将电源、气源送上，通知运行人员进行摆角试验，试验方法如下：

（1）全面检查各角燃烧器，确认全部工作已经完成，无遗漏项目。确认燃烧器检修工作票已收回，可以进行调试。

（2）通知热工人员将燃烧器有关的电源、气源送上，并安装好所有热工设备。

（3）全面检查燃烧器摆动机构，并确认各连杆、拉杆、销轴、安全销正常，各处无卡涩现象。确认燃烧器摆动机构附近无人员作业，接通气动装置气源，通知有关人员进行摆角试验。

（4）炉膛内安排人员对所有喷口进行监视，保持其与炉膛外调试人员的通信联络通畅。

（5）启动气动装置，带动所有燃烧器喷口上下进行摆动，并注意观察其摆动情况。做摆动试验时，检查所有喷口的平行度，当发现有不平行或不同步现象时，应停止试验，关闭气源，查明原因并进行处理。

（6）试验时，注意观察、监听所有传动机构在运动时发出的声音，应无明显的卡涩声音。如果有明显的卡涩声音，应详细检查，查明卡涩原因并进行消除。在试验过程中，炉膛内的人员应对燃烧器喷口的摆动情况进行详细观察，逐层逐个检查。各喷口、拉杆、连杆应无卡涩现象，如果发现卡涩，应停止调试并进行处理。

（7）在调试过程中，如果发生卡涩造成安全销断裂，应停止调试，消除卡涩，更换安全销，重新进行调试。

经过上述试验，在消除了所有的缺陷后，燃烧器的摆动角度一般均可达到规定要求。

5. 检修注意事项

检修注意事项如下：

（1）燃烧器检修工作开工前，必须办理好工作票，将与燃烧器有关的电源、气源切断。

（2）使用手拉葫芦、钢丝绳扣等起重工具前，应进行检查，不合格的起重工具严禁使用。在拴挂钢丝绳扣时，对吊点的选择应注意其强度，应优先选择强度比较高的锅炉钢架作为吊点。当选用带有明显棱角的钢架作为吊点时，必须在棱角处垫块厚胶皮，防止钢丝绳被卡坏。

（3）抽出或回装一次风管过程中会同时使用几个手拉葫芦，应由专人负责指挥。钢丝绳一定要捆紧锁住，防止钢丝绳脱扣。倒换手拉葫芦时，应注意协调好，防止单个手拉葫芦受力时，一次风管发生摆动造成碰撞，甚至发生危险。

（4）作业人员登高作业时，必须系好安全带。

（5）新配件在安装前，必须进行检查测量，不合格的配件应进行修复或退回，防止发生安装时出现装配不上的情况。

（6）安装所有喷口摆动销轴、拉杆、连杆时，作业人员一定要配合好，防止挤伤作业人员的手指。尤其是更换二次风（或三次风）喷口或燃烧器气动装置的连杆、销轴以及安全销时，更应引起注意。

（7）进行摆角调试时，禁止进行各种检修作业，只允许使用高亮度电筒检查各喷口的摆动与各拉杆、连杆的运动情况。摆角调试中，发现缺陷需要处理时，一定要可靠地切断气动装置的气源，当气动装置停止运动时，方可进行消缺工作。

（8）检查处理二次风、三次风通道挡板时，必须先将挡板驱动装置关闭。

（9）在进行燃烧器摆角调试前，应明确气动装置是否正常，尤其是驱动气泵工作是否正常，防止出现燃烧器摆角达不到要求，而原因又一直查不清楚的情况。

二、旋流煤粉燃烧器检修

锅炉燃烧器的二次风（或三次风）旋转进入炉膛与一次风混合进行燃烧，这种煤粉燃烧器称为旋流煤粉燃烧器。

旋流煤粉燃烧器有多种型式，按二次风（或三次风）进入炉膛的方式分为蜗壳式和叶片式；按叶片型式可分为固定式和可调式；按一次风的进入形式分可为直流式和旋流式。

下面主要介绍蜗壳式旋流煤粉燃烧器和叶片式旋流煤粉燃烧器的结构及检修方法。

（一）蜗壳式旋流煤粉燃烧器的结构

蜗壳式旋流煤粉燃烧器的二次风是通过二次风蜗壳旋转进入二次风管，在喷口处与一次风混合进行燃烧。为了加强二次风与一次风的混合效果，一般也将一次风风壳做成蜗壳式，即形成所谓的双蜗壳式煤粉燃烧器。典型的双蜗壳式煤粉燃烧器的结构如图3-8所示。

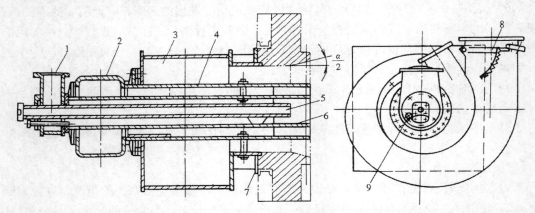

1—中心风管；2—一次风蜗壳；3—二次风蜗壳；4—一次风通道；5—油燃烧器装设管；6—中心管；
7—连接法兰；8—挡板；9—火焰监测装置装设管

图3-8　双蜗壳式煤粉燃烧器

双蜗壳式煤粉燃烧器的一次风和二次风均通过蜗壳旋转进入炉膛，充分混合后进行燃烧，实验证明一、二次风采用相同的旋向更有利于混合。为了减少炉膛内高温烟气的偏斜，布置双蜗壳式煤粉燃烧器时，将相邻的燃烧器采用反旋向布置。

当双蜗壳式旋流煤粉燃烧器一次风采用直吹式时，由于其和二次风混合效果不好，故一般不采用此种型式。

双蜗壳式煤粉燃烧器的优点是结构简单，安装方便，一次风与二次风混合效果好；缺点是二次风的调节性能差，对燃用的煤种适应性差。

（二）叶片式旋流煤粉燃烧器的结构

叶片式旋流煤粉燃烧器通过安装在二次风通道的旋流叶片，使二次风（或三次风）产生旋转，进入炉膛与一次风混合进行燃烧。按其叶片型式可分为轴向可调叶轮式、径向叶片可调式、单层固定叶片式及双层固定叶片式四种。

1. 轴向可调叶轮式旋流煤粉燃烧器

轴向可调叶轮式旋流煤粉燃烧器的结构如图 3-9 所示。从图中可以看出，这种燃烧器的二次风由二次风箱进入旋流叶轮产生旋转。二次风叶轮是圆锥形，套在一次风管上，通过安装在二次风箱上的链轮调节叶轮的轴向位置，可以使二次风部分进入旋流叶轮或全部进入旋流叶轮，从而达到调节二次风旋流强度的目的，以适应不同煤质的需求。

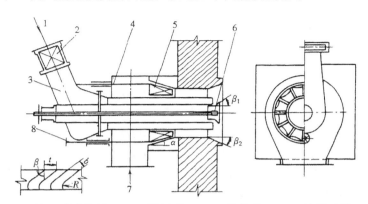

1—一次风；2—一次风舌形挡板；3—一次风壳；4—二次风壳；5—二次风叶轮；6—喷油嘴；
7—二次风；8—拉杆

图 3-9　轴向可调叶轮式旋流煤粉燃烧器

轴向可调叶轮式旋流煤粉燃烧器的优点是结构相对简单，检修、安装相对容易，调节比较方便；缺点是一次风通道磨损比较严重，叶轮受热后容易变形，调节困难。

2. 径向叶片可调式旋流煤粉燃烧器

径向叶片可调式旋流煤粉燃烧器的结构如图 3-10 所示。从图中可以看出，径向叶片可调式旋流煤粉燃烧器的二次风，是通过安装在二次风通道周围的一圈径向可调式叶片来调节二次风的旋流强度的。一次风管从这些叶片中间穿过，旋流叶片是通过二次风道外的调节机构进行调节的。

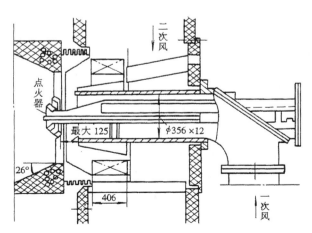

图 3-10　径向叶片可调式旋流煤粉燃烧器

径向叶片可调式旋流煤粉燃烧器的优点是调节方便、灵活，安装、检修方便；缺点是结构相对复杂，其二次风的调节能力差。

3. 单层固定叶片式旋流煤粉燃烧器

单层固定叶片式旋流煤粉燃烧器的结构与轴向可调叶轮式旋流煤粉燃烧器的结构类似，不同之处在于，单层固定叶片式旋流煤粉燃烧器的二次风旋流叶片是固定在二次风道上的，一般呈圆柱形，并且不可调节。

单层固定叶片式旋流煤粉燃烧器的优点是结构简单，安装检修方便；缺点是不能调节，对煤种的适应性较差。

4. 双层固定叶片式旋流煤粉燃烧器

双层固定叶片式旋流煤粉燃烧器是在单层固定叶片式旋流煤粉燃烧器二次风旋流叶片外，再加一层旋流叶片，形成双层旋流叶片。里层称为二次风旋流叶片，外层称为三次风旋流叶片。为了安装方便，将双层旋流叶片均制成圆锥形，呈楔状套在一次风管上。

双层固定叶片式旋流煤粉燃烧器的优点是旋流强度大，二次风、三次风与一次风混合较好，有利于燃烧；缺点是结构复杂，安装与检修较为困难。

有的旋流煤粉燃烧器为了满足燃用挥发分较低煤种的需要，在设计上有意将燃烧器二次风的风量减少，而在燃烧器的上方加装有三次风（或四次风）喷口。这样做的目的是让煤粉在燃烧器的喷口处推迟燃烧，等风粉混合物初步燃烧达到一定温度和高度后，再与三次风（或四次风）喷口吹入的热空气进行混合，使煤粉彻底燃烧。

（三）旋流煤粉燃烧器的检修方法

1. 检查项目

旋流煤粉燃烧器的检查项目如下：旋流煤粉燃烧器的来粉管、一次风壳、一次风管的磨损情况检查，必要时对重点部位进行测厚；旋流煤粉燃烧器的一次风管喷口的磨损及烧损变形情况检查；旋流煤粉燃烧器的中心风管及其喷口的磨损及烧损变形情况检查；旋流煤粉燃烧器的二次风蜗壳、二次风（或三次风）箱以及风道膨胀节的密封情况检查；旋流煤粉燃烧器的二次风（或三次风）旋流叶片及其调节机构检查；旋流煤粉燃烧器的二次风（或三次风）道挡板及其驱动机构检查；旋流煤粉燃烧器所有的二次风蜗壳、二次风（或三次风）箱、二次风（或三次风）道的支吊装置检查；旋流煤粉燃烧器的中心风管道及挡板检查；油燃烧器的油枪、点火装置、驱动装置等检查；旋流煤粉燃烧器上方的三次风旋流叶片、喷口及其风道检查；旋流煤粉燃烧器的消防管道、冷却风道等设施检查；旋流煤粉燃烧器各处的保温情况检查。

2. 检修前的准备工作

同直流煤粉燃烧器检修前的准备工作。

3. 检修方法

由于旋流煤粉燃烧器种类繁多，它们的检修方法也较多，这里选取具有代表性的径向叶片可调式旋流煤粉燃烧器的检修方法进行介绍。

（1）在炉膛内搭设牢固的脚手架，接好足够亮度的照明。用气割割除燃烧器附近的围栏、护板、平台、消防管道、冷却风道，铺设临时围栏、平台等。清除燃烧器所有喷口处的焦渣与积灰，拆除燃烧器的所有外部保温。

（2）用手拉葫芦将来粉管弯头吊住，卸下弯头卡扣，将弯头卸下，检查弯头的磨损情况，如果磨损严重，应进行更换。

（3）卸下油燃烧器的油枪及其驱动装置，卸下点火装置及火焰检测装置等。

（4）拧下中心管与一次风蜗壳的连接螺栓，再卸下中心管风门，用手拉葫芦将中心管抽出。检查中心管的磨损情况和中心管喷口的烧损情况，如果磨损或烧损情况不严重，应进行修补校正；如果磨损或烧损变形严重，则进行更换。

（5）用手拉葫芦将一次风蜗壳吊住，卸下一次风蜗壳与一次风管外法兰的连接螺栓，将一次风蜗壳吊下。检查一次风蜗壳的磨损情况，如果磨损不严重应进行补焊；如果磨损严重，应进行更换。用手拉葫芦将一次风管吊住，卸下一次风管内法兰与二次风箱法兰的连接螺栓，将一次风管抽出。检查一次风管的磨损情况和一次风管喷口的烧损变形情况，如果一次风管的磨损或喷口的烧损情况不严重，则对其进行补焊或校正；如果一次风管磨损或喷口烧损情况严重，应进行更换。

（6）检查二次风径向挡板及其驱动机构，应调节自如，无卡涩。如果因挡板变形或其他原因造成挡板调节不灵时，应将变形的挡板更换，消除挡板驱动机构卡涩的部位，必要时可将整个二次风径向挡板机构拆卸并进行检修。检查二次风通道的支吊装置与密封情况，检查一次风管支架和二次风喷口，如有问题应进行处理。检查二次风道的风箱挡板开关以及挡板驱动机构，如果挡板开关不到位或开关不灵活，应查明卡涩部位并消除卡涩，使之灵活好用，必要时可将挡板解体进行处理。

（7）按拆卸的相反顺序进行回装，将一次风管喷口安装在一次风管上，再将一次风管穿入二次风箱放在支架上，在一次风管内法兰与二次风箱法兰之间加好密封盘根，用螺栓将它们连在一起。

（8）在一次风管外法兰上加好石棉垫片，用手拉葫芦将一次风蜗壳吊起，调整好方向再用螺栓将一次风蜗壳与一次风管连接起来。用手拉葫芦将来粉管弯头吊起与一次风蜗壳对正，加好密封胶圈，用卡扣卡上，并将卡扣螺栓拧紧，保持各螺栓受力均匀。

（9）在中心管法兰上加好石棉垫片，用手拉葫芦将中心管穿入一次风蜗壳与一次风管中，用螺栓将中心管与一次风蜗壳连接起来，再将中心风门与中心管连上。

（10）安装油燃烧器油枪、油枪驱动装置、点火装置及火焰检测装置等设备。

（11）拆除临时铺设的围栏、平台，恢复割除的围栏、护板、平台、消防管道、冷却风道等，对燃烧器进行保温工作。

（12）对检修后的燃烧器进行空气动力试验。所有工作完成以后，清理现场，拆除脚手架，撤除照明。

（四）旋流煤粉燃烧器检修注意事项

旋流煤粉燃烧器检修的注意事项与直流煤粉燃烧器检修的注意事项基本相同，但由于旋流煤粉燃烧器的结构比直流煤粉燃烧器的结构复杂，因此旋流煤粉燃烧器的检修过程比直流煤粉燃烧器的检修过程复杂。除了直流煤粉燃烧器检修的注意事项外，还应注意以下几点：①拆卸所有带法兰的螺栓时，必须用记号笔标出同一螺栓所穿的两法兰孔的位置，便于按原孔位置回装，防止回装时出现两法兰螺栓孔对不正位置而造成安装困难；②安装一次风管、中心管时，应注意使它们与二次风通道同心，并保持其喷口与水冷壁外表面的距离符合图纸设计要求；③回装一次风管和一次风壳时，应注意有的有旋向要求，防止装错造成返工。

三、燃烧器一、二次风通道挡板检修

燃烧器一、二次风通道挡板的作用是调节燃烧器一、二次风的风量，目的是适应锅炉正常燃烧和锅炉不同负荷的要求。

燃烧器常用的风道挡板有两种：闸板式和翻板式。闸板式挡板一般用于一次风道的关断和二次风通道的调节与关断；翻板式挡板常用于二次风通道的调节与关断，也用于烟道烟气量的调节与关断。

1. 闸板式挡板检修

（1）闸板式挡板的检查项目

闸板式挡板的检查项目如下：挡板的驱动机构及其支持结构、挡板的开关指示装置、挡板的内外滑道及气缸拉杆密封情况、挡板本体及其盘根的密封情况、挡板处风道的漏风及磨损情况、挡板的压紧装置。

（2）闸板式挡板的检修方法

在挡板外合适的位置搭设脚手架，拆除挡板驱动装置附近的保温。将驱动装置拆下，进行解体、检修。打开一、二次风道人孔门，卸下挡板的外框螺栓，将挡板外框拆下；卸下挡板的连杆，用手拉葫芦将挡板吊下。

检查挡板拉杆的密封情况，必要时可更换密封盘根。检查挡板本体及其密封盘根，如果挡板有磨损情况，应进行修补；如果盘根有损坏现象，应进行更换。检查挡板的滑道情况，如果滑道变形，应进行修复校正，必要时可更换滑道或滑轮等部件。检查挡板附近风道的漏风情况，如有漏风，应进行修补。检查挡板的压紧装置，必要时解体进行修理。检查挡板外部的指示装置，如果指示不准确，应进行校正；如果指示装置缺损，应进行修复或更换。

确认挡板及其附件的缺陷已经处理完毕后，回装挡板、连接拉杆，调整好挡板位置，将挡板外框封闭。将挡板驱动装置装复，校对挡板的行程开关，并对挡板进行开关试验，如果达不到开关要求，应重新进行修理、校对。如果试验合格，则恢复风道外部的保温。最后封闭人孔门，拆除脚手架。

2. 翻板式挡板检修

（1）翻板式挡板的检查项目

翻板式挡板的检查项目如下：挡板的驱动机构及其支持结构、挡板的开关指示装置、各挡板间的同步情况及连接装置、挡板本体磨损变形及其密封情况、挡板轴与风道的密封情况。

（2）翻板式挡板的检修方法

在挡板外合适的位置搭设脚手架，拆除挡板驱动装置附近的保温。将驱动装置拆下，进行解体、检修。打开二次风道人孔门，检查挡板轴与挡板的变形及磨损情况，如果有变形，应进行校正，可将挡板解体，将挡板轴卸下后，进行校直处理，必要时更换挡板轴；如果挡板轴有磨损现象，应对磨损处进行修补。

检查挡板外部调节连杆情况，如有变形或损坏，应进行校正或更换。检查各挡板的同步情况，如果有不同步情况，则应调节外部连杆螺栓进行校正。

检查挡板轴的转动情况及其挡板轴处的密封情况，如果挡板轴转动不灵活，进行解体、检修，使之灵活；如果挡板轴处漏风，应将压盖拆下，更换密封盘根。

检查挡板外部的指示装置，如果指示不准确，应进行校正；如果指示装置缺损，则进行更换。

确认挡板缺陷已经处理完毕后，将挡板驱动装置连上，校对挡板的行程开关，并对挡板进行开关试验，如果达不到开关要求，应重新进行修理、校对；如果试验合格，则恢复各处的保温。

封闭人孔门，拆除脚手架，翻板式挡板检修结束。

第四节　炉墙与构架检修

现代大型锅炉的炉墙都采用敷管式轻型炉墙。敷管式轻型炉墙是将耐火材料和绝热材料直接敷设在锅炉受热面的管子上，和受热面一起构成组合件并进行组合安装。钢结构炉架是目前锅炉采用的主要方式，筒式框架也被越来越多地使用。筒式框架是锅炉的主要受力结构，不但能承受垂直力，还能传递水平力。筒式框架本身组成了一个稳定的结构，两侧辅钢架、炉前辅钢架和钢平台依附在筒式框架上，这给安装带来很大好处，只要将筒式框架、炉顶平台、大板梁及其桁架安装完毕后就可以吊装受热面，安装钢结构和受热面可以同时进行，大大缩短了安装周期，使机组发电时间提前。

一、炉墙与构架检修内容

炉墙与构架的检修主要包括保温检修、钢结构油漆、钢结构附件护板平台扶梯检修、钢梁横梁的下沉弯曲情况检查检修、钢结构监测装置检修等。

二、保温检修

当锅炉保温表面温度超过 50℃时，按照国家标准，就可以判定为超温、不合格。当锅炉保温出现以下现象时就必须检修：①炉墙、烟风管道等设备的保温表面严重超温；②炉膛刚性梁区域温度超过国家标准 50℃；③漏灰、漏粉、漏风；④保温表面没有超温，但墙面破烂。

保温材料常采用硅酸铝，硅酸铝必须达到国家标准。施工监督时，可随机取样并送有关质检部门进行检验，以保证其质量。硅酸铝的指标：密度为 140～192kg/cm^2；导热系数≤0.153W/（m·K）（平均 500℃）；线收缩率≤4.0%（1000℃，6 小时）；最高使用温度为 1000℃；渣球含量≤15.0（ϕ>0.25mm）。

（一）保温检修工艺

1. 管道保温检修

管道保温材料为硅酸铝，保温层厚度按要求施工。敷设保温层时，拼缝之间必须严密，层间错缝压缝，缝隙处应用碎保温材料进行填实。保温铝皮外壁必须平整、光滑，弯头、三通处过渡圆滑、好看，垂直管道的外板铝皮必须从上到下一层压住一层，防止雨水进入管道。保温铝皮安装应平整，且与保温材料结合严密。主蒸汽、再热蒸汽热段管道在铝皮安装完成后，外部再加装宽度为 12mm 的不锈钢钢带，刚带必须抱紧铝皮。煤粉管道抹面表面必须平整、光滑、无裂缝，确保煤粉管道在运行时所需的温度。

2. 风道炉墙保温检修

首先根据水冷壁的材质，选择相应规格的焊接钩钉备用，注意不能选错。在焊接钩钉前需对施工面进行保温表面清理。炉墙保温钩钉焊接在水冷壁鳍片上，按要求的间距错列布置，钩钉焊接不能有虚焊情况。

根据保温层厚度制作支撑钢板。按压形板安装结构进行布置，要求纵向不超过 2 米，横向不超过 1 米，底部位置可适当增加支撑钢板数量。支撑钢板的高度应一致，并保持一条直线。

拆除、焊接铁件时严禁在水冷壁管上引弧，不能损伤水冷壁管。焊接要牢固无咬边并应清除"药皮"，焊缝高度应符合要求。

主保温层施工前应对水冷壁壁面进行表面清理、干燥，保持保温区域清洁。

敷设保温层时板与板之间拼缝要严密，层间错缝压缝，缝隙处应用碎保温材料进行填实。

保温层外敷设镀锌铁丝网。铁丝网敷设保温板应压实、固定平整，铁丝网对接牢固（对接重叠 15mm）。铁丝网安装后，再安上压板，并弯倒保温钩钉至 90°。

刚性梁内用散状硅酸铝棉填充，填充要均匀，并且密度要达到 140kg/m³。刚性梁上下水冷壁管之间需填塞硅酸铝条，填塞硅酸铝条的高度为 300mm。

3. 保温外护板安装

保温外护板多为铝波形板，安装时应考虑锅炉保温的总体协调性，做到安装外形保温的总体协调。在安装波形板上下定位板时，定位板应在一条直线上，以保证其自由膨胀。根据原来编号，按顺序对每一张板进行排列，核对是否正确，达到完全正确后，从一侧端部开始按顺序安装。

用水平管来控制波形板水平度，用线垂来控制垂直度。按常规以四张板左右拉一条垂直控制线。波形板定位后，上下波形板安装时应能满足锅炉热态、冷态的自由伸缩。

波形板安装时应注意有向内面和向外面，板有搭接边和被搭接边，不要混淆。搭接应在支撑处，搭接长度≥150mm，板搭接应四周整齐保持在一条直线上，并固定牢固。安装时也要特别注意方向性。

4. 涂料、浇注料施工

涂料、浇注料的施工，应参照产品说明书上所写的料的化学、物理性能和参伴溶剂（水或胶水）进行。总体要求表面平整、光滑、无裂纹。

（二）保温检修质量标准

保温钩钉焊接牢固，间距偏差应在允许范围内。保温钩钉焊接在水冷壁的鳍片上，严禁在水冷壁管子上引弧。保温前保温施工面应清理干净，要求清洁、干燥。保温板敷设与钩钉固定牢固，板与板之间紧密结合，层间板错缝敷设，拼缝严密。铁丝网敷设保温板应压实、固定平整，铁丝网对接牢固。

铝压型板安装结构符合原设计，不影响锅炉的膨胀及安全运行，要求膨胀无阻碍。压型板的支撑焊接牢固，垂直及水平的偏差符合要求。铝压型板安装稳固，螺丝间距及水平度符合要求。板间接缝严密，压型板安装搭口应向下，相邻搭接一个波。在拆除或安装保温板施工时严禁损伤管子和其他设备。炉顶和煤粉管道的高温抹面表面必须平整、光滑、无裂缝。

刚性梁内保温材料（硅酸铝棉）填充密实，密度达 140kg/m³。炉墙保温板厚度允许偏差为+10mm、-5mm，不准超过这个标准。机组热态运行情况下，环境温度≤25℃，风速≤25m/min时，应使室内布置保温表面温度≤50℃，室外布置保温表面温度≤40℃。

三、炉顶钢梁检修

钢梁应进行 100%的外观检查。每两次大修周期应检测主梁的挠度变化。钢梁焊缝应进行100%的外观检查或无损探伤。钢梁柱子的连接螺母紧固情况也必须检查。

钢梁应无弯曲变形、无严重锈蚀、无裂纹。炉顶大板梁挠度应≤1/850。钢梁焊缝无裂纹等缺陷，紧固螺母无松动。

四、受热面联箱吊杆、吊杆螺母及过渡梁检修

检查吊杆外观。检查吊杆的受力，对于过松或过紧的吊杆应及时调整。吊杆螺母和螺母垫铁应进行 100%的外观检查，对于变形严重的垫铁应及时更换，更换前应将被吊物临时支撑。检查过渡梁的水平度，并做好详细的测量记录，以便以后复测时对测量数据进行分析和比较。

吊杆应无严重变形和腐蚀，吊杆变形或腐蚀严重时应更换，更换后的吊杆其膨胀系数应与原吊杆的膨胀系数一致或接近。吊杆受力要均匀，吊杆螺母无松动，止退销齐全，吊杆螺母垫铁无变形，更换后的垫铁定位符合要求。新吊杆所受的拉力应与两侧未变形的吊杆所受的拉力一致。

五、炉顶钢梁活动、固定支座检修

固定支座装置应完整，其强度、刚度及稳定性应符合设计要求。活动支座装置应完整，其强度和刚度应符合设计要求。滚动轮滚无卡涩现象，滚动轮滚道上无杂物，膨胀不受阻。

六、刚性梁及附件检修

刚性梁应平整，无严重变形。刚性梁无腐蚀，金属表面无起皮，焊缝无裂纹。水平刚性梁与垂直刚性梁间的间隙应符合设计要求，膨胀不受阻。刚性梁的转角连接板无变形，膨胀不受阻。

七、炉膛刚性梁检修

锅炉膨胀中心的伸出梁应平整，钢梁无变形和弯曲，焊缝无裂纹。伸出梁与立柱两侧的导向滑动间隙应保持 3mm。炉膛的刚性梁能自由膨胀，膨胀方向无阻挡物。转角连接板无变形。刚性梁膨胀位移导向装置应完整、无变形、焊缝无脱焊，导向滑动间隙应保持 3mm。

八、平台栏杆检查

每年都应定期对锅炉的平台栏杆的使用情况进行检查，发现有不良倾向应及时修复，并要记录齐全。栏杆无变形、锈蚀，表面清洁光滑。各连接点焊接焊口良好，无脱焊。格栅无下陷、变形、锈蚀，表面清洁、无破损和孔洞，支承强度满足 $500kg/m^2$ 的要求。

九、钢结构油漆检查和保养

油漆的作用是通过隔离空气中的水分、酸、碱、盐、微生物及其他腐蚀介质和紫外线等，从而达到防止或减缓因腐蚀而引起的钢结构损坏。因此要保证钢结构表面油漆完好，每年都应对钢结构油漆情况进行检查，并做好检查记录，发现钢结构出现锈蚀、变色现象，应进行油漆保养。一般锅炉钢结构油漆大修周期为 5 年一次。

油漆选择原则是必须寿命长、性能稳定、成本低。室外露天钢结构油漆的选择应考虑紫外线照射、盐雾、潮湿、二氧化硫、煤粉尘等影响因素。室内钢结构油漆的选择，主要考虑油漆的老化因素，兼顾防腐和装饰因素。

油漆工艺要求要彻底除锈，采用人工处理、动力处理相结合的办法，达到 SP3 级。油漆涂装为底漆、中间漆、面漆，各 2～3 遍。在每道油漆涂装时，应彻底清除基面的灰尘，以保

证油漆涂层的附着力。

竣工后要对油漆进行验收，要求漆层外观色调均匀一致，无皱纹、脱落、流痕、浮膜、透底、漆斑及明显刷痕。

第五节　受热面爆管及分析

一、超温和过热

这里所讲的超温和过热是指金属的超温和过热，以下简称超温和过热。

超温是指金属的温度超过其额定温度。通常把管子的设计运行温度或火力发电厂规定的额定运行温度作为管子的额定温度。

超温可分为短期超温和长期超温两种。短期超温是指金属在较短时间内超过额定温度运行；长期超温则是指金属长期处于比额定温度高的温度下运行。对于长期和短期并无严格的时间分界，这只是一种相对的概念。

过热与超温的含义相同，不同的是超温是就运行而言，过热则是就爆管而言。过热是超温的结果，超温是过热的原因。

过热分为长期过热和短期过热两种。长期过热是指金属长时间在应力和超温温度的作用下导致管子爆破，其超温幅度不大，且通常不超过钢的临界点温度。短期过热则是管子金属在短期内由于温度升高而在应力作用下爆破，其超温幅度较高，且通常是超过临界点温度，因而会出现相变。长期过热和短期过热同样无严格的时间界限，只是根据爆破的现象和本质以及超温幅度的不同而划分的一种相对概念。

长期过热是一个缓慢的过程，长期地由于蠕变变形而使管子爆破；而短期过热则往往是一个突发的过程，管子金属在很高的超温温度下由于内部介质的压力作用而很快爆裂。由于它们的爆破过程不同，因而短期过热和长期过热在爆破口的变形量、破口形状以及破口的组织变化上都会有所不同。大量的爆管事例说明，通常短期过热多发生在锅炉的水冷壁管上，而长期过热则多发生在过热器、再热器的管子上。

二、长期过热爆管分析

1. 爆破口特征

长期过热爆管是在超温幅度不太大的情况下，管子金属在应力作用下发生蠕变（管径胀粗）直到破裂的过程。故其爆破口的形貌、爆破前管径的胀粗以及爆破管的组织性质变化等均具有蠕变断裂的特征。

破口的形貌表现：破口并不太大；破口的断裂面粗糙而不平整；破口边缘是钝边，并不锋利；破口附近有众多的平行于破口的管子轴向裂纹；破口外表面出现一层较厚的氧化皮，脆而易剥落。

爆破过程：管子在高温下运行时，所受应力主要是由过热蒸汽（或饱和蒸汽）内压力所造成的对管子的切向应力，此力使管子发生胀粗。由于超温，管子加快了蠕变速度，随着超温运行时间的增加，管径越胀越大，慢慢地在各处产生晶间裂纹，并积聚扩大成为宏观轴向裂纹，最后开裂爆管。

2. 管径的胀粗

在管子长期过热爆管之前，管径是逐渐由于蠕变变形而胀粗，爆破也正是管径胀粗超过了极限造成的。

管的向火面与背火面胀粗不均匀。由于管的向火面管壁温度高，因而蠕变速度较大，该处金属强度也由于温度高而较低；背火面管壁温度较低，因而蠕变速度也较小，而该处的金属强度也由于温度低而较高。故在蠕胀中，向火面与背火面的管壁减薄情况是不一样的。

管径的胀粗情况随钢材的不同而不同。低碳钢的塑性较低，合金钢的塑性较高，因而爆破前胀粗较大。如#20 钢的破口两侧的相对胀粗值各为 9%和 15%，12Cr1MoV 钢的破口两侧相对胀粗值各为 5.5%和 4.9%。用破口附近的管径胀粗值可以定量地看出钢管在长期过热时的塑性变形能力。

3. 组织及性能的变化

当过热器、再热器的管子在高温下长期运行时，管子发生蠕变过程（管径胀粗）的同时，珠光体钢发生珠光体的球化过程。珠光体的球化导致钢的蠕变极限和持久强度极限降低，因而将导致钢管在运行过程中的蠕变加速。当管子长期超温运行时，由于运行温度提高，因而管子材料的球化和管子的蠕变均将以更快的速度变化，再加上组织的球化，又进一步使管子蠕变加速，最终在较短时间内由于蠕变而爆破。同时，向火面的组织球化程度比背火面更为严重，而且向火面的钢材的硬度会变得比背火面低。

三、短期过热爆管分析

1. 爆破口特征

短期过热爆管是在超温幅度较大的情况下，钢的强度降低并在应力作用下产生较快速度的拉伸变形而发生的爆破。

破口的形貌表现：破口张开很大，呈喇叭状，破口边缘锐利，减薄较多，其破口断裂面较为光滑，呈撕裂状，破口附近管子胀粗较大。在水冷壁管的短期过热爆管破口内壁，由于爆管时管内汽水混合物急速冲击，而显得十分光洁，并且短期过热爆管的管子外壁一般呈蓝黑色，破口附近没有太多的平行于破口的轴向裂纹。

钢管的短期过热爆管如同高温拉伸试验，由于炉管在短期内被过热到较高的温度，金属的强度变得极低，在内部介质压力的作用下，炉管以较大的变形速度使管径胀大，进而撕裂爆破。

2. 水冷壁管的短期过热

水冷壁管的短期过热爆管按其爆管的过程，可分为短期直接过热爆管、管子因垢下腐蚀形成小鼓包而由鼓包处爆管和瞬时过热爆管三种。

短期直接过热爆管表现为水冷壁管短期直接过热爆管的破口极大，呈不规则菱形，边缘极其锐利，管径相对变形很大，并且在离破口较远处的管段管径也有不同程度的变形。短期直接过热爆管的过热区较大，组织上珠光体已有一定程度的球化，但其球状的渗碳体并未脱离出珠光体区域，铁素体晶粒被严重地沿爆管变形方面拉长。

管子因垢下腐蚀形成小鼓包而由鼓包处爆管表现为水冷壁管有连续鼓包现象，爆破后其破口较小，管子未爆破部分管径相对胀粗较小，破口边缘锐利、光滑。爆破口处的组织为铁素体加块状珠光体，其铁素体也沿变形方向被拉长。珠光体中渗碳体已成球状，但还保留珠光体的区域形态，晶界上也有渗碳体球状物。

瞬时过热爆管表现为水冷壁管直接受炉膛内火焰的高温辐射，当出现不正常的运行工况时，如管子被堵塞或水循环不良，有可能局部过热超温到很高的温度，而造成水冷壁管的瞬时过热爆管。破口呈喇叭状，边缘锋利，破口处管壁减薄很多且为韧性断裂，破口的内壁由于炉管内汽水混合物的急速冲刷，显得十分光洁，管子破口外壁呈蓝黑色，显示出超温温度很高，管子胀粗严重。

3. 过热器管的短期过热

过热器管的短期过热破口很大，呈喇叭状，边缘减薄较多，边缘锐利而平整，为韧性撕裂断口的特征。管子破口附近的管径胀粗值较大。破口组织为严重球化组织，为铁素体加渗碳体，珠光体区域形态已消失，渗碳体球状分布在铁素体晶界上。

四、水冷壁管的氢损坏爆管

在锅炉受热面的水冷壁管子中，当发生汽水分层循环停滞时，由于壁温升高，蒸汽和高于400℃的铁接触时，会发生化学反应产生氢，化学方程式如下：

$$4H_2O+3Fe \rightarrow 3Fe_3O_4+8[H]$$

此时产生的氢由于不能马上被汽水混合物带走，于是就溶入钢中，造成氢损坏，严重时就会产生爆管。

水冷壁管发生的氢损坏具有以下特征：①常发生在炉管的向火面，并伴随有向火面金属的力学性能的显著变化；②裂纹中无腐蚀产物，裂纹周围及钢管内表面有明显的脱碳现象；③破口具有脆性断裂的特征。

第六节　锅炉防磨防爆治理

锅炉受热面爆漏是造成火力发电机组非计划停运、影响机组安全运行的主要原因之一。锅炉受热面发生爆漏的主要原因有过热、磨损、腐蚀、应力撕裂、焊接问题、材质不良等。防治锅炉受热面爆漏是一个复杂的系统工程，必须严格按照有关规程和规定，对锅炉承压部件从设计、制造、安装、运行、检修和检验全过程进行管理。锅炉承压部件防磨防爆检查在防治锅炉受热面爆漏工作中占有突出的地位，是专业性、规范性、经验性非常强的技术工作。下面就大型煤粉锅炉防磨防爆的治理工作进行探讨。

一、锅炉防磨防爆管理要求

首先要建立、健全锅炉防磨防爆管理体系、明确组织机构与职责、制定《锅炉防磨防爆管理标准》是防磨防爆工作开展的有力保障。严格执行《火力发电厂金属技术监督规程》（DL/T 438）、《电力工业锅炉压力容器监察规程》（DL 612）、《电站锅炉压力容器检验规程》（DL 647）、《火力发电厂锅炉受热面管监督技术导则》（DL/T 939）、《火力发电机组及蒸汽动力设备水汽质量》（GB/T 12145）、《火力发电厂停（备）用热力设备防锈蚀导则》（DL/T 956）、《火力发电厂锅炉机组检修导则》（DL/T 748）、《防止电力生产事故的二十五项重点要求》（国能安全[2014]161号）等标准，是切实做好锅炉防磨防爆预防性检查工作，保证防磨防爆工作顺利开展的依据。

　　然后在电厂机组运行时，生产人员要严格执行运行规程，控制锅炉上水速度，合理控制锅炉启动升温升压和停炉降温降压速率。严禁机组启动、停止及变负荷时偏离运行曲线。机组启动、滑停时，合理控制蒸汽温度和减温水用量，严禁汽温大幅波动。禁止锅炉深度滑停和锅炉高温状态下快速通风冷却。认真开展锅炉燃烧优化调整工作。机组检修、煤质变化时，要及时进行锅炉的燃烧分析、评估和调整，避免锅炉受热面局部过热、热偏差超标和水冷壁高温腐蚀。加强受热面壁温监视，采取有效措施，防止受热面超温。做好吹灰器定期维护和优化工作，确保吹灰器投入合理，防止受热面结焦、积灰及管子吹损。

　　其次电厂生产人员要严格执行检修工艺质量标准、焊接及热处理工艺标准。严禁无证人员进行焊接作业。严禁使用氧气乙炔枪切割受热面管子等不规范行为的发生。严格执行管材及焊接材料的库存管理制度，使用前对管材进行全面的复检并采取清理、酸洗等措施，对库存管材定期进行检查，对存放周期过长、腐蚀超标的管材应严禁使用。

　　同时在运行中要确保锅炉汽水品质合格，对于百万机组减温水的含氧量也要有具体要求。防止汽水品质不合格导致受热面大面积腐蚀泄漏。机组计划检修必须割管检查受热面内壁的腐蚀、结垢、积盐及氧化皮情况。水冷壁垢量达到规定要求时，必须进行化学清洗。锅炉停用时，必须采取有效的保护措施，防止受热面腐蚀。

　　最后要建立健全防磨防爆技术档案，包括设备原始图纸资料、受热面改造情况、受热面检查处理、焊口记录等台账。

二、防磨防爆检查及要求

1. 汽包

　　用肉眼对汽包进行宏观检验，必要时用 5～10 倍的放大镜观察。对汽包进行宏观检验的主要内容如下：汽包内部化学监督检查及污垢定性检查（称重、成分分析）；汽包支架或吊架安装应符合要求、无歪斜，吊杆螺母无松脱，吊杆无裂纹和腐蚀；U 型吊杆与汽包在 90°接触角圆弧处吻合良好，个别间隙不大于 2mm，不影响膨胀；对吊杆与汽包间垫片锈蚀情况检查；人孔与人孔盖密封面密封良好，无明显的伤痕或腐蚀斑点，人孔铰链座连接焊缝应无裂纹等外观缺陷；铰链无腐蚀，活动自如；筒体和封头内侧纵、环焊缝，人孔门加强圈角焊缝和预埋件焊缝等可见部分表面去锈后，用 10 倍放大镜进行 100%的宏观检验，表面质量和外形尺寸应符合设计和工艺技术标准要求，焊缝表面应无裂纹及其他超标缺陷；检查下降管管孔、进水管管孔、加药管管孔、再循环管管孔等有无裂纹、腐蚀、冲刷情况，必要时进行表面探伤复查；检查内部装置，安装应正确、牢固，焊缝无裂纹及漏焊，内部无杂物；对安全阀、向空排汽阀管座角焊缝用 10 倍放大镜进行外观检查，必要时进行无损检测复查；水位计的汽水连通管、压力表接口、蒸汽加热管、汽水取样管和连续排污管应完好、畅通、无泄漏；对加强型管座做外观检查，必要时进行无损检测复查；检查一次门内外壁腐蚀情况；汽包外壁应进行 100%外观检查，不允许有裂纹、重皮等缺陷；深度为 3～4mm 的疤痕、凹陷、麻坑应修磨成圆滑过渡，必要时对汽包筒壁进行测厚。

　　拆卸汽水分离装置，进行清洗和部分修理。清洗后目测检查。

　　对集中下降管管座焊缝进行 100%超声波探伤及表面探伤，对分散下降管管座焊缝进行无损检测抽查。对主焊缝（含纵、环焊缝的 T 型接头）进行无损检测抽查，比例为纵缝 25%、环缝 10%。

汽包水位计零位校验需根据汽包中心线的水平偏差值来进行零位校验。

对汽包弯曲度、倾斜度进行测量,汽包中心线水平测量必须以汽包两侧的圆周中心为基准。

2. 水冷壁上下联箱、强制循环锅炉环形联箱及附属管道

环形联箱水冷壁入口节流圈应无脱落、结垢、磨损,位置应无装错。对节流孔板进行清洗、用游标卡尺进行孔径测量。

内部检查和清理内容:每次计划检修时抽查进口联箱内外壁腐蚀情况,记录内部腐蚀及结垢堆积物的数量和成分,必要时进行测厚;每运行 10 万小时,应完成所有水冷壁联箱的内部检查和清理;对管座角焊缝进行外观检查,应无裂纹,必要时进行表面探伤;环形联箱人孔和人孔盖密封面应无径向刻痕;检查与环形联箱连接的水冷壁管内是否存在结垢堆积物,必要时进行清理。

每次计划检修对联箱封头焊缝、环形联箱人孔角焊缝、大直径三通焊缝、管座角焊缝、环形联箱连接焊缝或弯头对接焊缝进行外观检查和无损检测(射线或超声波检测)抽查;对省煤器再循环管、导汽管、连接管道焊缝进行外观检查和无损检测(射线或超声波检测)抽查,发现问题应按 100%检查。运行 10 万小时后,应对上述所有焊接进行 100%检查。

联箱连接小口径管,运行 10 万小时后,尽可能全部更换。

3. 省煤器进出口联箱及附属管道

打开手孔或割下封头,对联箱进行内部检查。检查腐蚀情况,清理垢污。

对进出口联箱短管角焊缝必要时进行无损检测抽查。运行 10 万小时后,对联箱封头焊缝、连接管道焊缝进行外观检查和无损检测抽查,发现问题应 100%检查。

联箱连接小口径管,运行 10 万小时后,尽可能全部更换。

4. 过热器、再热器联箱及附属管道

打开手孔或割下封头,对联箱进行内部检查。检查腐蚀,清理垢污。检查联箱内壁及管座孔拐角处的腐蚀和裂纹情况。

检查减温器联箱外壁腐蚀及裂纹情况。用内窥镜检查混合式减温器内壁、内衬套、喷嘴,应无裂纹、磨损、腐蚀、移位等情况;每次 C 修抽查,每个 A 修周期内完成全部减温器的检查。检查减温水喷嘴及雾化片。如喷嘴堵塞及脱落,应疏通和恢复。每次 C 修抽查,每个 A 修周期内完成全部减温器的检查。检查喷嘴与进水管的对接焊缝或无损探伤。封头焊缝首次检查应做 100%外观检查和表面探伤检查,10 万小时后增加超声波探伤检验。对吊耳与联箱间的焊缝做外观检查和表面探伤检查。对管座角焊缝做外观检查,必要时做表面探伤检查。对减温器进行内部检查时,应对内套筒定位螺丝封口焊缝进行表面探伤检查。面式减温器运行 2 万~3 万小时后进行抽芯检查,检查管板变形、内壁裂纹、腐蚀情况,芯管进行水压试验,检查其泄漏情况,以后每隔 5 万小时检查一次。

对联箱厚壁三通焊缝进行外观检查和超声波探伤检查。与联箱连接的大直径管三通焊缝应进行外观检查和表面探伤检查,必要时应做超声波探伤检查。检查筒体外壁的氧化、腐蚀、胀粗情况,检查联箱管座焊口情况,10 万小时后增加硬度、壁厚、金相检查。环缝及封头焊缝首次检验时应做 100%的外观检查和表面探伤检查,以后每隔 5 万小时检查一次,10 万小时后增加不少于 50%的超声波探伤复验。封头手孔盖应无严重氧化、腐蚀、胀粗情况,焊缝外观应无裂纹等超标缺陷,10 万小时后全部进行无损检测。

顶棚过热器管发生下陷时，应检查下垂部位联箱的弯曲度及其连接管道的位移情况。重点检查无弹性弯管的管座角焊缝，焊缝管侧熔合线应无裂纹，无大于 0.5mm 的咬边等缺陷，必要时增加表面探伤。

安全阀、排气阀、导汽管管座角焊缝首次检验时做 100% 的外观检查，必要时进行表面探伤，10 万小时后应增加超声波探伤检查。疏水管、空气管的管座角焊缝首次检验时，应做 100% 外观检查。对疏水管、连续排污管弯头和弯头后的直管进行测厚抽查，比例不少于 10%，根据测厚情况确定是否更换，以后每隔 5 万小时检查一次。对充氮、取样、传压等小口径管的管座角焊缝进行外观检查，必要时进行表面探伤。对于有内隔板的联箱，应用内窥镜对内隔板的位置及焊缝进行全面的检查。

联箱连接小口径管，运行 10 万小时后，尽可能全部更换。

检查支吊架是否有变形、开裂、膨胀受阻情况。全面检查支吊架的受力状况，判断是否存在欠载、过载现象，必要时进行调整。记录冷热态弹性吊架的指针位置。

5. 汽—汽热交换器

首先进行外观检查。对热交换器的管座角焊缝去锈去污后进行检查，或进行表面无损探伤检查。对于热交换器 U 型套管外壁腐蚀和氧化的检查，每组抽 1 只进行，检查外壁的腐蚀、氧化情况，观察 U 型弯头背弧处有无裂纹，并测量壁厚。对进出管角焊缝进行外观检查，必要时进行表面探伤检查，运行 10 万小时后对套管焊缝做超声波探伤检查，以后每 5 万小时检查一次。

其次进行内部检查。热交换器的过热器 U 型套管与管板焊缝去污后进行检查，检查热交换器的过热器管板表面的腐蚀和裂纹情况。

6. 汽水分离器

检查汽水分离器表面是否有明显的腐蚀、变形等缺陷，应无裂纹。对外壁腐蚀进行目测检查。用超声波或测厚仪对切向汽水引入区域筒体壁厚进行抽查，检查其冲刷减薄情况。对分离器筒体焊缝、管座角焊缝进行外观检查和超声波探伤检查。

7. 水冷壁

用人工清灰或高压水冲洗的方法对水冷壁清灰、清焦。检查水冷壁管子的外表面是否有磨损、腐蚀、氧化、胀粗、鼓包等现象，特别是向火侧管段表面是否有氧化和高温腐蚀现象。重点检查部位如下：

（1）检查吹灰器吹扫孔、打焦孔、看火孔等门孔四周水冷壁管，用超声波或测厚仪测量壁厚。

（2）检查燃烧器两侧水冷壁管，用超声波或测厚仪测量壁厚。

（3）检查凝渣管，用超声波或测厚仪测量壁厚。

（4）对水封插板附近水冷壁进行外观检查。

（5）检查冷灰斗和折焰角处水冷壁弯头处、水冷壁悬吊管、拉稀管下部、螺旋管圈水冷壁灰斗角部斜坡，必要时用超声波测量壁厚。

（6）π 型锅炉的屏式再热器冷却定位管相邻水冷壁应无变形、磨损情况。

（7）检查 π 型锅炉分隔屏与前墙水冷壁定位管之间的磨损情况。

（8）检查水冷壁穿墙部位的磨损情况。

（9）检查高热负荷区域水冷壁管，进行金相试验。

（10）检查直流炉相变区域水冷壁管，进行金相试验。

（11）定点监测管壁厚度及胀粗情况，一般分三层标高，每层四面墙各有若干点。

（12）检查水冷壁整体，水冷壁管应无过热、拉裂、鼓包、变形等异常情况。

（13）检查水冷壁鳍片的焊接情况，发现单面焊必须进行处理。

检查焊缝裂纹，具体内容如下：检查水冷壁与燃烧器大滑板相连处的焊缝，必要时进行表面探伤；检查炉底水封梳形板与水冷壁的焊缝，必要时进行表面渗透探伤；检查直流炉中间集箱的进出口管的管座焊缝，或抽查表面探伤；检查鳍片水冷壁的鳍片与管子的焊缝，应无开裂、严重咬边、漏焊、假焊等情况，重点对组装的片间连接、与包覆管连接、直流炉分段引出和引入管处的嵌装短鳍片、燃烧器处短鳍片、冷灰斗水封处宽鳍片、孔门处等部位的焊缝做100%外观检查；T23 水冷壁重点检查应力集中部位，对接焊缝表面进行渗透探伤或者射线检查，具体部位是螺旋段四角水冷壁焊口、过渡段水冷壁焊口、垂直段三通位置焊口、锅炉垂直水冷壁吊点焊缝、水冷壁附件角焊缝等，投产后 5 万小时之内完成 100%检查。

检查炉底冷灰斗斜坡水冷壁管有无凹痕，目测检查水冷壁管表面有无砸伤的情况。

检查燃烧器周围及高热负荷区域管子的高温腐蚀情况。检查炉底冷灰斗处及水封附近管子的点腐蚀情况。

对锅炉水冷壁热负荷最高处设置的监视段（一般在燃烧器上方 1.0～1.5m）进行割管检查，检查内壁结垢、腐蚀情况，检查向、背火侧垢量以及计算结垢速率，对垢样做成分分析，根据腐蚀程度决定是否扩大检查范围。当内壁结垢量超过规定时，应进行受热面化学清洗工作。监视管割管长度应不低于 0.5m，并对监视管进行金相分析。

对水平刚性梁转角部位进行抽查。拆除保温层，抽查该处水冷壁是否存在碰磨和挤压变形。检查角部链接销子的磨损情况及销孔间隙。检查张力板与角部链接的焊接情况。

水冷壁拉钩、吊杆、管卡、膨胀装置及止晃装置检查。外观检查应完好，无损坏和脱落。膨胀间隙足够，无卡涩。管排平整、间距均匀。水冷壁各部吊杆正常。

对水冷壁冷灰斗水封槽清理检查。水封槽内部灰渣清理后，对水封槽变形情况进行检查处理。对水封插板进行检查处理。对水封溢流装置、渣斗冷却均匀程度情况进行检查处理。

对冷灰斗、孔门部位脱落浇筑料进行修复，保证其平整、牢固。目测锅炉孔门是否存在漏风、漏灰情况，对泄漏处进行处理。

对炉膛水冷壁结合部位密封盒检查。对锅炉本体膨胀节进行外观检查，保证锅炉炉膛密封情况良好。

8. 过热器、再热器

首先对过热器进行人工清灰或高压水冲洗。

检查过热器、再热器的管子外表面的磨损、腐蚀、氧化、胀粗、鼓包情况等，特别是要检查向火侧管段表面氧化和高温腐蚀情况。重点检查部位如下：检查吹灰器吹扫区域内管子，并用超声波或测厚仪测量壁厚；检查包覆过热器吹扫孔四周管子，并用超声波或测厚仪抽查壁厚；检查过热器、再热器蛇形管弯头，并用超声波或测厚仪抽查壁厚；检查包覆过热器开孔四周管子，并用超声波或测厚仪抽查壁厚；检查过热器、再热器管排的外圈向火侧的管子表面，并用超声波或测厚仪抽查壁厚，还要检查第 2～3 排管子的磨损情况，必要时测厚；检查过热器、再热器管排是否出列，对出列管子有磨损迹象的部位进行测厚；检查壁式再热器的磨损、腐蚀、胀粗情况，弯头部用超声波或测厚仪抽查壁厚；检查穿墙管和穿顶管的磨损、腐蚀情况；检查过热器、再热器管屏间的碰磨情况；检查过热器、再热器穿墙管、夹屏管、定位管、悬吊管、管卡、定位块和管屏之间的变形、腐蚀、开裂和磨损情况；检查过热器、再热器管子的间距和膨胀间隙，管排间距应均匀，不存在烟气走廊，重点检查后部弯头、上部管子表面及烟气走廊附近管子的磨损情况，管子与附近设备要保持有足够的膨胀间距，过热器、再热器下弯头与斜烟道的间距，低温再热器、低温过热器与包墙间距等应符合设计要求，管子表面应无明显磨损；抽查水平刚性梁转角部位包墙过热器的碰磨情况；对于 π 型锅炉，使用游标卡尺定点测量屏式过热器、再热器和高温过热器、再热器的外圈管管径；对于塔式锅炉，使用游标卡尺定点测量二级过热器、三级过热器和二级再热器、再热器的外圈管管径；使用游标卡尺测量低温过热器的引出管及其他可能发生蠕胀的蛇形管管径。

检查包覆管和穿顶管的密封情况；对包覆管的鳍片拼缝去灰、去污并进行检查；对穿顶管的密封套管、高冠密封板等密封焊缝去锈、去污后进行检查或无损探伤抽查，要求应无裂纹、严重咬边等超标缺陷；检查过热器顶棚管、包覆管的墙角部位管子的拉伤情况。

检查管排变形情况并整形：检查管排横向间距，查出横向间距偏差和变形的原因，并整形；检查管排平整度，对出列严重的管段进行整形；检查管排的管夹和管排间的活动连接板及梳形板检查；检查屏式过热器的定位管及其与前墙受热面间设置的导向装置，应无损伤、变形、失效情况；顶棚过热器管应无明显变形，顶棚管下垂严重时，应检查膨胀、悬吊结构和内壁腐蚀情况；检查吊卡、固定卡、管卡、托块、挂钩等附件有无变形、烧损和开裂情况。

对监视管进行割管、检查：对各级过热器、再热器进行割管取样、结垢、腐蚀、氧化等外观检查，进行金相和化学分析，并对氧化皮形成厚度进行测量等。对可能结垢的过热器、再热器弯头部位进行取样，发生结垢时对沉积物进行垢成分分析。由于温度偏差管子发生超温运行或运行温度接近金属许用温度时，应检查高温再热器超温管排炉顶不受热部分管段胀粗及金相组织情况。

对焊缝进行检查：对联箱管座与管排对接焊缝去锈、去污后采用射线探伤和超声波探伤进行抽查；每运行 10 万小时后要完成高温过热器出口联箱管座与管排对接焊缝的全部外观检查，并采用射线探伤和超声波探伤进行抽查；每运行 10 万小时后要对异种钢焊缝全部进行外观检查，并采用射线探伤和超声波探伤进行抽查；过热器管穿炉顶部分应无碰磨情况，与高冠密封结构焊接的密封焊缝应无裂纹、严重咬边等超标缺陷，必要时进行表面探伤。

对防磨装置进行检查和整理：检查防磨罩的磨损、烧损、变形情况；检查防磨罩的位置是否正常；检查防磨罩的牢固性，防磨板、阻流板接触应良好，无磨损、变形、移位、脱焊等现象。

使用专用仪器，由有资质人员对过热器、再热器管壁温度测点进行校验检查。

检查管内氧化皮的堆积情况。使用氧化皮测量仪器和射线拍片方法检查管屏下部氧化皮的脱落堆积情况，必要时割管抽查。

检查异种钢焊缝。运行时间达 5 万小时后应对与不锈钢连接的异种钢接头进行外观检查，并按 10%比例进行射线、渗透抽查，必要时割管进行金相检查。

9. 省煤器

省煤器清灰。用人工清灰或高压水冲洗的方法对省煤器进行清灰。

防磨装置检查和整理。检查阻流板、防磨瓦等防磨装置安装是否牢固，应无脱落、歪斜或磨损等情况。

管子外观检查。管子外表应无磨损、腐蚀、氧化、胀粗、鼓包等情况。重点检查部位如下：检查烟气入口侧前三排管子，抽查测量壁厚；检查穿墙管，抽查测量壁厚；检查吹灰器吹扫区域内的管子，并测量壁厚；检查蛇形管管夹两侧直管段及弯头的磨损情况及弯头与包墙的膨胀间隙；检查横向节距不均匀的管排及出列的管子，并测量壁厚；检查悬吊管并测量壁厚；检查低温省煤器管排积灰及外壁低温腐蚀情况；省煤器上下管卡及阻流板、防振隔板附近管子应无明显磨损，必要时进行测厚。

管排及其间距变形情况检查及整理。更换变形严重的管子或管夹；检查管排平整度及其间距，应不存在烟气走廊及杂物，并着重检查该处管排、弯头的磨损情况。

焊缝检查。鳍片省煤器管鳍片表面焊缝应无裂纹、超标咬边等缺陷；外观检查悬吊管焊缝应无裂纹、超标咬边等缺陷。

管卡、支吊架外观检查。检查支吊架、管卡等固定装置应无烧坏、脱落。

监视管割管、检查。检查管内结垢、腐蚀情况，重点检查进口段与水平管下部的氧腐蚀、结垢量。如有均匀腐蚀，应测定剩余壁厚；如有深度大于 0.5mm 的点腐蚀时，应增加抽检比例。

10. 吹灰器

吹灰器检查项目如下：测量墙式吹灰器喷嘴与锅炉受热面的距离；测量墙式吹灰器与炉膛的垂直度；吹灰器鹅颈阀和提升阀内漏检查与研磨；吹灰器喷嘴吹灰角度检查调整；长伸缩式吹灰器的弯曲度测量；吹灰器喷嘴内壁吹损情况目测检查；其他吹灰器常规检修项目。

吹灰器的调试与验收。组装结束，手动操作将喷管伸入炉膛，确认进入与退出位置均正常后，进行电动操作试验。用就地开关检查电动旋转方向。当外管前移 200～300mm 后，检查后退停止行程开关动作情况。按前进开关，检查蒸汽进汽阀门执行机构动作是否正常。当吹灰管前进行程超过一半且无异常时，则继续前进到全行程，并检查返向行程开关动作情况。校验时间继电器的整定值。就地校验工作全部正常后，用程控操作开关验证吹灰器远距离遥控操作情况。测量调整每个吹灰器吹灰压力。

11. 膨胀系统

刚性梁检查。检查水平刚性梁、垂直刚性梁、限位梁等是否存在膨胀受阻情况，连接件是否损坏，是否影响水冷壁和包墙受热面的膨胀。检查膨胀间隙。

校对膨胀指示器零点，启、停机时，做好膨胀记录。

12. 锅炉水压试验

锅炉定期进行额定压力试验，两个大修周期进行一次超压试验。

对于以上检查项目，当运行过程中锅炉发生超温、超压、大面积结焦、汽水品质参数异常或设备状况不清等情况时，应增加必要的检查项目或缩短检查周期。

三、防磨防爆重点检查部位

防磨防爆重点检查部位包括：锅炉受热面经常受机械和飞灰磨损的部位；易因膨胀不畅而拉裂的部位；受水力或蒸汽吹灰冲击的部位；水冷壁或包墙管上开孔装吹灰器的部位及邻近管子；过热器和再热器有超温记录的部位。

水冷壁重点检查内容是水冷壁的腐蚀、磨损、拉裂、机械损伤情况。水冷壁重点检查部位是冷灰斗、四角喷燃器处、折焰角区域、上下联箱角焊缝、悬吊管、吹灰器区域。水冷壁抽查的部位是热负荷最高区域的焊口、管壁厚度、腐蚀情况；喷燃器滑板、刚性梁、大风箱、连接结构件与水冷壁鳍片焊缝等易膨胀不畅过载拉裂处；直流炉相变区水冷壁易疲劳的管子；低氮燃烧主燃烧器与 SOFA 风喷口之间易发生高温腐蚀的水冷壁区域；联箱堵头。

过热器和再热器重点检查内容是过热、蠕胀、磨损进行情况。检查部位是管排向火侧外管圈及弯头，对管子的颜色、磨损、蠕胀、金相、氧化等情况进行检查；吹灰器吹扫区域内的管子；梳形定位卡子；管卡处管子及管卡。抽查内容是内圈管子的蠕胀情况，并进行金相分析；管座角焊缝的附加应力情况，并检查消除；有氧化皮问题的锅炉，应进行氧化皮检测。

省煤器重点检查内容是磨损情况。检查部位是表面三排管子、护板或防磨罩、边排管子、前五列吊挂管、烟气走廊的管子、穿墙管。抽查内容是内圈管子的移出情况和管座角焊缝、受热面割管及外壁腐蚀情况，对检查不到的部位应在一个大修周期内割出几排检查。

锅炉受热面管排排列应整齐，管距应均匀，必要时可用增装结构合理的定位装置来处理，防止个别管子出列。检查检修防磨均流板、防磨瓦，凡发现脱落、歪斜、鼓起、松动翻转、磨穿、烧损变形的情况，均应在复位和更换前进行管壁测厚检查。定期对锅炉支吊架、限位装置、止晃装置和膨胀装置进行检查维护，并做好记录。加强锅炉本体、烟道、人孔、看火孔等处的堵漏工作，减少漏风，降低烟速，消除漏风形成的涡流造成管子局部磨损。所有焊接在受热面管子上的结构件，焊接工艺等同于受检焊口，并进行表面无损检测。

四、防磨防爆缺陷处理原则

锅炉部件存在下列缺陷时，应及时更换：

（1）锅炉受热面管壁厚度应无明显减薄，必要时应测量剩余壁厚，剩余壁厚应满足强度计算所确定的最小设计壁厚。一般情况下，对于水冷壁、省煤器、低温段过热器和再热器管，壁厚减薄量不应超过设计壁厚的 30%；对于高温段过热器管，壁厚减薄量不应超过设计壁厚的 20%，并按磨损速率计算剩余壁厚，剩余壁厚应能满足检修间隔的要求，否则应更换。

（2）胀粗量超过管子原始直径的 3.5%的受热面碳钢管，或者胀粗量超过管子原始直径的 2.5%的金合钢管；胀粗量超过管子原始直径的 1%的集箱、管道。

（3）腐蚀点深度大于壁厚的 30%的受压元件。

（4）石墨化大于等于四级的受压元件。

（5）表面氧化皮超过 0.6mm 且晶界氧化裂纹深度超过 3~5 晶粒的受压元件等。

（6）常温机械性能低，运行一个小修间隔后的剩余计算壁厚已不能满足强度计算要求的受压元件。

（7）机械性能不能满足相关标准要求的受压元件。

（8）已经产生蠕变裂纹或者疲劳裂纹的受压元件。

（9）表面损伤深度大于 1.5mm，同时面积超过 $10cm^2$ 的受压元件。

（10）根据相关技术标准应进行更换的部件。

五、防磨防爆缺陷处理要求

缺陷处理前，应对缺陷产生原因进行分析，针对产生原因采取有效的治理和防范措施。

在锅炉、管道、压力容器和承重钢结构等钢焊接工作实施前，应事先根据 DL/T 868 进行焊接工艺评定，编制焊接热处理工艺卡。返修和补焊也应进行焊接工艺评定。受热面管焊口必须 100%进行无损检测，在无损检测前应编制无损检测工艺卡。

在施工过程中应严格执行文件包或工艺卡，严禁施工人员擅自改变施工方案、工艺和措施。如变更需经防磨防爆小组同意后方可实施。

损伤面积超过 10cm² 以上的部件，原则上应作更换处理。

六、防磨防爆常见缺陷处理方法

锅炉受热面发生吹灰磨损时，应检查吹灰系统工作是否正常，按吹灰器管理有关要求进行处理。采用护板、防磨瓦、喷涂等防护措施可以防范吹灰通道磨损及尾部烟道悬吊受热面局部烟气涡流磨损。水冷壁可采用防磨喷涂防止蒸汽吹损。在选择防磨瓦材质时应考虑使用温度的要求，避免防磨瓦烧损、变形、脱落。高温区域防磨瓦应与受热面良好接触，防止冷却不足而变形脱落；低温区域防磨瓦应保证有效固定，防止防磨瓦翻转。

管卡与管子发生碰磨时，应及时对管卡进行调整，对不合理的管卡、定位板、定位管等结构采用改型等方法进行预控。

管子之间发生碰磨时，应检查管子是否有效固定，必要时可在管子之间增加防磨块或防磨瓦。

管子发生烟风磨损时，应分析磨损原因，采取有效防范措施，消除烟气走廊，必要时可对管子进行防磨喷涂或加装防磨瓦。

斜坡水冷壁发生落焦砸伤时，应对斜坡水冷壁进行检查处理。对螺旋水冷壁锅炉冷灰斗飞灰磨损，可采用敷设浇注料等措施予以防护。

对氧化皮脱落情况要进行检测，必要时进行割管清理，定期监测锅炉受热面的氧化皮厚度。

锅炉水冷壁鳍片及包墙膜式壁鳍片开裂时，如果开裂部位处于光管和鳍片管过渡处，检查是否存在加工、焊接不良导致的应力集中现象。可采用着色、磁粉等方法加以检查，彻底消除裂纹。通过打磨，确保圆滑过渡，降低应力。开应力释放槽可以预防开裂裂纹扩展到管子；如果因鳍片较宽不能得到有效冷却导致开裂的，应对鳍片结构进行改造，如割除宽鳍片，采用浇筑料代替鳍片进行密封，并且所有鳍片焊接工艺必须等同于受检焊口。

受热面对接焊缝出现裂纹时，应分析裂纹产生原因。部分管子焊缝处于应力集中区域，此类焊缝应定期进行检验，并采取可靠措施降低焊缝处焊接结构应力，制定异种钢焊缝检查滚动计划，在 10 万小时内完成一次检验。

七、受热面管更新改造要求

锅炉受热面改造及大面积更换，应制定相应的技术方案及措施。当外委制造管排和弯管时，应向制造厂家提出技术要求，并派专人到厂家监造，交货时应提供质保书及有关技术资料。新制造加工的管排在安装前应按相关标准要求进行通球试验和水压试验，并根据管子内壁污垢情况、锈蚀程度分别采取相应的方法进行清洁或清洗。受热面改造和换管工作应按有关规程和检修工艺要求进行。锅炉受热面管子更换后，水压试验应严格按规程执行。对遭受损伤的受热面管应按 DL/T 438 和能源电[1992]1069 号文的相关规定及时更换。

对锅炉受热面管材料的具体要求如下：锅炉钢管材料必须注明国家或部颁技术标准，应尽可能采用原设计牌号的钢材和焊材；锅炉受热面管所用钢材应有质量证明文件，钢管使用前应进行 100%的光谱复验；锅炉钢管使用前必须逐根进行外观检查，发现裂纹、重皮、划痕、内外腐蚀严重的情况不得使用；锅炉钢管采用代用材料时，应持慎重态度，要有充分的技术依据，原则上应选择成分、性能略优者；代用材料壁厚偏薄时，应进行强度校核，应保证在使用条件下各项性能指标均不低于设计要求；不允许使用不成熟钢种，代用材料须经金属监督等部门同意，并做好记录存档。

锅炉受热面管的检验应按 DL/T 438、DL/T 939 的规定执行。锅炉受热面管的焊接应按 DL 612、DL/T 869 的规定执行。锅炉受热面管焊接质量的技术监督应按 DL/T 438 的规定执行。焊接材料应符合国家部颁标准及有关专业标准，领用时应核对质量保证书及合格证，使用前应再三确认，严防用错材料或使用失效的焊接材料。

第七节　锅炉氧化皮治理

因氧化皮脱落而造成的事故，近年来频繁在发电厂发生。事故多发生在超临界、超超临界甚至亚临界等大型机组锅炉受热面及高温高压管道系统上，而这些机组恰恰是我国的主力机组，所以氧化皮的治理工作越来越得到各电厂的重视。

一、氧化皮的形成机理

什么是氧化皮？这里研究的氧化皮其实是氧化铁皮，就是指附着在含铁（Fe）金属表面的一层由 FeO、Fe_3O_4 或 Fe_2O_3 组成的氧化膜。在一定的条件下，这层氧化膜会从母材上脱落。一般 FeO 在最里层，紧靠母材，Fe_3O_4 在中间，最外边的是 Fe_2O_3。Fe_3O_4 和 Fe_2O_3 都比较致密、坚硬、耐磨、不易脱落，而 FeO 是不致密的，易于脱落。

在空气中，钢在高温下也可以形成氧化皮。当温度低于 570℃时，氧化亚铁（FeO）处于不稳定状态，随着钢表面温度的升高，氧化亚铁的含量增加，当温度高于 700℃时，氧化亚铁在氧化铁皮中的含量达到 95%。当温度低于 500℃时，氧化皮只是由四氧化三铁（Fe_3O_4）单一相组成的，当温度高于 700℃时，四氧化三铁开始形成氧化亚铁，且在很高的温度下四氧化三铁只占氧化皮的 4%。氧化铁（Fe_2O_3）处于氧化皮的最外层，通常在高温下存在，一般只占氧化皮厚度的 1%。从上面可以看出氧化亚铁的含量随着温度的升高而增加，氧化皮的稳定性变差，易脱落。

在发电厂，从热力学角度分析，锅炉管内壁产生蒸汽氧化现象是必然的。因为 Fe 与水反应（$Fe+H_2O \rightarrow Fe_3O_4+H_2$）生成 Fe_3O_4，从而形成氧化膜。氧化膜的生成遵循塔曼法则 $d=Kt$（d 为氧化皮的厚度，K 为与温度有关的塔曼系数，t 为时间），氧化膜的生长与温度、时间有关。受热面在 450～570℃时，生成的氧化膜由 Fe_2O_3 和 Fe_3O_4 组成；在 570℃以上，生成的氧化膜由 Fe_2O_3、Fe_3O_4、FeO 三层组成。

发电厂受热面管子内壁在运行后，所形成的氧化膜可分为两种情况。一是锅炉投运前，通过严格的酸洗和吹管，将金属管道内壁易脱落的氧化层彻底清除干净。吹扫过程中或整机调试的初期，当锅炉运行在亚临界低参数工况下，此时温度不会超过 570℃，管道内壁形成致密、不易脱落的氧化膜，由 Fe_2O_3 和 Fe_3O_4 组成。这种氧化膜和金属的基体结合很牢固，只有在有腐蚀介质和应力的条件下才会被破坏。当机组运行于超临界工况下，温度超过 570℃时，这种氧化膜可以保护或减缓钢材的进一步氧化。当然，采用加氧冲洗，可以加速氧化膜的形成。如果在锅炉投运之前，酸洗和吹管两个环节不过关，未将金属管道内壁易脱落氧化层彻底清除干净，则投运后很难形成致密、不易脱落的氧化膜。易脱落的氧化膜在机组投运后会产生恶性循环：脱落→氧化→再脱落→再氧化，最终形成大量的氧化皮。所以锅炉投运前的酸洗和吹管工作至关重要。二是当机组运行且受热面管内温度超过 570℃时，氧化膜由 Fe_2O_3、Fe_3O_4、FeO三层组成，FeO 在最内层，是不致密的，易于脱落，从而破坏了整个氧化膜的稳定性。当氧化皮厚度很薄时，其变形协调能力相对较好，粘贴在金属表面能够随着基体金属的热胀冷缩而协调变形，即使局部产生显微裂纹也不会脱落，但随着金属表面氧化皮厚度的增加，硬而脆的氧化皮变形协调能力不断变差，从而导致其间的温差热应力逐渐变大。当热应力值超过脆性氧化皮的抗拉、抗压强度及其与金属基体的结合强度时，会引起氧化皮破裂并从金属表面剥离，因此在机组启停或温度剧烈变化时会引起管内氧化皮大面积剥落，脱落后的氧化皮屑掉入管子底部并逐渐聚集就会造成管子堵塞，进而引起管内蒸汽流量降低并最终导致管子过热乃至于超温爆管。因此机组启、停工艺控制非常关键，经验说明氧化皮剥落特别容易发生在机组停运后再启动时。

氧化皮剥离有两个主要条件：一是厚度达到一定值时，见表 3-1（仅供参考）；二是温度变化幅度大、速度快、频度大时。

表 3-1　氧化皮脱落的厚度（仅供参考）

材质	氧化皮脱落的最小厚度	氧化皮脱落的平均厚度	建议警戒厚度	建议换管厚度
12CrMoV	0.22mm	0.32mm	0.35mm	0.5mm
T23	0.17mm	0.21mm	0.35mm	0.5mm
T91	0.16mm	0.185mm	0.3mm	0.4mm
TP347H	0.07mm	0.092mm	0.15mm	0.25mm

二、氧化皮的危害

氧化皮的危害性极大，主要表现在以下几个方面：①氧化皮堵塞管子，发生介质的流量减少甚至断流，引起相应管壁金属超温，甚至爆管泄漏，最终导致机组强迫停机；②长期的氧化皮脱落使管壁变薄，强度变差，直至爆管；③锅炉过热器管子内、再热器管子内、主蒸汽管道内、再热蒸汽管道内剥落下来的氧化皮是坚硬的固体颗粒，污染水汽，损伤汽轮机的通流部分和高、中压缸的喷嘴、动叶片，以及主汽阀、旁路阀等，导致汽轮机通流部分效率降低，损伤严重时甚至要更换叶片；④缩短检修周期，维护费用上升；⑤一些机组为了减缓氧化皮的剥落，采用降参数运行，牺牲了机组的效率；⑥降低了机组运行的安全性、可靠性及经济性。

三、氧化皮爆管的原因

1. 客观原因

基于当前发电厂锅炉管材的应用，管内壁氧化皮的产生、剥落难以避免。作为发电厂要认真、客观地加以对待，通过各种技术措施，及时分析生产中的各种原因，竭力减少、杜绝因氧化皮剥落造成的危害事故。

2．主观原因

机组发生因氧化皮剥落而造成的爆管事件，运检方面的主要原因如下：

（1）检修中未对下弯头进行氧化皮的堆积检查，堆积的氧化皮未清理或清理不彻底。

（2）检修中未对氧化皮厚度进行取样送检，未掌握氧化皮的具体厚度等，失去治理机会。

（3）停炉过程中，管子壁温大幅度变化。具体的影响因素如下：一、二级减温水使用不当；停炉吹扫时间过长；通风冷却过早，冷却速度过快；停炉后未进行停炉曲线分析，包括滑停时的汽温变化、壁温变化幅度、停炉后烟温的变化幅度等都没进行分析，未及时发现异常，未进行氧化皮脱落检查。

（4）启动过程中，管子壁温大幅度变化，升温升压速度过快，一、二级减温水使用不当等，使氧化皮集中脱落。

（5）未能及时发现受热面壁温偏差过大，未能采取有效措施加以控制，从而导致管壁超温短时过热爆管。

（6）化学加氧控制不合理等。

四、锅炉氧化皮防治的技术措施

1．总原则

坚持电力设备全过程监督管理理念，在锅炉设备的选型、设计、运行、检修和改造各个环节，实现全过程技术监督和技术管理。

在新建锅炉设备选型阶段应及时与锅炉制造厂进行沟通，将了解和掌握的已投运的同类型锅炉、同类型材料存在的问题反馈给制造厂，以便在设计中借鉴，当发现有重大技术问题时，应进行设计校核。

在役锅炉应本着"减缓生成、控制剥落、加强检查、及时清理"的原则，监控管子壁温，控制启停炉速率，发现问题及时采取清理措施，防止因氧化皮脱落而导致锅炉爆漏事故的发生和扩大。

2．设计过程控制

各过热器、再热器管段应进行热力偏差的计算，合理选择偏差系数，充分考虑烟温偏差的影响。选用管材时，在壁温验算的基础上，应留有足够的安全裕度。具体要求如下：①确认计算时的热力偏差系数，依据 DL/T 831 的规定，设计时壁温安全性计算的屏间热力偏差系数为 1.25，各锅炉厂可根据本厂的设计规范选取热力偏差系数，但屏间热力偏差系数不得小于1.25；②材料强度校核所预留的温度裕度宜不小于 10℃；③过热器两侧蒸汽温度偏差不大于5℃，再热器两侧蒸汽温度偏差不大于 10℃；④应校核 75%负荷下，具有辐射吸热特性的受热面的壁温。

锅炉高温受热面设计选材的钢牌号与化学成分、制造方法、交货状态、力学性能、液压试验、工艺性能、低倍检验、非金属夹杂物、晶粒度、显微组织、脱碳层、晶间腐蚀试验、表面质量、无损检验等技术条件应符合 GB5310 的规定。

提高锅炉高温受热面管材抗蒸汽氧化的能力，这也是氧化皮防治的主要技术措施之一，提高管材抗蒸汽氧化能力有以下几种途径：

（1）奥氏体不锈钢管子内壁喷丸处理，可以在内壁表面形成喷丸硬化层，其中包含了大量的位错、孪晶、亚晶等。在高温蒸汽氧化过程中，形成 Cr 向表层短路扩散的途径，促进表

面 Cr_2O_3 保护层的形成，从而降低了蒸汽氧化速率。内壁喷丸处理后硬化层应均匀，厚度应达到 50μm 以上，硬度平均值不小于 280HV，且比母材基体的硬度大 100HV。在蒸汽温度在 600℃ 以上时，不宜选用未经喷丸处理的 10Cr18Ni9NbCu3BN（S30432）管材。

（2）提高钢管材料的 Cr 含量。通常 Cr 含量提高到 22% 以上时，抗蒸汽氧化能力有显著提高，如 07Cr25Ni21NbN（TP310HNbN）。

（3）对钢管材料进行细晶粒化处理。通过特定的热加工和热处理工艺，可使奥氏体不锈钢的晶粒细化，晶界数量的增加提供了 Cr 元素向表面扩散的通道，促进表面 Cr_2O_3 保护层的形成，降低了蒸汽氧化速率，如 10Cr18Ni9NbCu3BN（S30432）、08Cr18Ni11NbFG（TP347HFG）。超、超超临界锅炉高温过热器、再热器选用的奥氏体不锈钢管材的晶粒度应控制在 8～10 级。

严格控制铁素体耐热钢在加工过程中的温度。部分铁素体耐热钢的最高允许使用温度见表 3-2。

表 3-2　铁素体耐热钢的最高允许使用温度

钢牌号	12Cr2MoG（T22）	07Cr2MoW2VNbB（T23）	10Cr9Mo1VNbN（T91）	10Cr9MoW2VNbBN（T92）
最高允许使用温度（℃）	580	570	595	605

高抗蒸汽氧化性能材料的选用会增加投资成本，但应避免"以低代高"现象。必要时应对锅炉制造厂提供的受热面进行校核计算，校核其受热面材料设计裕度是否大于等于 10℃。同屏所使用的钢材牌号不得超过两种，以降低异种钢材焊接带来风险。

高温过热器管屏设计时，内圈管下弯头弯曲半径不得小于 3 倍管径，以防止氧化皮等杂质的堆积，同时应尽量增大末级过热器管内径尺寸。

为加强高温受热面金属管壁温度的全面监测，适度增加高温受热面壁温测点数量，壁温测点布置应符合要求。

3．锅炉检修控制

新投运机组应从首次检查性大修开始，对高温过热器、再热器进行氧化皮的监督检查，尤其是发生过因氧化皮脱落导致爆管的锅炉应做到"逢停必检"。检查的内容应包括外观、胀粗、变形量、壁厚、内壁氧化皮厚度、下弯头氧化皮堆积情况检查等。

对于无损检查发现氧化皮堆积较多的管段，应进行割管清理。具体要求如下：①用射线拍片法检查铁素体钢、奥氏体钢的弯头氧化皮堆积情况，用磁性检测法检查奥氏体钢的弯头氧化皮堆积情况；②用超声法对管屏内壁氧化皮厚度进行无损检验。氧化皮厚度小于 0.1mm 时，精度较低；③割管检验项目有微观组织检验，力学性能试验，氧化皮厚度、结构和剥离程度。

当受热面更换新管时，更换前必须对新管进行清理。割管后管口要及时封堵，避免杂质落入。

加强对减温器的调门和截止门的检查和修理，确保严密不泄漏。

原则上不建议 π 型锅炉经常进行水压试验。当锅炉进行水压试验时，在积水烘干过程中应控制高温受热面同屏各管热偏差不超过 40℃。

4．锅炉启动过程控制

根据直流锅炉的特性，燃料量的投入速度比较快，工质膨胀现象比较明显。在压力为 1.1MPa 左右时，工质膨胀较为明显，分离器水位控制宜投入自动，在手动情况下，要注意储水箱水位的变化。

干、湿态的转换阶段要加强调整，保持各参数的稳定，特别是调整好煤水比，监视分离器入口工质焓值，尤其严密监视水冷壁管金属壁温，以避免受热面超温。

锅炉蒸发量低于10%时，避免使用主蒸汽减温水。再热蒸汽减温水量不得大于10%的再热蒸汽量。各级减温水使用操作要平稳，温度控制要超前，避免突开突关减温水门，使管壁急速降温或升温，导致氧化皮集中脱落。

在启动过程中，要严格按照锅炉厂提供的升温曲线控制锅炉升温速率。瞬时温度变化率不得大于5℃/min，10分钟内温度突变不得超过30℃。

5. 锅炉运行控制

合理调整燃烧工况，加强对锅炉主、再热汽温及锅炉各受热面壁温的控制及调整，尽量减少主、再热汽温及锅炉各受热面壁温的大幅度波动。

避免吹灰过程中蒸汽带水导致吹灰区域受热面急剧降温。

合理调整煤水比例，控制汽水分离器出口焓值，避免煤水比失调，引发过热器、再热器短期超温。同时减温水使用要平稳，避免大幅度开启或关小减温水，导致过热器、再热器管壁温度剧变而引起氧化皮脱落。

优化配风，合理分配磨煤机负荷，保证高温受热面区域不出现局部超温现象。燃烧器摆角应设置上限，避免在投自动情况下，燃烧器摆角上摆至最大时发生卡涩，从而引起汽温超限和过热器、再热器短时超温。严格控制升降负荷速率，控制管壁温度升降速率，加强汽温控制，杜绝蒸汽温度大幅波动或超温运行。

严格按照规定，加强对锅炉受热面管壁温度的监视，特别注意监视亚临界工况和75%负荷下的具有辐射吸热特性的高温受热面的金属管壁温度。

在DCS各受热面管壁温度系统或独立的壁温监视系统中，必须具有管壁超温报警功能，能及时对运行人员提示，严格控制超温次数和超温幅度。

对于四角布置切圆燃烧的π型锅炉，通过炉内各级二次风送风比例的调整和分离燃烬风SOFA喷口水平摆动角度的调整，尽量降低高温受热面屏间热偏差，避免减温水单侧投用导致的壁温波动。

6. 锅炉停炉过程控制

（1）正常停炉控制要求

减负荷速率一般应控制在每分钟1.5%BMCR以内，主、再热汽温下降速率应控制在1～1.5℃/min。注意主、再热汽温及锅炉金属壁温的监视和调整，避免降负荷速率过快引起汽温突变，从而导致氧化皮集中脱落。

在停炉过程中，煤水比控制要适中。控制分离器出口焓值，逐步降低过热度，避免汽温突降或突升导致管壁金属温度变化，从而引发氧化皮脱落。

停炉过程中主要是以降低燃料为主要手段，减温水的使用要适当。在整个滑停过程中减温水使用量不得超过蒸汽流量的10%。降至30%～35%额定蒸汽负荷时，锅炉将转入湿态运行，有启动循环泵时宜投入循环泵运行，此时应加强对给水流量的监视和调整，注意稳燃装置需具备点火条件，必要时应及早投用。

在减负荷过程中，应加强对风量、中间点温度、主蒸汽温度的监视。若自动投入达不到要求，应及时通过手动进行风量、煤水比及减温水的调整，同时监视分离器水位。

停炉过程中应通过打开高、低压旁路的方式，在降低机组电负荷的同时，保持锅炉蒸汽负荷在 30%以上、主蒸汽和再热蒸汽温度在 450℃以上，当机组电负荷降至电网允许值时，应即刻停炉。若发现汽温变化幅度较大时，应直接手动 MFT 打闸停炉。

锅炉熄火后，维持炉膛风量在 30%~35%，对炉膛进行吹扫 5 分钟。吹扫完毕，停用送、吸风机，锅炉进行密闭自然冷却，执行闷炉程序，不得采用强制上水冷却和通风冷却方式。

（2）紧急停炉（事故停炉）控制要求

当机组出现事故紧急停机（手动紧急停机或保护动作）时，锅炉熄火后，维持炉膛风量在 30%~35%，对炉膛进行吹扫 5 分钟。吹扫完毕，停用送、吸风机，锅炉进行密闭自然冷却，不得强行上水冷却和通风冷却。

锅炉停炉后，高、低压旁路在 10%~20%开度下开启一定时间，对锅炉主蒸汽及再热蒸汽系统进行降压，降压速率不大于 0.3MPa/min。

锅炉熄火后，检查所有减温水隔绝门是否关闭，避免减温水进入过热器系统发生"热聚冷"现象，导致氧化皮脱落。

7．超/超超临界锅炉受热面金属壁温测点布置建议（不含 620℃超超临界锅炉）

（1）金属壁温测点布置的基本原则

金属壁温测点应能监测到运行温度较高的管子；应能全面反映受热面不同金属材料的壁温水平；应能监测到容易造成氧化皮脱落后堵塞的管子；对于同类型的首台机组，可以适当增加一部分测点；对某些新型材料缺乏使用经验，可以适当增加一部分测点；对于新建机组应能监测到容易造成杂物堵塞的管子。

（2）水冷壁金属壁温测点布置

对于螺旋管圈水冷壁出口壁温测点，应每隔 3~6 根管子布置一个测点。上部垂直管屏按与螺旋管圈对应布置。对于垂直上升水冷壁，每个回路至少布置一个测点，热负荷较高区域应增设一个测点。

（3）π 型锅炉金属壁温测点布置

分隔屏过热器的最外圈管子沿宽度方向应每屏布置一个测点。理论计算或同类型机组运行中壁温最高的管子，应每屏布置一个测点。

后屏过热器沿宽度方向的每屏均装设壁温测点，且装在出口汽温最高的管子上。对于切圆燃烧方式锅炉的后屏过热器，沿宽度方向在靠近两侧墙约 1/4 处装设全屏壁温测点；对冲燃烧方式锅炉的后屏过热器，沿宽度方向在中部区域应装设 2~3 片全屏壁温测点。

高温过热器、高温再热器按布置方式考虑。对于位于折焰角之上的半辐射式高温受热面，沿宽度方向每隔 2~3 片屏至少装设一个壁温测点；对于位于水平烟道的对流式高温受热面，沿宽度方向每隔 1m 应装设一个壁温测点，并且均要装设在每屏壁温分布计算值最高的管子上。对于切圆燃烧方式的锅炉，沿宽度方向在靠近两侧墙约 1/4 处装设全屏壁温测点；对于对冲燃烧方式锅炉，在宽度方向的中部应装设 2~3 片全屏壁温测点。管屏最内圈管子如采用弯曲半径小于 1 倍管径的弯管，则应装设壁温测点。

低温过热器和低温再热器可以不布置全屏壁温测点，但沿宽度方向每隔 1m 要装设一个壁温测点。

（4）塔式锅炉金属壁温测点布置

塔式锅炉的一级过热器沿宽度方向，应每隔 2~3 片屏在理论计算或同类型机组运行中壁温最高的管子上布置一点，并在靠近右侧墙约 1/4 处装设全屏壁温测点。二级过热器沿宽度方向应每隔 2～3 片屏在理论计算或同类型机组运行中壁温最高的管子上布置一点，并在靠近两侧墙约 1/5 处装设全屏壁温测点。三级过热器沿宽度方向，应每隔 2～3 片屏在理论计算或同类型机组运行中壁温最高的管子上布置一点，并在靠近两侧墙约 1/4 处装设全屏壁温测点。

塔式锅炉的一级再热器沿宽度方向应每隔 2～3 片屏在理论计算或同类型机组运行中壁温最高的管子上布置一点，并在靠近左侧墙约 1/6 处装设全屏壁温测点。二级再热器沿宽度方向应每隔 2～3 片屏在理论计算或同类型机组运行中壁温最高的管子上布置一点，并在靠近两侧墙约 1/4 处装设全屏壁温测点。

在制造和安装过程中，新建锅炉容易被残留异物堵塞的管子。应根据蒸汽引入、引出的不同位置，每台锅炉可适当增加测点 15 个以上。例如对于两端引入的进口集箱，从集箱长度中间部位、集箱圆周下部引出的管子；对于用三通引入的进口集箱，从集箱两端的部位、两个三通中间部位、集箱圆周下部引出的管子，都要适当增加测点。

以上是根据对已投运的某 600MW 等级超临界 π 型锅炉、1000MW 超超临界塔式炉和某 1000MW 超超临界 π 型锅炉的调研结果，而得出的锅炉的金属壁温测点布置位置。全屏壁温测点的装设位置会随着炉型的不同而有所改变，因此对于其他炉型，应在调研同类型锅炉实际金属壁温分布情况或理论计算的基础上，确定全屏壁温测点的装设位置。

第八节　膜式受热面鳍片裂纹处理

在火力发电厂中，特别是 600MW 及以上的锅炉，为了增大传热、有效利用空间、减少受热面的布置，使用膜式受热面是很常见的。例如膜式水冷壁、膜式包墙过热器等。伴随着膜式受热面的大量使用，膜式受热面在锅炉运行中也势必会出现一些事故，但其中膜式受热面鳍片处出现裂纹的事故越来越多，也越来越受到发电厂的重视。

膜式受热面鳍片处产生裂纹，不但影响了传热、降低受热面的安全性，而且裂纹会扩展延伸至管子母材，进而撕裂受热面管子，引起管子泄漏。这种现象越来越常见，并且频繁地造成锅炉的泄漏事故。

一、膜式受热面鳍片处产生裂纹的原因

膜式受热面鳍片处产生裂纹的主要原因如下：膜式受热面局部膨胀受阻、附加结构附件受热膨胀不均。水冷壁鳍片焊接质量差，鳍片焊接存在单面焊、折口、咬边、搭接、气孔等缺陷，这是产生裂纹的潜在隐患，尤其是现场人工鳍片焊接，很难达到制造厂机械自动焊接的质量水平。在锅炉上水、启动、运行、停运等过程中，管内介质或管外燃烧工况剧烈变化，导致管壁金属温度变化幅度大。在鳍片与管子之间产生的应力作用下，鳍片焊缝或鳍片的薄弱处产生裂纹，并且裂纹最终扩展至相连的管子而撕裂管子。吹灰孔让管部位，鳍片端部因宽鳍片冷却不足，易烧损开裂，吹灰器内漏或吹灰蒸汽带水，导致鳍片和管子温差变化大，鳍片热疲劳开裂。四角布置燃烧器的炉膛水冷壁四角由于膨胀不一致，产生鳍片拉裂并撕裂管子。在螺旋管圈水冷壁的四角，现场鳍片焊接质量差，发生鳍片拉裂并撕裂管子。让管部位直管和弯管连接鳍片膨胀方向不一致，发生鳍片裂纹并撕裂管子。防磨防爆检查不够细致，未能发现鳍片裂纹的缺陷。对鳍片端部圆滑成型消除应力的处理措施标准不高，未能消除应力集中缺陷。冷灰

斗前后墙为斜坡结构，侧墙为垂直结构，在角部前后墙与侧墙水冷壁折弯至下集箱处产生较明显的三角形密封鳍片，由于存在膨胀量与膨胀方向上的差异，导致冷灰斗角部密封焊缝产生裂纹，并发展到母材形成泄漏。

二、膜式受热面鳍片处裂纹的处理

完善防磨防爆检查方案，增加膜式受热面鳍片检查内容，制定膜式受热面鳍片焊接检修作业、检查检验质量标准。

坚持逢停必检的原则，最大范围地检查膜式受热面鳍片的裂纹情况，采取圆滑鳍片端部消除应力、开应力释放槽、止裂孔等措施，减缓裂纹扩展，防止裂纹扩展到管子母材。对损坏及膨胀缝不规范的端部鳍片进行割除，安装新鳍片并机械切割膨胀缝、止裂孔，使之位于鳍片中部。

对直、弯管连接鳍片根部打磨，过渡圆滑，开膨胀缝和止裂孔。膨胀缝切割要垂直整齐，长度为 200mm，止裂孔直径为 $\phi 6mm$。对直管残余鳍片和密封板打磨并着色检验检查，若发现裂纹就进行换管处理。

加装定位管卡，消除固有振动，加强膜式受热面的刚性，使之成为一个统一的刚性体。

检验材质，对于原始设计不适合的材质，利用大修的机会逐步更换。

检修时控制焊接速度，保证鳍片焊接质量。利用检修机会对单面焊进行逐步处理。对泄漏多发区域的折焰角、斜坡等部位，割除原单面焊组装焊口，更换新管，焊口中间部位补齐鳍片。

严格进行吹灰器内漏检查，严格进行吹灰蒸汽系统疏水，避免蒸汽带水吹损水冷壁管和加大管子交变热应力。优化水力吹灰，减少炉膛水力吹灰频次，降低水冷壁热应力的变化幅度，减小对炉墙应力的影响。根据实际情况，可以在吹灰孔下方加装防护瓦，防止鳍片、管子裂纹；在吹灰器墙孔套管炉内侧焊接挡圈，使产生的凝结水不往炉内流。

加强运行管理，制定温度、压力控制措施，减缓鳍片裂纹扩展。

复习思考题

1．锅炉受热面常见的缺陷有哪些？如何处理？
2．锅炉受热面的检查方法主要有哪些？如何对水冷壁、过热器再热器、省煤器进行检查？
3．锅炉受热面管子制作坡口有哪些要求？
4．简述水冷壁、过热器管子的更换过程。
5．简述连续排污扩容器检修方法。
6．简述燃烧器（直流或旋流燃烧器）的检修过程。
7．简述锅炉保温检修过程及质量标准。
8．简述锅炉爆管的分类及各自爆破口的特点。
9．分析锅炉防磨防爆检查的项目、重点及处理措施。
10．分析氧化膜形成的机理、处理方法、预防措施。

第三篇　锅炉辅机检修

第四章　锅炉辅机检修相关知识

第一节　锅炉主要辅机介绍

　　锅炉的主要辅机集中在制粉系统和风烟系统。制粉系统的主要设备有磨煤机、给煤机、排粉机及各种风机等，风烟系统的主要设备有风机、空气预热器等。这里重点介绍锅炉的制粉系统、风烟系统及其主要设备。

　　制粉系统是锅炉的重要系统。制粉系统运行的好坏直接关系到锅炉的安全性和经济性。制粉系统的作用是干燥、磨细、输送煤粉，同时还可以在一定的范围内调节煤粉细度，中间储仓式制粉系统还有暂时储存和调剂煤粉的作用。

　　对制粉系统的基本要求：一是制备并连续供给锅炉燃烧所需的煤粉；二是维持正常的风温、风压，防止发生煤粉自燃、爆炸等事故，保证制粉系统及锅炉机组的安全运行；三是降低制粉电耗，提高制粉系统运行的经济性。

　　制粉系统一般分为直吹式制粉系统（如图 4-1 所示）和中间储仓式制粉系统（如图 4-2 所示）。所谓直吹式制粉系统就是指煤经磨煤机磨成煤粉后直接吹入炉膛燃烧。直吹式制粉系统根据排粉机在系统中的位置分为正压式和负压式，排粉机装在磨煤机之前的称为正压直吹式制粉系统；排粉机装在磨煤机之后的称为负压直吹式制粉系统。直吹式制粉系统配备的磨煤机有中速磨煤机、双进双出式低速磨煤机、高速磨煤机。

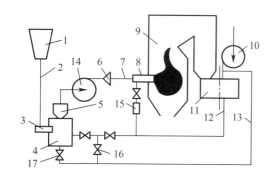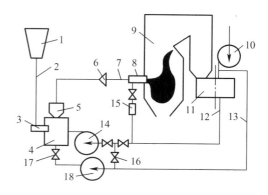

（a）负压系统　　　　　　　　　　（b）正压系统（带热一次风机）

图 4-1　直吹式制粉系统示意图

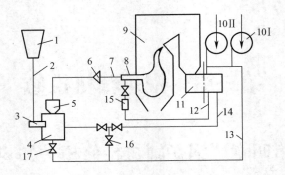

（c）正压系统（带冷一次风机）

1—原煤仓；2—落煤管；3—给煤机；4—磨煤机；5—粗粉分离器；6—煤粉分配器；7—一次风管；
8—燃烧器；9—锅炉；10—送风机；10Ⅰ—一次风机；10Ⅱ—二次风机；11—空预器；12—热风道；
13—冷风道；14—排粉机；15—二次风箱；16—调温冷风门；17—密封冷风门；18—密封风机

图 4-1　直吹式制粉系统示意图（续图）

先将磨好的煤粉储存在煤粉仓中，然后根据锅炉运行负荷的需要，从煤粉仓经给粉机把煤粉送入炉膛燃烧，这种制粉系统称为中间储仓式制粉系统。中间储仓式制粉系统使用的磨煤机都是低速单进单出式钢球磨煤机，这种磨煤机在我国早期的中小锅炉上得到普遍的使用，但随着锅炉容量的增大，大型锅炉已不再使用。中间储仓式制粉系统，根据送粉的方式分为乏气送粉中间储仓式制粉系统和热风送粉中间储仓式制粉系统，如图 4-2 所示。利用磨煤机乏气作为一次风输送煤粉进入炉膛燃烧的中间储仓式制粉系统称为乏气送粉中间储仓式制粉系统；利用热空气作为一次风输送煤粉进入炉膛燃烧的中间储仓式制粉系统称为热风送粉中间储仓式制粉系统。

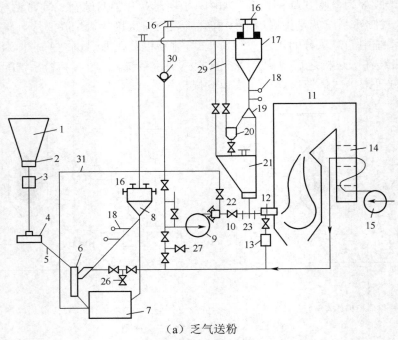

（a）乏气送粉

图 4-2　中间储仓式制粉系统示意图

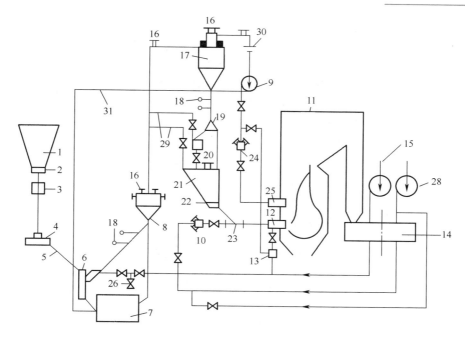

（b）热风送粉

1—原煤仓；2—煤闸门；3—自动磅秤；4—给煤机；5—落煤管；6—下行干燥管；7—球磨机；8—粗分离器；9—排粉机；10—一次风箱；11—锅炉；12—燃烧器；13—二次风箱；14—空预器；15—二次风机；16—防爆门；17—细粉分离器；18—锁气器；19—换向阀；20—螺旋输粉机；21—煤粉仓；22—给粉机；23—混合器；24—乏气（三次风）风箱；25—三次风喷口；26—冷风门；27—大气门；28—一次风机；29—吸潮管；30—流量测量装置；31—再循环管

图 4-2 中间储仓式制粉系统示意图（续图）

直吹式制粉系统相比中间储仓式制粉系统有以下特点：系统简单；漏风量小，正压式不漏风；磨煤电耗低；输粉电耗低；备用容量大；自燃、爆炸危险性小；调节煤粉流量均匀性差；利用给煤机调节给粉量，调节负荷的性能差，延迟性长；燃烧设备的惯性大，适应变负荷的要求慢。由于直吹式制粉系统的优点明显，因此现在大型锅炉制粉系统大都使用直吹式制粉系统，并且大都使用中速磨煤机直吹式制粉系统或双进双出式低速钢球磨煤机直吹式制粉系统（如图 4-3 所示）。

锅炉的风烟系统是给锅炉提供热空气并将燃料送入炉膛燃烧的系统。它由送风机、引风机、空气预热器、风道、烟道、烟囱等组成，其中送风机、引风机等各种风机归属为锅炉辅助设备。空气预热器根据结构可以分为管式空气预热器和回转式空气预热器，小锅炉使用的大都是管式空气预热器，管式空气预热器一般归属为锅炉本体设备，这里就不再介绍。现在大型锅炉大都使用的是回转式空气预热器，回转式空气预热器由于是旋转设备，一般归属为锅炉辅助设备。

一、磨煤机

磨煤机是制粉系统的主要设备。它的作用是干燥、磨细、输送煤粉，并在一定范围内调节煤粉细度。根据磨煤机磨煤部件的工作转速，电厂磨煤机可分为以下三种。

（1）低速磨煤机为 15～25r/min，如单进单出式低速钢球磨煤机、双进双出式低速钢球磨煤机，这两种磨煤机都是筒型结构，又称为筒型磨。

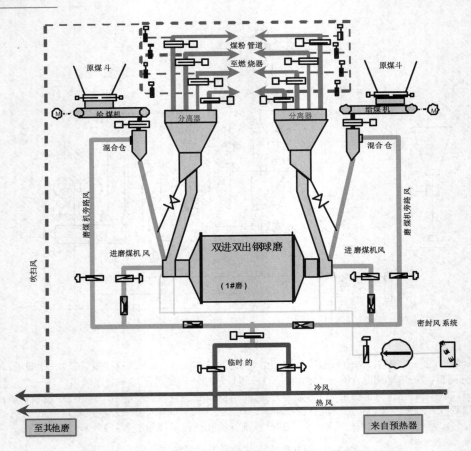

图 4-3　双进双出式低速钢球磨煤机直吹式制粉系统示意图

（2）中速磨煤机为 50～330r/min，如平盘磨、E 型磨、碗式磨（RP 磨、HP 磨）、MPS 磨。

（3）高速磨煤机为 750～1500r/min，如风扇磨。

目前，我国大型电厂普遍使用的是双进双出式低速钢球磨煤机和中速磨煤机，一些小型锅炉或热电厂锅炉使用的是单进单出式低速钢球磨煤机。

1. 单进单出式低速钢球磨煤机

单进单出式低速钢球磨煤机又称筒式钢球磨煤机，利用低速旋转的滚筒带动筒内钢球运动，通过钢球对原煤的撞击、挤压和研磨实现煤块的破碎，磨制成煤粉。

磨煤部分是一个直径为 2～4m、长为 3～10m 的圆筒，筒内用锰钢护甲作内衬，护甲与筒壁间有一层石棉衬垫，起隔音作用。为了保温，在筒身外面包有毛毡，最外一层是薄钢板做的外壳。筒内装有占筒体总容积 20%～25%、直径为 30～60mm 的钢球。大功率电动机经变速箱带动笨重的圆筒运动。筒内的钢球被转动到一定高度时落下，通过钢球对煤块的撞击及钢球之间、钢球与护甲之间的碾压把煤研磨。原煤和热空气从圆筒一端进入，磨成的煤粉被空气流从圆筒的另一端带出。热空气的速度决定了被带出的煤粉的粗细，过粗的不合格煤粉从球磨机的后部流出，经粗粉分离器而被分离下来，又从回粉管再送到圆筒内重新研磨，热空气除了输送煤粉外，还起到干燥煤的作用。单进单出式低速钢球磨煤机的结构如图 4-4 所示。

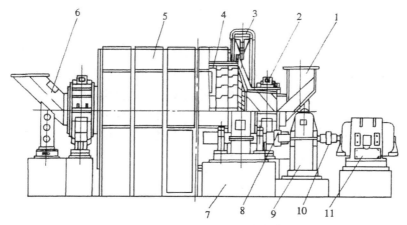

1—进料口；2—主轴承；3—传动机构；4—筒体；5—隔音罩；6—出料口；7—基础；8—联轴器；

9—减速机；10—联轴器；11—电动机

图 4-4　单进单出式低速钢球磨煤机结构示意图

2. 双进双出式低速钢球磨煤机

双进双出式低速钢球磨煤机的工作原理与单进单出式低速钢球磨煤机基本相同，相当于两个单进单出式钢球磨煤机的叠加，但在结构和工作方式上两者有所差别，双进双出式低速钢球磨煤机的结构如图 4-5 所示。

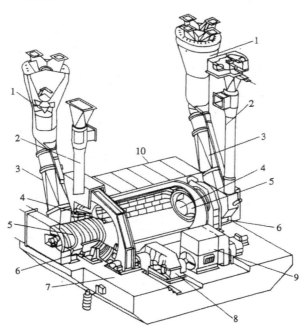

1—分离器；2—下煤管；3—出粉管；4—出粉口；5—下煤螺旋槽；6—主轴承；7—基础；

8—减速机；9—电动机；10—隔音罩

图 4-5　双进双出式低速钢球磨煤机结构示意图

双进双出式低速钢球磨煤机的结构特点是包括两个对称的研磨回路。其工作方式是煤从给煤机的出口落入混料箱内，经过旁路热风干燥后，靠螺旋槽使煤进入磨煤机内，然后通过旋转筒体内部的钢球运动对煤进行研磨。

3. 中速磨煤机

中速磨煤机的工作原理：原煤在两个碾磨部件的表面之间，在压紧力的作用下受到挤压和碾磨而被粉碎成煤粉。碾磨部件的旋转使磨成的煤粉被甩至风环处，干燥用的热风经风环吹入磨煤机内，对煤粉进行干燥并将其带入碾磨区上部的煤粉分离器中，经过分离后不合格的粗粉返回碾磨区重磨，细粉经煤粉分离器由干燥剂带出磨外。原煤中夹带的杂物（如石块、黄铁矿等）被甩至风环后，因风速不足以阻止它的下落，故经风环落至杂物箱内。

（1）MPS 辊轮式磨煤机

MPS 辊轮式磨煤机结构如图 4-6 所示。

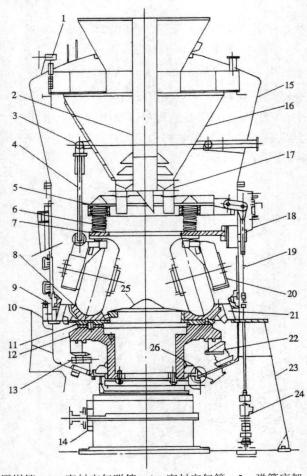

1—挡板调节器；2—原煤管；3—密封空气联箱；4—密封空气管；5—弹簧座架；6—弹簧；7—压力构架；8—磨瓦；9—惰化蒸汽母管；10—进汽管；11—环行底盘；12—辊座；13—石子刮板（内）；14—传动减速机；15—上壳体；16—分离器锥体；17—分离器排出管；18—中间壳体；19—加载杆；20—磨辊；21—旋转喉环；22—石子刮板（外）；23—下壳体；24—加载液压缸；25—锥盖；26—辊密封

图 4-6 MPS 辊轮式磨煤机示意图

MPS 辊轮式磨煤机是一种外加压力的中速磨煤机。三个磨辊形如钟摆相对固定在相距

120°角的位置上，磨盘为具有凹槽形滚道的碗式结构。磨盘摩擦为主动，磨辊摩擦为从动。三个磨辊在固定的位置上沿着自己的轴转动。辗磨过程中磨辊对磨盘的压力（即磨煤所需的辗磨力），来自磨辊、支架、上压盘的结构自重及弹簧预压缩力。弹簧的预压缩力靠作用在上压盘的液压油缸加载系统来实现。

MPS 辊轮式磨煤机设备结构复杂，运行维护要求严格，其研磨件寿命相对较短且检修不方便，适应磨煤指数较大的煤种，但其运行电耗低。

（2）RP 型碗式磨煤机

RP 型碗式磨煤机的磨煤部件主要由磨辊和碗形盘组成，其结构如图 4-7 所示。

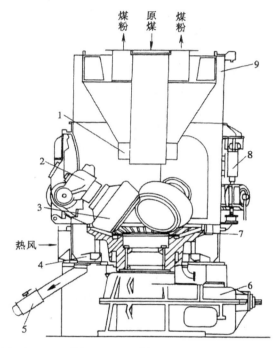

1—回粉管；2—磨辊；3—磨辊套；4—刮板；5—石子煤；6—传动装置；7—磨盘；8—加压系统；9—分离器

图 4-7　RP 型碗式磨煤机示意图

RP 型碗式磨煤机的磨碗由电动机经蜗杆、蜗轮减速装置驱动回转，磨碗内沿圆周方向均匀布置着三个磨辊，磨辊与磨盘之间预留着一定的间隙。三个由独立液压加载的磨辊相隔 120°分布在磨碗上，原煤进入磨辊与磨碗间的碾磨层时被碾成粉末，煤粉从磨碗边缘溢出，跌落至主分离器壳体与磨碗间的风环内。

RP 型碗式磨煤机的风环沿圆周均匀分为三部分，被阻流板和盖板挡住，风环的通道内装有导向板，加上在风环上的遮风板，迫使进入风环的热空气加速并做转向运动。由磨碗外缘溢出的煤粉与上升热空气在风环通道内相遇，被上升气流携带至磨煤机上方的分离器折向门处进行粗细粉筛选分离，最后经过文丘里管和多出口通路装置，由气粉管流至炉膛四角上的燃烧器。

（3）HP 型碗式磨煤机

HP 型碗式磨煤机是继 RP 碗式磨煤机后新开发的产品。HP 型碗式磨煤机基本结构、原理同 RP 型碗式磨煤机相似，具有运行电耗低、检修方便等优点，目前得到广泛使用，其结构如图 4-8 所示。

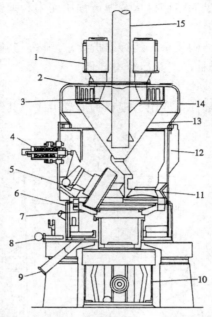

1—磨煤机排出阀；2—折向门调节装置；3—文丘里套；4—弹簧装置；5—磨辊装置；6—磨煤机侧
机体装置；7—磨碗；8—密封空气集管；9—杂铁排出口；10—行星齿轮箱；11—叶轮装置；
12—分离器；13—内锥体；14—分离器顶盖；15—给煤管

图 4-8　HP 型碗式磨煤机示意图

HP 型碗式磨煤机的碾磨部分是由转动的磨碗和三个沿磨碗滚动的固定且可自转的磨辊组成。原煤从磨煤机的中央落煤管落到磨碗上，在离心力的作用下将原煤运动至磨碗的边缘，磨辊利用弹簧加载装置施以必要的研磨压力，当煤通过磨碗与磨辊之间时，煤就被磨制成煤粉。原煤的研磨和干燥同时进行，热一次风从磨碗下部进入，并围绕磨碗毂向上穿过磨碗边缘的叶轮装置，煤粉气流冲击固定在分离器上的固定折向板，颗粒小且干燥的煤粉仍逗留在气流中并沿着折向板上升被携带至分离器，大颗粒煤粉则回落至磨碗被进一步研磨，分离器下部的折向板使煤粉在碾磨区域进行了初级分离。继续上升的煤粉气流通过分离器进入旋转的叶片式转子，当气流接近转子时，气流中的煤粒因受到转子的撞击，较大的煤粒就会被转子抛出，而较小的煤粒则被允许通过转子，并离开分离器进至煤粉管道，而那些被抛出的煤粒则返回至磨碗被重新研磨，这些煤粒会在磨内形成一个循环煤层，这是第二级分离。细度合格的煤粉分成四路被输送走，进入喷燃器被送入炉膛进行燃烧。

由于重力作用而没有被热风气流携带走的异物，如石子煤、铁块及没有被磨碎的大块煤，通过叶轮装置落入磨煤机底部的刮板室，被随磨碗一起转动的刮板刮到石子煤斗，并定期排除。

（4）E 型球式磨煤机

E 型球式磨煤机的结构如图 4-9 所示。

E 型球式磨煤机是在上下磨环和自由滚动的大钢球之间把煤碾碎的。磨煤的钢球一直不断地改变自己的轴线。在整个工作寿命中可以始终保持球的圆度，以保证磨煤性能。为了在长期工作中磨煤出力不受钢球磨损的影响，E 型球式磨煤机采用加载系统，通过上磨环对钢球施加压力。加载方式有弹簧加载和液压－气动加载，热风环采用固定式。

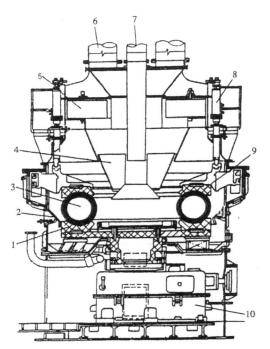

1—下磨环；2—磨室；3—空心钢球；4—防磨套；5—粗粉回粉斗；6—出粉管；7—下料管；

8—加压缸；9—上磨环；10—减速箱

图 4-9　E 型球式磨煤机示意图

E 型球式磨煤机的内部没有磨辊，因此不需润滑和洁净的工作条件，也没有磨辊穿过机体外壳的问题，对密封要求较低，所以它能够在正压下运行。

E 型球式磨煤机适用于磨损指数较大的煤种，其研磨件寿命较长，但运行电耗大，且由于直径较大，其向大型化发展受到限制。

（5）LM 平盘式磨煤机

LM 平盘式磨煤机的结构如图 4-10 所示。

煤在 LM 平盘式磨煤机的平磨盘和锥形的辊子间被碾磨成煤粉，压紧力由加压弹簧或液力－气动装置来提供。装有均流导向叶片的环形热风道称为风环，平盘式磨煤机的风环有两种，一种固定在机壳上，一种固定在磨盘上随之转动。转动的风环与静止的风环相比，加强了风环风力，有利于防止煤随石子流失。

LM 平盘式磨煤机的特点是钢材耗量少，磨煤电耗小，设备紧凑且噪声小，但其磨煤部件辊套和磨盘衬板寿命短。

4. 高速磨煤机

高速磨煤机的典型代表是风扇磨煤机。高速磨煤机一般只用在煤种较易破碎的小型锅炉制粉系统上，使用范围较窄。风扇磨煤机的结构如图 4-11 所示，其结构形式与风机相似，可以说它就是一种特殊的风机。

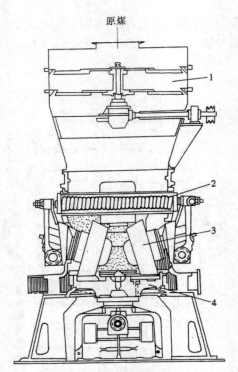

1—分离器；2—弹簧；3—磨辊；4—磨盘

图 4-10　LM 平盘式磨煤机示意图

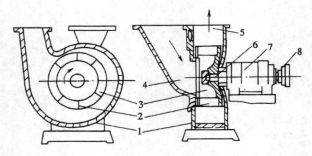

1—机壳；2—冲击板；3—叶轮；4—燃料进口；5—出口；6—轴；7—轴承箱；8—联轴器

图 4-11　风扇磨煤机示意图

　　风扇磨煤机由工作叶轮和蜗壳外罩组成，叶轮上装有 8～12 个叶片，又称为冲击板。蜗壳内壁装有护甲，出口为煤粉分离器。根据磨制煤种的不同分为烟煤型风扇磨煤机和褐煤型风扇磨煤机。

　　风扇磨煤机类似风机，运行速度高，叶轮以 500～1500r/min 的速度旋转，具有较高的自身通风能力。煤从磨煤机的轴向或切向进入，在磨煤机中同时完成煤的干燥、磨制、输送三个过程。风扇磨煤机集磨煤机、鼓风机为一体，并与粗粉分离器连在一起，使制粉系统结构十分紧凑，但由于磨损严重，制粉量有限，风扇磨煤机不适用于大型锅炉。

二、给煤机

给煤机的工作任务是根据磨煤机负荷的需要调节给煤量，并把原煤均匀地送入磨煤机中。目前国内电厂应用较多的有刮板式、重力皮带式（又称耐压式计量给煤机）、振动式等几种。

（一）刮板式给煤机

刮板式给煤机的工作原理：煤从煤斗落在台板后，由于刮板的作用，煤将不断地从进煤口流到出煤口，输送到磨煤机。

刮板式给煤机由壳体、刮板链条、刮板、导向板、煤层调节装置、信号装置、振动器、主动与从动链轮组及传动装置组成。刮板式给煤机的结构如图4-12所示。

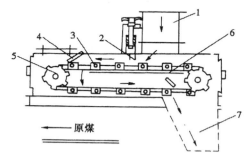

1—煤进口管；2—煤层厚度调节板；3—刮板链条；4—导向板；5—链轮；6—止链导轨；7—煤出口管

图4-12　刮板式给煤机简图

刮板式给煤机利用煤层厚度调节板调节给煤量。调节板越高，煤层越厚，给煤量越大；调节板越低，给煤量越小。也可用改变链轮转速的方法来调节给煤量。

刮板式给煤机具有煤量调节范围大，煤种适应性广，密封性能好，安装、维护方便等优点；缺点是占地面积大。

（二）重力皮带式给煤机

1. 结构特点

重力皮带式给煤机又称耐压式计量给煤机，其结构如图4-13所示。

耐压式计量给煤机的主要部件有壳体、皮带、皮带轮、称重传感器、校正装置、清扫输送带装置、皮带刮板、皮带传感器、出煤口堵塞指示板、传动装置等。它的优点是皮带转速测定装置先进，称重机构精确性高，防腐性能好，过载保护好，检测装置完善，自动调节和控制功能强，因此其得到了广泛的应用。

2. 工作原理

煤通过煤闸门送入给煤机中，当煤闸门开启并向给煤机供煤时，主动轮转速是由给煤机驱动电动机涡流离合器输入与输出之间的电磁滑块位置决定的。如果燃烧系统要求的给煤率与实际给煤率不符，则电磁滑块产生相应的移动，以改变皮带转速快慢，使两者保持一致。皮带转速是根据主动轮上的数字测量装置发出的代表皮带速度的信号和称重模块重量指示发出装置的煤重量信号确定的，两者相乘而产生的给煤率信号使煤在皮带上得以称重，从而确定转速。

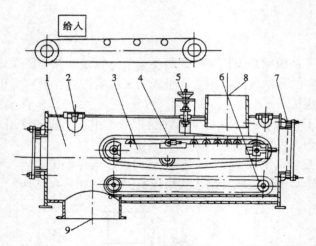

1—耐压壳体；2—照明灯；3—输送机构；4—称重机构；5—煤层调节器；6—清扫刮板；

7—检修门；8—进料口；9—出料口

图 4-13   耐压式计量给煤机工作原理图

三、风机

风机是将电机的机械能转换成气体的压力能和动能的设备。风机一般分为叶片式和容积式，电厂一般使用叶片式。叶片式风机分为离心式风机和轴流式风机两种，容积式的罗茨风机在发电厂也有少量使用。叶片式风机按其作用不同，又可以分为送风机和引风机，送风机又可分为一次风机、二次风机等，引风机又叫吸风机。

（一）离心式风机

现在大型发电厂中的离心式风机主要有氨稀释风机、磨煤机密封风机、等离子冷却风机、火焰检测冷却风机等。

1. 离心式风机的工作原理

离心式风机的主要工作部件是叶轮。当原动机带动叶轮旋转时，叶轮中的叶片迫使流体旋转，从而使流体的压力能和动能增加。与此同时，流体在惯性力的作用下，从中心向叶轮边缘流动，并以很高的速度流出叶轮进入蜗壳，再由排气孔排出，这个过程称为压气过程。同时，由于叶轮中心的流体流向边缘，在叶轮中心形成了低压区，当它具有足够的真空时，在吸入端压力（一般是大气压）作用下流体经吸入管进入叶轮，这个过程称为吸气过程。由于叶轮的连续旋转，流体也就连续地排出、吸入，形成了风机的连续工作。

2. 离心式风机的结构

离心式风机的结构如图 4-14 所示，其结构简单，制造方便，叶轮和蜗壳一般都用钢板制成，通常采用焊接，有时也用铆接。离心式风机的主要部件有叶轮、机壳、导流器、进风箱以及扩散器等。

叶轮是风机传递能量、产生压头的主要部件，是风机的心脏部件，它的结构和尺寸对风机性能有很大的影响。它由前盘、后盘（双吸式风机称为中盘）、叶片、轮毂组成。轮毂通常由铸铁或铸钢铸造加工而成，经镗孔后套装在优质碳素钢制成的轴上。轮毂采用铆钉与后盘固定。在强度允许的情况下，轮毂与后盘可采用焊接方式固定。

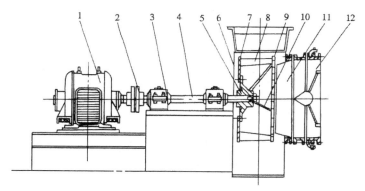

1—电动机；2—联轴器；3—轴承；4—主轴；5—轮毂；6—机壳；7—后盘；8—叶片；9—前盘；
10—拉筋；11—集流器；12—进口风量调节器

图 4-14　离心式风机结构示意图

　　前后盘之间装有叶片。叶片的形式可按叶片出口角分为后弯叶片、径向叶片和前弯叶片。后弯叶片可以使气体在叶片中获得较高的风压，效率高，因而近年来广泛用于锅炉的送引风机上；径向叶片加工制造比较简单，但风机效率较低，大容量锅炉的风机很少采用；具有前弯叶片形式的风机效率低于具有后弯叶片形式的风机效率，但其风压比较高，在相同参数条件下，风机体积可以比其他形式叶片的风机小，前弯叶片多用在要求高风压的风机上，如排粉机和一次风机等。

　　后弯叶片按叶片形式可分为平板形、圆弧形和机翼形三种。空心机翼形叶片的流型更适应气体流动的要求，从而可进一步提高风机的效率，后弯空心机翼形叶片风机的效率可高达90%左右。其缺点是制造工艺复杂，并且当输送含尘浓度高的流体时，叶片容易磨损，叶片磨穿后杂质进入叶片内部，会使叶轮失去平衡而产生振动。对振动的敏感性是限制后弯空心机翼形叶片风机被广泛采用的重要因素。

　　蜗壳是由蜗板和左右两侧板焊接或咬口而成。其作用是收集从叶轮出来的气体并引至蜗壳出口，经过出风口把气体输送到管道或排入大气中。蜗壳的蜗板轮廓线是对数螺旋线，为了制造方便，一般将蜗壳设计成矩形截面。

　　离心式风机蜗壳出口附近的"舌形"结构称为蜗舌，其作用是防止大量空气留在蜗壳内循环流动。蜗舌附近流体的流动相当复杂，它的几何形式以及和距轮出口边缘的最小距离，对风机的性能，特别是对风机效率和噪声影响较大。一般蜗舌部的圆角直径 R 满足 R/D=0.03～0.06。大型风机取下限，小型风机取上限。蜗舌与叶轮间的间隙 b 满足 b/D=0.05～0.10（后弯叶轮），b/D=0.07～0.15（前弯叶轮），其中 D 为该风机叶轮工作直径。

　　进风口又称集流器，与进气箱装配在一起。其目的在于保证气流能均匀地充满叶轮的进口断面，并使风机进口处的阻力尽量减小。离心式风机的进风口有圆筒形、圆锥形、弧形、锥筒形、弧筒形、锥弧形等多种，如图 4-15 所示。大型风机多采用弧形、锥弧形，以提高风机的效率。

　　从叶轮进口断面气流充满的程度来看，流线型进风口的效率最好，因而得到广泛应用。进风口与叶轮配合有插入式和非插入式两种，如图 4-16 所示。除小容量、低效率的风机有采用非插入式配合外，一般均采用插入式配合。

　　一般情况下，非插入式配合中双吸入式风机联轴器侧对口间隙为 6～8mm，非联轴器侧对口间隙为 14～18mm，单吸入式风机的对口间隙为 8～10mm。

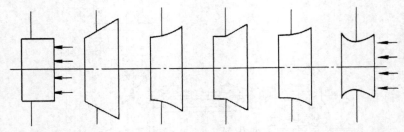

（a）圆筒形　（b）圆锥形　（c）弧形　（d）锥筒形　（e）弧筒形　（f）锥弧形

图 4-15　不同形式的进风口

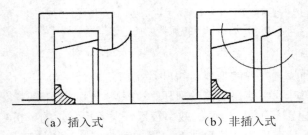

（a）插入式　　　　　　（b）非插入式

图 4-16　进风口与叶轮配合

插入式配合的进风口与叶轮间隙规定如下：①双吸入式风机，联轴器侧轴向伸入长度为 12～18mm，非联轴器侧轴向伸入长度为 2～8mm，径向间隙为 4～8mm；②单吸入式风机，进风口与叶轮轴向伸入长度为 8～20mm，径向间隙为 4～10mm。以上所列数据对风机运行的安全性和经济性有很大的影响，检修中应严格控制。

目前大容量锅炉离心式风机的流量调节，主要是通过装设在风机入口通道上的导流器实现的。常见的导流器有轴向导流器、简易导流器和斜叶式导流器，如图 4-17 所示。导流器是利用导流挡板（转动叶片）改变角度来进行风机流量调节的，导流挡板的调节范围为 90°（全闭）～0°（全开）。

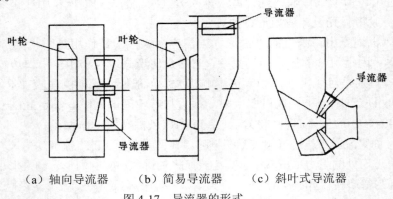

（a）轴向导流器　　　　（b）简易导流器　　　（c）斜叶式导流器

图 4-17　导流器的形式

安装导流器时，必须注意导流挡板的方向，应使气流通过导流挡板后的流向与风机叶轮的旋转方向一致，否则气流在通过导流挡板后转一个急弯再进入叶轮，这样会造成很大的风压损失，使风机出力明显下降，甚至带不上负荷。导流挡板方向不对，还可能表现在导流挡板开度增大时，电流指示反而减小；导流挡板开度减小时，电流指示反而增大。导流挡板开度的改变，实质上是改变叶轮叶片进口的切向分速度，从而改变风机的流量和风压。这种装置比节流挡板经济性要好，因此目前仍是大容量锅炉离心式风机风量调节的主要装置之一。

进气箱有两点作用：一是当进风口需要转弯时，安装进气箱能改善进口气流流动状况，减少因气流不均匀进入叶轮而产生的流动损失；二是安装进气箱可以使轴承安装于风机的机壳外边，便于安装和维修，对锅炉引风机的轴承工作条件极为有利。

进气箱的几何形状和尺寸，对气流进入风机后的流动状态的影响极为显著。如果进气箱的结构不合理，由此所造成的阻力损失可达风机全压的15%～20%。

扩散器又称扩压器。多数扩散器与机壳作成一体，其作用是降低气流出口速度，使部分动压转化为静压。根据出口管形状的要求，扩散器可作成圆形截面或矩形截面。

离心式风机可以分成右旋和左旋两种。从原动机一侧看，叶轮旋转方向为顺时针方向的称为右旋，用"右"表示，在型号中一般不用标注；叶轮旋转方向为逆时针方向的称为左旋，用"左"表示，在型号中必须标注。但应注意，叶轮只能顺着蜗壳蜗线的展开方向旋转，否则叶轮出现反转时，流量会突然下降。

离心式风机的进气方式有单侧进气和双侧进气两种。前者称为单吸离心式风机，用符号"1"表示；后者称为双吸离心式风机，用符号"0"表示。

离心式风机的出风口位置根据使用要求，可以作成向上、向下、水平、向左、向右、各向倾斜等多种形式。一般情况下，风机制造厂规定了图4-18所示的八个基本出风口位置以供选择。

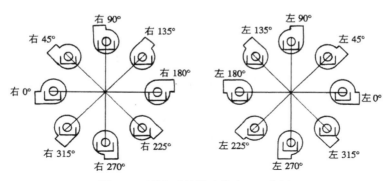

图4-18　离心式风机八种出风口位置

根据使用情况不同，离心式风机的传动方式也有多种。当风机转速与电动机的转速相同时，大型风机可采用联轴器将风机和电动机直接连接传动，这样可以使结构简单、紧凑。小型风机则可以将叶轮直接装在电动机轴上，使结构更简单、紧凑。当风机的转速和电动机不同时，则可采用变速传动方式。

通常将叶轮装在主轴的一端，这种结构叫悬臂式，其优点是拆卸方便。对于双吸式大型风机，一般将叶轮放在两个轴承中间，这种结构叫双支承式，其优点是运行比较平稳。

目前，风机制造厂把离心式风机的传动方式规定为六种形式，并用大写英文字母表示，如图4-19所示。

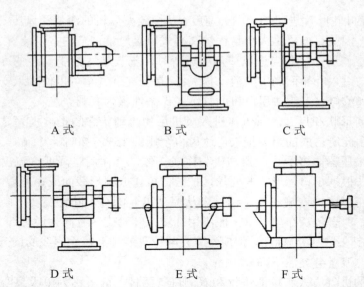

A—单吸、单支架、无轴承、与电动机直连；B—单吸、单支架、悬臂支承、皮带轮在两轴承之间传动；C—单吸、单支架、悬臂支承、皮带轮在两轴承外侧；D—单吸、单支架、悬臂支承、联轴器传动；E—单吸、双支架、皮带轮在外侧；F—单吸、双支架、联轴器传动

图 4-19　离心式风机的传动方式

（二）轴流式风机

轴流式风机与离心式风机一样，都是使气流通过叶轮并在叶轮的作用下使气体获得动能。不同的是轴流式风机中气流在叶轮内是沿着回转轴做轴向流动，而离心式风机中气流在叶轮中是沿着径向流动的。轴流式风机由吸入室、扩压室、叶轮和机壳等组成。由于气流是沿着轴向流动的，所以从外表来看，轴流式风机往往成为风道的一个组成部分，它既可以水平布置，也可以垂直布置，十分方便。

现在大型锅炉的送风机、引风机、一次风机等都采用轴流式风机。

轴流式风机的工作原理是流体沿轴向流入叶片通道，当叶轮在原动机的驱动下旋转时，旋转的叶片给绕流流体一个沿轴向的推力，此叶片的推力对流体做功，使流体的能量增加并沿轴向排出。

轴流式风机和离心式风机相比，虽然离心式风机具有结构简单、运行可靠、效率较高、制造成本较低、噪声较小、抗腐蚀性较好等优点，但随着锅炉单机容量的增长，离心式风机的容量已经受到叶轮材料强度的限制。因为锅炉容量增大，烟、风流量增大，但所需要的压力没有增大，从风机的效率角度来看，采用轴流式风机要比离心式风机有利。随着轴流式风机制造技术的发展，目前新建大型机组的风机均采用轴流式风机。

从风机运行效率方面分析，轴流式风机和离心式风机在设计负荷时的效率相差不大，轴流式风机效率最高可达 90%，机翼形叶片离心式风机的效率最高可达 92.8%。但是，当机组带低负荷时，动叶可调轴流式风机的效率要比具有入口导向装置的离心式风机高许多。

从风机对烟风道系统风量、压头变化的适应性方面分析，目前烟风道系统的阻力计算还不能做得很精确，尤其是锅炉烟道侧运行后的实际阻力与计算值误差较大。在实际运行中，燃料品种的变化会使所需要的风机风量和压头与理论计算的相比有变化。这时，对于离心式风机来说，在设计时要选择合适的风机来适应上述变化是困难的。如果考虑了上述几种风量和压头变化的可能性，使离心风机的裕量选得过大，会造成在正常运行时风机效率显著地下降；如果风机的裕量选得过小，一旦情况变化后，可能会使机组达不到额定出力。而轴流式风机对风量、风压的适应性很强，尤其是采用动叶可调式的轴流式风机时，可以用关小或开大动叶的角度来适应变化的工况，而对风机的效率影响却很小。

从机械特性方面分析，轴流式风机的总重量为离心式风机总重量的60%~70%。轴流式风机有较低的飞轮效应值，这是由于轴流式风机允许采用较高的转速和较高的流量系数。所以在相同的风量、风压参数下，轴流式风机的转子重量较轻，即飞轮效应值较小，使得轴流式风机的启动力矩大大低于离心式风机的启动力矩。一般轴流式风机的启动力矩只有离心式风机启动力矩的14.2%~27.8%，因而显著地减少了电动机功率裕量和对电动机启动特性的要求，降低了电动机的造价。轴流式风机转子重量较轻，但是在结构上比离心式风机转子要复杂得多。因此，超大容量的两种类型风机价格（包括电动机）相差不多。

从运行可靠性方面分析，动叶可调的轴流式风机由于转子结构复杂、转速高、转动部件多，对材料和制造精度要求高，其运行可靠性比离心式风机稍差一些。但经过多年来的改造，可靠性已大为提高。

从体形尺寸方面分析，轴流式风机比离心式风机结构紧凑，外形尺寸小，占地面积减少30%，而且轴流式风机重量轻，飞轮效应小，因此布置起来比较灵活。既可以布置在地面基础上，也可以布置在钢架结构顶上；即可以卧式布置，也可以立式布置。

从噪声方面分析，轴流式风机产生的噪声强度比离心式风机要高，因为轴流式风机的叶片数往往比离心式风机多两倍以上，转速也比离心式风机高。因此，轴流式风机的噪声发生在较高的频率处。但是，要把噪声消减到允许的噪声标准，两种风机在消声器上的花费几乎相等。

1. 上海鼓风机厂生产的TLT型轴流式风机简介

TLT型轴流式风机是上海鼓风机厂引进德国TLT技术生产的适合大型锅炉使用的动叶可调轴流式风机，目前我国1000MW机组锅炉的送风机和一次风机大都使用这种风机。TLT型轴流式风机主要部件由进口烟风道（进气箱）、进气室、机壳、导叶环、转子、主轴承箱、中间轴、联轴器、罩壳、进出口管道连接的膨胀节、液压及润滑联合油站、扩压器及液压调节装置、自动控制等部件组成。TLT型轴流式风机结构如图4-20所示。

TLT型轴流式风机吸入烟风道包括进气室和导流板。进气室入口与系统连接，中间筒体内是主轴承箱座，出口端呈圆锥状管段，目的是使气流进入进气室后能加速通过导流板，并使气流转向。导流板焊接在管段与中间筒体之内，使气流通过导流板能均匀地进入叶轮，减小旋涡区阻力，使气流流动平顺。整个进气室由两个支座与基础连接，承受风机重量。送风机就地进风，为降低噪声，在进风口加装消声器。

TLT型轴流式风机扩压筒由外锥筒、圆柱形内筒及撑板后置导叶组成，全部为焊接结构。为了提高风机的流动效率及适应锅炉变负荷的需要，将气流动能部分转换成压力能，轴流式风机在扩压筒前设置了后置导叶，后置导叶用钢板弯制焊接在内筒和外壳上。进气室入口端和扩压器出口端与风道（对引风机来说是烟道）的连接均采用软连接，以避免因风机的振动而影响系统，软连接也起到吸收膨胀的作用。

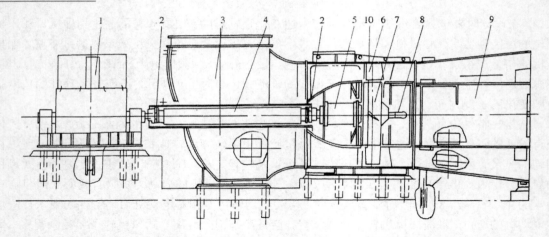

1—电动机；2—联轴器；3—进气箱；4—主轴；5—液压缸；6—叶轮片；7—轮壳；
8—传动机构；9—扩压器；10—叶轮外壳

图 4-20　TLT 型轴流式风机结构示意图

叶轮是风机的主要部件之一，气体通过叶轮的旋转获得能量，然后离开叶轮做螺旋线的轴向运动。TLT 型轴流式风机叶轮为焊接结构，这种叶轮比起铸造轮毂可承受较大的离心应力，因而可以提高转速，缩小风机尺寸。

叶轮结构如图 4-21 所示，它由动叶片、轮毂、叶柄、推力轴承、滑块、平衡块等组成。轮毂由风机轮毂外环、载荷环、叶柄定位内环、轮毂端面盖板、筋板和叶轮轴颈盘焊接而成，是空心轮毂。轮毂的关键部位是负荷环，由材料 RST-52-3 钢锻后加工而成。风机叶片、叶柄和平衡块的全部离心力都靠承载环承担。风机叶柄材料为 42CoMo4 锻件。

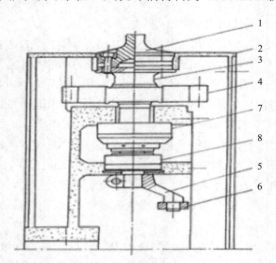

1—叶片；2—轮毂；3—轴；4—平衡块；5—曲柄；6—滑块；7—推力轴承；8—导向轴承

图 4-21　叶轮结构示意图

TLT 型轴流式风机在每个叶柄上都装有约 6kg 的平衡块，用于平衡动叶片产生的离心力。叶片是直接对介质做功的元件，决定着风机的性能和寿命。TLT 型轴流式风机叶片材料选用铸铝或铸铁，在特殊需要的情况下，引风机叶片可喷涂一层耐磨材料。引风机叶片的使用寿命取决于烟气中的含灰量及颗粒的大小和形状，一般含灰量不大于 150mg/m³，叶片的使用寿命为 12000h；若含灰量为 60～80mg/m³，则使用寿命可达 60000h 以上。

TLT 型轴流式风机主轴承箱的材料为 GGG25 铸铁，其结构有两种，一种是水平中分面结构的滑动轴承箱，另一种是整体结构的滚动轴承箱。送风机和引风机的轴承箱结构基本上一样，只是引风机的轴承箱比送风机的大一些。

主轴承属于关键零部件。为了防止轴承过热，在风机壳体内部围绕主轴承的四周风机壳体使用空心支承，使之同周围空气相接触，形成风机的自然冷却。在风机的外壳上还装有油位指示器，油位过低说明供油不足或断油；油位过高说明供油量过大，易从两轴端溢油。

送风机主轴承一般采用滑动轴承，使用强制润滑，有两条供油渠道：一是与主电机尾轴相连的主润滑油泵供油；二是油站中的压力油泵通过减压阀向轴承供油。引风机主轴承箱采用滚动轴承，由两个圆柱滚动轴承和一个向心推力球轴承分别承受转子组的径向力和轴向力，轴承的设计寿命为十万小时，采用强制供油润滑。

每个主轴承的测温系统各由一对铂热电阻温度计和温度控制器组成，可以现场观察和遥测。温度控制带有报警装置功能，当轴承温度高于设定值时，可立即发出报警信号，及时保护轴承不致烧损。在主轴承箱壳体上装有振动检测传感器，可以把风机振动值反映到中控室，使运行人员随时掌握风机的运行状态。

TLT 型轴流式风机的挠性联轴器是一种能补偿安装与运行偏差（轴偏差和轴向变动等）且起到自平衡作用的联轴器，因此这类联轴器的安装要比其他型式的联轴器更方便。挠性联轴器没有受磨损的部件由高强度弹簧钢制成，而精确吻合的弹簧板具有很强的抗弯曲变形能力；结构上成对布置且允许被连接的两根轴在三个方向上变形。挠性联轴器既无需维护也无需润滑，即使运行温度超过 150℃，对联轴器也无不利影响。

TLT23.7-13.3-1 型动叶可调轴流式送风机的技术参数见表 4-1。

表 4-1　TLT23.7-13.3-1 型动叶可调轴流送风机技术参数

名称	单位	100%负荷	设计负荷	名称	单位	100%负荷	设计负荷
流量	m³/s	152.27	135.9	电动机功率	kW		1000
压升	Pa	55327.8	46128.7	液压缸行程	mm		100
风机轴功率	kW		750	叶片调节范围	°		50
转速	r/min		985	飞轮力矩	Kgf·m		2800

2. 上海鼓风机厂生产的 ASN 型轴流式风机简介

上海鼓风机厂生产的 ASN 型轴流式风机，引进的是丹麦 NOVENCO 公司的技术。

ASN 型风机由吸入风道、进气室、扩压器、叶轮、主轴、动叶调节机构、传动组、自动控制等部分组成，如图 4-22 所示。

ASN3000/2000 动叶可调轴流式风机的技术参数见表 4-2。

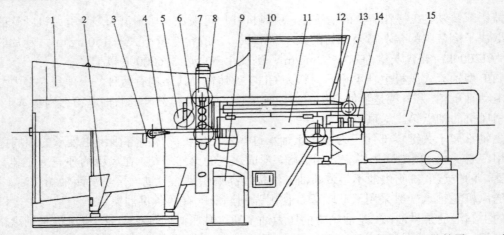

1—扩压器；2—扩压器支座辊轮；3—动叶调节机构；4—传动臂；5—支撑罩；6—叶轮罩；7—叶片；8—叶轮外壳；9—进风箱支管；10—进风箱；11—主轴承箱；12—联轴器；13—轴冷却风机；14—联轴器保护罩；15—电动机

图 4-22　ASN 型轴流式风机结构示意图

表 4-2　ASN3000/2000 动叶可调轴流式风机技术参数

名称	单位	100%负荷	设计负荷	名称	单位	100%负荷	设计负荷
流量	m^3/h	850000	935000	风机全压效率	%	84	83
温度	℃	150	150	功率消耗	kW	1206	1490
密度	Kg/m^3	0.861	0.973	转速	r/min	990	
吸入侧静压力	Pa	-4316	-4807	大气压	Pa	103100	
压力侧静压力	Pa	0	0	飞轮力矩	N·m	83153	
出口损失	Pa	30	35	伺服电动机扭矩	N·m	50	
风机损失	Pa	4346	4842	角位移（行程）	°	45	
风机压差	Pa	5245	6001				

3. 俄罗斯ДОД-43-500-1 型两级轴流式引风机简介

ДОД-43-500-1 型引风机为两级轴流式引风机。叶轮直径为 $\phi4300mm$，由 12 个叶片组成。叶片焊接在轮毂上，右弯式吸入风箱用于引风机与入口烟道相连接，具有箱式联络风箱和入口导流喇叭管。吸入风箱导流罩是用于通向转动部分的支撑部件，是带环形肋筋和内铺面的圆柱筒。

引风机本体由可分离的三部分组成，彼此串联连接。在本体第一部分装有升压一级，第二部分是升压二级，第三部分装有导流器。本体的每一部分由外筒和筒形导流罩组成，每一级升压前都有风量调节挡板 13 片。

转子主轴上装有两组轴承，靠近电动机侧的承力轴承原型号为 3003264，新型号为23264CAME4；远离电动机侧的推力轴承原型号为 9039452，新型号为 29452M；远离电动机侧的承力轴承原型号为 3644，新型号为 22344CAME。装设在导流罩内的轴承配有冷却风机，如图 4-23 所示。

ДОД-43-500-1 型引风机的技术参数见表 4-3。

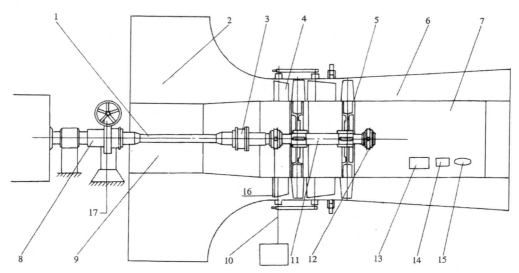

1—传动轴；2—吸入风箱；3—齿形联轴器；4—调节挡板；5—叶轮；6—扩散管；7—整流罩；
8—齿形联轴器；9—锥形罩；10—执行机构；11—主轴；12—轴承；13—人孔门；14—冷却风机；
15—人孔门；16—轴承；17—盘车装置

图 4-23　ДОД-43-500-1 型轴流式引风机示意图

表 4-3　ДОД-43-500-1 型引风机的技术参数

名称	单位	标准值	名称	单位	标准值
入口出力	m³/h	$1725 \times 10^3 - 1890 \times 10^3$	惯性矩	kg/m²	≤2800
全压	Pa	4932，5854	转速	r/min	500
消耗功率	kW	2920～4030	旋转方向		左旋
最大效率	%	82.5	出力调节方法		轴向导流装置
叶轮直径	mm	4300	引风机入口烟温	℃	≤200

四、空气预热器

空气预热器是利用锅炉尾部烟气的热量加热燃烧所需空气的热交换装置，其主要作用如下：利用空气吸收烟气热量，进一步降低排烟温度，提高锅炉效率，节省燃料；排烟温度每降低 15℃，可使锅炉效率提高约 1%；提高炉膛的温度水平，改善燃料的着火与燃烧条件，减少了不完全燃烧损失，进一步提高锅炉效率；空气温度每上升 100℃，可使理论燃烧温度上升 35～40℃；节省金属，降低锅炉造价；由于炉膛温度的上升，炉膛辐射换热加强，在锅炉容量一定时，水冷壁可以布置少些；用热空气干燥煤粉，有利于制粉系统工作；改善引风机的工作条件；排烟温度的降低可使引风机的工作温度和电耗降低，提高引风机工作的可靠性和经济性。

空气预热器按其传热方式大致可分为管式和再生式两大类，管式空气预热器只用在中小型锅炉上，再生式空气预热器由于具有回转结构，所以又称为回转式空气预热器，回转式空气预热器又可分为受热面旋转和风罩旋转两类。

管式空气预热器烟气在管内自上而下纵向流动，空气在管子间做横向流动。空气预热器的管子是交错排列的，预热器的进风方式有单面进风或双面进风，主要根据尾部尺寸和空气速度来决定。管式预热器有传热好、制造简单、漏风小、工作安全可靠等优点，目前 200MW 及 100MW 以下机组多采用这种空气预热器。

受热面旋转的回转式空气预热器又称为容克式空气预热器。

目前大型锅炉采用的空气预热器大都是三分仓空气预热器。三分仓空气预热器由于差压增大，其漏风率比较大。除密封系统改造加强以外，其基本结构元件和二分仓式基本相同。

回转式空气预热器与管式空气预热器比较，具有以下优点：

（1）外形尺寸小，可以简化尾部受热面的布置，节省钢材。

（2）受烟气腐蚀的危险性小。这是因为蓄热元件与管子相比，受热面温度较高，约为烟气温度与空气温度之和的一半，这样水蒸气凝结的可能性较少。同时，回转式空气预热器下部采用耐腐蚀的陶瓷砖和特殊钢板，在抗腐蚀方面与管式空气预热器相比也较优越。

（3）回转式空气预热器允许蓄热元件有较大的磨损，而管式空气预热器磨损后会出现严重的漏风。回转式空气预热器没有这个问题，只是磨损到重量减轻 20% 后才需更换，这样就可以延长检修周期。

（4）烟、风阻力较小，风机电耗降低，因此现代大容量锅炉广泛采用回转式空气预热器。

（一）受热面回转式空气预热器

受热面回转式空气预热器的整体结构如图 4-24 所示，工作过程大致如下：电动机通过传动装置带动转子以 1～2r/min 的速度转动，转子中布置有很多传热元件，空气通道在转轴的一侧，空气自下而上通过预热器；烟气通道在转轴另一侧，烟气自上而下通过预热器。当转子上的受热元件转动至烟气侧时，被烟气加热温度升高，接着转至空气侧时，又将热量传递给空气。由于转子不停地转动，烟气的热量不断地传递给空气。

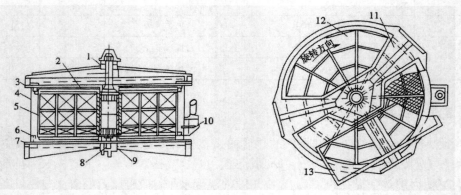

1—上轴承；2—径向密封；3—上端板；4—外壳；5—转子；6—环向密封；7—下端板；8—下轴承；
9—主轴；10—传动装置；11—三叉梁；12—空气出口；13—烟气进口

图 4-24　受热面回转式空气预热器

三分仓受热面回转式空气预热器是在二分仓预热器的基础上，将空气通道一分为二，用径向扇形密封件和轴向密封件将它隔开，形成单独的一次风道和二次风道。三分仓回转式空气预热器的传热元件也和二分仓空气预热器一样，其传热元件按烟气流动方向分为热端层、中间层和冷端层，如图 4-25 所示。

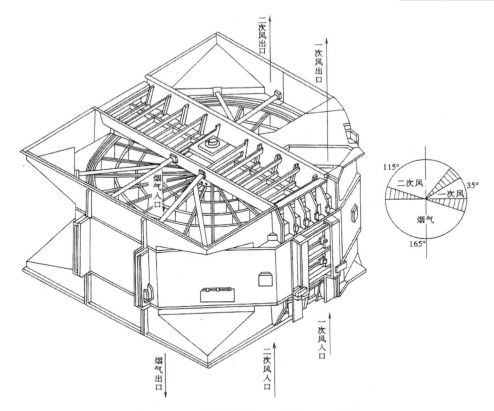

图 4-25　三分仓受热面回转式空气预热器

现在我国大型锅炉已多数采用三分仓受热面回转式空气预热器。这种预热器是将空气分成一次风仓和二次风仓两部分，故称为三分仓空气预热器。经过这样改进后，一次风机可装在空气预热器进口侧，称作冷一次风机系统，使一次风机的效率得到提高，进一步降低了厂用电率。

1. 受热面回转式空气预热器的结构

受热面回转式空气预热器主要由五部分组成，即转子、传热元件、外壳、传动装置和密封装置，下面分别说明它们的结构。

（1）转子

转子由轴、中心筒、外圆筒和仓格板等组成。轴中间段有实心的，也有空心的，但两端都是实心的。轴外套着中心筒，或者就用中心筒作空心轴，两端接上实心轴。转子的最外层是外圆筒，中心筒与外圆筒之间有很多径向的仓格板，把整个转子均匀分成若干个扇形仓格。仓格中还有几块切向隔板，再把每个仓格分成若干个小仓格，这样，轴、中心筒、外圆筒、仓格板、隔板就组成了一个由很多个小仓格组成的转子整体。在每个小仓格中设置传热元件，其通常由厚度为 0.5～1.25mm 的钢板制成的波形板和定位板组成。波形板和定位板相间放置，其上的斜波纹与气流方向成 30°，目的是增强气流扰动，改善传热效果。定位板不仅起到受热面的作用，而且将波形板相互间隔一定的距离，可以保证气流有一定的流通截面。

（2）传热元件

传热元件分成上、中、下三组，上面是高温段，下面是低温段，中间是中温段，其板型不同。传热元件的板型对于传热情况、气流阻力以及受热面的污染程度都有一定影响。考虑到低温段容易积灰和腐蚀，所以低温段的板型结构简单，气流通道大而且波纹与气流方向平行，以减少积灰。同时为了延长耐腐蚀期限，往往采用较厚的钢板或用耐腐蚀的低合金板、陶瓷等。

（3）外壳

外壳由外壳圈筒、上下端板和上下扇形板组成。上下端板都留有风烟通道的开孔，与风道、烟道相连接，中间是装有上下扇形板的密封区，这样就把预热器分成了三个区域。由于烟气的容积流量比空气大，故烟气通道占转子总截面的 50% 左右，而空气通道仅占 30%～40%，其余部分为两者之间的密封区。

（4）传动装置

电动机通过减速器带动一个小齿轮，小齿轮同装在转子外圆筒圆周上的围带销啮合并带动转子转动。整个传动装置都固定在外壳上，在齿轮与围带销啮合处通过罩壳与外界隔绝。

（5）密封装置

回转式空气预热器是一种转动机械，因此动静部件之间总要留有一定间隙。流经预热器的烟气是负压，而空气是正压，其间存在一定压差，空气在压差作用下，会通过这些间隙漏到烟气中，为了减小漏风量，预热器安装了各种密封装置。受热面回转式空气预热器的密封装置有径向密封、环向密封、轴向密封三种，这里所指的径向、环向、轴向是密封片设置的方向。

1）径向密封的作用是防止空气从空气通道穿过转子与扇形板之间的密封区漏入烟道。密封的方法是在每块仓格的上下端都装有带密封头或不带密封头的弹性钢片，任一块仓格板经密封区时弹性钢片就与外壳上的扇形板组成密封。为了避免噪声和电动机功率过大，弹性钢片与扇形板不直接接触，会留有很小的空隙。

2）环向密封分外、内环向密封两种，外环向密封是防止空气通过转子外圆筒的上下端面漏入外圆筒与外壳圆筒之间的空隙，再沿这个空隙漏向烟气侧；内环向密封是防止空气通过中心筒的上下端面漏入烟气侧。

3）轴向密封的作用是当外环向密封不严密时，防止空气通过转子与外壳间的空隙漏入烟气侧。密封的方法是沿着一圈空隙在外壳上装置很多折角板，折角板的端部与转子外圆筒接触。

2. 受热面回转式空气预热器新设计技术的主要特点

（1）双道密封技术

目前，预热器设计更加强调漏风指标控制，全部采用双道径向密封和轴向密封技术。和传统的单道密封方案相比，采用双道密封可使直接泄漏量降低 30%。

双道密封使用低阻力元件，保证流通阻力很小，同时制造、安装方便，没有因篮子仓格数过多而引起转子截面利用率差、局部烟气走廊（篮子筐角部等部位）多的缺点。通过使用新波形传热元件，可达到降低阻力的目的，同时漏风也得到有效的控制，近期投运的百万机组空气预热器的漏风率仅为 3.86%～4.13%。

（2）焊接静密封（自密封）方案

保持预热器的漏风稳定是新预热器技术的又一特点。为达到长期控制预热器漏风率的目的，减少预热器密封板背后可能出现的漏风通道，在设计新预热器时，对静密封结构考虑采用焊接（自密封）方案。

预热器轴向采用焊接密封，取消了轴向密封板调节机构。采用新结构设计的轴向密封板圆度由专用工装结构保证，精度大大提高。

使用独立的刚性密封板设计，比利用壳体做密封板的设计方案要进步很多。一方面，预热器的变形受外部环境温度的影响大大降低；另一方面，在其四周布置焊接密封，也能达到严密密封的效果。

（3）端面旁路密封结构

为强化控制预热器的轴向漏风，加强对预热器空气流的导向作用，预热器的冷端旁路密封由侧面改到下端面。此改进已推广使用，取得了明显的效果，这样使两层密封片更易贴近，减少了绕过密封槽口的旁通风。空气流受导向作用明显，转子外周上的构件磨损大为减轻，围带处的漏风来源大大下降，此处的漏风率比改进前下降了一半，只有 0.10%左右的漏风率。

（4）搪瓷传热元件技术

为适应电厂燃用高硫煤的需要，使用搪瓷传热元件，这样可以降低排烟温度 10～20℃，对提高锅炉效率非常有利。

搪瓷传热元件技术包括搪瓷元件钢板材料（非普通冷轧碳钢）；搪瓷层检查和试验规范；搪瓷传热元件的换热性能分析；烟气露点温度计算分析；油燃料的排烟温度选择等。

在配脱硝的锅炉系统中，冷段传热元件使用搪瓷表面传热元件可以有效减轻堵灰，也有利于清洗。

（5）预热器的结构改进

使用新模块设计方案，转子自重减轻，元件安装位置扩大，流通阻力下降。现场调整和吊装使用专用工具，速度较快。传热元件可以装在模块内运输到现场，不但节省运费，而且现场堆放体积小。

新预热器采用由下部梁直接支承的方式，预热器可以将下部梁直接安装在钢架上，相比原来的挂板形式，安装调整方便很多，人员可以直接从运转层进入搭在梁内的平台，检修非常方便。

积木式外壳和连接板采用圆壳体设计方案，体积小，重量比原设计降低 10%左右。使用上下刚性圈结构，大大方便了安装。外壳按安装要求分成主支座和副支座，和钢架连接简便，自带膨胀滑动装置，不但安装快，而且操作简单。上下烟风道连接板在车间内就可预组装检查，以使现场拼装准确。

加强撑杆采用槽口连接，安装大大简化。现场焊接装配无法兰接缝，施工方便。

转子中心筒的下端轴将转子载荷传输到安装在下部中间梁上的推力轴承上，使用球面推力辊子轴承，通过油浴润滑并配专用油站冷却过滤或水冷套冷却。

预热器的支承端轴采用大直径空心端轴，既增大了对轴承扭矩的抵抗能力，也减轻了自重。

轴承的布置位置安排在梁内，加高了梁的高度，安装了检修平台，大大方便了运行检修工作。

挡水板能保证清洗水进入油空间内。轴承和润滑设备的使用寿命按 15 年设计。润滑油站的安装位置布置在梁的端部，运行检修非常方便。

转子起顶装置使用新轻型油站，通过自动油压控制，利用中心轴上的开口可以非常方便地顶起转子。

导向轴承采用双列向心球面辊子轴承，通过油浴润滑并配专用油站冷却过滤或水冷套冷却。使密封盘和扇形板分离，大大提高了和中心筒的对中能力，密封盘不再随转子转动，消除了漏灰通道。安装随动气封装置，自动适应端轴位置，通过一些电厂的实际使用情况表明，密封非常严密，扇形板不再直接挂在轴承上，而是连在导向轴承座上，轴承座四周设有轴向滑动装置，消除了使轴承倾翻的因素。改进后的预热器无一出现热端端轴漏灰现象，导向轴承处的环境温度大大下降，轴承油温不高，延长了导向轴承的使用寿命。

（6）预热器自动控制设备

预热器火灾报警装置：预热器火灾报警目前有用红外传感型（分摇臂式和轨道式）和热电偶型。燃煤机组推荐采用热电偶型设计，燃油机组推荐采用红外线探头。热电偶型设计采用 APC 多测点效率比较型设计，即时自动比较任意一点温度和平均温度的偏差，并能消除烟气进口温度的扰动，其工作灵敏度比一般纯温度检测的方式高。

使用热端间隙跟踪系统：大型预热器在运行时热端会出现很大的运行间隙，600MW 机组约为 30mm，1000MW 机组约为 50mm。为了有效控制泄漏，可以采用热端间隙跟踪系统来降低泄漏，而仅采用自密封方案在大直径预热器上效果不理想。新设计的预热器热端间隙跟踪装置在提高设备的可用性和降低维护要求上做了很大改进，新开发了烟气进口温度直接控制功能，在传感器发生故障时，本装置按预热器内部烟气进口温度来控制扇形板位置；增加了机械力矩保护器，在大型机组上用空气马达在停电故障阶段拉回扇形板，并增加了大量的自控保护功能，实际使用可靠性大大提高。

转子停转报警装置：转子停转报警装置由转动带、电子转换开关、安装托架组成，该装置在故障停转时或转速异常时发出报警信号。新转子停转报警装置能够显示转子转动速度，采用三个一次测量头，直接输出转速信号给 DCS。

轴承油温监控装置：对于大型预热器，轴承载荷大，预热器设计配有油循环装置，用来过滤和冷却润滑油，提高预热器的使用寿命。本装置能显示油温，控制冷却水的投用和油泵的开启并且全自动运行，在油温超过报警设定时提供报警信号。

（7）预热器的吹灰和清洗

新设计的预热器针对不同的燃料、换热元件波形组合，采用不同的受热面吹灰清理方式。在元件层的上下都布置有元件水冲洗管和灭火管，使用 0.5MPa～0.8MPa 压力的工业水在阻力上升较多或停用时进行低压水冲洗，用于定期清理传热元件积灰。

本装置单侧布置，一般都布置在原烟气侧，可以减少疏水设备，使得设计布置简便。水量按消防规范选定，效果比局部大范围喷淋式好。

局部喷淋装置上部喷嘴出来的水流在进入预热器时没有残压，相当于流入元件，和喷出水柱的效果相差甚远。水雾分布在预热器上方，不可能隔离空气和着火的冷段元件，从水量上来看，喷雾水量是不足以冷却燃烧区的。水冲洗管上下错开一定距离布置，交叉水流互相搓动，采用专用扁喷嘴，水量集中、穿透性良好，保证将全部元件用最快速度清洗干净。

新预热器设计要求对长期燃煤机组不使用碱水清洗；对于燃用油燃料机组，或锅炉长期带油燃烧时，为防止在预热器换热面上冷凝未完全燃烧产物而造成火灾，可以进行碱水冲洗，但为减轻对元件的损坏，碱水冲洗后需用清水继续冲洗，除碱防腐。

（8）用于带脱硝装置机组的预热器设计技术

对于带有 SCR 脱硝装置的机组，预热器设计带来了新的课题。SCR 系统脱硝反应未完全耗尽的氨气（NH_3）、烟气中的 SO_3 和水蒸气很容易产生下列反应：

$$NH_3 + SO_3 + H_2O \rightarrow NH_4HSO_4 \qquad （NH_3 : SO_3 < 2 : 1 \text{ 时}）$$

$$2NH_3 + SO_3 + H_2O \rightarrow (NH_4)_2SO_4 \qquad （NH_3 : SO_3 > 2 : 1 \text{ 时}）$$

$$2SO_2 + O_2 \rightarrow 2SO_3$$

反应产物中的 NH_4HSO_4 在温度 149～191℃区域开始凝聚，这一温度一般位于传统预热器的中温段下部和冷端上部，形成传热元件表面的额外吸附层，通常 2～3 个月就吸附大量的灰分，从而导致传热元件内部流通通道堵塞，特别是传统预热器的热端和中间层之间区域更为严重。预热器堵灰后严重影响风机工作，由于恰好位于分层处，大量的沉积物卡在层间，导致吹灰气流无法清除掉。SO_3 的增加使尾部烟气露点提高，加剧了预热器的低温腐蚀。

采用传统流道设计的换热装置由于烟气流通转弯多，不构成封闭流道，吹灰气流穿透深度不足，一般只有 200～300mm，不能有效清除沉降在离冷端 800～1100mm 处的 NH_4HSO_4。

由于 NH_4HSO_4 黏性很强，在预热器内呈液相或液固两相混合物，因此把传热元件排列得松也不能有效改善堵灰。据有关资料报道，有些传热元件配置不佳的空气预热器往往每 3 个月要水洗一次，给电厂带来了很大的损失。

考虑到这些因素，目前已有新的设计，介绍如下：采用较高冷段层元件布置方式（800～1000mm），使传热元件分层位置提高到 NH_4HSO_4 和 $(NH4)_2SO_4$ 的沉积区以上；传热元件使用小封闭流道，以保证吹灰气流穿透，同时压力损失不大；采用搪瓷表面冷端元件，既保证抗腐蚀，又保证表面清洗干净；采用双介质（高压水+蒸汽）吹灰器或一点多喷口形式吹灰器增加吹灰动量，使吹灰穿透深度达到 800～1000mm；预热器转子采用较高规格材料，如不锈钢旁路密封片等。

（二）风罩回转式空气预热器

受热面回转式空气预热器直径大，转子的重量大，为了减少转动部件的重量，减轻支承轴承的负载，有的回转式空气预热器采用风罩旋动的结构。但是风罩回转式空气预热器的旋转部件容易损坏、漏风、卡涩、变形，不太适应大容量锅炉的使用，因此现在锅炉使用得较少。

风罩回转式空气预热器的结构如图 4-26 所示。

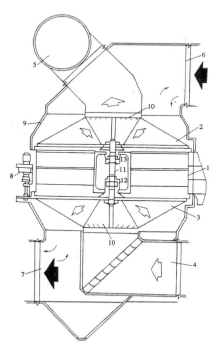

1—静子；2、3—上下回转风罩；4—冷空气入口；5—热空气出口；6—烟气入口；7—烟气出口；8—减速传动装置；9—空气预热器外壳；10—密封装置；11—主轴；12—推力装置；13—上轴承

图 4-26　风罩回转式空气预热器

风罩回转式空气预热器由静子、上下烟道、上下风罩以及传动装置、密封装置等组成。静子部分的结构与受热面回转式预热器的转子相似，但固定不动，故称为静子或定子。上下烟道与静子外壳相连接，静子的上下两端面装有可转动的上下风罩。上下风罩用中心轴相连，电动机通过传动装置带动下风罩旋转，上风罩也跟着同步旋转。上下风罩里的空气通道呈同心相对"8"字形，将静子的截面分成三部分：烟气流通区、空气流通区和密封区。冷空气经下部固定冷风道进入旋转的下风罩，裤叉型的下风罩把空气分成两股气流，自下向上流经静子受热面而被加热，加热后的空气由旋转的上风罩汇集后流往固定的热风道。烟气在风罩以外的区域也被分成两部分，自上而下流经静子加热其中的受热面。这样，当风罩旋转一周时，静子中的受热面对外进行两次吸热和两次放热，因此风罩回转式空气预热器的转速比受热面回转式空气预热器的转速慢，约为 0.8～1.2r/min，同样风罩回转式预热器也存在密封问题。

第二节　辅机的振动诊断

设备诊断技术是在设备运行中或在设备不解体的情况下，掌握设备的运行状况，判定产生故障的部位、原因并预测、预报设备状况，确定设备是否需要进行检修的技术。

一、设备诊断步骤

设备诊断应按以下步骤进行：

（1）状态量监测。例如振动值、异音、温度的监测。状态量监测的疏漏可能造成极大的设备损坏。

（2）信号处理。利用先进的设备仪器对获得的信号进行加工处理，使之成为有用的信息。

（3）识别与判断。主要对设备故障和异常的部位、原因和程度进行识别判断。

（4）预测和对策。预测设备故障的发展程度和后果，以提出临时处理意见和根本治理建议。

二、设备诊断技术的分类

按利用的状态信号参量，设备诊断可分为：

（1）声、振诊断技术。以设备中某些测点的声响、振动为主要检测参数的诊断技术称为声、振诊断技术。目前这种技术在设备诊断中应用最为广泛。

（2）油液诊断技术。以设备中的润滑油为主要检测对象的诊断技术称为油液诊断技术。油液诊断技术易推广、见效快。

（3）温度诊断技术。以设备中某些测点或部位的温度、温差、热像等为主要检测参数的诊断技术称为温度诊断技术。

（4）其他诊断技术。诊断工作用的仪器分为便携式分析仪和成套大型诊断分析仪。前者适用于平时维修工作的检测，后者主要用于重大问题的诊断与分析。

三、旋转机械振动诊断

振动诊断是设备诊断技术中应用最广泛的一种诊断技术。振动的理论和测量方法比较成熟，同时不用停机和解体就可以对振动信号进行测量和分析，判断设备的劣化程度并对故障性质进行了解，其诊断工作简单易行。

振动诊断涉及的内容主要是对振动信号的处理。反应振动特征的信号是振动产生的图形，常见的图形有波形图、轴心轨迹图、频谱图等。通过对图形的分析，可以诊断出该设备的振动原因。

从旋转机械的振动状态分析，可将振动分为转子不平衡振动、滚动轴承振动、滑动轴承振动及齿轮振动等。

1. 转子不平衡振动

由于材质不均匀、结构不对称、加工或装配误差的转子造成质量不平衡，当转子高速运转时，因重心偏移，产生离心力，从而引起振动，其特征表现为轴瓦振动，主要分为垂直方向振动、水平方向振动、轴向窜动三种。其振动频率和机械转动频率相一致，在一定转速下保持一定的振动相位角。此外，还有可能由于转子联轴器不对中、轴初始弯曲、转子因受热不均匀等原因产生振动。

2. 滚动轴承振动

滚动轴承由于滚珠、内圈、外圈、支撑架等磨损、表面疲劳、表面剥落而造成损坏后，滚珠相互撞击而产生高频冲击振动，会引起轴承座振动。检测的方法是把加速度传感器装在轴承座上，这样可以监测到高频冲击振动信号，再辅以声音、温度、磨耗金属屑和油膜电阻的监测，以及定期检查、测定轴承间隙，即可在早期预查出滚动轴承的缺陷。

3. 滑动轴承振动

滑动轴承振动是滑动轴承油膜引起的一种自激振动，包括油膜振荡和油膜涡动。

（1）油膜振荡的特点

转轴有相当大的弯曲振动，此时轴颈围绕轴承中心做激烈的甩转运动。甩转方向与转轴转动方向相同，一般在转子临界转速两倍以上时容易发生。此时，一旦发生振荡，振幅急剧加大，继续提高转速，振荡不减小。转子的涡动频率约等于转子一级固有频率，与转子转速无关。油膜振荡具有较大的惯性，振荡一旦形成，再把转速降到起振点，振荡也不会停止，直至把转速降到更低，振荡才能停止。

（2）油膜涡动的特点

油膜涡动是转轴轻微弯曲所引起的比较平稳的一种振动，其特点是涡动方向与轴旋转方向一致。油膜涡动多发生于工作转速在一阶临界转速两倍附近，有时也高于一级临界转速的两倍。对于轻载转子，其涡动频率接近其临界转速的一半。

油膜涡动若得不到控制，就会发展为油膜振荡。其避免的方法一般是采取降低油黏度、减小轴瓦顶隙，扩大侧隙，减小轴承的长径比，增加油楔轴承的楔深比等措施来消除油膜振荡。

4. 齿轮振动

当齿轮正常运行时，磨损是均匀的，啮合频率和谐波保持不变。随着齿面磨损量的增大，不仅振动幅值将增大，而且会出现附加脉冲。通过频谱分析，可以诊断齿轮缺陷的性质和所在位置。

四、查找机组振动原因的程序

机组振动是一种现象，从这种现象中查找原因是一项复杂细致的工作。为了尽快、准确地找到振动的原因，首先应对可能引起振动的因素进行分析，根据分析的情况再进行试验，最后确定振动的原因。

1. 机组处于运行状态的检查

（1）测记机组轴承、机座、基础等各位置的振动值，并与原始记录进行对比，找出疑点。

（2）分析运行参数与原设计要求有何变动。

（3）分析轴瓦的油温、油压、油量及油的品质是否在正常值内。

（4）判断机组是否有异声，尤其是对金属的摩擦声和撞击声应特别注意。

（5）与停机冷却后进行对比，机组膨胀是否均匀，有滑销装置的机组应测记其间隙值。

（6）检查地脚螺帽或螺栓是否松动，机组的垫铁是否松动或位移，基础是否下沉、倾斜或有裂纹。

（7）机组在启停过程中，其共振转速、振幅是否有变化。

（8）曾发生过哪些异常运行现象。

2. 停机后的检查

（1）检查滑动轴承的间隙及紧力是否正常，下瓦的接触及磨合是否有异常。

（2）检查滚动轴承是否损坏，内外圈的配合是否松动。

（3）检查联轴器中心是否有变化，联轴器上的连接件是否松动或变形。

3. 机组解体后的检查

（1）检查原有的平衡块是否脱落或产生位移。

（2）检查旋转体上的零件有无松动，是否有装错、装漏、脱落的零部件。

（3）检查机组的动静部分的间隙是否正常，有无摩擦的痕迹。

（4）测量轴的弯曲值及旋转体零部件的瓢偏与晃动值。

（5）检查旋转体的磨损程度如何，风机类应重点检查。

（6）检查介质经过的通道，如水泵叶轮等是否有堵塞、锈蚀、结垢现象，通道截面是否发生变化。

（7）检查机组水平、转子扬度是否有变化。

（8）检查电机转子有无松动零件，空气间隙是否正常，电气部分是否有短路现象。

（9）重新找转子的平衡。

第三节　锅炉辅机常用的防磨技术

锅炉辅机传输的工质一般为空气、灰尘、烟气飞灰混合物、煤粉空气混合物等流体。例如锅炉引风机输送的是烟气飞灰的混合流体，排粉机输送的是含一定百分比煤粉的空气，所以对于转动机械来说，最易磨损的部位是工作叶轮和风箱蜗壳。

通常影响转机叶轮使用寿命的关键部件是叶轮的叶片，其磨损速度随材料硬度的增加而减小。但是耐磨性不仅取决于材料的硬度，而且与它的材料的成分有关。如经热处理后的各种不同成分的钢，虽有相同的硬度，却有着不同的耐磨性。碳钢通过淬火可提高硬度，耐磨性也有所提高，但也不成比例，如 40 号碳钢淬火后，其洛氏硬度由 HV168 增加到 HV730，虽然硬度增加了 3.5 倍，但是其耐磨性仅增加了 69%。由此可见，要提高辅机设备易磨部件的耐磨性，不但要提高材料的硬度，也要选用合适的耐磨材料。

表 4-4 中给出了几种常见材料经过耐磨试验后的结果。

表 4-4　材料的磨损情况

种类	化学成分（%）							寿命（d）	磨损量比值
	C	Si	Mn	P	S	Ni	Cr		
低碳钢	0.15	0.02	0.58	0.18	0.02			20	2.25
中碳钢	0.27	0.33	0.62	0.020	0.015			45	1.0（基准）
高碳钢	1.18	0.54	12.5	0.054	0.010			120	0.37
Ni-Cr 铸钢	3.03	0.56	0.68	0.143	0.021	5.85	1.72	300	0.15

一、锅炉辅机常采取的防磨措施

锅炉辅机的磨损直接影响着锅炉的安全运行，因此在辅机设计、制造、使用中应采取相应的防磨措施，以提高其使用寿命。常采取的措施主要有以下几种：

（1）在转机叶片容易磨损的部位，用等离子喷涂一定厚度的硬质合金或堆焊硬质合金，如高碳铬锰钢等。

（2）渗碳是提高材料表面硬度、减轻磨损的一个有效措施。渗碳使金属表面形成硬而耐磨的碳化铁层，同时也保持了钢材内部的柔韧性，如某厂对排粉机叶片进行渗碳处理后，叶片表面硬度可达到洛氏硬度 HRC50 以上。磨损速度由过去每日 2mm 减到每日 0.2mm，使用寿命延长 10 倍。

（3）风机可采用铸石板作为防磨衬板，一般粘贴于下风箱，以防掉落。其耐磨性比金属衬板高几倍，甚至几十倍。

（4）目前比较实用的防磨措施是在表面层堆焊 Fe-05 焊条和 Fe-05 耐磨焊块，其表面硬度可达到洛氏硬度 HRC60 以上。其缺点是焊接工艺较复杂，焊接电流较大，要求一次焊接成型，不允许重复堆焊，焊道易产生裂纹，叶片易变形。只有焊接速度掌握得好，才能达到一定的堆焊高度和质量。

（5）粘涂耐磨涂料也是一种较好的防磨措施。因为耐磨涂料具有重量轻、粘涂工艺简单、耐磨性能好、所涂部位不受几何形状约束、适宜现场修复等特点，所以已被各使用单位广泛采用，如美国的 NK-200 耐磨涂料已在国外广泛采用，不过因其价格昂贵，在国内受到一定限制。目前，国内已研制出的耐磨涂料主要有 SR-1 型、CY-22 型、CY-23 型等，其中 SR-1 型防磨涂料采用耐高温环氧脂胶与碳化硅非金属硬质粒子并加入适量的耦联剂 TN-38-01 配制而成。此种防磨涂料的冲蚀磨损率仅为叶片材质的 1/3。

（6）在风机叶轮和机壳等流道内，使用工程陶瓷衬层或风机叶片全部用工程陶瓷制作而成的风机称作陶瓷耐磨风机。工程陶瓷是一种性能稳定、摩擦系数小、热膨胀系数小、强度高、耐热、耐磨、耐腐蚀的新型材料之一，其重量较金属轻 1/3，但由于是脆性材料，因此受重物敲击会发生断裂，但对于煤粉等磨粒的冲击，不会发生断裂现象。

二、喷镀（或喷涂）

喷镀是利用燃气或电能，把加热到熔化或近熔化状态的金属微粒喷附在镀件表面上而形成覆盖层的方法。喷镀法不限定被镀件的尺寸，对大面积的表面也可以制成均匀的喷镀层。因此，在需要对大型设备表面进行耐腐蚀性、耐磨性和耐热性等防护处理时，常采用喷镀法。喷镀法不但方便，而且经济，同时对修复被磨损的轴类、配合面也很有效。

1. 金属电弧喷镀与火焰喷镀

这两类喷镀法是喷镀工艺早期采用的方法。喷镀时采用电弧或火焰将金属丝（或粉末）熔化，用压缩空气将熔化了的金属雾化成直径为 0.01～0.015mm 的颗粒，以 140～300m/s 的速度喷向工件。在热源中心处熔化的金属颗粒温度可达 3000℃（视热源的温度而定），经过压缩空气的吹送受到冷却。当喷射到工件表面时，温度下降到 800～900℃，成为塑性的金属颗粒，而不是液体颗粒。由于喷射速度很大，金属颗粒被填塞在预先拉毛的刻痕里并被撞扁，因此紧紧地镶附在工件表面上。后喷射的颗粒喷射到先落下的颗粒上面，填补在它们的间隙中，形成完整的喷镀层。

由于喷镀层是堆积而成，加之金属颗粒的直径有时达 0.2mm，故喷镀层往往存在许多空隙。

图 4-27、图 4-28、图 4-29 分别是气体熔线式、粉末式、电熔式喷镀的工作原理图。以上三种喷镀法具有工艺与设备简单的优点，但其热源温度不够高，喷射速度与能量不够，因此这三种喷镀的镀层的密度、强度及附着力均不够理想。

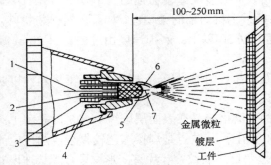

1—线料（<3mm）；2—氧+乙炔；3—压缩空气；4—喷嘴外罩；5—空气流；6—火焰；7—熔化端部

图 4-27　气体熔线式喷镀的工作原理图

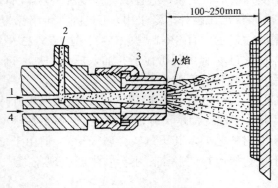

1—输送粉末的压缩空气；2—粉末材料进口管；3—喷嘴头；4—氧+丙烷或氧+乙炔

图 4-28　粉末式喷镀的工作原理图

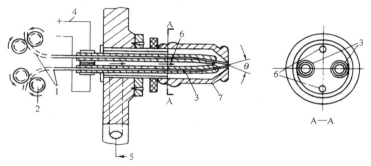

1—金属丝（直径约为 1mm）；2—送线齿轮（气动）；3—输线管；4—直流焊机焊线（300A）；

5—压缩空气进口；6—压缩空气进道；7—喷嘴外罩

图 4-29　电熔式喷镀的工作原理图

2. 等离子射流式喷镀

该装置的工作原理如图 4-30 所示。喷枪是通过棒状钍钨电极供给一定电压的直流电后，在电极与喷嘴之间产生电弧的一种装置。工作气体（氮气与 5%～25%氢气混合）通过电极间的通道将电弧吹入喷嘴，被电弧加热到 8000K 以上的高温气体（最高可达 15000K）出现电离现象，由于此时呈现了通常气体没有的电磁性能而称为等离子体。等离子体高速从喷嘴喷出，其速度可达音速。粉末状的喷镀材料用工作气体输送并流入等离子流中，被熔化和加速并以很大的能量喷向工作表面，形成喷镀层。

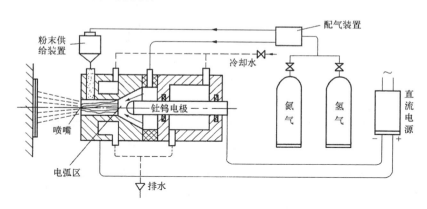

图 4-30　等离子射流式喷射枪的工作原理图

由于等离子流的温度远远高于任何材料的熔点，原则上可对任何材料进行喷镀，因而用途极为广泛。

3. 喷镀层的物理特性

（1）被喷镀的工件表面温度仅为 70～80℃，工件既不会发生变形，又不受工件或喷镀材料焊接性能的限制。

（2）喷镀层有一定的孔隙，其密度为喷镀用材料密度的 85%～95%。

（3）喷镀层与工件表面为机械结合，部分可能为分子结合，结合强度根据工艺及材料的不同而不同，一般在 5MPa～50MPa 范围内。

（4）喷镀层材质较脆，不宜用在冲击载荷较大的环境中。

4. 工件喷镀前后的表面处理

喷镀的质量在很大程度上取决于工作面的净化及拉毛处理效果。所以，工件在喷镀前必须进行净化及拉毛处理，其具体方法如下：

（1）彻底清除工件表面的油污。

（2）用角向磨光机打磨工件表面，磨去氧化层，使表面露出金属光泽。

（3）用电火花将工件拉毛。通常用普通电焊机，选用镍丝作电极（电流为 80～100A），在工件上来回拖移，利用电火花将工件表面打成麻点并达到粗糙化的要求。经电火花拉毛后，用钢丝刷将表面刷净。除上述方法外，电火花拉毛作业还可借用电火花强化振动器，其拉毛质量优于前者。电火花强化振动器的结构如图 4-31 所示。

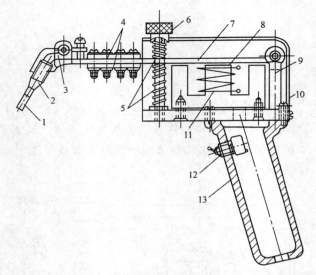

1—硬质合金电极；2—接长棒；3—电极夹头；4—绝缘层压板；5—振幅弹簧；6—振幅调节螺帽；
7—振动臂；8—山形磁铁；9—底板；10—罩壳；11—磁力线圈；12—开关；13—手柄

图 4-31　电火花强化振动器结构图

电火花强化振动器由变压器供给 24V 电源，当磁力线圈通过交流电流时，由山形磁铁对振动臂产生一脉冲磁力，振动臂与铁芯间相互吸引，使振幅弹簧储存一定的位能。当过渡到负半周时，磁力消失，弹簧储存的位能释放，使振动臂反向位移。由于交变磁力与弹簧弹力的交替作用，使振动臂产生每秒 100 次的振动，从而带动装在振动臂一端的电极夹头振动，振动的幅度可用振幅调节螺帽进行调整。它除有拉毛的功能外，还有更重要的功能，就是对工作表面进行强化处理。

工作面经喷镀后，对其喷镀层表面需进行再加工。由于喷镀层材质较脆，所以不允许敲击、錾削，可用锉刀锉削、刮刀刮削，或用机床进行车、磨加工。在用刮刀刮削喷镀层的边缘时，刮刀应从喷镀区的内部向外刮削，并要逐渐减轻刮削压力。喷镀层的边缘应锉成圆角，以防喷镀层剥落。

三、涂镀

涂镀的原理近似电镀。涂镀采用直流电，工件接直流电源的负极，镀笔接正极，如图 4-32

所示。涂镀时将吸有涂镀液的刷子（镀笔）在工件表面匀速移动，在直流电场的作用下，涂镀液中的金属离子将沉积在工件的表面上。

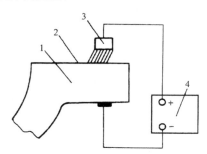

1—工件（如汽缸）；2—工件表面（涂镀面）；3—镀笔；4—直流电源

图 4-32　涂镀工艺示意图

涂镀层的厚度与涂镀的时间成正比，其厚度为 0.01～1.5mm。在操作时，应根据实际的需要确定最佳涂镀层厚度。

涂镀层的结合强度很高，近似于焊接。涂镀层的表面粗糙度取决于原工件表面的粗糙度。若涂镀层达不到粗糙度要求，可在涂镀后进行磨削、抛光。

由于喷镀与涂镀工艺对各类机械修理具有普遍性，所以此项检修工作已形成专业化，这对提高喷镀、涂镀质量，降低检修成本都具有现实意义。

第四节　检修中的粘接与密封技术

金属的粘接技术在热力设备检修中有较广泛的应用前景，相对于电焊、气焊等传统检修工艺而言，它可称为"冷焊"技术。

金属的粘接就是应用高分子材料粘接剂，对设备的零部件进行连接。它可以代替部分焊接、铆接、螺纹连接等传统连接工艺，特别适用于高碳、高合金、铸铁等难于焊接的材料在易燃易爆工况下的连接。同时，金属的粘接技术也可用于设备零部件的裂纹、破裂的修补，平面密封、螺纹密封，以及实现部件的磨损、腐蚀的修复。

用粘接剂进行堵漏的技术发展极快，从静态堵漏发展到在运行中堵漏，从低压堵漏发展到高压堵漏，这已成为现场紧急故障处理的有效手段之一。

一、构件的连接及裂纹、破裂的修补

1. 构件的连接

利用粘接剂对零件进行连接，其接头的设计很重要，做好接头是保证粘接质量的关键。如图 4-33 所示，上面是错误的设计，下面是正确的设计，仔细观察就会发现两者之间的差别。

2. 裂纹与破裂的修补

构件的裂纹与破裂的形状多种多样，但其修补的工艺是相同的。下面以构件的裂纹为例，叙述其修补工艺。

在裂纹的两端钻上止裂孔，孔径为 $\phi3mm\sim\phi4mm$，如图 4-34（a）所示。用旋转锉或角向砂轮沿裂纹开 V 型坡口，坡口的深度取决于裂纹深度、构件的壁厚及受力状况。在可能的条

件下，坡口深些可提高粘接强度，坡口的角度一般为 30°～60°，如图 4-34（b）所示。坡口制成后，把 V 型槽清洗干净，将配制好的修补剂填入 V 型槽内，比槽宽出 20mm 左右即可，如图 4-34（c）所示，待其初步固化后，在上面覆盖一层补强带进行加强处理，如图 4-34（d）所示。

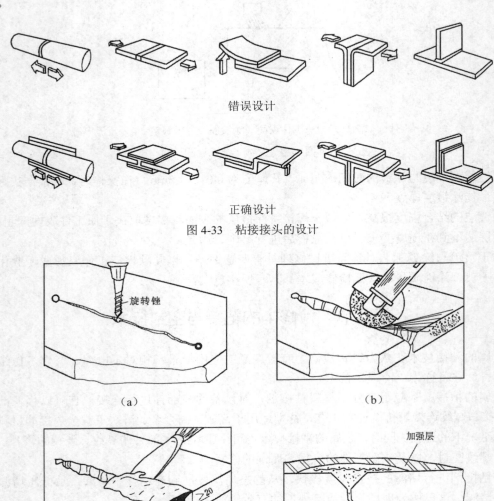

错误设计

正确设计

图 4-33 粘接接头的设计

（a）

（b）

（c）

（d）

图 4-34 裂纹修补工艺

二、平面密封与螺纹密封

1. 平面密封

法兰、缸体等结合面之间常采用不同材质的垫料制成垫子进行密封，但这种密封垫受温度、压力及振动等因素的影响，易老化、失去弹性，甚至错位，导致密封失效。特别是对于大型、形状不规则或是较窄的密封面，采用垫子进行密封就显得更困难。若选择相应的密封剂进行密封，则可大大提高密封性能。由于密封剂具有良好的填充性，所以固化后能形成一个与结合面形状一致的密封垫，既坚韧又有弹性，耐湿、耐压、耐振动冲击，同时具有良好的耐介质性，是一个高强度的弹性垫圈。

采用密封胶进行平面密封的步骤：

（1）清洗结合面。对结合面的清洗工作必须认真，保证结合面无油污、灰尘。

（2）施胶。选择相应的密封胶，将胶挤在密封面上，形成一个连续封闭的胶圈，其数量要足以充满整个结合面。

（3）装配。合上相应的配件，如上缸盖、法兰等，装上螺栓，用常规工艺将螺栓拧紧。

（4）固化。通常均在常温下固化，固化所需的时间取决于所选用密封胶的性能。

（5）拆卸。用常规的方法进行拆卸。

2. 螺纹密封

连接件通常用螺栓进行连接。因为螺纹存在升角，所以松螺栓的力矩比紧螺栓的力矩小20%～30%，这就是螺栓会自行松动的原因之一，另外，冲击、振动、旋转及热松弛等因素的影响也是螺栓松动的原因。传统防止螺栓松动的措施是采用防松件，如弹簧垫圈、开口销、保险垫圈等。但防松件功能单一，不能同时满足防松、防锈、密封这三方面的要求。若采用螺纹密封胶，则可满足上述要求。拧紧螺栓时，将密封胶涂在螺纹上，密封胶快速地凝固，会在螺纹的啮合部位形成一层坚韧的胶层，依靠胶粘力起到可靠的防松作用并获得良好的密封性和耐蚀性。

采用密封胶进行螺纹密封的步骤：

（1）表面处理。清洗螺纹，使螺纹无污物。

（2）施胶。视螺纹连接的形式不同，将胶液滴或涂在螺纹啮合处。

（3）装配。按常规将螺栓拧紧至规定力矩。

（4）固化。在常温下固化，固化时间视选用的密封胶而定。

（5）拆卸。选用普通胶种，在拆卸时只要用大于拧紧力矩10%～20%的力矩即可将螺栓松开，且拆卸后胶层呈粉末状，便于清理和重新装配。若选用高强度胶种，则应采用加热法进行拆卸。

三、磨损与腐蚀的修复

对于被磨损和腐蚀的零部件进行修复的方法较多，如喷涂、涂镀、堆焊等。这些都是正规、有效的工艺，但均要有专用的设备和熟练的技术。若用高分子金属修复剂进行修补，相比就要简单得多，同时它具有以下优点：①修复工作可在常温下进行，工件不会产生热变形；②不需要专用设备，工艺简单；③被修复部位的耐磨性、耐腐蚀性可达到甚至超过原件材质水平。

现以磨损的轴的修复过程为例，简述其工艺。在车床上将轴的磨损部位车成螺纹状，当磨损深度在2mm左右时，可直接在磨损处的表面车丝。若被磨损处过深，必须考虑轴的强度。认真清洗待修复的表面。配制修补剂，修补剂一般为A、B两组，按修补剂的说明准确配兑并混合均匀，然后将配兑好的修补剂敷于修复处，使之高出轴外径1～2mm作为加工余量，并在常温下使修补剂固化。在车床上进行精车，直至达到要求尺寸。

为保证车削质量，推荐切削参数如下：切削速度为0.2～0.5m/s；切削深度，粗车0.5～1.0mm，精车0.1～0.2mm，车后抛光；刀具材料为YT15或YT30。

四、堵漏

目前，粘接剂堵漏技术已发展到在机组不停运的情况下进行，但对于高温、超临界、超超临界压力设备，这项技术的使用还值得商榷。这里仅介绍低温、低压设备在不解体的情况下进行堵漏的技术。

1. 表面处理

由于表面处理直接关系到堵漏能否成功，所以表面一定要处理干净、彻底。通常，表面处理的方法是先擦去泄漏处的污物，然后用角向砂轮机除去表层油漆、铁锈并露出金属，要求越粗糙越好。

2. 堵漏

当表面处理彻底后，将带压胶棒压入泄漏裂纹或孔内，并保持在施压状态下直至胶棒硬化。当泄漏处暂时堵住后，立即用清洗剂清洗堵漏处的周围表面，然后用吸水材料擦去表面水分并用热风吹干。因为带压胶棒只起临时堵漏作用，所以还必须对泄漏处再进行正式堵漏。正式堵漏需根据管内介质及工况选用相应的粘接剂，配制后涂敷在胶棒堵漏部位。由于这类粘接剂固化速度很快，所以要随配随用。待到其初步固化后，把刮刀浸湿进行刮抹，将敷层修平。

五、使用粘接剂的注意事项

（1）根据零部件粘接技术的要求、零部件损坏程度、缺陷性质及设备内介质种类和参数等，正确选用粘接材料。目前市场供应的粘接材料种类繁多，功能差异极大，质量也参差不齐，因此优选最合适的粘接剂是保证粘接效果的首要条件。

（2）不论是粘接或修补、堵漏，工件粘接部位的清洁状况均直接关系到粘接工艺的成败。因此对粘接部位的清洗工作，必须按工艺要求认真进行。

（3）根据粘接剂的技术说明，保证施胶后的固化时间，使用期只许延后，不许提前。

（4）对从未使用过的新牌号密封胶，应在正式使用前多次试验，以证明它的效果并总结使用工艺。

（5）对粘接的接头能使用夹具的，应尽可使用夹具，以增加接头的粘接强度并确保接头对位的准确。

六、粘接及修补的常见缺陷及处理方法

粘接及修补的常见缺陷及处理方法见表 4-5。

表 4-5　粘接及修补的常见缺陷及处理方法

缺陷现象	可能原因	解决方法
涂层发黏	1.温度太低，未完全固化或不固化 2.修补剂 A、B 组分配比不当，B 组用量太少 3.配制修补剂时混合不均匀 4.固化时间不够	1.提高固化温度，升温到 25℃以上 2.严格按说明书指定配比称取 3.搅拌均匀 4.延长固化时间
涂层太脆	1.B 组固化剂用量过多 2.固化速度太快 3.固化温度过高 4.未完全固化	1.严格按比例配制 2.降低升温速度，阶梯升温 3.严格控制固化温度，使之在 100℃以下 4.延长固化时间，适当提高固化温度

续表

缺陷现象	可能原因	解决方法
涂层气孔	1.搅拌速度太快，过量空气混入 2.黏度太大，包裹空气（特别是冬天施工时） 3.施工时未用力按压	1.放慢搅拌速度并朝一个方向搅拌 2.提高施工环境温度，降低黏度 3.施工时，反复按压涂层，使空气逸出
涂层脱落	1.表面处理不干净 2.表面处理后停放时间太长 3.表面太光滑 4.涂层未彻底固化，加工时易脱落 5.表面划伤太浅，涂层过薄 6.修补剂过期	1.表面彻底除锈、除油、除湿 2.表面处理后立即施工 3.表面打磨粗化，加工成螺纹状或燕尾槽 4.提高固化温度，延长固化时间 5.把划伤处打磨到深 2mm 以上 6.不用过期的修补剂
涂层粗糙	1.配制时混合不均匀 2.修补剂失效或变质 3.涂敷时超过适用期 4.施工温度太低，修补剂黏度太大	1.混合均匀 2.严格注意贮存期 3.按说明书，在适用期内施工完毕 4.预热被粘表面或提高施工环境温度

第五节　晃动、瓢偏测量与直轴

一、晃动、瓢偏测量

旋转体外圆面对轴心线的径向跳动称为径向晃动，简称晃动。晃动程度的大小称为晃动度。旋转体端面沿轴向的跳动称为轴向晃动，也称为瓢偏。瓢偏程度的大小称为瓢偏度。旋转体的晃动、瓢偏不允许超过许可值，否则将影响旋转体的正常运行。

1. 晃动、瓢偏对旋转体的影响

旋转体晃动影响旋转体的平衡，尤其是对大直径、高转速旋转体的影响更为严重。对动静间隙有严格要求的旋转体，晃动、瓢偏过大会造成动静部件的摩擦。工作面是端面的旋转部件，如推力盘、平衡盘，要求在运行中与静止部件有良好的动态配合，若瓢偏度过大，则将破坏这种配合，导致盘面受力不均匀并破坏油膜或水膜的形成，造成配合面磨损，严重时出现烧瓦事故。旋转体的连接件，如联轴器的对轮，若晃动度、瓢偏度超标，将影响轴系找中心及联轴器的装配精度，导致机组振动超常。传动部件如齿轮，其晃动的大小直接关系着轮齿的啮合优劣；又如三角带轮的瓢偏与晃动，会造成三角皮带磨损超常。

2. 旋转体产生晃动、瓢偏的主要原因

由于轴弯曲，造成转子上的部件的瓢偏度、晃动度增加，越是接近最大弯曲点的部件，其值增加越大。在加工旋转体上的零件时，工艺不好会造成孔与外圆的同心度、孔与端面的垂直度超标。在安装、检修时，套装件不按正规工艺进行套装，如键的配合有误、轴与孔配合间隙过大、套装段有杂质、热套变形等。铸件退火不充分，造成因热应力而变形。运行中动静部件发生摩擦，造成热变形等。这些都会造成旋转体产生瓢偏、晃动现象。

因此在检修中，对转子上的固定件，如叶轮、齿轮、皮带轮、联轴器对轮、推力盘、轴套等，都要进行晃动和瓢偏的测量。测量工作可以在机体内进行，也可以在机体外进行，一般应在机体内进行，这样得出的数值更准确。

3. 晃动测量

将所测旋转体端面的圆周分成八等份，并编上序号。固定好百分表架，将表的测杆按标准安放在圆面上，如图4-35（a）所示。被测量处的圆周表面必须是经过精加工的，其表面应无锈蚀、无油污、无伤痕，否则测量就不准确了。

把百分表的测杆对准如图4-35（a）所示的位置"1"，先试转一圈，若无问题，即可按序号转动旋转体，依次对准各点进行测量，并记录其读数，如图4-35（b）所示。

根据测量记录，计算出最大晃动度。以图4-35（b）的测量记录为例，最大晃动位置为"5"点处，最大晃动值为0.58-0.50=0.08mm。

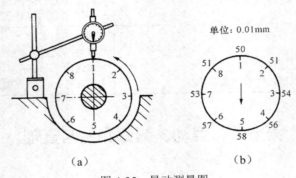

图4-35　晃动测量图

在测量时应注意，在转子上编序号时，习惯以旋转体的逆转方向顺序编号。晃动的最大值不一定正好在序号上，所以应记下晃动的最大值及其具体位置，并在旋转体上做上明显记号，以便检修时查对。记录图上的最大值与最小值不一定正好在同一直径上，但无论是否在同一直径上，其计算方法都不变且应标明最大值的具体位置。测量晃动的目的是找出旋转体外圆面的最凸出的位置及数值，故其值不能除以2，除以2后，则是轮外圆中心偏差。

4. 瓢偏测量

在测量瓢偏时，必须安装两只百分表，这是因为测量件在转动时可能与轴一起沿轴向窜动。用两只百分表，可以把窜动的数值在计算时消除。安装表时，将两表分别安装在同一直径相对的两个方向上，如图4-36所示。将表的测量杆对准如图4-36所示的1和5点，两表与边缘的距离应相等。表经调整并证实无误后，即可转动旋转体，按序号依次测量，并把两只百分表的读数分别记录下来。记录的方法有两种：一种用图记录，如图4-37所示；一种用表格记录，如表4-6所示。

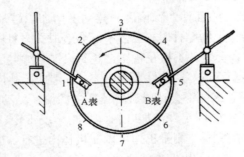

图4-36　瓢偏测量图

（1）用图记录

1）将 A 表、B 表的读数 a、b 分别记录，如图 4-37（a）所示。

2）算出两记录图同一位置的平均数 $\dfrac{a+b}{2}$，并记录在图 4-37（b）中。

3）求出同一直径上两数之差 $a-b$，即为该直径上的瓢偏度，如图 4-37（c）所示。通常将其中最大值定为该旋转体的瓢偏度。从图 4-37（c）中可看出，最大瓢偏位置为"5"点处，最大瓢偏度为 0.08mm。该旋转体的瓢偏状态如图 4-37（d）所示。

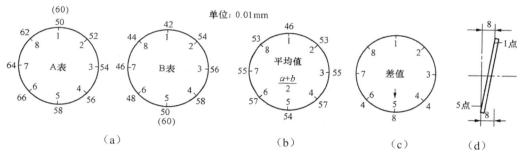

图 4-37　瓢偏测量记录图

（2）用表格记录

用表格记录，如表 4-6 所示。

表 4-6　瓢偏测量记录及计算举例（1/100mm）

位置编号		A 表	B 表	$a-b$	瓢偏度
A 表	B 表				
1	5	50	50	0	
2	6	52	48	4	
3	7	54	46	8	
4	8	56	44	12	瓢偏度 $=\dfrac{(a-b)_{\max}-(a-b)_{\min}}{2}$
5	1	58	42	16	
6	2	66	54	12	$=\dfrac{16-0}{2}$
7	3	64	56	8	
8	4	62	58	4	$=8$
1	5	60	60	0	

从图 4-37（a）和表 4-6 中可看出，测点转完一圈之后，两只百分表上的读数未回到原来的读数，而是由"50"变成"60"。这表示在转动过程中转子窜动了 0.10mm，但由于用了两只百分表，在计算时该窜动值被减掉。

测量瓢偏应进行两次。第二次测量时，应将测量杆向旋转体中心移动 5～10mm。两次测量结果应很接近，如果相差较大，则必须查明原因。造成的原因可能是测量上的差错，也可能是旋转体端面不规则。待原因查明后，再重新测量。

（3）瓢偏度与旋转体瓢偏状态的关系

根据图 4-37 与表 4-6 计算出的瓢偏度，其值指的是旋转体端面最凸出部位，还是最凹入部位，还是凸凹部位之和呢？现以图 4-38 所示的图解法进行求证。

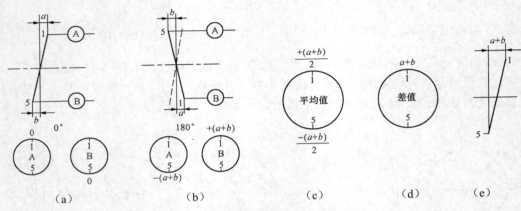

图 4-38　瓢偏度与瓢偏状态的关系图

通过图 4-38 所示的图解结果证明，瓢偏度是旋转体端面最凸处与最凹处之间的轴向距离。

（4）测量瓢偏的注意事项

1）图与表中所列举的数据均为正值，实际工作中虽然有负值的出现，但是其计算方法不变。

2）若百分表以"0"为起点读数，则应注意+、-的读法，如图 4-39 所示。在记录和计算时，同样应注意+、-。

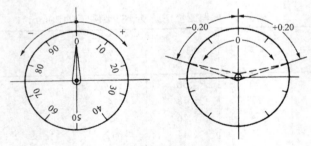

图 4-39　分表以零为起点的读数法

3）用表计算时，其中两表差可以表示为 $a-b$，也可以用 $b-a$ 来计算，但在确定其中之一后，就不能再变。

4）图和表中的最大值与最小值不一定在同一直径上，出现不对称情况是正常的，说明旋转体的端面变形是非对称的扭曲。

二、直轴

发电厂对各种设备轴的弯曲度都有严格的要求，如汽轮机的轴、水泵的轴、风机的轴等都必须符合标准。如果弯曲值超过允许范围，就要进行直轴处理。

1. **轴弯曲测量**

测量轴弯曲时，应在室温状态下进行。大部分轴可以在平板或平整的水泥地上进行测量。测量时是将两端轴颈支撑在滚珠架或 V 型铁上进行，而重型轴如汽轮机转子轴一般在本体的轴承上进行。测量前应将轴向窜动限制在 0.10mm 以内。

（1）测量步骤

1）测量轴颈的不圆度，其值应小于 0.02mm。

2）将轴分成若干测量段，测点应选在无锈斑、无损伤的轴段上，并测记测点轴段的不圆度。

3）将轴的端面八等分，序号的"1"点应定在有明显固定记号的位置，如键槽、止头螺钉孔等处。

4）为保证测量时每次转动的角度一致，应在轴端设一固定的标点，如用划针盘、磁力表座等。

5）架装百分表时，百分表必须灵敏、好用且符合要求，表脚应垂直轴并通过轴的中心线。

6）将轴沿序号方向转动，依次测出百分表在各等分点的读数，并将读数按测量段分别记录在图中。根据记录图计算出每个测段截面的弯曲向量值，计算方法为同直径读数差的 1/2，即为轴中心弯曲值。将截面弯曲向量图绘在测量记录图的下面，如图 4-40 所示。

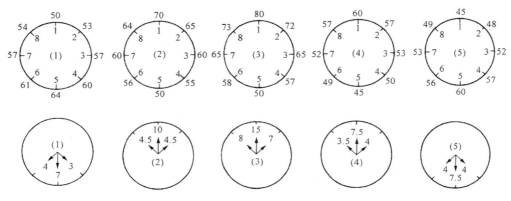

图 4-40　轴弯曲测量记录

7）根据各截面弯曲向量图绘制弯曲曲线图。纵坐标为轴各截面同一轴向的弯曲值，横坐标为轴全长和各测量截面的距离。根据各交点连成直线，在直线交点及其两侧多测几个截面，将测得的各点连成平滑的曲线，从而构成轴的弯曲曲线，如图 4-41 所示。

（2）轴弯曲状态分析

轴弯曲状态分析是依据轴各截面的测量记录及弯曲向量图进行的。如果轴各截面的最大弯曲向量位于同一轴向，说明该轴只有一个弯；如果各截面的最大弯曲向量不在同一方向，则说明该轴不止一个弯。此时应根据截面的最大弯曲向量方向，绘制另一轴向的弯曲曲线图。

图 4-41 所示的弯曲曲线图是一条理想曲线。在实际工作中，由于各种因素的影响，如轴的不圆度、各轴段的不同轴度及测量误差等，会使各截面的最大向量的连线不是直线。因此在绘制曲线图时，要对各弯曲点进行分析，并均衡各弯曲点的关系。

曲线图中的直线交点反映在轴上就是轴的弯曲处，也就是直轴时的校直处，若该点错误，不仅不能将轴校直，反而会把问题搞复杂。故在校直前，必须对校直位置进行仔细复查，以核实该处校直的正确性。

通常所说的轴的最大弯曲值，是在该轴以原轴承为支点的条件下所测得的。若改变支点的轴向位置，则最大弯曲值也随之改变。

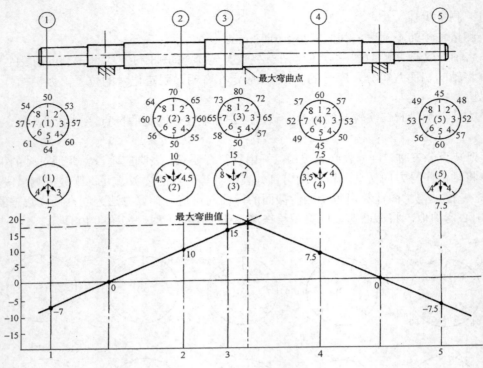

图 4-41　轴弯曲曲线

在直轴时，轴的校直量与轴的弯曲值是不同值。轴的校直量要根据直轴方法、轴的固定方式及监测用的百分表架设的位置而定。

将圆周等分为 8 等份，这是在检修工作实践中所总结出的最佳等分数。因为 8 等份最好绘制，每等份为 45°，既有利于记录，又有利于对数据的分析。8 等份和等分的始点（"1"点）都是人为制定的，它与轴的弯曲方位无任何必然关系。

轴弯曲的测量工作是转子与轴类检修必做的内容。在实际工作中，真正发生轴弯曲的现象还是少数，因此没有必要对每根轴均按前述工艺进行弯曲的测量。为了简化测量工作，提高效率，可在轴上选 2~3 个测量段，架好百分表，将轴转动一圈，转动时只需注意百分表指示的最大值。若最大值小于轴弯曲允许值，就无需再做轴弯曲的测量工作。此种方法适用于类似的各项测量工作，如旋转体的瓢偏、晃动的测量。

2. 直轴前的检查

先用砂布将轴所要检查的区域打磨光，并用过硫酸铵浸蚀，然后用高倍放大镜检查轴面，若有裂纹，则在银白色的轴面上会呈现暗色条纹，细微的裂纹需要一昼夜后才能显现。因此，需在浸蚀后作初次检查，经过 24h 后再作第二次检查。裂纹深度的测定，可通过锉削、磨削、车削的方法或采用无损探伤。轴上的裂纹必须在直轴前消除掉，否则在直轴时将会进一步扩大。如果裂纹太深，没有检修的价值，就应更换轴。

如果轴因摩擦引起弯曲，则应测量摩擦部位和正常部位的表面硬度。若轴的摩擦部位金属已淬硬，在直轴前就应进行退火处理。

当轴的材料不能确定时，应进行取样分析。取样应从轴头处钻取，其重量不得少于 50g。

注意取样时不能损伤轴的中心孔。

3. 直轴的方法

（1）机械加压直轴法

把轴放在 V 型铁上，两 V 型铁的距离一般为 150～200mm，轴的最大弯曲点对准压力机的压头。在轴的下方或轴端部装上百分表，如图 4-42 所示。下压的距离应略大于轴的弯曲值。过直量一般不超过该轴的允许弯曲值。此直轴法一般不需要进行热处理，但精度不高，常用于一般阀杆等的校直。

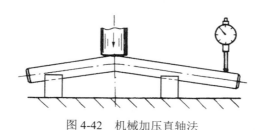

图 4-42　机械加压直轴法

（2）捻打直轴法

捻打直轴法就是通过捻打轴的弯曲处凹面，使该处金属延伸，将轴校直。此直轴法精度高、应力小、不产生裂纹，多用于弯曲不大、直径较细的轴的校直。操作时，将轴放在支座上，最大弯曲点的凹部向上，在支座与轴接触处应垫以铜、铝之类的软金属板或硬木块，轴必须固定牢固。轴的另一端任其悬空，必要时可在悬空端吊上重物或用机械加压，以增加捻打效果，如图 4-43 所示。

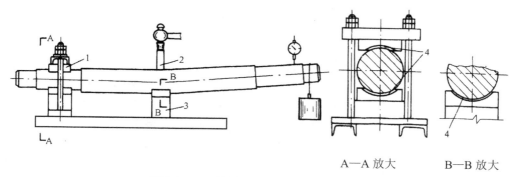

A—A 放大　　　　B—B 放大

1—固定架；2—捻棒；3—支持架；4—软金属板

图 4-43　捻打直轴法的设备

捻棒可用低碳钢或黄铜制作。捻棒下端端面应制成与轴面相吻合的弧形且没有棱角，如图 4-44 所示。

捻打的方法如下：在轴弯曲部位画好捻打范围，一般为圆周的 1/3，如图 4-45（a）所示；轴向捻打长度应根据轴的材料、表面硬度和弯曲度来决定。用 1～2kg 的手锤靠其自重锤击捻棒，先从 1/3 圆弧的中心开始，左右相间均匀地锤击。锤击次数应中间多，左右两侧逐渐递减。轴向锤击次数也是由中央向轴的两端递减，如图 4-45（b）所示。

每捻打完一遍，检查一次轴的伸直情况。轴的伸直变化开始较大，之后由于轴表面逐渐硬化，轴的伸直也减慢了。经多次捻打效果不显著时，可以用喷灯将轴表面加热到 300～400℃，经过低温退火后再捻打。捻打到最后时，要防止过直，但允许有一定的过直量（0.01～0.02mm）。最后将轴的捻打部位进行低温退火，消除内应力和表面硬化。

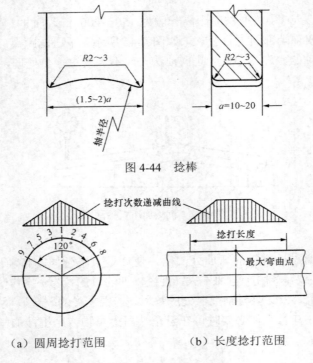

图 4-44　捻棒

（a）圆周捻打范围　　　　　　（b）长度捻打范围

图 4-45　捻打的方法

（3）局部加热直轴法

轴发生永久性弯曲往往是因为单侧摩擦过热而引起的。金属过热部位受热膨胀，轴产生暂时热胀弯曲，与此同时，受热部位的膨胀又受到周围温度较低金属的限制，而产生很大的压应力，如图 4-46（a）所示。若压应力大于过热部位的屈服极限，将产生塑性变形。被塑性压缩的体积，即为该部位金属在过热温度下因膨胀受周围限制而不能胀出的体积。当恢复常温后，过热部位收缩，其体积与常温下原有体积相比，还要减小被塑性压缩的体积，并向内拉扯周围金属，使轴曾受过热一边的长度变短，而其他部分仍恢复原有长度，于是轴呈现反向弯曲，过热处位于凹处如图 4-46（b）所示。

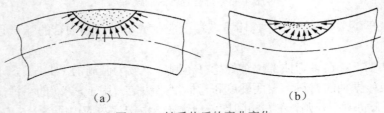

（a）　　　　　　　　　　　（b）

图 4-46　轴受热后的弯曲变化

局部加热直轴法就是采用这种原理，即在转子凸起部位进行局部加热，使其产生塑性压缩变形，在冷却后反向弯曲而使轴伸直。

局部加热直轴时，将轴的凸起部位向上放置。不需要受热的部位用石棉制品隔绝，加热段用石棉布包起来，下部用水浸湿，上部不要浸水，并留有如图 4-47（a）所示的加热孔。加热孔周围的保温层不宜太厚，以免妨碍火嘴的移动。加热要迅速、均匀，并选用头号火嘴。加热从孔中心开始，然后逐渐扩展至边缘，再从边缘回到中心。在这一过程中，应防止火嘴停留在某一点不动而将轴熔化。当温度达到 600～700℃时，即可停止加热，并立即用干石棉布将加热孔盖上，待轴自然冷却到室温时，测量轴的弯曲情况。若未达到要求的数值，就重复再直一次。如果在原位再次加热无效，就将加热孔移至最大弯曲处的轴向附近，扩大加热面积。

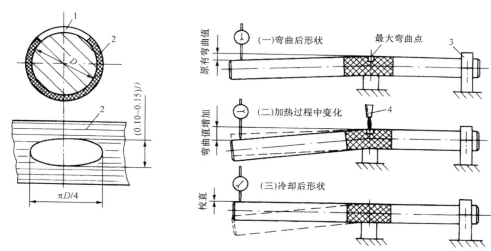

（a）加热孔尺寸（下图为加热孔展开图）　　　　（b）加热前后轴的变化

1—加热孔；2—石棉布；3—固定架；4—火嘴

图 4-47　局部加热直轴法

在加热过程中，轴的弯曲度是逐渐增加的。加热完毕后，轴开始伸直。随着轴温的降低，轴不仅回到原弯曲形状，而且逐渐向原弯曲的反方向伸直，如图 4-47（b）所示。最后轴要求过直 0.05～0.075mm，这个过直量在轴退火后可以消失。直轴完后，应在加热处进行全周退火或整轴退火。

对于弯曲不大的碳钢或低合金钢轴，用局部加热直轴法既省时又省事。

（4）局部加热加压直轴法

此法与局部加热直轴法不同之处是，在加热之前利用加压工具使轴的弯曲部位先受压，以增加直轴效果。压力的大小取决于轴两支点间的距离、轴的直径及弯曲值。施加的压力必须在轴完全冷却之后方允许卸压。至于轴的加热方法、加热温度及退火处理等均与局部加热直轴法相同。局部加热加压直轴法的设备布置如图 4-48 所示。

此直轴法效果较前几种方法好，但不适用于高合金钢及经淬火的轴，而且稳定性较差，在运行中有可能向原弯曲形状再次变形。

（5）内应力松弛直轴法

此方法是将轴的最大弯曲处的整个圆周加热到低于回火温度 30～50℃，接着向轴的凸起部位加压，使其产生一定的弹性变形。在高温下，作用于轴的内应力逐渐减小，同时弹性变形逐渐转变为塑性变形，从而达到轴的校直目的。这种直轴法校直后的轴具有良好的稳定性，尤其是用合金钢锻造或焊接的轴采用这种方法直轴最为可靠。

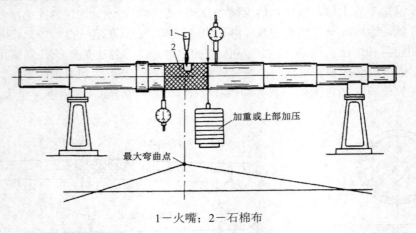

1—火嘴；2—石棉布

图 4-48　局部加热加压直轴法的设备布置

松弛直轴法装置的总体布置如图 4-49（a）所示。直轴时，用顶丝将承压支架顶起，使轴颈离开滚动支架约 2mm。轴的最大弯曲点在正上方，以 80~100℃/h 的速度升温，当升到 650℃左右（最高不超过 700℃）时恒温，并开始逐步加力。用油压千斤顶控制加力的大小，达到预定压力后保持恒压。在恒压期间随时观测电流、电压、各点温度、千斤顶油压及轴的挠度。恒压时间根据轴的松弛情况决定。当轴的挠度变化很缓慢甚至几乎不变时，停止加压，松开千斤顶和支架顶丝，使轴落在滚动支架上。轴每 5min 转动 180°，待轴上下温度均匀后，再测量轴的弯曲度。测量前应断电，根据测量结果，若要再次校直，应接着进行，并在允许范围内适当提高加热温度或压力，否则效果不大。

直轴后必须检查。首先检查加压、加热部位表面是否有裂纹，加热部位的表面硬度是否有明显下降。由于直轴后的剩余弯曲及弯曲方向与轴在弯曲前有差异，故应对转子进行找平衡工作。

在直轴的过程中，没有达到校直要求的轴或运行后再次弯曲的轴均允许重复进行校直，但次数不宜过多，一般以三次为限。

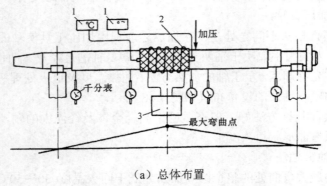

（a）总体布置

图 4-49　松弛直轴法装置的结构与布置

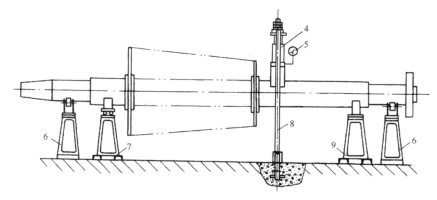

（b）加压与支承装置

1—热电偶温度表；2—感应线圈；3—调压器；4—千斤顶；5—油压表；6—滚动支架；
7—活动承压支架；8—拉杆；9—固定承压支架

图4-49　松弛直轴法装置的结构与布置（续图）

第六节　联轴器找中心

联轴器找中心是汽轮发电机组及水泵、风机、磨煤机等转动设备检修的一项重要工作。转动设备轴的中心如果找得不准，则必然引起机组的振动。因此，在检修中必须对转动设备轴进行找中心。

汽轮机及其他转动设备联轴器中心的允许偏差见表4-7和表4-8。

表4-7　汽轮机联轴器中心的允许偏差（3000r/min）　　（单位：mm）

联轴器类别	端面允许偏差	外圆允许偏差	联轴器类别	端面允许偏差	外圆允许偏差
刚性联轴器	≤0.02～0.03	≤0.04	挠性联轴器（弹性）	≤0.06	≤0.08
半挠性联轴器	≤0.05	≤0.06	挠性联轴器（齿轮）	≤0.08	≤0.10

表4-8　其他转动设备联轴器中心的允许偏差（端面值）　　（单位：mm）

联轴器类别	3000r/min	1500～3000r/min	750～1500r/min	500～750r/min	500r/min以下
刚性联轴器	0.02	0.04	0.06	0.08	0.10
半挠性联轴器	0.04	0.06	0.08	0.10	0.15

注：外圆允许偏差比端面允许偏差可适当放大，但放大值一般不超过0.02mm。

一、原理

联轴器找中心的目的是使一转子轴中心线为另一转子轴中心线的延续曲线。因为两个转子的轴是用联轴器连接的，所以只要联轴器的两对轮中心是延续的，那么这两转子的中心线也就一定是一条延续的曲线。要使联轴器的两对轮中心是延续的，必须满足以下两个条件：一是使两个对轮中心重合，也就是使两对轮的外圆同心；二是使两个对轮的结合面（端面）平行（两轴中心线平行）。

测量两对轮的中心重合情况和端面的平行情况，可采用如下方法：先在某一转子的对轮外圆面上装上桥规，以供测外圆面偏差之用，如图 4-50 所示，然后转动转子，每隔 90° 测记一次，共测出上、下、左、右四处的外圆间隙 b 和端面间隙 a，得出 b_1、b_2、b_3、b_4 和 a_1、a_2、a_3、a_4，再将其结果记在图 4-50 的方格内。

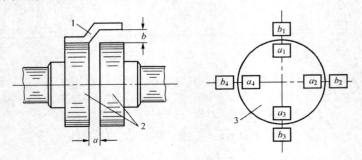

1—桥规；2—联轴器对轮；3—中心记录图

图 4-50 对轮找中心的原理

若测得的数值：$a_1 = a_2 = a_3 = a_4$，则表明两对轮的端面是平行的；$b_1 = b_2 = b_3 = b_4$，则表明两对轮是同心的；如果同时满足上述两个条件，两轴的中心线就是一条延续曲线；如果所测得的数值不等，就说明两轴中心线不是一条延续曲线，需要对轴承进行调整。

由此可知，联轴器找中心的主要工作有两项：①测量两对轮的外圆面和端面的偏差值；②根据测量的偏差数值，对轴承（或轴瓦）作相应的调整，使两对轮中心同心、端面平行。

二、对轮的加工误差对找中心的影响

由于联轴找中心是以外圆和端面为基准进行调整的，所以要求对轮和轴颈的加工精度及对轮的安装质量不许有偏差。实际上，要做到没有偏差是不可能的，也就是说对轮外圆与端面不可避免地存在着晃动和瓢偏。当转动一侧对轮时，即可从图 4-51 中清楚地看出对轮的瓢偏和晃动对端面 a 值及外圆 b 值的影响。

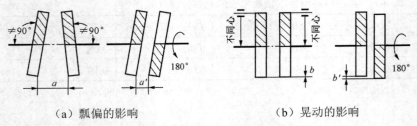

（a）瓢偏的影响　　　　　　（b）晃动的影响

图 4-51 对轮的瓢偏与晃动对找中心的影响

若用销子将两对轮穿连，并同时转动两对轮，就可发现端面 a 值及外圆 b 值不随两对轮转动位置的改变而发生变化，如图 4-52 所示，也就是说两对轮瓢偏及晃动对所测出的端面 a 值和外圆 b 值没有影响。

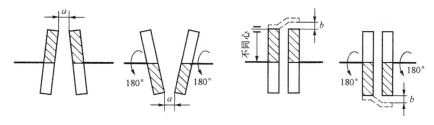

图 4-52 两对轮同时转动后的情况

根据上述实验，得到以下结论：在找中心时，必须将两对轮依照原来的连接位置连在一起同时转动。

三、找中心的方法及步骤

（一）准备工作

检查并消除可能影响对轮找中心的各种因素，如拆除联轴器上的各种附件及连接螺栓，并清除对轮上的油垢、锈斑。检查各轴瓦是否处于良好状态。检查两个转子是否处于自由状态，无任何外力施加在转子上等。准备桥规，桥规可以自制，如图 4-53 所示。

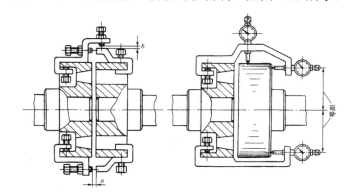

（a）用塞尺测量的桥规　　　（b）用百分表测量的桥规

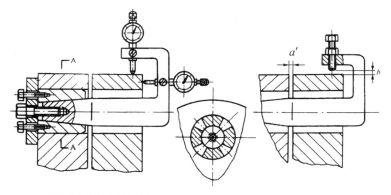

（c）用百分表测量的桥规　　　（d）用塞尺测量的桥规

图 4-53 桥规结构图

用塞尺测量时需调整桥规的测位间隙，在保证有间隙的前提下，应尽量将间隙调小，以减小因塞尺片数过多而造成的误差。

用百分表测量时，必须按百分表的组装要求进行。桥规与百分表组装好后，试转一圈。要求测量外圆的百分表指针回复原位，测量端面两表的读数的差值应与起始时的差值相等。百分表的安装角度应有利于看清指针的位置，便于读数。

（二）数据测量、记录及计算

1. 外圆、端面数据的测记

测记时，将测量外圆的百分表转到上方，先测出外圆值 b_1，记录在圆外，再测端面值 a_1、a_3，记录在圆内，如图 4-54 所示。每转 90°测记一次，共测记四次。在现场多用一个图记录，这样更便于分析和计算。

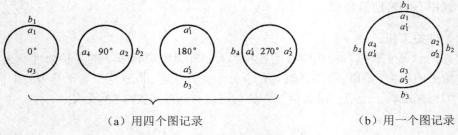

（a）用四个图记录　　　　　　　　（b）用一个图记录

图 4-54　记录方法（单位：0.01mm）

测量端面值要安装两只百分表，是为了消除在测量时轴向窜动对端面的影响，两表必须安装在同一直径线上并距中心等距，如图 4-55 所示。

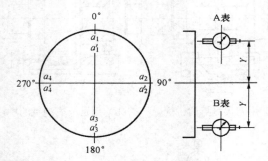

图 4-55　端面值的测记图

2. 外圆、端面偏差值的计算

外圆中心差值的计算。从图 4-56 可以看出外圆与中心的关系，外圆差值为 $b_1 - b_3$，而轴中心差值为 $(b_1 - b_3)/2$，故外圆中心差值为相对位置数值之差的 1/2。

端面平行差值的计算。由于端面有两组数据，故要求求出每个测点的平均值。端面上下不平行值为 $\dfrac{a_1 + a_1'}{2} - \dfrac{a_3 + a_3'}{2}$，$\dfrac{a_2 + a_2'}{2} - \dfrac{a_4 + a_4'}{2}$，故端面不平行值为相对位置平均值之差。

对轮外圆与端面偏差总结图。根据计算出的外圆与端面偏差值，将偏差值记录在对轮偏差总结图中。因为在计算时，将大数作为被减数并将计算结果记录在被减数位置上，所以在偏差总结图中无负数出现。

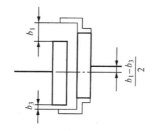

图 4-56 外圆与中心的关系

（三）中心状态分析

根据对轮的偏差总结图中数据，可以对两轴的中心状态进行推理，并绘制出中心状态图。绘制中心状态图是找中心成败的关键，要特别细心，如图 4-57 所示。

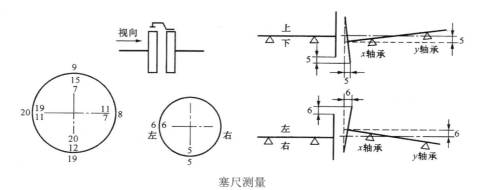

塞尺测量

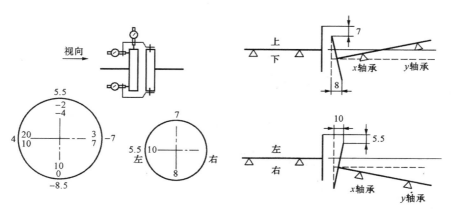

百分表测量

图 4-57 中心状态图

（四）轴瓦调整量的计算

中心状态图绘制好后，就可以计算轴瓦的调整量。在计算时，先求出 x 轴承与 y 轴承的移动量，再消除 a 值的调整量，按三角形相似定理，如图 4-58 所示，有如下关系：

$$\frac{\Delta x}{a} = \frac{l_1}{D} \text{ 则 } \Delta x = \frac{l_1 a}{D}, \quad \frac{\Delta y}{a} = \frac{l}{D} \text{ 则 } \Delta y = \frac{la}{D}$$

求出 Δx、Δy 后,再根据中心状态图,决定是减去 b 值还是加上 b 值,即总的调整量为 $\Delta x \pm b$ 和 $\Delta y \pm b$。

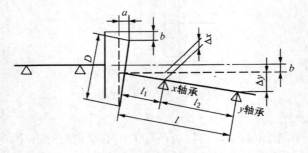

图 4-58　计算轴瓦调整量示意图

【例 1】转子的尺寸及测记数据(用塞尺测量),如图 4-59(a)所示。

(1)根据对轮偏差总结图绘制中心状态图,如图 4-59(b)所示。

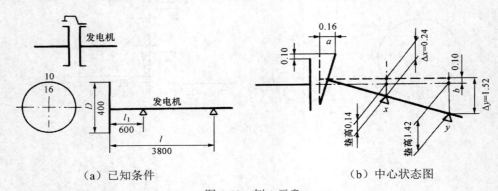

（a）已知条件　　　　　　　　　　　　　（b）中心状态图

图 4-59　例 1 示意

(2)计算轴瓦为消除 a 值的调整量。

x 瓦与 y 瓦应向上移动:

$$\Delta x = \frac{l_1 a}{D} = \frac{600 \times 0.16}{400} = 0.24 \text{mm}$$

$$\Delta y = \frac{la}{D} = \frac{3800 \times 0.16}{400} = 1.52 \text{mm}$$

(3)根据中心状态图,两轴瓦应同时减去 b 值。

x 瓦应垫高　0.24-0.10=0.14mm

y 瓦应垫高　1.52-0.10=1.42mm

【例 2】已知条件如图 4-60(a)所示。

(1)根据记录图算出对轮偏差总结图,如图 4-60(b)所示。

(2)根据对轮偏差总结图及测量方法,绘制中心状态图,如图 4-60(c)所示,并校核无误。

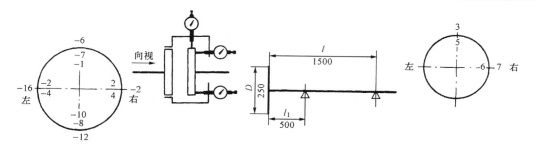

（a）已知条件　　　　　　　　　　　　（b）对轮偏差总结图

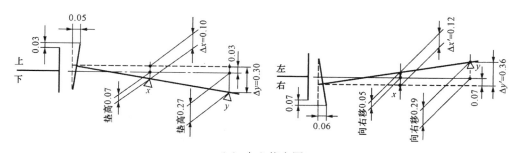

（c）中心状态图

图 4-60　例 2 示意图

（3）解决端面不平行的问题，计算轴瓦为消除 D 值的调整量。

向上移动

$$\Delta x = \frac{0.05 \times 500}{250} = 0.10 \text{mm}$$

$$\Delta y = \frac{0.06 \times 1500}{250} = 0.30 \text{mm}$$

向右移动（左加右减）

$$\Delta x' = \frac{0.06 \times 500}{250} = 0.12 \text{mm}$$

$$\Delta y' = \frac{0.06 \times 1500}{250} = 0.36 \text{mm}$$

（4）根据中心状态图，两轴瓦应向下移动 0.03mm（减去 0.03mm），向左移动 0.07mm（减去 0.07mm）。

x 瓦应垫高	0.10-0.03=0.07mm
y 瓦应垫高	0.30-0.03=0.27mm
x 瓦应向右移动（左加右减）	0.12-0.07=0.05mm
y 瓦应向右移动（左加右减）	0.36-0.07=0.29mm

（五）可调式轴承调整量的计算

可调式轴承的下瓦通常为三块垫铁，左右的两块多为倾斜结构，这给计算工作增加了一定的难度，只要理解垫铁的角度与调整量的关系，其计算工作也易掌握。

当轴瓦左右调整 ΔL 时，两侧垫片的调整量为 $\Delta L \cos \alpha$。如图 4-61（a）所示的图例，左侧增加 $\Delta L \cos \alpha$，右侧减少 $\Delta L \cos \alpha$，下面垫片不变。

当轴瓦上下调整 ΔH 时，两侧垫片的调整量为 $\Delta H \sin \alpha$。如图 4-61（b）所示的图例，两

侧垫片增加 $\Delta H \sin\alpha$，下面垫片增加 ΔH。

当轴瓦左右、上下都需要调整时，可将两种调整量的计算合二为一，其计算方法如图 4-61（c）所示。

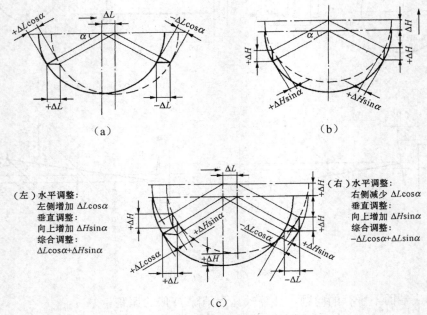

图 4-61　可调式轴承调整量综合计算图例

【例3】设下瓦有三块垫铁，正下方一块，两侧各一块，两侧垫铁与水平夹角 α 为 17°30′。根据例2各瓦的移动量，求出各瓦的垫铁调整量。

（1）x 瓦垫高 0.07mm，底部垫铁增加 0.07mm，两侧垫铁各增加

$$0.07 \sin\alpha = 0.07 \times 0.3 = 0.02\text{mm}$$

x 瓦向右移动（左加右减）0.05mm，底部垫铁不需要调整，左侧垫铁增加及右侧垫铁减小

$$0.05 \cos\alpha = 0.05 \times 0.95 = 0.048\text{mm}$$

综合调整如下：

左侧为　　　　　　　　0.02+0.048=0.068mm

右侧为　　　　　　　　0.02−0.048=−0.028mm

底部为　　　　　　　　0.07mm

（2）y 瓦垫高 0.27mm，底部垫铁增加 0.27mm，两侧垫铁各增加

$$0.27 \sin\alpha = 0.27 \times 0.3 = 0.081\text{mm}$$

y 瓦向右移动（左加右减）0.29mm，底部垫铁不需要调整，左侧垫铁增加及右侧垫铁减小

$$0.29 \cos\alpha = 0.29 \times 0.95 = 0.275\text{mm}$$

综合调整如下：

左侧为　　　　　　　　0.081+0.275=0.356mm

右侧为　　　　　　　　　0.081-0.275=-0.194mm

底部为　　　　　　　　　0.27mm

（六）测量数据产生误差的原因及注意事项

（1）轴承安装不良，垫铁与轴承洼窝接触情况不良，轴瓦经调整之后重新装入时不能复原。

（2）有外力作用在转子上，如盘车装置的影响和对轮临时连接销子整劲等。

（3）百分表固定不牢固或百分表卡得过紧；测量部位不平或桥规的测位有斜度；桥规固定不牢固或刚性差；读百分表时发生误读、误记，误读多发生在表计出现负数时。

（4）垫片片数过多，垫片不平、有毛刺或宽度过大。因此，对垫片要求使用等厚的薄钢片，冲剪后磨去毛刺，垫片宽度应比垫铁小 1~2mm。每次安放垫铁时，应注意原来的方向。

（5）在用塞尺测量时，易产生对塞尺厚度误认，当塞尺厚度值看不清或塞尺片数较多时，应用分厘卡测量其厚度。

（6）通常将桥规的固定端安装在非调整侧的对轮上，以减少推理上的错误。

（7）轴瓦装复后，要及时调整轴瓦紧力。

四、简易找中心及立式转动设备找中心

1. 简易找中心

联轴器简易找中心法适用于小功率的转动机械，如小容量的风机、水泵等。

在找中心前，先检查联轴器两对轮的瓢偏、晃动及牢固性，如果不符合要求就应进行修理，然后将修理好的设备安装在机座上，并拧紧设备上的地脚螺丝。

找中心时，用直尺平靠两对轮外圆面，用塞尺测量对轮端面四个方向的间隙，如图 4-62（a）所示。两对轮同时转动，每转动 90°测量一次，测记方法及中心的调整均按前述方法进行。

调整时，因电动机无管道等附件，原则上只调整电动机的机脚。调整用的垫子（铁皮）应加在紧靠设备机脚的地脚螺丝两侧，最好是将垫子做成 U 字形，让地脚螺丝卡在垫子中间，如图 4-62（b）所示。

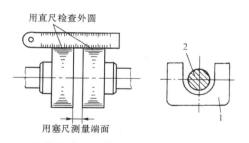

用直尺检查外圆

用塞尺测量端面

（a）检查中心方法　　　（b）调整垫的制作

1—调整垫；2—地脚螺丝

图 4-62　简易找中心法

垫子垫好后，设备的四脚和机座之间均应无间隙，切不可只垫对角两处，留下另一对角不垫，更不能只用调整地脚螺丝松紧的方法来调整联轴器的中心。

2. 立式转动设备找中心

发电厂中的有些转动设备常采用立式结构，如立式凝结水泵等。立式转动设备的电动机与立式机座采用止口对接，整机的同心度比较高。对于这类结构，只要是原装的设备并在修理和装配时工艺正确，一般情况下找中心不会有多大的问题。若更换了原配设备或机座时，其找中心的方法与卧式相同。至于调整的方法，因机而异，多数是在电动机端盖与机座之间加减垫子，以解决对轮端面的平行度。用移动电动机端盖在机座止口内的位置，解决对轮外圆的同心度，但这种方法有不妥之处，仍需进一步改进。

五、激光找中心

用激光找联轴器中心与前述的用百分表（或塞尺）找联轴器中心的原理与工艺步骤基本相同。用激光找中心的先进之处在于用激光束代替百分表、塞尺，用微机代替人工记录、分析、计算，具有快捷、准确、简便的优点。

现以国产 LA1-1B 型激光对中仪为例，叙述其工作原理。国产 LA1-1B 型激光对中仪如图 4-63 所示。

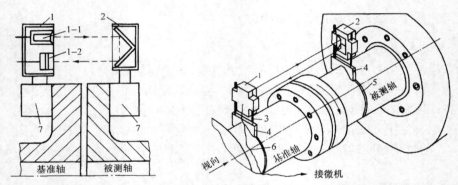

1—激光发射/接收靶盒（1-1—激光发射器；1-2—激光接收器）；2—直角棱镜靶盒；3—调节柱；
4—V 型卡具；5—链卡；6—信号电线；7—磁力表座

图 4-63 LA1-1B 型激光对中仪示意图

1. 激光对中仪的光学原理

当一束光照射到直角棱镜上时，棱镜会将光束折回，棱镜折回光束的线路取决于棱镜所处的位置。若变动棱镜的位置，则通过棱镜折回的光束将发生以下变化：

（1）当棱镜在垂直方向做俯仰运动时，入射光与反射光成等距平行变化，如图 4-64（a）所示。

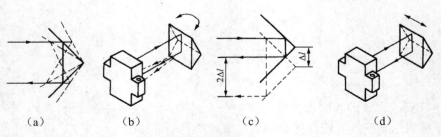

（a）   （b）   （c）   （d）

图 4-64 折回光束变化的情况

（2）当棱镜在水平方向左右扭转时，反射光也发生左右转移，如图 4-64（b）所示。

（3）当棱镜相对入射光在垂直方向上下移动 Δl 时，反射光相对于入射光的移动量为 $2\Delta l$，如图 4-64（c）所示。

（4）当棱镜左右平行移动时，入射光与反射光的相对位置保持不变，如图 4-64（d）所示。

2. LA1-1B 型激光对中仪的使用方法

（1）将发射/接收靶固定在基准轴上，把直角棱镜固定在被测轴上（调整侧），操作者站在发射靶后面，按顺时针方向转动两对轮（两对轮用穿销连接）。

（2）开机后，激光发射器发出一束红色激光射向直角棱镜，由直角棱镜反回的光束被激光接收器接收。折回的光束在接收器中的位置，将随着两轴转动到 12:00（时针位置）、3:00、6:00、9:00 四个不同方位而改变，接收器将接受到不同位置的光束转变为电信号并送到微机中；经微机的计算得出两对轮的端面平行偏差、外圆偏差及相应的轴承座（轴瓦）的调整量，如图 4-65 和图 4-66 所示。

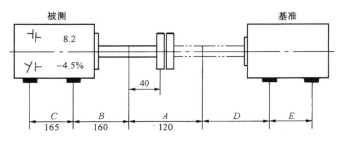

（a）垂直结果（侧视）

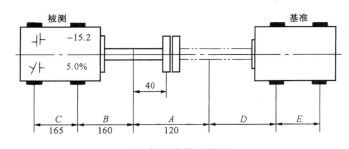

（b）水平结果（俯视）

图 4-65 两对轮的中心状态

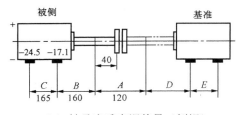

（a）轴承座垂直调整量（侧视）

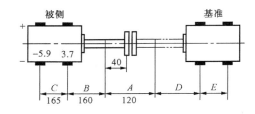

（b）轴承座水平调整量（俯视）

图 4-66 轴承座及轴瓦的调整量

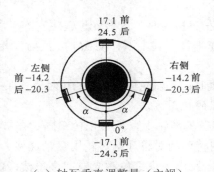

（c）轴瓦垂直调整量（主视）

图 4-66　轴承座及轴瓦的调整量（续图）

（3）根据电视屏上显示的数据，对轴承座或轴瓦进行调整。调整后，再用同样的方法对中心状态进行复查。

第七节　转子找平衡

转动机械在运行中有一项重要的技术指标就是振动，振动要求越小越好。转动机械产生振动的原因很复杂，其中以转动机械转子的质量不平衡而引起的振动最为普遍，尤其是高速运行的转子，即使转子存在数值很小的质量偏心，也会产生较大的不平衡离心力。这个力通过支承部件以振动的形式表现出来。

转子可分为刚性转子与挠性转子两类。刚性转子是指转子在不平衡力的作用下，转子轴线不发生动挠曲变形；挠性转子是指转子在不平衡力的作用下，转子轴线发生动挠曲变形。严格地讲，绝对刚性转子不存在，但习惯上把转子在不平衡力作用下，转子轴线没有显著变形，即挠曲造成的附加不平衡可以忽略不计的转子，都作为刚性转子对待。

在转子找平衡工作中，若把转子设定为刚体，则可使转子复杂的不平衡状态简化为一般的力系平衡关系，从而大大简化找平衡的方法。

为了使不平衡的转子达到平衡的目的，在实际工作中根据转子的不平衡现象及其结构来确定找平衡的方法。转子找平衡的方法可以分为两类：一类是静态找平衡，又叫静平衡；另一类是动态找平衡，又叫动平衡。对于质量分布较集中的低速转子，如单级叶轮、风机等，仅做静平衡。对于由多单体组合的转子，如多级水泵转子、多级汽轮机转子等，应分别对每个单体做静平衡，组装成整体后，再做动平衡。

一、转子找静平衡

1. 转子静不平衡的表现

先将转子放置在静平衡台上，用手轻轻地转动转子，然后让它自由停下来，就会出现下列情况：

（1）当转子的重心在旋转轴心线上时，转子转到任一角度都可以停下来，这时转子处于静平衡状态，这种平衡称为随意平衡。

（2）当转子的重心不在旋转轴心线上时，若转子的不平衡力矩大于轴和导轨之间的滚动摩擦力矩，则转子就要转动，直至转子重心位于最下方时方能停止，这种静不平衡称为显著不平衡；若转子的不平衡力矩小于轴和导轨之间的滚动摩擦力矩，则转子虽有转动趋势，却不能使其重心方位转向下方，这种静不平衡称为不显著不平衡。

2. 找静平衡前的准备工作

（1）静平衡台

转子找静平衡是在静平衡台上进行的，其结构及轨道截面形状如图 4-67 所示。静平衡台应有足够的刚性。轨道工作面宽度应保证轴颈和轨道工作面不被压伤。一般轨道工作面的宽度为 3～30mm，约为 5mm/t。轨道的长度约为轴颈直径的 6～8 倍，其材料通常为碳素钢或钢轨。轨道工作面应经磨床加工，其表面粗糙度不大于 0.4。

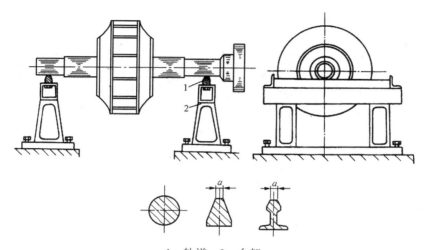

1—轨道；2—台架

图 4-67　静平衡台及轨道截面形状

静平衡台安装后，需对轨道进行校正。轨道水平方向的斜度不得大于 0.1～0.3mm/m，两轨道间的不平行度允许偏差为 2mm/m。静平衡台应安装在无机械振动和背风的地方，以免影响转子找平衡。

（2）转子

找静平衡的转子应清理干净，转子上的全部零件要组装好并不得有松动。轴颈的圆度误差不得超过 0.02mm，圆柱度误差不大于 0.05mm，轴颈不许有明显的伤痕。若采用假轴找静平衡时，则假轴与转子的配合不得松动，假轴的加工精度不得低于原轴的精度。

转子找静平衡一般是在转子和轴检修完毕后进行的，在找完平衡后，转子与轴不应再进行修理。

（3）试加重的配制

在找平衡时，需要在转子上配加临时平衡重，称为试加平衡重，简称试加重。试加重常采用胶泥，较重时可在胶泥上加铅块。若转子上有平衡槽、平衡孔、平衡柱，则应在这些装置上直接固定试加平衡块。

3. 转子找静平衡的方法

（1）用两次加重法找转子显著不平衡

两次加重法只适用于显著不平衡的转子找静平衡，如图 4-68 所示，具体步骤如下：

1）找出转子重心方位。将转子放在静平衡台的轨道上，往复滚动数次，则重的一侧必然位于正下方，如果数次的结果均一致，则下方就是转子重心 G 的方位，即转子不平衡重的方位。将该方位定为 A，A 的对称方位为 B，B 即为试加重的方位，如图 4-68（a）所示。

2）求第一次试加平衡重，如图 4-68（b）所示。将 AB 转到水平位置，在 OB 方向半径为 r 处加一平衡重 S，加重后先使 A 点自由向下转动一角度 θ（θ 角以 30°～45° 为宜），然后称出 S 重，再将 S 还回原位置。

3）求第二次试加平衡重，如图 4-68（c）所示。仍将 AB 转到水平位置，通常将 AB 调转 180°，再在 S 上加一平衡重 P，要求加 P 后先使 B 点自由向下转动一角度，此角度必须和第一次的转动角 θ 一致，然后取下 P 称重。

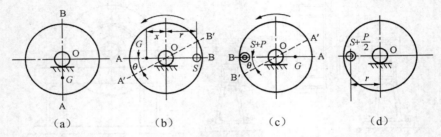

图 4-68　两次加重法找转子显著不平衡的工艺步骤

4）计算应加平衡重。两次转动所产生的力矩：第一次是 $Gx - Sr$；第二次是 $(S + P)r - Gx$。因两次转动角度相等，故其转动力矩也相等，即

$$Cx - Sr = (S + P)r - Gx$$

所以

$$Gx = \frac{2S + P}{2}r$$

在转子滚动时，因两次的滚动条件近似相同，导轨对轴颈的摩擦力矩相差甚微，故可视为相等，并在列等式时略去不计。

若使转子达到平衡，所加平衡重 Q 应满足 $Qr = Gx$ 的要求，将 Qr 代入上式，得

$$Qr = \frac{2S + P}{2}r$$

所以

$$Q = S + \frac{P}{2}$$

说明：第一次加重 S 后，若是 B 点向下转动 θ 角，则第二次试加重 P 应在 A 点上（加重半径与第一次相等），并向下转动 θ 角。其平衡重应为 $Q = S - \frac{P}{2}$。

5）校验。将 Q 加在试加重位置，若转子能在轨道上任一位置停住，则说明该转子已消除显著不平衡。

（2）用试加重周移法找转子不显著不平衡

1）将转子圆周分成若干等份（通常为 8 等份），并将各等份点标上序号。

2）将"1"点的半径线置于水平位置，并在"1"点加一试加重 S_1，使转子向下转动一角度 θ，然后取下 S_1 称重。用同样的方法依次找出其他各点试加重。在加试加重时，必须使各点转动方向一致，加重半径 r 一致，转动角度一致，如图 4-69（a）所示。

3）以试加重 S 为纵坐标、加重位置为横坐标绘制曲线图，如图 4-69（b）所示。曲线交点的最低点为转子不显著不平衡 G 的方位。曲线交点的最高点是转子的最轻点，也就是平衡重应加的位置。

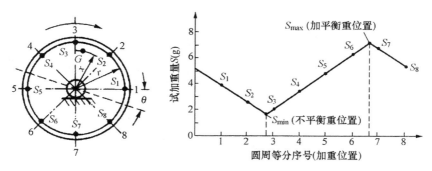

（a）求各点试加重　　　　　（b）试加重与加重位置曲线

图 4-69　用试加重周移法找转子不显著不平衡

4）根据图 4-69 可得下列平衡式：

$$Gx + S_{min}r = S_{max}r - Gx$$

所以

$$Gx = \frac{S_{max} - S_{min}}{2}r$$

若使转子达到平衡，所加平衡重 Q 应满足 $Qr=Gx$ 的要求，将 Qr 代入上式得

$$Q = \frac{S_{max} - S_{min}}{2}$$

把平衡重 Q 加在曲线的最高点，该点往往是一段小弧，高点不明显，可在转子与曲线最高点相应位置的左右做几次试验，以求得最佳位置。

（3）用秒表法找转子显著不平衡

秒表法找静平衡的原理：一个不平衡的转子放在静平衡台上，由于不平衡重的作用，转子在轨道上来回摆动。转子的摆动周期与不平衡重的大小有关，不平衡重越重，转子的摆动周期越短，反之周期越长。

用秒表法找转子显著不平衡的步骤如下：

1）用前述方法求出转子不平衡重 G 的方位，如图 4-70（a）所示，并将 AB 置于水平位置。

2）在转子轻的 B 侧加一试加重 S，加重半径为 r，加重后可能出现如图 4-70（b）所示的两种情况：试加重 S 产生的力矩大于不平衡重 G 的力矩（即 $S>G$），则 B 侧向下转动；若 $S<G$，则 A 侧向下转动。

3）用秒表测记转子摆动一个周期的时间，其时间为 T_{max}。

4）将 S 取下加在 A 侧（G 的方位），加重半径仍为 r，再用秒表测记一个周期的时间，以 T_{min} 表示，如图 4-70（c）所示。

5）计算应加平衡重 Q：若 $S>G$，用式 $G = S\dfrac{T^2_{max} - T^2_{min}}{T^2_{max} + T^2_{min}}$ 求出 G 值；若 $S<G$，用式

$$G = S \frac{T^2{}_{\max} + T^2{}_{\min}}{T^2{}_{\max} - T^2{}_{\min}}$$ 求出 G 值。G 值也就是应加平衡重 Q 的数值，故只需将平衡重 Q 加在 B

侧，半径为 r 的位置上，即可消除转子显著不平衡，如图 4-70（d）所示。

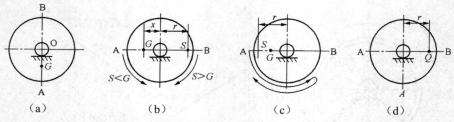

图 4-70　用秒表法找转子显著不平衡

（4）用秒表法找转子不显著不平衡

1）将转子等分成 8 等份，并标上序号。

2）将"1"点置于水平位置，并在该点的轮缘上加一试加重 S，"1"点自由向下转动，同时用秒表测记转子摆动一个周期所需的时间。用同样的方法依次测出各点的摆动周期，如图 4-71（a）所示。

在测试时，必须满足以下要求：所选的试加重 S 不变；加重半径不变；转子摆动时按表的时机一致。

3）根据各等分点所测的摆动周期（秒数）绘制曲线图，如图 4-71（b）所示。曲线最低点在横坐标上的投影点为转子重心方位，其摆动周期最短，以 $T_{\min}$ 表示；曲线最高点在横坐标上的投影点为应加平衡重的方位，其摆动周期最长，以 $T_{\max}$ 表示。

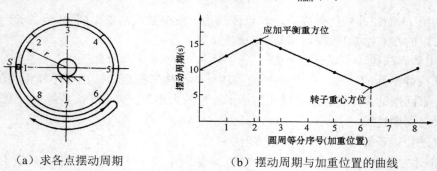

（a）求各点摆动周期　　　　　　（b）摆动周期与加重位置的曲线

图 4-71　用秒表法找转子不显著不平衡

4）计算应加平衡重 $Q = S \dfrac{T^2_{\max} - T^2_{\min}}{T^2_{\max} + T^2_{\min}}$。

将平衡重加在与曲线最高点相对应的转子位置上，加重半径为 r，加完后验证。

4. 转子找静平衡质量分析

（1）轨道与轴颈的加工精度对转子找静平衡的影响。轨道的平直度及轴颈的圆度直接影响转子找静平衡的效果，尤其是在找转子的不显著不平衡时，其影响程度更为明显，具体表现在等分点上加试加重时，无法控制转子向下的转动角度，试加重轻一点，转子不动；略为增加很少一点，转子立即转动一个很大的角度。各等分点所加的试加重数值无规律性变化，难于找到不平衡位置。理论上曲线的最高点与最低点应处于对称的方位，事实上总会有误差。当误差不是很大时，通常是以最高点为准，并在最高点左右位置重复做几次加重试验，求出最佳加重方位。

（2）关于显著不平衡与不显著不平衡的问题。当转子存在显著不平衡时，应先消除转子的显著不平衡，再消除不显著不平衡。若转子无显著不平衡，此时不能认定转子已处于平衡状态，只有在找转子不显著不平衡后方可认定。

（3）用秒表法找转子不显著不平衡只有一种计算方法的原因。在用秒表法找转子显著不平衡时，由于试加重存在大于或小于不平衡重的现象，故有两种计算方法。而在找转子不显著不平衡时，试加重产生的力矩必须超过转子不平衡力矩与摩擦力矩之和，即试加重要大大超过不平衡重方可使转子转动。故求平衡重的公式只有一个（即 $S>G$ 的公式）。

（4）加重法与秒表法找静平衡的效果比较。秒表法找静平衡的效果要优于加重法，尤其是在找不显著不平衡时，秒表法的优点更为明显。加重法操作费时、费事，并且难以控制转动角度，误差较大，采用加重法会使得轴颈在轨道上滚动距离很短。而用秒表法时，转子是来回摆动一个周期，轴颈滚动的距离要长得多。两者相比，加重法对轨道的平直度及轴颈的圆度的质量要求更为苛刻。

（5）转子在找好平衡后，往往还存在着轻微的不平衡，这种轻微的不平衡称为剩余不平衡。找剩余不平衡的方法与用试加重法找转子不显著不平衡的方法完全一样，剩余不平衡重越小，静平衡质量越高。实践证明：当转子的剩余不平衡重在额定转速下产生的离心力不超过该转子重量的 5%时，就可保证机组平稳地运行，即静平衡合格。

二、刚性转子高速找动平衡

刚性转子找动平衡的原理：根据振动的振幅大小与引起振动的力成正比的关系，通过测试求得转子的不平衡重的相位，然后在不平衡重相位的相反位置加一平衡重，使其产生的离心力与转子不平衡重产生的离心力相平衡，从而达到消除转子振动的目的。

转子找动平衡的方法大致可归纳如下：

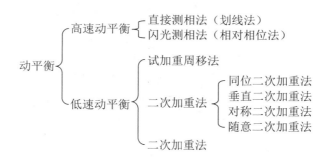

低速动平衡不能采用测相测振法，但高速动平衡可采用找低速动平衡的任何一种方法。

转子找动平衡，若能在额定转速下进行最为理想，但是经过大修的转子，由于对其平衡情况不明，应先在低速下找动平衡，使转子基本上达到平衡要求，然后在高速下找动平衡，这样不致引起过大的振动。

　　低速动平衡不是用仪器进行测相、测振，由于转子处于低速状态（400r/min 左右），其不平衡质量所产生的不平衡力很小，不足以使转子产生明显可测的振幅，因而也就无法用仪器测出不平衡力的相位。

　　低速动平衡是在专用的低速动平衡台上进行的，平衡台采用一种可摆式的轴承，轴承在低转速时与不平衡力发生共振，并将振动变为适当、可测的往复运动，然后通过两次以上加试加重试验，即可得到两次以上不同的合振幅值，根据每次的加重位置和加重后的合振幅值，再进行作图与计算，求出应加平衡重的方位与大小。

　　转子高速找动平衡一般是在机体内进行的，其平衡转速通常低于或等于工作转速。找平衡的同时测出转子的振动振幅及使转子产生振动的不平衡重相位，这与低速找动平衡的方法有明显的区别。

　　在作高速动平衡时，有一个重要的物理现象就是振幅始终滞后于引起振动的扰动力一个角度，即振幅和不平衡力不同相，振幅要滞后于该力一个相位角，此角称为滞后角。滞后角是一个物理现象，对每个已定型的转子，如果转速、轴承结构、转子结构均不改变，其滞后角是一个定值。滞后角表示在机械振动中，由于惯性效应的存在，振幅始终滞后于引起振动的扰动力一个角度，该角度和振动系统的自振频率及系统阻尼有关。滞后角是一个未知数，在找动平衡时，并不需要测出滞后角值，而是根据滞后角是一个定值的特征进行找动平衡工作。

　　1.　测相法找动平衡

　　测相法找动平衡又称相对相位法找动平衡，是采用一套灵敏度高的闪光测振仪测量振幅和相位的方法。

　　高速测相法找动平衡必须具备两个条件：一是轴承振幅与不平衡重产生的离心力成正比；二是当转速不变时，轴承振动与不平衡重之间的相位差保持不变，即滞后角不变。

　　闪光测相法找动平衡的方法如下：测量前，在轴端面划一径向白线，在轴承座端面贴张 360°的刻度盘，将拾振器放置在轴承盖的正上方或水平方向，如图 4-72 所示。

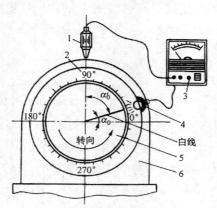

1—拾振器；2—刻度盘；3—闪光测振仪；4—闪光灯；5—轴端头；6—轴承座

图 4-72　闪光测相的布置图

　　启动转子后，将闪光灯正对轴端白线处，当闪光的频率与转子的转速同步时，由于人眼的时滞现象，白线便停留在某一位置不动了。根据贴在轴承端面的刻度盘就可读出白线所在角度（即白线的相位），如图 4-73（a）所示。只要测试的条件不变，白线显现的相位就不会变，而白线显现的相位是与不平衡重的振幅峰值到达拾振器时的相位相对应的,所以把白线显现的相位称为不平衡重的相位。

启动转子测得不平衡重 $\vec{G}$ 的振幅 $\vec{A_0}$ 和白线显现位置 I 线。在转子上加上试加重 P,启动转子,测得 $\vec{G}+\vec{P}$ 的合振幅 A_{01} 和白线第二次显现位置III线,III线就是 $\vec{G}+\vec{P}$ 的合振幅的相对相位。

根据上述已知条件,将振幅向量用同一比例作 $\vec{G}$、$\vec{P}$ 的相对相位振幅向量平行四边形,如图 4-73(b)所示,从图中可得到 P 的相位和大小。在实际工作中,只需绘一个向量三角形,就可求得试加重 P、振幅 A_1。

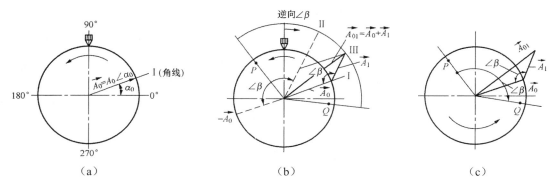

图 4-73 用相对相位法找动平衡

从图 4-73(b)(c)中可看出,若要使转子平衡,应将 A_1(图中 II 线)顺转向 $\angle\beta$ 至 $-\vec{A_0}$ 的位置(注意是相对相位),则平衡重的位置应从试加重 P 的位置逆向转一个 $\angle\beta$(半径不变)。平衡重的大小为

$$Q = P\frac{A_0}{A_1}$$

上式中的试加重 P 值可用公式 $P = 1.5\dfrac{mA_0}{r\left(\dfrac{n}{3000}\right)^2}$ 计算。

式中:m 为转子质量,kg;A_0 为 A 侧原始共振振幅,1/100mm;r 为固定试加重的半径,mm;n 为试验时转子转速,r/min。

按此式求得的 P 值可适当调整,以使试加重产生的离心力不大于转子重量的 10%~15%。以下高速找动平衡的各方法中的试加重量的确定均可采用此式计算。

2. 简单测相法找动平衡

简单测相法找动平衡又叫作划线法找动平衡。划线法找动平衡是用划线的方法求取振幅相位,故也称划线法。划线法找动平衡简单、直观。

在靠近转子的轴上选择一段长为 20~40mm、表面光滑、圆度及晃动度均合格的轴段作为划线位置,并在该段上涂一层白粉或紫色液。启动转子至工作转速,待转速稳定后,用铅笔或划针向涂色轴段轻微地靠近,在该段上划 3~5 道线段,线段越短越好,如图 4-74 所示。同时用测振仪测取轴承的振幅 A_0。停机后,找出各线段的中点,并将该点移到转子平衡面上,此点即为第一次划线位置点，设该点为 A。

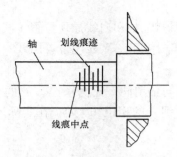

图 4-74　划线痕迹示意图

自平衡面上 A 点逆转 90°得 C 点。选择逆转 90°的目的是便于作图、求证及使划线法规范。在 C 点上加试加重 P，如图 4-75（a）所示。再次启动转子，进行第二次划线，并将划线中点移至平衡面上，设该点为 B，同时测记轴承振幅 A_{01}。

以实际加重半径作圆，也可缩小比例。圆周上 A、B 点为两次划线中点，C 点为试加重 P 的位置点。连接 OA、OB、OC，在 OA、OB 线上按同一比例分别截取 Oa、Ob 等于振幅 A_0、A_{01}。连接 ab，设 $\angle Oab=\theta$，由 OC 为始边逆转 θ 角至 D 点，则 D 点就是应加平衡重的位置，如图 4-75（b）所示。

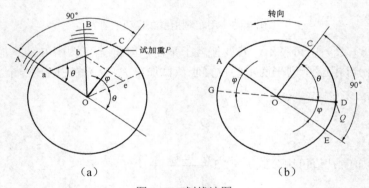

图 4-75　划线法图

需要注意的是，图中的 θ 角是一个定值，当试加重量改变时，只是 B 点的位置发生改变，不会改变 θ 角的角度，这也是验证用划线法找动平衡的操作是否有误的标准。

从图 4-75 中可以看出，Oa 是转子的原振幅，该振幅的相位要滞后转子实际不平衡相位一个 φ 角，即 $\overline{OG}$ 相位为转子的不平衡重相位。平衡重应加在 $\overline{OG}$ 的反方向，即 D 点。从图 4-75 中可以得知，$\angle COE=90°$，而 $\angle COE=\angle\varphi+\angle\theta$，故只要以 OC 为始边逆向作一 θ 角，即得应加平衡重的 D 点。

根据向量平行四边形法则，$\overrightarrow{Ob}=\overrightarrow{Oa}+\overrightarrow{Oe}$。若要转子处于平衡状态，则其合振幅 $\overrightarrow{Ob}$ 应为零，即 P 所产生的振幅数值 Oe 等于 Oa，并且方向相反。由于 $\overrightarrow{Oe}=\overrightarrow{ab}$，故平衡重 Q 应为

$$Q=P\frac{Oa}{ab}$$

将平衡重 Q 加在 D 点上，启动转子进行试验。若振幅不合格，可对 Q 值及其位置作适当

的调整。

3. 两次加重法找动平衡

加重法找动平衡适用于高、低速转子找动平衡。该工艺推理简单、操作方便、机组启动次数少，特别适用于风机、水泵等找动平衡工作。同时它不需要贵重的仪器仪表，只要一只普通的测振表即可。

两次加重法找动平衡又叫作180°两点法找动平衡，其方法如下：

检查转子是否具备可启动的条件，确认无问题后启动转子，用测振表测记轴承的振动值。若为两个轴承，则以振动值大的为原始振幅 A_0。确定转子的平衡面，即加平衡重的平面。

选取试加重 P，将试加重 P 固定在平衡面的任意一点上，并做记号"1"，启动转子，测记其共振振幅 A_1。

将试加重 P 按同一半径移动180°固定，并做记号"2"，测记其共振振幅 A_2。

根据三次振幅值，用作图法求出应加平衡重的位置及其大小，如图4-76所示。

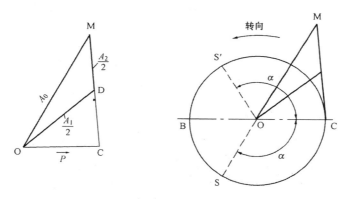

图4-76　180°两次加重法图

具体作法如下：作△ODM，使 OM:OD:MD=A_0:$\dfrac{A_1}{2}$:$\dfrac{A_2}{2}$；延长 MD 至 C，使 CD=MD，并连接 OC；以 O 为圆心，OC 为半径作圆；延长 CO 与圆交于 B 点，延长 MO 与圆交于 S 点，则 OC 为试加重 P 引起的振幅向量。

平衡重的大小按下式求出：

$$Q_A = P\frac{OM}{OC}$$

平衡重 Q_A 的位置应在第一次试加重位置"1"的逆转向 α 角处或顺转向 α 角处，具体方位由试验确定。从图4-76中可以看出，平衡重 Q_A 必然与不平衡重大小相等、方向相反，即在 MO 的延长线与试加重的圆相交的 S 点。因为作图时，△ODM 可作在图的上方也可作在图的下方，即 MO 的延长线可以交于 S 点也可以交于 S′点，所以具体方位需要由试验确定。

4. 三次加重平衡法找动平衡

三次加重平衡法找动平衡又叫作三点法找动平衡，在两点法的基础上多增加一个加重点，使加重点在转子上均匀分布，从而能较准确地找出应加平衡重的大小和方位。

在转子半径相等的圆周上找到互为120°的三个点，将试加重 P 依次加在各点上，并测量各点的振幅 A_1、A_2、A_3。

将三个振幅值用同一比例作三个同心圆，如图 4-77 所示。在大圆上取一点 a，以 a 为圆心、aO 为半径，在大圆上交于 h 点。以小圆半径为半径，h 为圆心，在中圆上取 b、b′两点。以 ab 为半径，b 或 a 为圆心，在小圆上取 c 点。再以 ab′为半径，以 b′或 a 为圆心，在小圆上取 c′点。连接 a、b、c 和 a、b′、c′，可得两个等边三角形，如图 4-77 所示。找出两等边三角形的中心 O′、O″，分别作等边三角形的外接圆，再把 OO′和 OO″连线，分别交两外接圆于 S 和 S′点。

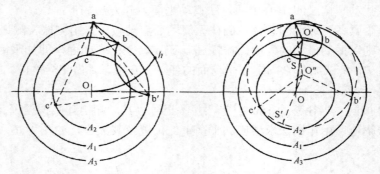

图 4-77　三点法找动平衡（一）

在 O′外接圆中，$\overrightarrow{aO'}$（$\overrightarrow{bO'}$、$\overrightarrow{cO'}$）为试加重 P 的振幅向量。$\overrightarrow{OO'}$ 为不平衡重 G 的振幅向量，S 点为加平衡重 Q 的位置。从图 4-77 中可以看出 $\overrightarrow{aO'} < \overrightarrow{OO'}$，即说明试加重 P 小于不平衡重 G。

平衡重 Q 的大小应为 $Q = P\dfrac{OO'}{aO'}$

在 O″外接圆中，$\overrightarrow{aO''}$（$\overrightarrow{b'O''}$、$\overrightarrow{c'O''}$）为试加重 P 的振幅向量。$\overrightarrow{OO''}$ 为不平衡重 G 的振幅向量，S′点为加平衡重 Q 的位置。从图 4-77 中可以看出 $\overrightarrow{aO''} > \overrightarrow{OO''}$，即说明试加重 P 大于不平衡重 G。

平衡重 Q 的大小应为 $Q = P\dfrac{OO''}{aO''}$

三点法找动平衡还有一种方法，就是以原始振幅 A_0 为依据，在 A_0 为基圆的圆上作图，求出平衡重 Q 及平衡重的位置，图 4-78 所示。

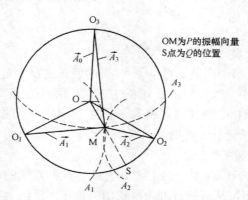

图 4-78　三点法找动平衡（二）

检查转子，确认无问题后，启动转子，精确测出原始振幅 A_0 值。以 A_0 振幅为半径作圆，并将圆周三等分，分别作 O_1、O_2、O_3 点。将选取好的试加重分别加在转子的平衡面上，要求平衡面的三等份要准确，加重半径一致。分三次启动转子，测得三个合振幅 A_1、A_2、A_3。以圆中 O_1、O_2、O_3 为圆心，分别以 A_1、A_2、A_3 为半径画圆弧，三弧交于 M 点，OM 即为试加重 P 的振幅向量。连接相关点后，如图 4-78 所示。

平衡重 Q 为 $Q = P \dfrac{A_0}{OM}$

平衡重 Q 的位置在 OM 的延长线上与基圆的交点 S 处。

复习思考题

1. 锅炉的主要辅助设备有哪些？分别叙述其作用、分类、特点。
2. 目前常用的磨煤机有哪些？简述其工作过程。
3. 设备诊断的作用是什么？简述其分类、步骤和查找机组振动原因的程序。
4. 试分析锅炉辅机常用的防磨措施有哪些？如何进行防磨？
5. 如何进行磨损与腐蚀的修复？如何进行热力设备堵漏？
6. 简述转子轴晃动及瓢偏的测量方法，试分析如何直轴。
7. 试分析联轴器找中心的方法及步骤。
8. 分析转子找平衡的方法、步骤。如何保证找平衡的质量？
9. 简述闪光测相法、划线法找动平衡的工艺过程。
10. 简述三点法找动平衡的工艺过程。

第五章 锅炉辅机特殊检修工艺

第一节 轴承检修

轴承是转动机械的重要组成部件，可分为滑动轴承和滚动轴承两大类。轴承检修就是检查轴承，寻找缺陷，分析损坏原因，修复并进行正确的装配，以提高轴承的使用寿命。

一、滚动轴承检修

滚动轴承广泛用在风机、减速机、捞渣机、碎渣机和给煤机等机械上。

1. 概述

滚动轴承由外圈、内圈、滚动体及保持架四部分组成。

滚动轴承按其承受载荷的方向可分为向心轴承、推力轴承、向心推力轴承。向心轴承主要承受向心方向的径向载荷；推力轴承只承受轴向载荷；向心推力轴承既能承受径向载荷，又能承受轴向载荷。

由于滚动轴承有各种不同类型，各类型又有不同的结构、尺寸、精度和技术要求。为便于制造和使用，国家对轴承代号作了统一规定。轴承代号由三部分组成：前置代号、后置代号、基本代号。前置代号表示轴承的分部件的代号，用字母表示，如 L 表示轴承可分离的套圈，K 表示轴承滚动体与保持架组件等；后置代号用字母和数字表示轴承的结构、公差、游隙及材料的特殊要求等；基本代号用来表明轴承的内径系列、直径系列、宽度系列和类型，一般最多为五位数（五、四、三、二、一），第一、二位数字是轴承内径代号，即表示轴承内圈孔径，其计算方法见表 5-1。

表 5-1　轴承内径代号与其内径尺寸的计算

内径代号	00	01	02	03	04～99
轴承内径（mm）	10	12	15	17	代号数×5

注：轴承内径小于 10mm、大于 495mm 的内径代号另有规定。

第三位数字代表轴承外径代号，称为直径系列（外径系列）。为适应不同承载能力的需要，同一内径尺寸的轴承可使用不同的滚动体，因而轴承的外径和宽度也随着改变。由于直径系列的代号与实际轴承外径之间无固定的计算系数，故使用时需查手册。直径系列的图例如图 5-1 所示。例如：对于向心轴承和向心推力轴承，0、1 表示特轻系列；2 表示轻系列；3 表示中系列；4 表示重系列。推力轴承除用 1 表示特轻系列之外，其余与向心轴承的表示一致。

第四位数字代表轴承的宽度系列，当轴承结构、内径和直径系列都相同时，用第四位数字表示轴承宽度方向的变化。对多数轴承，当其宽度系列代号为 0 时可不标出，但对调心滚子轴承和圆锥滚子轴承，其宽度系列代号为 0 时应标出。

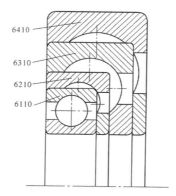

图 5-1　滚动轴承直径系列

第五位数字表示滚动轴承类型，圆柱滚子轴承和滚针轴承等类型的代号为字母。

为了使轴和轴上的零件在机体内有稳定的位置，以及轴承能承受旋转体的轴向推力，滚动轴承沿轴向位置必须固定。轴承的固定分内、外圈固定和轴承组合轴向定位。无论采用哪种轴承组合定位，均要考虑轴的热胀冷缩性能。同轴的两个轴承必须在轴承外圈沿轴向留有间隙，以保证外圈能沿轴向移动。

滚动轴承在工作时，轴承内圈与轴颈之间及外圈与轴承孔之间不允许发生相对转动，为此要求轴承与轴及轴承孔的装配有一定的紧力。装配紧力的大小取决于轴承结构、载荷大小、工作温度及机组振动等因素。国家对滚动轴承的统一规定：轴承内圈与轴颈的配合为基孔制；轴承外圈与轴承孔的配合为基轴制。根据滚动轴承的这一规定，轴承与轴及轴承孔的装配一般均采用过渡配合。

由于轴承钢淬火后硬度极高，韧性极低，为了防止轴承内圈在装配时因紧力过大而破裂，应严格限制轴颈对内圈的过盈值，其值一般不得超过内圈孔径的 1.5/10000。轴承外圈的配合原则与内圈相同。由于外圈不转动且直径大，故其配合紧力要远小于内圈的配合紧力。

2. **滚动轴承损坏形式及原因**

滚动轴承的损坏形式有脱皮、锈蚀、磨损、裂纹、破碎和过热变色等。

脱皮俗称起皮，是指轴承内、外圈的滚道和滚动体表面金属呈片状或颗粒状碎屑脱落。其原因主要是内、外圈在运转中不同心，轴承调心时产生交变接触应力。另外，振动过大，润滑不良或材质、制造质量不良也会造成轴承的脱皮现象。

锈蚀是由于轴承长期裸露于潮湿的环境中所致，因此轴承需涂上油脂防护并包装好。

磨损是由于异物如灰尘、煤粉、铁锈等颗粒进入运转的轴承，引起滚动体与滚道相互研磨而产生的。磨损会使轴承间隙加大，产生振动和噪声。

过热变色是指轴承工作温度超过 170℃，轴承钢失效变色。过热的主要原因有轴承缺油或断油、供油温度过高和装配间隙不当等。

轴承任何部件出现裂纹，如内圈、外圈、滚动体、支撑架等破裂均属于恶性损坏。这是由于轴承发生一般损坏时，如磨损、脱皮、剥落、过热变色等未及时处理而引起的。此时轴承温度升高、振动剧烈，同时会发出刺耳的噪声。

滚动轴承运转情况的主要监测因素是温度、振动和噪声。滚动轴承早期故障识别可借助轴承故障检测仪来完成。

3. 滚动轴承的装配方法

滚动轴承的装配方法一般分为冷装配法、热装配法、机械压力装配法。

冷装配法包括铜冲手锤法和套管手锤法。铜冲手锤法是一种最简单的拆装方法，用于过盈值很小的小型轴承的拆装。通过手锤利用铜棒沿轴承内圈交替敲打进行。但要注意，禁止用手锤直接敲打轴承。套筒手锤法是利用套筒作用于整个轴承内圈端面上，使敲击力分布均匀。套筒的硬度应比内圈硬度低，其内径应略大于内圈内径，外径略小于内圈外径。同时应注意防止套筒碎屑落入轴承。

当轴承过盈配合较大或装拆大型轴承时，需要使用热装配法。具体装配方法见下述的滚动轴承拆装工艺方法。

机械压力装配法主要适用于轴承内圈与轴是锥面配合的情况。

4. 滚动轴承拆装工艺方法

（1）拆卸轴承前，撬开止动垫，用圆螺母扳手或用手锤及专用齐头铁扁铲松开轴承圆螺母。

（2）在拆卸轴承前，先安装好专用拆卸器，轴承用 110～120℃ 矿物油加热，加热时为使大部分热油浇在轴承内套上，应采用长嘴壶。为防止热油落在轴上，可用橡胶板或石棉带将轴颈裹严。为不错过轴承内套松动的最好时机，在浇热油前，要使拆卸器先有拆卸力，当轴承套受热膨胀时，就会自然退下。

（3）更换的轴承应进行全面解体检查，必要时进行金属探伤检查，符合质量要求后方可使用，并做好记录。

（4）用细锉清理轴头及轴肩处的毛刺，用油光锉或油石将轴颈轻轻打磨光洁，将轴颈及轴承用清洗剂冲洗干净，并用干净的白布擦拭干净。

（5）用塞尺或压铅丝法测量轴承间隙，并将轴承立放、内套摆正，让塞尺或铅丝通过轴承滚道，每列要重复测几点，以最小的数值作为该轴承的间隙。

（6）测量轴与轴承内套的尺寸公差范围，以确定配合情况，配合紧力符合质量标准方可使用。为测量准确，配合处沿轴向分三段测量，每段测量不少于 2 点。

（7）因所测轴颈尺寸小，配合紧力不能达到质量标准的，可根据具体情况选用轴颈喷镀、镀铬、衬厌氧胶装配及镶装热轴套法等，其中热装的轴套与轴配合紧力一般为 0.07～0.08mm。

（8）轴承应采用矿物油加热的方法装配，用细铁丝将轴承外套捆绑牢固，悬吊在加热的矿物油中，并全部浸入。但不允许轴承与加热器皿外壳接触，以免金属导热使轴承过热退火。

（9）加热过程中要随时测油温，不许超温。当加热到合适温度时，应迅速将轴承套装在轴颈上，其内套要与轴肩紧密接触。若轴承未装到位而开始抱轴时，应迅速用备好的专用套筒及铜锤强迫打进。有螺母的轴承可装上止动垫，打紧圆螺母，热装轴承的温度降到室温后再把圆螺母紧固，以防冷却后发生松动现象。

（10）用干净清洗剂清洗轴承，并进行装配后的检查。检查是否有胀损、破裂现象，转动是否灵活。测量轴承间隙，记录热装后间隙缩小值。最后，将轴承涂上机械油或润滑脂以防锈蚀，并用干净塑料布包起来。

5. 滚动轴承报废的标准

滚动轴承经清洗检查后，凡出现下列情况之一，则应按报废处理。

（1）外圈或内圈出现裂纹、缺损。

（2）内外圈滚道及滚动体表面，因锈蚀或电击而产生麻点，或金属表层因疲劳产生脱皮、起层。

（3）内圈孔径或外圈外圆直径因磨损超标而达不到基孔制或基轴制的配合要求。

（4）最大径向游隙超标。

（5）保持架断裂或因磨损致使其与内外圈发生摩擦。

（6）在高于轴承极限温度（一般轴承为170℃）情况下运行，造成轴承退火、硬度降低。

（7）运行中噪声明显增大。

6. 滚动轴承装配时的注意事项

（1）绝对禁止用手锤、大锤或硬质铁器直接敲击轴承，应当用铜锤、铜棒或垫上方枕木敲击。

（2）当轴承与孔配合装配时，所施加的力应均匀地作用在外圈上。

（3）当轴承与轴配合装配时，所施加的力应均匀地作用在内圈上。

7. 滚动轴承检修的质量标准

（1）轴承更换标准。轴承间隙包括原始间隙、配合间隙和工作间隙，其中轴承的原始间隙和配合间隙必须符合规定标准，否则应更换新轴承。轴承内圈、外圈、滚珠、支撑架等存在裂纹、脱皮、锈蚀、过热变色且超过标准的，应进行更换。

（2）轴承必须经全面检查。轴承间隙必须符合规定标准。轴承的内圈、外圈、滚珠、支撑架无脱皮、裂纹、锈蚀等缺陷，或内圈、外圈、滚珠非工作面上有个别脱皮、斑纹、锈痕等缺陷，但面积不大于 $1mm^2$，滚珠直径误差不大于 0.02mm。

二、滑动轴承检修

一般大功率的动力设备优先选用滑动轴承。滑动轴承俗称轴瓦，广泛应用于锅炉辅机中的钢球磨煤机、各种大型离心式风机和变速齿轮箱等。

滑动轴承具有以下优点：能承受重载与冲击荷载，抗振能力强，减振性能好；运行可靠，突发性事故少，在发生事故前有明显的预兆，使用寿命可以与主机匹配；不需要特殊材料，便于制造、安装、检修及运行中的维护；运行时噪声低。

滑动轴承的缺点：摩擦耗能高于滚动轴承；对轴的精度、表面粗糙度要求高，对轴瓦的刮削工艺要求严；需有专用的油系统，增加检修工作量，对油质及润滑油的参数均有严格要求。

滑动轴承的结构因其主机的结构不同，故有很大差异。通常大型动力设备采用的滑动轴承的结构如下：

（1）轴承座。分独立式与主机联体式两类，多为铸铁件（普通铸铁或球墨铸铁）。

（2）轴承盖。又称轴瓦盖。它与轴承座构成轴承的主体，起着固定轴瓦的作用，通过轴承盖可调整对轴瓦压紧的程度（即轴瓦紧力）。

（3）轴瓦。分为分体式及整体式两种。轴瓦由单一金属铸造，如铜瓦、生铁瓦等。通常动力设备采用的轴瓦为双层结构，即在轴瓦体（简称瓦胎）内孔上浇铸一层减磨衬层，减磨衬层的材料大都选用轴承合金（又称乌金或巴氏合金）。

（4）球形瓦与瓦枕。它们是轴瓦与轴承座之间的一种连接装置，一般轴承都有这种装置。只有在转子较长时，为适应其旋转时可能出现的扰动，才在轴瓦与轴承座之间增加一套能作微量转动的球形装置。

（5）调整垫铁。它的作用是在不动轴承座的情况下，能够微调轴瓦在轴承座内的中心位置。在调整垫铁的背部装有调整垫片，通过增减垫片的厚度，即可达到调整中心的目的。

（6）挡油装置。它固定在轴瓦的两端，其内孔与轴颈保持一定间隙。它的功能是阻止润滑油沿轴向外流，起着轴封的作用。

（7）润滑油供油系统。滑动轴承必须配有润滑装置。重要动力设备的滑动轴承均采用独立的、可靠性极高的润滑油供油系统，以保证不间断地向轴瓦供油。连续供油的作用：一是保证轴瓦的润滑；二是将摩擦产生的热量及热源传递的热量带走，使轴瓦在稳定的温度下运行。

1. 滑动轴承的损坏及原因

滑动轴承的损坏主要有两种形式：

一是烧瓦。轴瓦乌金脱落，局部或全部熔化即为烧瓦。此时轴瓦温度及润滑油温度升高，严重时轴头下沉、振动严重、轴与瓦端盖摩擦出火星。烧瓦的主要原因是轴瓦润滑油少或断油，或装配时工作面间隙小或落入杂物等。

二是脱胎。脱胎是指轴承乌金与瓦体分离。此时轴瓦振动剧烈、瓦温急剧升高。脱胎的主要原因是轴承浇铸质量不好或装配时工作间隙过大等。

2. 滑动轴承的检修工艺

（1）做好刮削前的各项准备工作。准备好必要的工具、量具和材料，如平刮刀、三角刮刀、千分尺、游标卡尺、平板或平尺、研磨轴、机油、红丹粉、白布、毛刷、纱布、直径为 1.5～12mm 的铅丝等。

用适量的机油和红丹粉调制显示剂，并保存在专用器皿中。备好夹持或支撑轴瓦的工具，使轴瓦在刮削中保持平稳，不晃动、不滑动，并注意工件放置位置高低要合适，以便于刮削。光线强弱适宜，必要时装好照明设施。新轴瓦应测量机械加工尺寸公差，检查刮削余量是否合适，其刮削余量为 0.20～0.30mm。旧轴瓦应用显示剂在轴上推研，检查点子的显示与分布情况，并用压铅丝法测量轴瓦间隙，以确定刮削的方式。

（2）校研刮削瓦口平面，提高瓦口结合面的严密度和加工精度，以便提高压铅丝法测量轴瓦间隙的准确度。新轴瓦可先用标准平尺或平板校正刮削瓦口平面，然后上下瓦口对研刮削。

（3）新轴瓦刮削弧面时，先刮削轴瓦两侧夹帮部位，可采用刮刀前角等于零的粗刮削。此种刮削痕深，切痕较厚，速度快。当夹帮现象消除后，在轴瓦刮削面均匀涂上显示剂，将瓦放在轴上，来回旋转推研，点子就会显示出来，然后改用小的负前角刮法进行细刮削。当点子比较均匀地出现时，再用较大负前角的刮法，对工件表面进行修整精刮。

（4）点子刮削的方法。最大、最亮的重点全部刮去，中等的点在中间刮去一小片，小的点留下不刮。经第二次用显示剂推研后，小点子会变大，中等点子分为两个点，大点子则分为几个点，原来没有点的地方就会出现新点子。这样经过几次反复，点子就会越来越多。

（5）在刮削过程中，要经常用压铅丝法测量轴瓦间隙，以便及时消除轴瓦两端出现的间隙偏差。

（6）用压铅丝法测量轴瓦顶部间隙时，将直径为 1.5～12mm、长为 30～50mm 的铅丝，在轴瓦顶部的配合处放 2～4 段，在轴瓦两结合面上与轴顶部对应放 2～4 段，扣好上瓦，均匀紧固瓦口螺栓。然后拆下瓦口螺栓及上瓦，用千分尺测量压挤过的铅丝厚度，计算出轴瓦瓦顶的间隙值。

（7）用塞尺测量轴瓦两侧间隙时，以 0.20mm 塞尺沿轴两侧均能塞入深度为 10～15mm 时为准。对开轴瓦的两侧间隙为轴径的 1.5/1000～2/1000。

（8）刮研轴瓦端面与轴肩接触的轴向平面，消除偏斜现象，最后上下瓦合在一起与轴肩研磨刮削，使轴向端面接触点一周均布，在轴肩圆角部位不得有接触痕迹。

（9）用压铅丝法测量轴承座对轴瓦的紧力，以达到质量要求。可适当调节轴承座下的垫片厚度或对轴承座进行刮研工作。

3. 滑动轴承检修的质量标准

（1）滑动轴承乌金瓦表面应光洁，且呈银亮光泽，无黄色斑点、杂质、气孔、剥落、裂纹、脱壳、分离等缺陷。

（2）轴径与轴瓦乌金接触角为 60°～90°，而且接触角的边沿其接触点应有过渡痕迹。

（3）在允许接触范围内，其接触点大小一致，且沿轴向均匀分布，用印色检查每平方厘米 2～3 点。

（4）轴瓦顶部间隙应为轴径的 1/1000～2/1000，若轴瓦间隙超过此范围，而运行工况良好，允许继续使用。

（5）新轴瓦两侧间隙用 0.20mm 塞尺沿轴外圆周塞入 15～20mm 即可，旧轴瓦用同样的方法检查，允许 0.50mm 塞尺塞入 15～20mm。

（6）轴瓦在轴承箱体内不得转动，应有 0.02～0.04mm 的紧力，轴瓦与箱体结合面接触点均匀分布，不少于 1 点/cm²，不许在结合面处加垫。

（7）轴瓦端面与轴肩接触要均匀分布，且不少于 1 点/cm²，其轴瓦圆角不得与轴肩圆角接触。

（8）带油环应为正圆体，环的厚度均匀，表面光滑，接口牢固。油环在槽内无卡涩现象，应随轴保持匀速相对转动。

（9）回油槽应光滑，无飞边毛刺。

（10）固定端轴瓦其轴向总推力间隙为 1～2mm，自由端的膨胀间隙下式计算：

$$C=1.2(\Delta T+50)L/100$$

式中：C 为热膨胀伸长量（mm）；ΔT 为轴周围介质最高温度（℃）；L 为两轴承中心线距离（m）；1.2 为钢材的线膨胀系数经验值[mm/(m·℃)]。

4. 轴承乌金瓦间隙的选择与计算

滑动轴承间隙的作用是让运转中的轴与瓦产生油膜，以便减少摩擦，并通过油的循环，带走一部分因摩擦产生的热量。同时还要保证温度在允许范围内升高时，轴的膨胀也不会破坏油膜润滑的良好效能。由此可见，轴瓦瓦顶间隙应取决于轴的直径大小与允许的最高油温。一般规定滑动轴承正常运行时油温不超过 70℃，允许最高油温不超过 80℃。轴承的最大受热膨胀为轴径的 0.7/1000～0.8/1000，润滑油膜的厚度约为 0.015～0.025mm。这样可以得出轴瓦间隙的计算公式：

$$\delta=(0.7\sim0.8)D/1000+(0.015\sim0.025)$$

式中：δ 为轴瓦瓦顶间隙（mm）；D 为轴的直径（mm）。

从理论上讲，轴瓦瓦顶间隙符合上面计算值即可以应用，但实际运行中因多种因素影响，当轴瓦瓦顶间隙选择较小时易使轴瓦温度过高，特别是圆筒形轴瓦，润滑油循环不佳，摩擦热量不能及时带走，造成轴瓦发热，所以轴瓦间隙往往选择大一些。

一般规定，圆筒形轴瓦的瓦顶间隙，当轴径大于 100mm 时，取轴径的 1.5/1000～2/1000，其中较大数值适用于较小直径，而两侧间隙各为瓦顶间隙的一半。椭圆形轴瓦的瓦顶间隙，当轴径大于 100mm 时，取轴径的 1/1000～1.5/1000，其中较大数值适用于较小直径，两侧间隙各为轴径的 1.5/1000～2/1000。

5. 轴承合金检修处理

轴承合金又称巴氏合金、乌金，是滑动轴承专用的衬层材料。

轴承合金的性能，要求摩擦系数小，与轴颈的摩擦阻力小，耗能低。硬度低，不研轴，其硬度值仅为钢材硬度的 1/10。具有良好的适形性和嵌塑性，当承受转子重量后，合金能产生微量的适应变形，同时对油中的微量杂质能将其嵌入合金中，减轻对轴颈的磨损。有良好的导热性能，传热快。亲油性好，与油的附着力强，易于油膜的形成，并能在软基表面吸附油层。熔点低，便于铸造和热补。加工性能好，便于车削和刮削。具有一定的抗压强度，可承受重负荷转子。

一般常用的轴承合金分为以下两种：一种是锡基轴承合金；另一种是铅基轴承合金。锡基轴承合金的主要成分是锡，因此称为锡基轴承合金。除锡外，还有锑、铜等其他元素。此类合金又称巴氏合金，也称乌金。主要用于高速、重载荷的情况，如用于大功率的汽轮机、电动机、发电机、风机等轴瓦上；铅基轴承合金的主要成分是铅，因此称为铅基轴承合金。除铅外，还有锡、锑、铜等元素。此种合金价格低廉，一般用于中等载荷的轴承。如中功率的汽轮机、发电机、风机等。

（1）补焊处理

当轴承合金层出现砂眼、气孔、裂纹、磨损、熔化等缺陷时，均可采用补焊的方法进行修复。

补焊时应注意补焊用的轴承合金应与瓦上合金的牌号相同，若不知瓦上合金的牌号，则应取瓦上合金进行成分化验。在补焊前，对缺陷处必须认真处理，如对气孔、砂眼应用錾子将表面上和表层下的缺陷全部剔除；对裂纹应用窄錾沿裂纹方向将裂纹剔成坡口形，但不要伤及镀锡面；对磨损、烧损、缺损等缺陷，应将缺陷表层的陈旧面用刮刀刮除，直到露出新的合金为止。为了除去补焊面上的残留油污，可用小号焊枪对补焊面进行加热，使油污汽化。

补焊用的合金形状，可采用合金焊条，也可用合金碎末。用合金碎末补焊时，用小号火嘴先对被焊处的合金进行预热，接近熔点后，立即将合金碎末堆积在被焊处进行加热、熔化，并与被焊处的合金熔合成一体，随后将焊处合金吹平并略高出瓦面。若补焊的面积较大，则应选用合金焊条，用一般氧焊工艺进行堆补。

在补焊的过程中，必须严格控制瓦胎温度，除补焊处外，瓦胎其他部位的温度不许超过 100℃。为防止瓦胎受热过于集中，对大面积的补焊应采用交换位置的焊补线路。若施焊时间较长，就可将瓦胎浸泡在水中，焊处露出水面，以保证瓦胎上的锡层不被熔化。

补焊的面积不大时，焊后可用粗锉刀对焊疤进行粗加工，然后再修刮。面积较大时，应采用机床加工，以保证有良好的刮削基准。

（2）脱胎处理

脱胎就是合金层与瓦胎分离，成为互不相连的两部分。脱胎现象很少发生全脱胎，大都是部分脱胎。造成脱胎的主要原因：①合金层的浇铸工艺有误；②机组的振动长期超标。

合金层脱胎不同于一般合金层的缺陷，它造成的危害要严重得多。值得注意的是脱胎面积会随着运行时间的增长而扩大，故在检修时应仔细检查脱胎现象，做到及时发现，及时处理。

一般的处理方法：①将已脱胎的合金除去，再重新焊补上合金，此法仅适用于瓦口处的合金脱胎，若脱胎处的镀锡层无锡或不完整，则必须进行烫锡处理，然后再进行补焊；②用螺钉进行机械固定，在脱胎区钻孔、攻丝，拧上用铜、铝制作的平头螺钉，螺钉头平面要低于合金表面，也可用合金条插入螺孔的进行铆合，螺钉的直径及数量可依据瓦的大小及脱胎面积而定，该法属临时性急救措施；③若脱胎区发生在下瓦的接触区或脱胎面积大或查不清有多大脱胎面，则应更换新瓦或重新浇铸合金。

6. 轴瓦的装配及注意事项

滑动轴承经解体、检查、检修后，需重新组装，即把轴承的各组成部件，如轴瓦、瓦座、瓦盖、油环、填料轴封及各部螺栓等按原位置装配起来，并符合质量要求。

轴瓦在装配中应注意以下问题：

（1）轴承在设备上的位置应重新找正。

（2）带油环一般为分体式，由螺钉连接，因此装配后应为正圆体，且不允许有磨痕、碰伤及砂眼等。

（3）填料油封的紧力要适当，槽两边的金属孔边缘同转轴之间间隙应保证 1.5～2mm。

（4）冷却器应进行水压试验，试验压力为 0.49MPa，以确认冷却器无渗漏现象。

7. 滑动轴承轴颈与油系统检修

轴承事故除轴承本身存在问题外，油系统与轴颈所存在的问题也是造成轴承事故的原因。电厂主、辅机轴瓦的烧瓦事故，绝大部分是因油系统缺油、断油及油不清洁而造成的。在风机、球磨机的轴承事故中，轴颈的粗糙及油含杂质是造成事故的主要原因。

（1）轴颈的检修

对轴颈的精度与粗糙度的要求：转子轴颈表面应光亮，无任何伤痕、锈蚀。轴颈圆度与圆柱度要求不大于 0.02mm；零件的表面粗糙度对零件的使用寿命、抗腐蚀能力有着直接影响。减少轴颈的粗糙度，可大大减少磨擦耗能。轴颈表面粗糙度要求：小型设备轴颈取 0.8，加工方法，精车后抛光；重要设备轴颈取 0.2，磨床加工。

当轴颈出现锈斑、腐蚀、伤痕及失圆等现象时，应及时进行处理。若缺陷尚未发展到必须要用机床加工的程度，可在现场用研磨的方法进行修复。其研磨方法是，将转子放在支架上，测记研磨前轴颈圆度及圆柱度。在轴颈上包一层涂油砂布，垫上厚度均匀的毛毡，装上套筒，并把毡子和砂布的两头夹在套筒法兰中间，拧紧螺栓。用手盘动工具进行研磨，每隔 15～20min 更换一次砂布，每隔 1h 将转子转动 90°。当转子转动一圈后，用煤油把轴洗净，用量具检查转子直径，防止将轴颈磨成不规则的圆。砂布粒度及研磨时间应由轴颈损伤程度和研磨效果来决定。随着伤痕的减少，应逐步更换细的砂布。当伤痕全被磨掉，轴颈的圆度与圆柱度误差不大于 0.02mm 后，再用研磨膏将轴颈抛光，抛光后将轴颈清洗干净。

当轴颈仅有轻微锈蚀、划痕时，可用 00 号砂布衬在布带上，沿轴绕两圈，用手来回拉动研磨。当在轴颈上发现裂纹时，不允许对轴颈进行研磨或机床加工，对裂纹应作特殊处理。

（2）油系统的清洗与检修

滑动轴承油系统在任何性况下，绝不能中断供油。并要求整个系统不漏油，漏油不仅影响润滑，还可能引发火灾。因此对该系统的检修要求是：清洁干净、不滴不漏、工作可靠。

每次大修或因油质劣化更换新油时，都应把油箱里的油全部放出，对油箱进行清扫，清扫方法如下：

1）放完油后打开油箱上盖，取出滤网等油箱附件。打开底部放油阀，用 100℃的热水把油箱里沉淀的油垢杂质冲洗干净。

2）用磷酸三钠或清洗剂清洗油箱，直到油污全部清洗干净，再用无棉毛布擦干。为了清除箱内残存的细小杂物，还要用面粉团将内壁仔细地粘一遍。

3）检查箱内防腐漆是否完好，必要时应重新涂刷防腐漆。

4）滤网用热水清洗，并用压缩空气吹净。滤网应完整，破裂严重应更新。部分漏洞，允许补焊。滤网一般采用铜丝布，近来也有选不锈钢丝布，其网目数应符合规程要求。

5）清洗、检修油箱附件，如油位计等。

冷油器的油侧位于铜管的外侧，由于管束排列很密集，导流隔板多，在管板与管子之间形成"死角"，处于此处的油垢无法直接冲洗，故冷油器油侧的清洗难度大。针对油侧特点，对油侧的清洗一直采用煮、泡工艺：一种方法是采用沸腾的碱性水（如 3%～5% 的磷酸三钠溶液）进行煮洗数小时；另一种方法是用化学作用更强的液体（如苯和酒精的混合物）在冷油器不解体的情况下，进行泡洗。在煮泡后都必须用净水进行仔细冲洗，洗去碱液和化合物。冷油器的清洗工艺还在不断完善，要求清洗工作在保证清洗质量的前提下，做到省时、省工、安全、环保。冷油器水侧的清洗工作，主要是清除管壁上的水垢。由于冷油器铜管少而短，大都采用捅杆和带水的刷子捅刷。冷油器清洗工作结束后，将冷油器组装好，在油侧接上水压机进行水压试验。试验水压为 0.3MPa，恒压 5min。检查铜管有无渗漏、破裂或胀口不严等现象。

为保证油系统的清洁，检修结束后，必须进行油循环，过滤系统中的杂质。其方法有两种：第一种是将各轴承下瓦侧隙处用布条塞好，防止杂物落入下瓦，盖上轴承上盖，启动油泵，以高速油流冲洗管道及轴承室，把杂质带回油箱进行过滤。循环 4～8h 后，停泵，清洗轴瓦。第二种是在轴承进油管法兰中临时加装滤网，并在滤网前后各加装一只压力表，启动油泵进行油循环，根据滤网前后的压力差的变化，清洗滤网。当压力差为零时，方可终止循环。油循环后，还要将油箱内的滤网进行清洗。向油箱注入新油时，必须先用滤油机进行过滤，再注入油箱。

第二节　风机检修

一、轴流式风机检修

现在大型锅炉普遍使用轴流式风机。下面介绍轴流式风机主要部件的检修工艺。

（一）叶片检修

1. 叶片检查

利用锅炉停运或检修时，对叶片进行检查。

检查叶片磨损情况。叶片磨损检查主要针对吸风机，检查铝合金叶片叶型部分的磨损情况，检查叶片表面镀铬层磨损、龟裂、剥落情况等。叶片的磨损检查可以通过肉眼检查、测厚和称重相结合的方法进行。

每次大小修，一般都要对叶片进行着色探伤检查，主要检查叶片工作面及叶片根部，以确定是否有裂纹及气孔、夹砂等缺陷。

对叶片的固定螺钉必须进行力矩复测，不同的机型不同的螺栓规格，力矩值不同。

叶片间隙是指叶片顶端与机壳之间的间隙。在风箱壳体上用记号笔标记出 8 个等分点，一般将风箱壳体正下方标记为第 5 点。用硬质木块按叶片的顺序固定，使每片叶片尽量达到风机在冷态下运转时拉伸的最长量。盘动转子测量出每片叶片在第 5 点时与风箱壳体的间隙，以确定与风箱壳体间隙最小和最大的两个叶片。然后以最小间隙的叶片为依据，分别按 8 点进行测量，计算出各叶片分别在 8 个测量点时与风箱壳体的间隙，并记录准确。通过测量计算出叶片与风箱壳体之间的最小间隙，以验证是否符合规定。其具体规定如下：对冷态风机而言，最小间隙为 2.5mm，最大间隙为 4.0mm；当最大间隙的叶片转至其他位置时，间隙的变化量不得大于 1.2mm；在 8 个测量点上，对于最短叶片和最长叶片测得间隙的总平均值应小于或等于 3.3mm。

2. 叶片更换

解列液压油系统，拆除所有影响扩压器拉出的部件，并标记好。拉出扩压器，依次拆卸叶轮上各动叶调节机构部件，做上标记并摆放好。如在更换叶片的同时对其承力轴承也进行检查或更换，则应将叶片与枢轴一起从人孔门取出，随后将轮毂拆下。拆卸旧叶片时要对角进行，以免叶轮不平衡力过大，影响叶片拆卸工作的安全性。叶片螺栓如果过紧松不开，可通过加热的方法将其松开。

新叶片出厂时，厂家已做过动平衡，并编制了编号，所以安装时应对号入座，以免因不平衡引起振动。新叶片应按编号对称安装，叶片螺栓全部换新的，叶柄轴螺纹装复前应清理干净，保证无毛刺，所有螺栓和螺母均能用手旋进。螺栓螺纹应涂二硫化钼，同一片叶片的螺栓安装要对角均匀预紧，最后用力矩扳手对角紧固，力矩应符合规定。

全部叶片安装好后，锁紧螺母应先全部旋紧，然后逐个旋松 270°，再测量叶片与外壳的间隙，并做好记录，以确认间隙是否符合规定要求，如不符合要求应查明原因。旋紧锁紧螺母时只能由一人完成，中间不能换人。由于机型不同，其规定的叶片间隙也不相同，因此间隙应符合厂家设计规定。

（二）轮毂检修

1. 轮毂的拆卸

轴流式风机轮毂的结构，如图 5-2 所示。

拆卸方法如下：

（1）拆除叶轮外壳与扩压器的法兰连接螺栓及扩压器与风道的软连接。

（2）拆除旋转油密封的进、出油管及漏油管，并拆下拉叉。

（3）在扩压器两边各装一只 1～2t 的手拉链条葫芦，将扩压器轴向拉入风道中，留出扩压器和叶轮外壳的间距。该间距一般为 0.8～1m，以便拆卸并吊出轮毂。

（4）依次拆下旋转油密封、支撑罩、轮毂罩、液压缸、支撑轴、调节盘、叶片等。其各部件都有钢印标记，如没有，应在第一次解体时打上编号。并将所有部件存放在指定地点，以免错乱丢失。

2. 轮毂各部件检查与安装

（1）检查轮毂、轮毂盖、支撑盖等表面。毂、轮毂盖、支撑盖等表面应无裂纹、气孔等铸造缺陷，应无磨损、腐蚀现象，如有应做好记录，各结合面应平整、无毛刺，拆下的螺栓可用手直接旋入。

（2）检查各衬套、叶片、推力轴承、滑块、导环、密封环等部件是否完好，否则应尽量全部更换。

（3）在装设内导环前应将叶片安装好，并调整好叶片间隙。

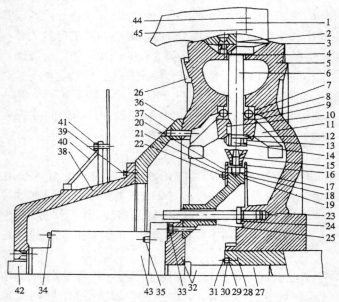

1—叶片；2—叶片螺栓；3—聚四氟乙烯环；4—衬套；5—轮毂；6—叶柄；7—推力轴承；8—紧圈；9—衬套；10—叶柄滑键；11—调节臂；12—垫圈；13—锁帽；14—锁紧垫圈；15—锁帽；16—滑块销钉；17—滑块；18—锁圈；19—导环；20—带空导环；21—螺母；22—双头螺栓；23—衬套；24—导向销；25—调节盘；26—平衡重块；27—衬套；28—锁帽；29—密封环；30—毡圈；31—螺栓；32—支撑轴颈；33～35—螺栓；36—轮毂；37—螺栓；38—支撑罩；39—螺栓；40—加固圆盘；41、42—螺栓；43—液压缸；44—叶片防磨前缘；45—螺栓

图 5-2　轴流式风机轮毂图

（4）滑块、导环应无磨损，滑块安装前应放入 100℃ 二硫化钼油剂溶液中浸泡两个小时。安装后导环与滑块的正确间隙为 0.1～0.4mm，如果间隙过大，应查明原因。必要时应更换导环，导环要求平整无弯曲，导环平面应涂二硫化钼。

（5）安装支撑轴。检查支撑轴颈表面应无划痕、不弯曲，要求弯曲度小于 0.02mm。其紧固螺栓应用力矩扳手按规定力矩值紧固。

（6）安装液压缸和轮毂盖时，应按设计厂家规定的力矩紧固液压缸与支撑轴的连接螺栓及轮毂盖与轮毂的连接螺栓，同时所有螺栓的螺纹应涂二硫化钼。

（7）安装支撑罩时，首先紧固支撑罩与液压缸之间的连接螺栓，再选择四个对称的螺栓对角拧紧支撑罩和轮毂罩。

（8）用千分表测量液压缸与风机轴的同心度，要求在 0.05mm 之内。调整好后，将剩下的螺栓紧固，并复查同心度是否变化，否则应重新调整。

（三）液压缸的检修

轴流式风机液压缸一般是随风机整机组装后供货的，其检修都是返厂维修。不过，作为检修人员也应该了解液压缸的解体、检修方法。

1．解体

解体液压缸时，首先应小心地将阀芯从阀体中拉出来。拆下端盖螺栓，利用顶丝孔将其拆下。分别在活塞端面对称的螺孔上安装两只吊环，将活塞吊出。拆下油缸与阀座的螺栓，利用吊环将油缸与阀座分离。

2. 密封件及液压缸体的检查

（1）液压缸内密封件有 O 型橡胶圈、滑环式组合密封（由聚四氟乙烯环和 O 型圈组成）以及防尘密封圈。所有密封圈不应有磨损、拧扭或间隙咬伤等现象，否则会引起泄漏。一般要求全套密封件一起换新。

（2）拆卸液压缸密封圈时，注意不要碰伤缸体表面，不要错用或混用密封圈，应按规定使用。安装时，最好使用专用工具将密封圈压入。

（3）液压缸各部件滑动面应光滑洁净，无磨损或损坏，镀层完整，不剥落。

（4）清洗干净各部件，并用压缩空气多次吹扫喷嘴及各油孔，保证油孔内无杂物并畅通。

（5）清洗后，及时在缸体表面涂上 30 号抗磨液压油，以防锈蚀。

（6）弹簧应无磨损、无变形，否则应更换新弹簧。

3. 液压缸的组装

液压缸的组装应在液压缸组成部件清理好后立即进行。其所用螺栓均为高强度的螺栓，不能与普通螺栓相混淆，因普通螺栓的强度不够。液压缸动作时油压升高，将造成液压缸油路不通，引起液压缸不动作或油压过高，损坏设备。

首先装好液压缸的全部密封圈。按记号连接油缸和阀座，按规定力矩均匀对角紧固螺栓。注意油缸的方向不能反向，以及 O 型圈的状态要正常。在油缸内表面、阀座及活塞的表面涂上干净的 30 号抗磨液压油，然后将活塞缓慢地放入。在端盖内外径表面涂上 30 号抗磨液压油，按记号用两只螺栓将端盖压入油缸内。然后按规定力矩紧固所有螺栓，注意压入时不要用重物敲打端盖，这样反而不易压入且容易损坏密封圈。将弹簧放入阀室孔中，阀门表面涂上 30 号抗磨液压油，缓慢放进阀塞孔中，用螺栓旋紧定位。将组装后的液压缸放在试验台上进行试验。试验要求：无漏油、无渗油、动作正确，油压符合设计规定标准。

（四）轴承箱的检修

轴流式风机型号不同，其轴承箱的布置及结构也不同。下面以 ASN 型风机为例介绍轴承箱的检修。

1. ASN 型轴承箱结构

ASN 型轴承箱结构的剖面图，如图 5-3 所示。

2. 轴承箱的解体

首先准备好拆卸叶轮及联轴器的专用工具。将电动机吊离其基座，用加热法将叶轮、轮毂及联轴器拆下，同时将箱体内的润滑油放净。在轴承箱推力、承力侧，架设好两只手拉链条葫芦，利用专用滑道及小车将轴承箱从电动机侧拉出，并运送到专用检修车间。

拆卸两端与轴承箱体的紧固螺栓，将轴连同轴承壳从轴承箱中抽出，放在专用的支架上。抽出时要在两点固定，切勿碰撞，如抽出时感到较紧，可稍加热连接处，以便于拆卸。

吊好轴承壳，松开轴承外端盖，将轴承壳连同轴承外钢圈一起从主轴上拆下，放置于干净地方。松开轴承外、内端盖与轴承壳的连接螺栓。吊好轴承壳，安装好专用工具，将轴承壳拉下放好。用专用工具将滚动轴承、定位圈、挡油圈一起从轴上拉下。注意拉轴承时，要用加热至 90℃的机油浸浇在部件上，再将其拉下，以免引起主轴的磨损。轴承外钢圈可用紫铜棒从轴承壳中轻轻敲击，慢慢地拆下。

放松挡油圈上的支头螺栓，松开轴上并帽，取下止退垫圈。安装好专用工具，用加热至 90℃的机械油浸浇在部件上，将推力轴承、球轴承、甩油圈、定位圈、溅油圈一起从轴上拉下。

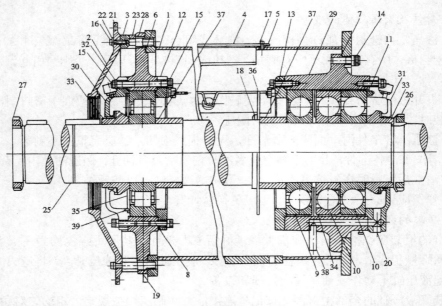

1—轴承套管；2—迷宫式轴封；3—迷宫式轴封螺栓的支撑；4—检查盖；5—圆盖板；6、7—密封垫；8—滚柱轴承；9—滚珠轴承；10—单列止推滚珠轴承；11—压力弹簧；12、13—侧盖；14—17六角螺栓；18—六角形旋塞、锤形销；19—接头；20—112油管；21—密封盘；22—垫圈；23—隔套；24—止退垫圈；25—主轴；26、27—并帽；28—松动侧轴承外壳；29—导向侧轴承外壳；30—松动侧内端盖；31—外端盖；32—垫圈；33—溅油盘；34—导向轴承定距环；35—挡油板；36—甩油板；37—定位圈；38—轴承外壳的油管；39—六角螺栓

图 5-3　轴承箱结构示意图

3. 轴承箱的组装

首先应检查箱体内各部件，需要更换新部件的要更换。同时应测量各种配合间隙。如轴承内圈与轴配合紧力为 0～0.02mm，轴与轮毂孔配合紧力为 0～0.015mm，轴承外圈与轴承壳配合间隙为 0.03～0.05mm，新轴承游隙不小于 0.06mm，最大间隙不大于 0.18mm，旧轴承游隙最大间隙不超过 0.30mm。

将定位圈、轴承内圈、溅油圈放在干净的机械油中加热至 90℃左右，依次快速套装在轴上，定位圈与轴肩要靠严密。定位圈、轴承内圈及溅油圈应相互紧靠，其紧靠部位以用 0.02mm 塞尺塞不进为宜。

轴承外圈涂上润滑油，用铜棒将其敲入轴承壳内，注意位置要放正确。将轴承内端盖套放在轴上，吊起轴承壳，将其滑入轴承滚柱上。按原记号将轴承内外端盖用螺栓紧固。

将甩油圈套入轴上，并用支头螺栓紧固定位，套入轴承内端盖。

分别将定位圈、滚珠轴承、推力轴承、溅油圈用机械油加热至 90℃左右，将他们依次套入轴上，推力轴承套入时要注意方向，内圈由挡板一侧靠里，外圈由挡板一侧向外。待各部件冷却后重新旋紧并帽，使套入的各部件靠紧，无轴向窜动。

把轴承壳吊起，内壁涂上润滑油，再用紫铜棒敲击轴承壳使其套装在轴承的外圈上。注意推力轴承安装时外圈不可倾斜，并经常转动外圈，以防卡死，避免轴承壳装不进。为了便于安装，轴承壳最好在机械油中加热后再套装。按原记号连接轴承内端盖与轴承壳的螺栓，并将其紧固。

　　将组装好的轴承吊进轴承箱内，正确垫好垫片并涂上密封胶。安装时对准记号并紧固好端盖螺栓，转动主轴，不能有卡死现象。

　　按原记号安装两侧轴承外端盖，正确垫好垫片并涂上密封胶。弹簧应完整无缺，螺栓用力矩扳手对角均匀紧固。然后检查轴承端盖油封间隙，油封间隙应在 0.20～0.35mm 之间，转动主轴，无卡涩现象。

　　放上止动轴承侧轴上的止退垫圈，旋紧并帽，将止退垫圈的卡舌就位，以防止并帽松动。

　　轴承箱就位时，应仔细检查各部件及底板等，确保没有影响就位工作的因素。

　　通过起重吊具和小滑车将轴承箱从电动机侧吊入轴承箱基础，并用定位销钉定位。

　　在叶轮侧轴端面上，用螺钉安装一根专用直尺，其上装一只百分表，表针指在叶轮壳的内圆上，用于测量轴承箱与叶轮外壳的同心度。

　　缓慢转动主轴，记录叶轮外壳上 8 个等分点处的数值，检查直径方向上数值的变化，其误差规定为：吸风机小于 1.4mm，送风机小于 1.0mm。如果超标，应调整地脚垫片使误差在规定范围内。用力矩扳手锁紧地脚螺栓，并同时注意直尺上百分表数值的变化。

　　按拆卸的反向装设其他部件，如叶轮侧密封、叶轮、联轴器、各测温元件、油位计等，其中油位计中心油位为轴中心下 138mm。固定好油位计，加 45 号或 68 号透平油至最高油位线。修后试运 7h 后需要更换新油，以保证润滑油的纯度。

（五）调节驱动装置的检修

　　调节驱动装置的检修是指调节轴的轴承检修及驱动装置开度指示的校正。调节驱动装置如图 5-4 所示。

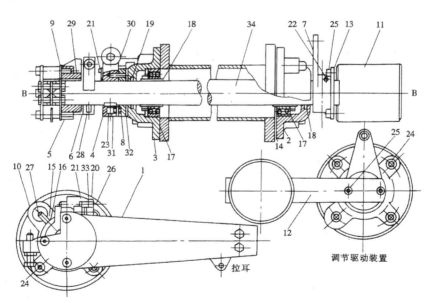

1—调节臂；2、3—轴承外壳；4—制动叉；5—驱动环；6—叉；7—摇把；8—制动盘；9—钢制圆盘；
10—制动销；11—平衡重锤；12—杠杆；13—夹紧铁；14—导向轴承制动板；15—指示器；16—刻
度盘；17—滚珠轴承；18—楔形衬套；19—羊毛毡条；20—调整螺栓；21—并帽；22、23—旋塞；
24、25、26、27、28—螺栓；29—衬套；30—圆柱销；31—螺旋形弹簧；32—摩擦片；33—并紧螺母；
34—调节轴

图 5-4　调节驱动装置图

1. 调节轴轴承检修

拧下拉叉、摇把连接螺栓、杠杆、摇摆连接螺栓，取下杠杆及重锤，旋松摇把支头螺栓，将摇把从调节轴上取下。

旋松轴承外壳螺栓，并拆下轴承外壳。旋松轴承并帽，通过敲击并帽，使轴承内圈与退拔套筒分离，将轴承连同退拔套筒及并帽一起从调节轴上拆下。

检查轴承磨损及配合情况，确定是否更换。装轴承时，依次将轴承退拔套筒、止退垫圈及并帽一起套入调节轴中，旋紧并帽，将止退垫圈的卡舌就位，使轴承装在原来位置，轴承应加二硫化钼油脂。

用深度游标卡尺测量轴承外端面到调节轴套管内端面的距离，选择合适厚度的止动片，以保证调节轴无轴向窜动。放上止动片，按原记号安装轴承外壳，紧固螺栓。

将摇把装入调节轴上，旋紧支头螺栓。将杠杆连同重锤一起与摇把装复，并紧固其螺栓，再安装拉叉与摇把。

调节轴外轴承的拆卸：首先应拆下调节臂与连杆的连接螺栓，拆下调节臂与驱动环的连接螺栓，取下调节臂。同时放松叉上支头螺栓，将驱动环连同叉一起从调节轴上拆下。放松制动叉上的支头螺栓，拆下制动叉及键，取下弹簧、圆柱销、制动盘及摩擦片。轴承的拆卸、检查、组装均与内轴承的方法相同。

轴承等组装后，依次按原标记装摩擦片、制动盘、弹簧、圆柱销，在轴上装制动叉、平键，套入制动叉，并使制动叉保持原来位置，旋紧支头螺栓。

将叉连同驱动环一起装入轴中，旋紧支头螺栓。将调节臂通过旋紧螺栓与驱动环连接，连接调节臂与连杆。

2. 平衡重锤的调整

由于采用弹簧来消除外部调节臂和调节阀之间的间隙，弹簧对伺服电动机产生向动叶方向的作用力，增加了伺服电动机关闭的作用力，甚至会因超过伺服电动机的传递力矩而报警，使动叶调节不动。为了减轻弹簧对伺服电动机产生的作用力，采用平衡重锤的办法克服其作用力。

启动动叶油泵，将外部调节臂与连杆的连接螺栓拆除。

用手扳动调节臂，平衡重锤如与弹簧产生的力抵消，调节轴应该在任意角度都能停住。如果不能停住，则要调整平衡重锤在杠杆上的位置，直到平衡为止。最后紧固平衡重锤与杠杆的连接螺栓。

3. 动叶角度的调整

动叶角度的调整是在风机全部检修完毕后，动叶油泵正常运行情况下进行的。

通过叶轮外壳上的小门，拆除一片叶片，将叶片校正表装在叶柄上，使表的尖头部分对正叶片进气方向，表上两个螺孔与叶柄螺孔对齐，用两只平头内六角螺栓固定。转动叶片，使仪表指示在32.5°，将调节轴限位螺栓调节到离指示销两边相等的位置，调整摇把到垂直位置，再调整制动叉上的刻度盘，使其在32.5°对准指示销指针。转动叶片，使表指示在10°，此时指示销指针应对准10°。如有偏差，需移动刻度盘的位置，并把限位螺栓与止动销相接触。同样方法将动叶指示装置开到55°，进行调整，使限位螺栓与止动销相接触。反复几次，如无变化，则可将叶片位置固定。在摇把支头螺栓孔对正的调节轴上打孔定位，拧紧支头螺栓。

拆下叶柄上叶片校正表，恢复原叶片，关闭外壳上小门。

（六）液压系统的检修

液压系统由液压缸、旋转油密封、液压油泵及油管组成。这里主要介绍旋转油密封与液压油泵的检修。

1. 旋转油密封检修

旋转油密封的结构如图 5-5 所示。

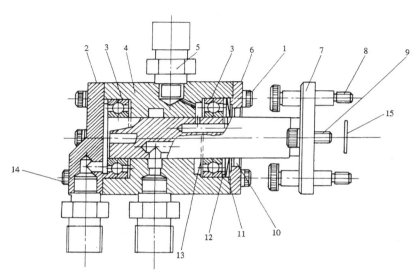

1—螺栓；2—端盖；3—推力向心球轴承；4—腔室；5—接管；6—端盖；7—轴；8—定位螺栓；
9—螺栓；10—垫片；11—垫圈；12—压圈；13—S 型环；14—螺栓；15—阀门垫片

图 5-5　旋转油密封结构示意图

检修方法如下：

松开旋转油密封上的 3 根油管接头，并用布包好。松开操作环上的 4 只螺栓，将拉叉与操作环、操作环与旋转油密封分离。松开旋转油密封与液压缸调节阀的法兰螺栓以及定位螺栓，将旋转油密封与调节阀分离，并取下旋转油密封，铜垫片应换新。

松开前后端盖上螺栓，做好记号。用紫铜棒轻轻敲击轴的后端盖面，将轴从前端盖方向连同前轴承端盖及垫圈等一起拆出。拆下轴用挡圈，拆下的挡圈不可再用，然后用紫铜棒轻敲后端盖及后轴承，将其拆除。

检查单向推力向心球轴承是否完好，有无缺陷，检查橡胶油封是否破损、老化等，否则应更换新件。

旋转油密封各部件检查，更换完毕后应进行组装。将旋转油密封的两只定位螺栓穿入法兰孔中，在轴上涂润滑油，把装有油封的前端盖套入轴内，转动轴或端盖，检查油封与轴的配合，应有紧力。分别装入 S 型环和垫圈。将前轴承用套管轻轻敲入轴中，安装时注意轴承的方向，外圈挡边应朝前端盖方向。

先将前轴承的轴用挡圈装好，然后把轴从前端盖方向穿入腔室，将后轴承的轴用挡圈装复，用套管将后轴承轻轻敲入轴内。

在前后端盖平面上涂密封胶，按原记号分别装复且旋转前后端盖螺栓，转动轴应无卡涩，轴向窜动不大于 0.05mm，最后装复操作环并紧固其螺栓。

将退过火的新紫铜垫放入液压缸调节阀密封凸台中，注意铜垫的方向是否加工面朝里，连接与旋转密封轴的法兰螺栓，注意按法兰上的记号连接，旋紧定位螺栓。

分别连接并旋紧旋转油密封的三根油管。连接好的油管要求自然不弯。安装拉叉、操作环并紧固其螺栓。

在旋转油密封腔室外圈上，尽量靠后端盖处安装一只千分表，转动转子，不断监视千分表读数，并不断地旋紧旋转油密封轴法兰螺栓，使千分表读数误差小于 0.05mm。

用塞尺测量旋转油密封轴法兰与液压缸调节阀法兰之间的间隙为 0.20～0.30mm，且间隙均匀，螺栓不松。紧固法兰螺栓时，不要强力紧固，以免法兰断裂。旋转油密封中心找正过程中，法兰螺栓需逐渐拧紧来调整中心误差，但不可松动螺栓来重新调整，以免紫铜垫失效而漏油。如旋转油密封中心找正后，两法兰之间无间隙，说明紫铜垫太薄，应重新加紫铜垫再找正，以保证两法兰之间 0.20～0.30mm 的间隙。

2. 液压油泵的检修

液压油泵为齿轮油泵，由主动齿轮轴和从动齿轮轴组成，轴承为衬套式滑动轴承，联轴器为齿套式联轴器。

首先应松开泵座与电动机的连接螺栓，并做好记号，拆除油泵进出口油管接头、封口，并取下油泵，运至检修车间进行解体。

松开泵体与泵座的连接螺栓，做好记号，取下泵座。在拆联轴器前，测量联轴器间隙，并做好记录。然后用专用工具拉下联轴器，取下轴上平键。

松开泵盖与泵壳连接螺栓，将泵盖、泵壳与泵体分离，拆下定位销，分别拆下主动和从动齿轮轴，并在啮合的两齿上做好记号。

检查清洗各部件，要求各结合面应平整，无毛刺。如轴上各部件有毛刺，应用金相砂纸打光。

测量齿轮及泵壳的厚度，测量齿轮端面间隙。要求齿轮端面总间隙为 0.20mm，用修复泵壳平面的方法来调整其间隙。测量滑动轴承与轴的径向间隙，要求此径向总间隙为 0.06～0.12mm，如超标，应调换滑动轴承。检查齿轮齿面及外径应无严重磨损，齿面光滑完整，间隙为 0.10～0.1mm，此间隙应大于轴承的径向间隙。检查各橡胶密封完好，无破损、老化现象，如橡胶密封破损、老化，建议解体更换。

组装时，应先将油泵齿轮轴装入泵体中，两齿轮要用原来的一对齿轮进行啮合。在泵体上放入定位销。在泵壳上下结合面上均匀涂上密封胶，依次装入泵壳、泵盖，均匀地对角紧固泵盖螺栓。在进油孔中加入少量润滑油，转动油泵轴，应平稳、无卡涩、无异音。

按原标记装上联轴器，旋紧支头螺栓，连接好泵体和泵座。按原记号连接泵座和电动机，安装进、出口油管。

3. 液压油站附件检修

按照大修周期更换新滤油器。液压油箱内润滑油要求一个大修周期换新一次，每次小修均应化验，不合格时应换新。减压阀应安全可靠，动作正确。减压阀、逆止阀、针形阀不漏油。各种管路，接头应完好，无漏油、无渗油现象。液压系统的冷油器采用空气冷却。空气过滤器为粗孔海绵，海绵应完整、不破损、不阻塞，否则应清理或更新。

（七）轴流式风机常见故障与处理

轴流式风机运行会发生故障，下面介绍轴流式风机常见故障及采取的措施。

1. 轴流式风机主电动机不能启动

原因：①电源不符合设计要求；②电缆发生断裂；③电动机本身损坏如短路等。

采取的措施：①检查主电源电压、频率是否符合设计规定值；②检查电缆及接线等应完好；③协助电气专业人员进行电动机的检修或更换。

2. 主轴承箱体振动过大

原因：①叶轮、叶片及轮毂上沉积杂物；②联轴器损坏，中心不正；③轴承箱内主轴承存在缺陷；④轴承箱地脚螺栓松动；⑤叶片磨损；⑥失速运转。

采用的措施：①清理杂物，叶轮回复平衡；②联轴器修复或更换，并重新找正中心；③轴承箱内轴承解体检查，超过标准应更换新轴承；④检查所有地脚螺栓并紧固；⑤对于有部分叶片磨损或损坏的，应整机更换新叶片；⑥断开主电动机或控制风机，以便离开失速范围；⑦检查导管应不堵塞，如设有缓冲器，应开启。

3. 风机运行噪声过大

原因：①基础地脚螺栓可能松动；②主电动机单向运行；③旋转部分与静止部分摩擦；④失速运行。

采取的措施：①检查并紧固地脚螺栓；②查明电源及接线方式等并修复；③检查叶片端部裕度；④停止风机或控制风机脱离失速区；⑤检查风道是否阻塞，挡板是否开启。

4. 叶轮叶片控制失灵

原因：①伺服机构存在故障；②液压系统无压力；③调节执行结构失灵。

采取的措施：①检查控制系统和伺服机构，配合热工人员校对伺服机构；②检查液压油泵站，必要时解体检修；③检查调节执行机构的调节杆和调整装置。

5. 液压油站油压低或流量低

原因：①液压油泵入口处漏气；②安全阀设定值太低；③油温过高；④隔绝阀部分开启；⑤滤网污染；⑥入口滤网局部阻塞。

采取的措施：①解体检查液压油泵，重新连接入口管接头；②重新调整安全阀设定值；③清洗冷油器；④检查隔绝阀的开启状态；⑤更换滤网；⑥清洗疏通或更换入口滤网。

6. 液压油泵轴封漏油

原因：①油泵轴瓦回油孔阻塞；②入口压力过高；③油封环损坏。

采取的措施：①油泵解体，清洗轴瓦回油孔；②解体检查，调整间隙；③更换新油封。

7. 液压油站安全阀动作不准确

原因：①安全阀污染；②安全阀设定值过高。

采取的措施：①拆下安全阀清洗；②重新调整或更换安全阀。

8. 液压油泵运行有噪声

原因：①油泵组装联轴器不对中；②空气进入泵内；③隔绝阀部分关闭。

采取的措施：①泵轴联轴器重新找中心；②排除空气；③重新开启隔绝阀。

9. 液压油温过高

原因：①油泵压力过高；②安全阀设定值过低，导致泵内积油；③液压油被污染，液压油黏度低。

采取的措施：①解体检修油泵；②重新调整安全阀设定值；③更换新液压油。

二、离心式风机检修

离心式风机由于大型锅炉使用较少，其检修工艺可参照轴流式风机进行，这里只做简单介绍。

（一）叶轮检修

1. 叶轮拆吊

首先放油，用油盘将润滑油排放到专用油桶内存放。

拆除冷却水的连接水管。拆卸轴承箱的端盖、上盖密封环压盖螺栓，并使端盖移位。同时将轴承箱盖与风箱蜗壳盖板吊放到指定位置。

检查测量进风口插入叶轮密封环的深度及径向间隙。将转子部件移位，使叶轮密封环与进风口的插入部分错开，以便起吊。

用抹布将轴上部件擦拭干净，挂好钢丝绳进行试吊检查，在专人指挥下将转子吊离箱体并放在专用支架上，必要时可将轴承箱移位。

撬开轴头圆螺母的止动垫，用圆螺母扳手及钝扁铲将圆螺母松开，将拆卸器拉杆与轮毂连为一体，把拆卸器与轴头顶足劲，用烤把从轮毂边缘开始圆周均匀加热，并逐渐向中心移动。当叶轮有松动现象时，迅速顶紧拆卸器，拉出叶轮，将其起吊。钢丝绳要吊上劲，避免叶轮错动碰坏轴头。将拆下的叶轮吊放在指定位置稳固。

2. 叶轮检查及叶片更换

（1）叶轮检查

检查叶片、防磨头、防磨板、叶轮盘有无裂纹、变形。叶片及叶轮盘焊缝局部有裂纹时，需进行焊补，焊补前应将裂纹清除干净。叶片、防磨头、防磨板磨损超过原厚度的1/2时，可以采用局部焊补或挖补的方法。

检查轮毂与叶轮后盘连接的铆钉或螺栓是否松动、有无磨损，铆钉和螺栓不应松动。铆钉头与螺帽磨损超过1/2时应进行更换、补焊或加防磨罩。

（2）叶片更换

叶片磨损严重时可更新叶片。更换的方法是：将叶轮分成对称组数，其顺序是：上、下、左、右交叉排列，并在锥盘上做好标记。用气焊对称切割一对，更换点焊一对，依次对称交替切割更换，以免叶轮变形。点焊的焊疤要用气割修平，焊渣用扁铲剔平，必要时用手提砂轮打磨干净。叶片点焊时，应用直角尺测量叶片与后盘的垂直度，用出口角样板测量出口角度，与连接板相接的部位不要点焊，以免焊渣影响叶片与连接板的接触。连接板与叶片确已点焊牢固方可焊接，每片叶片所用焊条数量尽量相同，焊后将焊渣清理干净，检查焊接情况。

3. 叶轮检修质量标准

（1）送风机验收质量标准如下：

1）叶轮与进风口的轴向重合度为28～84mm。

2）叶轮与进风口径向间隙为2.5～6mm（半径间隙）。

3）叶轮各处无裂纹，叶轮的后盘、前盘、叶片等局部磨损厚度大于20%以上者，进行修补或更换。

4）叶轮铆钉应完整、无损伤，铆钉头部磨损直径大于10%或磨损高度大于20%时应更换。

（2）引风机验收质量标准如下：

1）叶轮各死角处、叶片叶轮上不得有积灰。

2）叶轮前盘及后盘隔板不得有明显磨损，局部磨损大于原厚度的20%时，应修补或换新。

3）叶片与叶轮前盘、后盘焊接应完好，无裂纹及假焊现象。

4）叶片不得有磨穿，叶片表面的防磨层磨损严重时应进行重新堆焊。

5）换新叶片重量应对称一致，邻边对称叶片的重量误差不大于50g。

6）动静平衡标准以风机振动来判断，振动在0.1mm以下为良，振动在0.06mm以下为优。

7）轴与叶轮中间隔板连接应严密，平面之间以0.03mm塞尺塞不进为宜。

8）铆钉应完整，无松动，铆钉头部直径磨损10%或高度磨损大于20%时应更换。

9）叶轮的前盘、后盘、叶片磨损厚度大于20%以上时，应进行修补或更换。

10）叶轮与进风口径向间隙应符合要求。

11）叶轮与进风口插入深度为30～90mm。

（二）主轴检修

1. 主轴检修方法

首先清洗主轴，去除油污锈迹。对主轴全面检查，如键槽有无剪切变形，轴肩处有无疲劳裂纹；轴承装配处是否有转圈磨损的痕迹，丝扣是否完好等。

用油光锉或油石修整轴上的伤痕，用120号砂纸轻轻打磨轴上的锈痕，用什锦三角锉修整变形的丝扣，使螺母转动灵活。

测量装配处尺寸公差，不符合质量标准时可根据具体情况，采用喷镀、镀铬、镶套等工艺方法修复。

待装的主轴，用枕木架好。轴颈及丝扣用塑料布包好，以免碰伤。主轴需要补焊时，应经有关技术部门批准并制定必要的补焊措施。

2. 主轴检修质量标准

主轴无裂纹、腐蚀及磨损现象，必要时可以做金属探伤检查。主轴的弯曲度不大于0.02mm/m，全长不大于0.10mm/m。主轴的保护套完好，主轴与保护套之间的间隙为6～8mm。主轴上键槽与键配合严密，不许有松动现象，不许用加垫或捻缝的方法来增加键的紧力，键的顶部应留0.20～0.40mm的间隙。

（三）轴承箱检修

轴承箱密封体可分为填料密封、机械密封、迷宫式密封和浮动环密封。随着机组容量的不断增大，风机轴瓦油封的渗漏问题已经成为电厂安全文明生产的重要问题之一。

对于电站锅炉的风机来讲，轴承箱的密封形式多采用迷宫式密封。迷宫式密封可分为碳晶迷宫式密封和金属迷宫式密封。其密封原理如下：由密封片和轴组成微小间隙，流体通过间隙时，由于节流作用压力降低，从而达到密封的目的。其优点是这种装置没有任何机械摩擦部件，功率消耗最小，制造简单。

轴承箱检修的质量标准：油室内干净清洁，无油污杂质；对口平面保持平整、光洁，不许在平面上锤敲任何东西，做垫片时应印上痕迹，用剪刀裁剪；油位计畅通清晰，高低油位线准确；最高油位线淹没下方珠粒为宜，但不得漏油，最低油位线不低于下方珠粒的1/3高度；冷却水系统管路畅通，调节门完好，无泄漏；所有螺栓、定位销钉完好齐全，紧力均匀，无松动现象；密封装置完善，填料松紧合适，严密不漏，密封压盖与轴的间隙，滚动轴承为0.15～0.36mm，滑动轴承为0.5～0.8mm；轴承两侧不许有夹帮现象，每侧用0.10mm塞尺能塞入的深度以 10～15mm 为准；轴承外套与轴承箱、轴承盖的接触角为 120°，两侧接触点要形成逐渐消失的过渡痕迹，接触点大小一致，分布均匀，1～2 点/cm² 为宜；一般推力轴承推力膨胀预留间隙为 0.3～0.5mm，承力轴承为轴向自由膨胀游移轴承，轴的外套随轴的伸缩而移动。

（四）蜗壳、进风口检修

检查蜗壳、进风口的磨损情况和入口法兰盘及轴封的严密情况，必须进行挖补时，应拆除有关保温层，测量好并用石笔做好标记。挖补的形状尽量选用矩形为宜，切口要齐整。补焊或挖补的铁板应与原来的线形一致。

检查蜗壳加固筋及支撑有无开焊或疲劳裂纹，发现裂纹可用气焊冲开破口，用扁铲剔平焊渣，再进行焊接。

壳体大盖、人孔门等结合面法兰出现变形时，应用气焊平整或挖补更换。进风口发现椭圆变形时，可放在平板上用大锤校正找圆。所用的螺栓应清洗、灵活，长短以紧固后露出 1～3 圈螺纹为宜，螺栓螺纹应涂上铅粉。

第三节　磨煤机检修

一、筒式磨煤机检修

单进单出式低速钢球磨煤机和双进双出式低速钢球磨煤机都属于筒式磨煤机，由于前者现在大型锅炉已不使用，这里主要介绍双进双出式低速钢球磨煤机的检修工艺。

筒式磨煤机检修的内容取决于设备的型式、磨损程度、工作条件及其他因素。

筒式磨煤机常修项目：①消除漏风、漏粉、漏油，修理防护罩；②检修大齿轮、对轮及其防尘装置；③检修钢瓦、选补钢球；④检修润滑油系统、冷却水系统、进出螺旋套、椭圆管及其他磨损部件；⑤检查滚柱轴承。

筒式磨煤机不常修项目：①检查、修理基础；②修理轴瓦球面、乌金或更换损坏的滚动轴承；③检修减速箱装置。

筒式磨煤机特殊检修项目：①更换球磨机大齿轮、大型轴承、减速箱齿轮、大齿轮翻工作面；②更换球磨机钢瓦 25% 以上。

1. 本体检修

准备起重工具。对所用的起重行车、顶大罐的液压千斤顶、油泵、油箱、拆装钢瓦专用工具以及其他手拉葫芦、滑车、钢丝绳等，按规定检查并试验合格。

打开磨煤机出口、入口人孔门进行通风。

切断电源，拆除隔音罩。将滚筒中部及出口人孔门拆下，安装筛选钢球的专用工具。恢复电源，转动滚筒进行筛选钢球，碎球甩净，停电拆除筛球工具。利用盘车装置卸出合格钢球。

认真检查钢瓦、入口空心轴螺旋套管、出入口密封装置及压紧弹簧等部件是否完好。钢瓦、螺旋线套管磨损大于 60% 应更换。检查滚筒各部是否有裂纹、松动、脱落等情况。

（1）钢球磨煤机大瓦的检修

检查空心轴有无裂纹及损伤，并做详细记录。用油石打光空心轴颈的毛刺和磨擦伤痕。必要时测量空心轴的椭圆度和圆锥度。使用专制桥规及千分表测量大轴直径。

检查大瓦支承球面的接触情况，检查基础及螺栓是否牢固。

抽出大瓦，将其吊到可靠位置。将大瓦用煤油清洗干净，详细检查大瓦损坏情况，检查大瓦乌金有无裂纹、砂眼、脱落以及烧损情况。对于缺陷不甚严重的大瓦，例如局部乌金脱落、裂纹、轻度烧瓦等情况，将大瓦乌金损伤部分清理干净，重新修研。如有裂纹，将裂纹处清洗干净打出坡口，利用火焊镀锡后，局部修研。

对于严重烧瓦，补焊完毕后，上床车光，然后找大瓦与大罐轴颈接触面。先将大瓦落在轴颈上部往复盘动，初步找接触面、接触角度以及大瓦间隙，当基本合格时，进行重荷刮研，即将大瓦就位，落下大罐，盘动大罐，然后再顶起大罐进行刮瓦，经过二次的重荷刮研，就可以保证在重荷下大瓦接触良好。对于球磨机大瓦严重损坏，已不能修复的，应更换新瓦。将新大瓦的几何尺寸与设计图纸尺寸详细核对。对轴瓦水套进行 0.5MPa 的水压试验，应无漏水渗水现象。检查新瓦乌金，应无裂纹、脱落、砂眼等缺陷。然后进行轴瓦球面与台板的接触面刮研，用红丹粉检查接触点合格后，在台板球面四角刮出 0.25mm 间隙，以使筒体下落后仍能保持灵活调整。大瓦刮研时接触点不可太多、太密，接触点要求硬点分布要均匀。进行大瓦乌金刮研，待大瓦乌金刮研达到标准后，测量瓦口间隙、油槽间隙及推力间隙，并进行必要的修刮，使其推力结合面达到标准。乌金接触角脱胎不超过 10%。总脱胎处面积不超过 30%，大瓦与空心轴接触角为 75°，接触面应达到 $1\sim2$ 点/cm² 的硬点，大瓦瓦口间隙 $2\sim4$mm。筒体轴面推力间隙一般 $2\sim3$mm，膨胀间隙 $20\sim25$mm，筒体水平误差小于 0.1mm/m。

（2）简体空心轴检修

空心大轴加工粗糙、椭圆度、锥度、光洁度不合格或大轴锈蚀严重，都是造成球磨机烧瓦的重要原因。修理空心大轴的方法：一是磨轴跑合法，用以解决因光洁度差，大轴与大瓦动态接触不好引起烧瓦的问题；二是砂轮磨轴法，用以解决大轴加工精度差引起的烧瓦问题。

磨轴跑合法的步骤如下：

1）在大轴向上转的一侧先搭一工作台。

2）先用盘车装置转动大罐，清除表面乌金，并用油石磨轴表面。再启动大罐，用手按细油石进行磨轴，用手摸大轴表面，发热处要多磨。此时油石上将粘满乌金末，应不断更换油石，并将使用过的油石表面乌金用钢丝刷刷掉。当大轴温度太高时，应停车冷却后，再启动大罐磨轴，直到长期转动大轴表面温度不高且不带乌金为止。

3）如用此法消除运行中烧大瓦问题，开始不能长期空转滚筒，防止大罐中无煤钢球干磨引起瓦温升得太高，每次不能超过 15min。经多次短时磨轴后，可投煤长时间磨轴，以大轴表面不发热，轴表面光滑，不带乌金为准。

砂轮磨轴法是解决大轴加工公差太大、锥度及椭圆度大于 0.2mm、轴表面锈蚀严重、麻坑太深且面积大等问题的方法。其步骤如下：

1）首先制作专用砂轮磨轴工具。利用一台车身长 1700mm 的车床架，下部作为支承架与大瓦座固定好。利用车床的走刀托架，装一台电动机（2.2kW，2850r/min），通过一对三角皮带轮（i=1.5）升速带动砂轮转动，砂轮直径为 150mm，转速为 4200r/min，外圆线速度为 32.83m/s。

2）在瓦座上安装三块千分表，测量大轴径向跳动，在车床刀架上安装一块千分表，测量走刀不同测点的读数。

3）装一台滤油机专门进行润滑油循环，并在轴转动方向下侧加装喷油管，以提供磨轴过程的大瓦润滑油。

4）粗磨时，应从大轴椭圆度最大一点开始，转动罐体使椭圆最大点与砂轮相切。用平尺沿轴向紧靠轴表面，找出大轴凸起最远两点进行纵向滑道的初步找正。然后根据轴的相对锥度误差做滑道的纵向最后修正。

5）检查轴表面轴向凸凹情况，决定开始磨轴的横向进刀点。利用刀架装的千分表测出大轴最大凸起点为零点。然后摆动纵向走向螺杆往返一次，从千分表上反映的数值反映轴向凸凹不平情况，校核刀架与轴径实测的偏差是否相符。然后根据千分表反映的最大读数点为开始横向的进刀点。

6）进刀量的控制数有如下规定：纵向走刀量粗磨时，筒体转一圈为 0.6B，细磨时筒体转一圈为 0.3B，其中 B 为砂轮片厚度。横向走刀量粗磨时为 0.03mm，细磨时为 0.01～0.02mm。

7）磨轴中，磨完一个单行程，如发现误差有增大趋势，要重新调整纵向找正位置。连续磨轴，当千分表反映的综合光度误差均在 0.1mm 以下时，磨轴完成。

8）拆下砂轮换布轮，加抛光剂进行抛光，使粗糙度达到要求。

2. 球磨机传动装置检修

（1）检查大小齿轮

在齿轮密封罩卸下之后，首先应将大小齿轮上的油污彻底清理。接着用塞尺测量大小齿轮的径向间隙，注意测量点应在大小齿轮中心的连线上，并测量工作面齿侧间隙。然后用卡尺或齿轮卡尺测量大小齿轮的节圆齿厚，也可用齿轮样板和塞尺进行测量。测出的数值与标准齿厚进行比较。

装上千分表架，盘动大小齿轮，测量出齿轮的轴向和径向摆动。检查齿轮的磨损情况及齿轮有无裂纹，并做好记录。

（2）大齿轮检修

1）大齿轮上部密封罩拆除后，将大齿轮的半面结合面转至水平位置，上半部齿轮绑扎并用起重机吊好。

2）拆卸完大罐紧固螺栓和半面紧固螺栓后，将上半部齿轮吊至指定地点，用道木垫好。

3）盘转罐体 180°，使用同样方法拆除另一半大齿轮。

4）将新大齿轮的一半就位装上螺栓。转动大罐 180°，再使另一半就位装上螺栓，并旋紧大齿轮紧固螺栓，利用两个千分表，测定齿轮的轴向和径向摆动值并做好记录。

5）当径向摆动不合格时，应根据记录分析、调整径向垫片。调后再紧固，进行测量，直到合格。

6）当轴向摆动不合格时，应检查大罐法兰结合面是否紧实，并判定属于备件误差，还是安装误差。

7）大齿轮找正测量合格后，找出原大罐上的销孔，如不合格，则应改变销钉位置或加大销钉直径，重新配制销钉并装好。

8）大小齿轮节圆处齿厚磨损应小于 30%，小齿轮轴、径向摆动一般不超过 0.25mm，大齿轮轴向摆动在 ±2mm 以内、径向摆动在 1mm 以内。

（3）齿轮表面淬火

当齿轮的齿面磨损 2～3mm 时，就必须进行齿面淬火来提高齿面硬度。

淬火前对齿面挤压变形和齿根处磨损而成的凸台应予以修平，要保持轮齿节距和齿廓线正确，可用事先做好的齿形样板检验。

进行齿轮表面淬火时，要把齿轮放平，齿轮端面与地面平行。用喷焰器对齿面加热，并使喷焰器沿齿面自下而上地运动。当达到淬火温度后，关闭喷焰器的可燃气体阀，打开冷却水阀对齿面喷水淬火。大齿轮的材料一般为 45 号铸钢，经表面淬火后其表面硬度可达布氏硬度 350HB 左右。小齿轮的材料一般为 45 号铸钢或 45 号铬钢，淬火后其表面硬度可达布氏硬度 400～500HB。

（4）齿轮补焊

齿轮的磨损量达到齿厚的三分之一时，为了能够继续使用，可用堆焊方法补齿。焊后要经过加工保持齿形正确，再淬火处理。

在齿轮的检修中，除了上述的磨损问题外，还可能遇到齿的断裂和脱落，对这些问题则应根据具体情况来处理。

3. 滚筒磨煤机钢瓦更换技术

更换钢瓦是一项繁重的工作，必须严格按照施工程序安全文明施工。

当滚筒内的钢球全部卸出时，便可对钢瓦进行检查。如果要将端部及罐体钢瓦全部更换，则先拆罐体钢瓦，后拆端部钢瓦，装时按相反程序进行。

通常滚筒钢瓦装有楔形钢甲，这些钢甲被螺栓紧固于滚筒壁上，并对其他钢甲起定位和压紧作用。而其他钢瓦均无螺栓连接，只是依靠其端部的凸凹燕尾形状互相挤压来固定。

（1）四排楔形滚筒钢瓦拆卸顺序如下：

1）转动筒体，使任一排楔形钢瓦位于与滚筒轴心线水平位置，用准备好的顶钢瓦工具将钢瓦与对称位置钢瓦顶牢。再卸掉楔形瓦的连接螺栓。

2）转动筒体 90°，使卸下螺栓的楔形瓦位于下方，并将滚筒固定住。拆掉顶瓦工具，用撬杆撬下楔形瓦，再小心地撬下其两侧共半圈的钢瓦。

3）将筒体再转 180°，使剩下的半圈钢瓦位于下方，便可自高而低地卸掉这半圈钢瓦和最后一个楔形瓦。再把拆掉的钢瓦运出滚筒。如此逐圈地拆卸，就可把整个滚筒的钢瓦全部卸掉。

4）端部的扇形钢瓦拆卸比较容易，只要把连接螺栓拆掉，便可把扇形钢瓦取下，注要要逐块拆卸。

（2）四排楔形滚筒钢瓦安装顺序如下：

1）先安装端部钢瓦，从最下边的一块装起。在滚筒端盖上铺 5～8mm 厚的石棉板，再放上扇形钢瓦，然后安装连接螺栓（螺栓穿入后应在杆上缠上石棉绳并加垫圈），但螺母不需拧紧。接着从这块扇形钢瓦两边自下而上装满半圈扇形钢瓦，将滚筒转 180°装剩下的半圈钢瓦，然后把螺栓全部紧固。钢瓦组装尺寸不合格，应根据实际情况用火焊割去多余边角及修正孔口，力求达到接合严密平整。

2）端部钢瓦安装完后才能安装滚筒钢瓦。转动滚筒使有楔形瓦螺栓孔的位置置于下方，装上一排楔形瓦及其螺栓，螺母亦不需拧紧。接着自此楔形瓦两侧自低而高地铺装钢瓦，装满半圈，把两侧的楔形瓦装上，并把这两块楔形瓦连同原先在底下那块楔形瓦的连接螺栓全拧紧。当然钢瓦与滚筒间亦应铺石棉板。

3）将滚筒转 90°，也是按自低而高的顺序铺装四分之一圈钢瓦，然后用拆卸时顶钢瓦的工具把后装的这块钢瓦顶牢。

4）再将滚筒转 180°，安装剩下的四分之一圈钢瓦和最后一块楔形瓦及其螺栓，并把螺栓紧固，拆掉顶钢瓦工具。

5）按照上述方法逐圈地安装，直至到把滚筒壁铺满为止。最后把所有螺栓都紧固一遍。

拆卸和安装具有一排或两排楔形瓦的滚筒钢瓦时，方法与上述方法相仿。只是要及时地用顶钢瓦工具把钢瓦顶牢，避免钢瓦塌落。

二、中速磨煤机检修

中速磨煤机的种类较多，结构有相似之处，这里主要介绍具有代表性的中速磨煤机的检修工艺，实际检修中可参照进行。

（一）MPS 中速磨煤机检修

1. 检修前准备工作

正常情况下磨煤机检修一般应尽量将磨煤机内存煤烧净，然后隔绝。关闭磨煤机入口煤闸板、一次风挡板、密封风门、惰化蒸汽门、冲洗水门等，切断磨煤机电源。因磨煤机检修需要盘车，油系统一般应保持运行。

对事故停磨一般要监视磨温，投入蒸汽惰化，防止磨煤机着火。

根据检修计划准备工器具、备品，特别是专用工具要备好。检查吊车、专用工具、气动盘车装置、千斤顶、绳索卡具、气动液压加载车等。

根据检修项目，制定检修工序及安全技术措施。

磨煤机停运后，待磨内温度小于 60℃ 时，才能打开检修门、石子煤门，进行清扫检查。

安装气动盘车装置及液压加载装置。

2. 加载装置检修

将加载车放在磨煤机附近合适位置，将加载车三个供油管及三个回油管接头分别接到磨煤机三个液压缸上。接通液压加载车动力气源。

进入磨仓内记录压力架与弹簧座架距离，即弹簧长度，以便回装时作为加载依据。松开液压缸锁紧移动块螺母，并做好位置标记。

启动加载车对液压缸泄压，松开"十字头"锁紧螺母至合适距离，将"十字头"上移，完成卸载。

完成磨煤机内部检修后，按以上方法对油缸加载，同时对三个油缸慢慢地升压，压缩加载弹簧至要求的高度，锁定"十字头"紧固螺母。

磨煤机三个磨辊的加载与卸载同时进行或单个依次进行。

加载杆上有密封件，设备运行时，其作用是保持磨内不向外漏粉。更换密封件时要将填料接口剪成 45°，接口每圈错开 90°，压盖紧力要适中。

3. 磨辊检修

（1）轮箍检查

利用特制的量规对轮箍进行检查，并与前期记录对照。

检查轮箍有无裂纹。检查中可利用气动盘车对每个磨辊轮箍全面检查。气动盘车前可先将磨辊卸载，以减小阻力、噪声，当轮箍磨损最深处超过 1/2 时或发现有裂纹时，应更换轮箍。

检查防磨板、防磨吊耳托架、辊轮轴护板螺栓及辊轮防转耳柄。检查辊轮密封空气组件。密封管及球形衬间隙为 0.05～0.13mm，间隙太大，会使密封空气外漏，出现磨辊轴承故障。

检查辊轮枢轴及枢轴块。枢轴块带凹口，以使枢轴可以偏离中心，这就产生宽侧和窄侧。在压力构架中的枢轴块安装时，要将宽侧朝外。

检查辊轮油。利用气动盘车将磨辊三个放油堵之一盘至朝下，放油检查油质、轴承磨损、密封油封情况。

检查磁性塞上的金属积物，检查磁性塞紧固情况。

检查润滑辊轮油封。利用专用油尺检查油位时，要通过滚轴端上的润滑油注入嘴注入符合要求的润滑油。辊轮油位要在油尺高低线之间。如果油位偏低，就加入相应的润滑剂或与其相当的润滑油。

（2）磨辊拆装

安装气动盘车及液压加载装置并接通气源。装上磨辊支撑座及支撑杆，并用木楔将磨辊固定。卸下磨辊的耐磨板（检查门处）并装上专用翻板。将专用单臂螺旋千斤顶和两个螺旋千斤顶安装在磨基座上，并与翻板连接好。用液压加载车将磨辊卸载。安装三角框架连杆，将三角框架与加载杆解列。拆卸各辊轮空气密封组件，并用一块干净的布盖住辊轮托架的开孔。安装螺旋吊杆与三角框架连接，或用 5t 手拉葫芦吊挂，并将框架拉起到一定高度，此时三个磨辊脱离了三角框架的固定，仅靠螺旋支撑杆支持，立于磨盘上。取下磨辊上的枢轴，并卸下检修门处磨辊的螺旋支撑杆。此时，在磨辊未离位前，可在检修门上方垂挂下来两个线锤，指向磨辊托架上，打样并做标识。后两个磨辊亦利用这两个线锤同样做标识，便于回装。压提升翻板的两个螺旋千斤顶，提升磨辊离开磨盘约 20mm。旋单臂螺旋杆斤顶，拉动磨辊使翻板成水平位置。卸下磨辊三个螺栓（对称 120°），安装三个吊环，利用天车吊住，翻下翻板，吊走磨辊，或利用 10t 叉车叉走。气动盘车，同样拆卸另两个磨辊。假如不进行拆卸磨瓦等更大范围的检修，磨辊可拆一个，装一个。

磨辊的回装和拆卸的次序相反。

（3）轮箍拆卸

每次从辊轮上拆卸轮箍时，都要检查滚柱轴承和油封圈。将磨辊支架及辊轮放在枕木上，调好水平，转轴直立。注意勿用轮箍中的 3 只螺栓孔搬运整个辊轮组件。用履带式加热器对轮箍均匀加热，用专用工具或千斤顶顶下。轮箍与轮毂最大间隙配合为 0.3mm；当加热至轮箍与轮毂温差为 60℃时，间隙可达 0.5mm，不需加热至很高温度。

轮箍很脆，加热不均会使其断裂。加热轮箍金属温度不应超过 120℃，应用温度计或点温笔测量金属温度。

（4）轮箍安装

清理轮毂和轮箍配合面，测量其配合间隙一般为 0.1～0.3mm。在新轮箍对称 120°位置上安装吊环或安装轮箍拆卸托架，挂好起吊钢丝绳，用水箱将轮箍逐渐加热至 100℃，吊起平稳安装。在轮箍和轮毂的配合面涂一层薄薄的二硫化钼润滑剂。安装时注意轮箍中的凹槽必须与轮毂背面的接头片咬合。安装轮箍夹环。按规定螺栓转矩值（查转矩表）用力矩扳手拧紧螺栓，并使轮箍在空气中冷却。最后检查轮箍和轮毂在轴上的旋转情况，用手可转动磨辊。

（5）轮毂拆卸

拆下轴承盖的滚柱轴承护圈。在轮箍与磨辊托架之间均匀放置 4 台专用液压千斤机，接好液压系统。使用天车或卷扬机提升辊轮组件，使之略微离开下边垫木，同时顶起千斤顶，使磨辊托架与垫枕木之间保持微隙，这样千斤顶不支承全部重量。重复提升和顶起，直到从磨辊托架和轴上拆下辊轮组件为止。检查并确保下部轴承内圈和内部轴承隔离圈留在轴上。视检查情况，从轴上拆下内部轴承隔离圈和下部轴承内圈。

检查重装迷宫密封圈、轴封、迷宫唇形密封套。

（6）磨辊轴承拆卸

将拆下的轮毂放在专用支架上，安装轴承拆卸专用工具，从下向上顶出上部轴承。反装轴承，拆卸专用工具，从上向下顶出靠近磨辊托架侧的轴承。注意向下顶时要有防护措施，以防损坏轴承。

（7）磨辊轴承及磨辊轮毂回装

清洗检查轴承磨损情况及测量轴承间隙，轴承间隙不得超过轴径的 1/1000～1.5/1000。检查测量轴承与轴配合公差，轴承与轴应有 0.02～0.04mm 的紧力，轴承外圈与轮毂内径应有 0.05～0.1mm 的间隙。

回装轴承及轮毂的方法有两种：第一种是将轮毂在沸水中加热100℃，吊至检修台上，依次装上轴承外套，外轴承间隔套、上轴承外套。将磨辊托架轴朝上，依次装好迷宫密封圈、迷宫唇形密封套、油封、石墨密封套、轴封间隔圈、O型环、排气阀等件。热装下部轴承内圈、轴承内隔套上部轴承内圈，安装迷宫唇形密封套螺孔导杆和轮毂组件，以及轴承护圈及轴承盖等部件。第二种是将磨辊拖架轴上件全部装好，装迷宫唇形密封套、螺孔导杆，热装轮毂。一般推荐使用第二种方法。

轴承、轮毂冷却后装其他件。热装轮箍及压板。对轴承室打压 30kPa，维持 5min。拆卸轴承盖上的一个磁性塞，接上一个带有合格标准表计的空气管路进行实验。加注润滑油或其他替代润滑剂，并用专用油尺从油尺塞处检查油位。轴承室螺塞如油尺塞、磁性塞及油封润滑注入塞等都要涂规定密封剂。辊轮油封注少量润滑剂。

4. 扇形磨瓦检修

磨瓦磨损仿形规测量如图 5-6 所示。

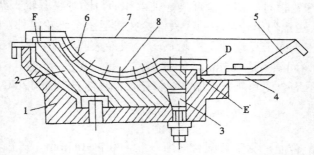

1—磨盘；2—磨瓦；3—楔形螺柱；4—辊腔盖板；5—锥帽；6—磨瓦仿形规；7—拉钢丝；
8—测深销；D、E、F 为标识记录

图 5-6　磨瓦磨损仿形规测量示意图

同检查轮箍一样，利用专用磨瓦深度仿形规对磨瓦进行磨损量测量，做好记录，并与原记录对照。认真检查有无磨瓦裂纹。当磨瓦有严重损坏及磨损超过厚度的1/2 时，应更换。

拆下磨环座盖锥体、垫圈及盖板。拆下楔形螺栓螺母锁紧装置并取下楔形螺栓螺母。在磨环座顶部和外壳耐磨板支架之间安装支撑杆，防止磨环座抬起。上方无人时，用 50t 千斤顶顶出楔形螺栓。用专用工具将最松的一块磨瓦取出，如很难取出，可用气焊割断一块磨瓦，逐块取出并运出磨煤机外。

磨瓦安装前将磨盘底座槽内的杂物清扫干净。

将第一块磨瓦利用起吊专用工具，安装在驱动定位销上，使其对准楔形螺栓孔。在一块磨瓦的任意一侧安装其他磨瓦至一周，将各瓦间隙调整均匀后，再穿上楔形螺栓，使用力矩扳手对称、均匀拧紧。为使楔形螺栓与孔密封良好，安装楔形螺栓时可涂密封剂密封。为保证楔形螺栓的紧固量，可先拧至 270N·m 然后松开，重新拧至 813N·m。

防磨瓦之间的间隙应均匀，且小于 5mm，如超过 5mm，应用钢垫片进行调整。防磨瓦高低不平应小于 5mm，否则进行磨削。

封盖板前将轭腔清理干净，恢复磨环座盖锥体、垫圈及盖板。涂密封胶密封。磨煤机运行一段时间停磨后，视情况将楔形螺栓再紧一次，紧螺栓的力矩为 813N·m。

5. 旋转喉环检修

（1）喉环检查

检查喉环与凸形盖铸件、室外壁扇形体有无摩擦，标准间隙为 10mm，最小为 5mm，当出现超过 19mm、不足 3mm 的地点，应进行调整。

检查各结构件有无松动、裂纹、过度磨损。检查内锥形扇形体与轮耳间隙，其最小间隙为 13mm。

（2）喉环拆卸

在磨辊已拆出的情况下，拆卸喉环较方便。在磨辊未拆出时，用下述方法拆卸喉环：拆卸靠近检修门处的下辊轮托架耐磨板；拆卸喉环下边的全部固定螺栓，进入喉环下边的主气室；将吊车搭接在检修门处的一个喉环扇形体上，并拆去其上部固定螺钉；吊出这个喉环扇形体；利用气动盘车逐个拆出其他喉环扇形体。注意在已拆下全部喉环底部固定螺栓后，所有人员要离开主气室，再进行喉环上部的拆卸、吊装工作。

（3）凸形盖拆卸

拆卸检修门处 2 只凸形盖铸件的固定螺钉。拆下凸形盖铸件并清除后面的耐火材料。拆除其余凸形盖铸件固定螺钉。利用外壁顶面将其他凸形盖铸件沿环道滑至检修门处吊下。

（4）固定外壁扇形体拆卸

利用火焊或电弧刨割除固定外壁扇形体下部的锥形导流板及焊接牵连部分。用火焊或电弧刨切割固定外壁扇形体端部的垂直或水平焊缝。

在磨盘上安装固定外壁扇形体吊装专用工具，吊住检修门处的一块固定外壁扇形体。用吊车吊住专用工具，割开这块固定外壁扇形体所有的焊接牵连。将吊装专用工具连同这块固定外壁扇形体一同吊出。利用气动盘车，重复以上操作，逐个拆除其余固定外壁扇形体。

全部拆除后将外壳焊接面磨干净。

（5）固定外壁扇形体，凸形盖铸件及旋转喉环安装

按照与拆卸相反的次序，依据图纸标注的圆周尺寸，依次安装、固定外壁扇形、凸形盖铸件、旋转喉环。回装调整结束，注意固定螺栓、螺钉的锁紧及点焊情况。

6. 轭密封扇形体及密封架检修

（1）轴瓦密封扇形体拆卸

拆去主气室下方齿轮传动装置输出适配板周围的护板。拆除下迷宫式空气密封扇形体连至轭空气密封外壳（轭密封架）的连接螺钉，这样便可放下轭密封扇形体并拆除。进入主气室拆除上迷宫式空气密封扇形体。用直尺及测隙规检查其表面的磨损情况，一般磨损应小于 1.6mm。

（2）轭密封扇形体安装

回装上下轭密封扇形体时，注意按标识序号组装就位。接口及结合面螺丝孔涂密封胶。

辄密封间隙按厂家提供的标准要求值进行调整。

（3）辄迷宫空气密封外壳（密封架）更换

拆去上、下迷宫式空气密封扇形体，进入辄腔。拆卸轮与底减速装置输出法兰连接螺栓。通过气动盘车使辄下边的 4 个辄头对准底仓专用法兰口。在确认将磨辊卸载固定，使压力及弹簧座架解列的情况下，用 4 个顶辄专用工具通过仓口将辄顶起 25mm。将减速机与电机解列，拆去联轴器。拆去减速机所有移位牵连装置。利用辄头吊起辄空气密封外壳。利用吊杆或导链将压力及弹簧座架吊起。移去减速机进口处液压缸。通过在移动轨道上辅设铁板滑行的方式，移走减速机。放下辄迷宫空气密封外壳，更换新的。

按相反次序回装所有拆除部件。调整减速机输出适配板与辄密封空气外壳的中心，使中心偏差不超过 0.254mm。装好辄空气密封外壳支架，放下辄。检查辄表面相对空气密封外壳的中心，中心偏差最大不超过 0.2mm。检查上下辄迷宫空气密封扇形体与轮间隙。拼合辄迷宫空气密封扇形体，接缝涂密封胶。回装其他部件。

7. 石子煤刮板更换与调整

刮板由螺栓连在辄头托架上，根据磨损状况调整或更换新刮板，刮板与主气室底部应保持 6～9mm 的间隙。

8. 陶瓷外壳的更换

磨煤机磨煤区外壳内衬采用 25mm 厚的陶瓷瓦面板。该面板在喉部凸形盖上方约 900mm，底部埋入凸盖顶部耐火材料中。

更换步骤：①拆除固定凸形盖铸件的凹头螺钉；②清理耐火材料露出面板；③切割面板焊缝逐块取下；④打磨焊迹；⑤按相反步骤逐块焊装面板；⑥恢复螺钉。

9. 分离器锥体更换

用磨煤机内部由顶部外壳侧部吊耳支承的导链支撑分离器锥体。除去内出煤管接至分离器排放段的焊缝，用电弧气刨进行切割。从分离器锥体底部松开分离器排放段并落下。

分离器锥体由许多部分装配组成，应从磨煤机检修门每次松开一部分并拆除。先拆除离门最近的部分并向背部进行。

按照相反步骤安装新锥体，应注意各部分在配合法兰上都有配合标志使法兰间隙最小。排放段侧部、顶部、底部法兰间隙应保持在 3mm 以下，以防漏煤，并用密封胶密封。

10. 压力弹簧检修

压力架与弹簧座架间的弹簧出现严重磨损、腐蚀及断裂时应更换。更换弹簧的步骤：安装磨辊固定夹具；液压缸泄压，使弹簧恢复自由位置；利用分离器顶部垂下来的三个手拉葫芦或吊杆吊起弹簧座架；更换弹簧。一定要注意当提高弹簧座架时，弹簧座架可能发生侧移撞出弹簧伤人。

11. 石子煤闸门的更换

由于磨煤机运行时，难以修理石子煤闸门，一般应整套更换。拆下的闸门组件送回车间检修。

12. 弹簧座架和压力构架更换

一种方法是在磨辊固定卸载后，加载杆解列，割开中间壳体移出旧件，更换新件。另一种方法是拆除弹簧座架和压力构架上方分离器上壳体、原煤管、摆阀等全部结构之后再进行更换。

13. 磨盘、辗架更换

拆去磨辊、分离器等全部部件。在磨盘上安装三个吊耳。用吊车将磨盘吊出。取下磨肋驱动销。拆除辗架腔固定螺栓。从辗架上拆除煤干石刮板螺栓。拆除上下辗气封机构和不锈钢密封片。在轮架表面螺孔内安装 4 个吊耳。用天车将辗座吊出，使辗座与齿轮传动装置法兰销脱离。更换后，按相反次序回装。

14. 齿轮传动装置的更换

解列压力弹簧，固定磨辊。拆去煤干石刮板、辗密封片、锥盖、辗腔中辗与齿轮箱输出法兰连接螺栓，并拆卸四个千斤顶舱口盖。使用气动盘车使辗头对准仓口。使辗气封固定于辗头，松开辗空气密封外壳支架螺栓并拆除空气密封进气接头。解开电机与减速机联轴器。拆掉门口加载杆及液压缸。检查减速箱定位板，以便回装。均匀抬高辗座约 100mm。铺好铺板，用两个 10t 手拉葫芦将减速机拖出。回装新减速机，输出中心偏差小于 0.8mm。

15. 压力构架与中间壳体之间的耐磨板的更换

压力构架和中间壳体耐磨板的间隙一般应小于 2mm，当耐磨板磨损后间隙超过 5mm 时，应调节或更换耐磨板，使间隙恢复至小于 2mm。

耐磨板调节。测量耐磨板间隙确定所加垫片的厚度。用楔块楔住压力构架一个角，便于松开该角防磨板。松开外壳耐磨板螺栓上螺母，加入有槽垫片。涂密封胶并拧紧螺母及护帽。拆去楔块。重复操作，对其他两个角加垫片。

耐磨板更换。为保证磨煤机运行平稳，压力构架中心应与齿轮减速装置输出适配板中心在一条垂线上，其偏差应为 0~0.8mm。耐磨板更换要以此为原则，并保证耐磨板间隙为 0~2mm。

16. 磨煤机润滑油系统检修

油系统包括：油泵、油泵减速机、油泵安全阀、双联过滤器、冷油器、加热器。根据实际运行情况及要求进行检查、清扫、检修。

（二）HP 型中速磨煤机检修

下面以上海重型机械厂生产的 HP1163/Dyn 型中速磨煤机为例，介绍 HP 型中速磨煤机的检修工艺。

HP1163/Dyn 型中速磨煤机结构如图 5-7 所示，大修周期一般为 10000 小时左右，也可在机组停机检修时进行。具体检修项目：磨煤机检修门密封检查；磨辊的辊套检查更换；磨辊耳轴装置检查更换；磨辊装置解体及组装；磨碗衬板检查更换；叶轮装置及节流环检查更换；分离器导向衬板检查更换；分离器体检查修理；落煤管部件检查修理；侧机体、刮板装置检查更换及间隙调整；密封装置（外气封）检修；磨辊安装及间隙调整；弹簧加载力调整、间隙调整；旋转分离器检修；磨煤机出口气动插板检修；主减速机检查；主减速机润滑油系统检修；石子煤斗插板门检修；磨煤机试转、调整。

HP1163/Dyn 型中速磨煤机的小修一般在机组停机检修时进行。具体检修项目：磨辊套磨损测厚检查；磨辊润滑油检查更换；磨碗衬板磨损测厚检查；导向衬板、磨辊轴防护罩磨损检查，补充陶瓷塞；磨辊与磨碗衬板间隙调整；磨辊头与加载装置间隙调整；叶轮装置及节流环的检查更换；旋转分离器检查调整；刮板装置检查更换及间隙调整；密封装置（外气封）检修；磨煤机出口气动插板更换密封组件；主减速机润滑油系统检查、系统消除漏点；石子煤斗插板门更换密封组件；磨煤机试转、调整。

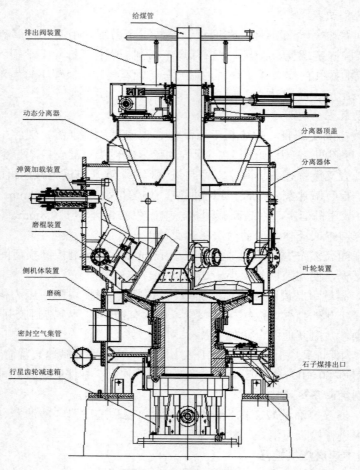

给煤管

排出阀装置

动态分离器

分离器顶盖

分离器体

弹簧加载装置

磨辊装置

叶轮装置

侧机体装置

磨碗

密封空气集管

行星齿轮减速箱

石子煤排出口

图 5-7　磨煤机结构图

HP1163/Dyn 型中速磨煤机检修的专用工具有磨辊翻出装置、磨碗起吊装置、辊套拆卸装置、弹簧预紧装置、油位量油杆、磨碗螺栓预拉紧装置。

1. 检修前的准备工作

记录设备检修前的运行数据，统计设备检修前存在的缺陷。办理检修工作票、风险预控票及动火工作票，检修负责人与运行人员共同确认检修设备安全隔离措施是否全部落实。设备备品备件准备及检修专用工具准备。检修场地布置、搭设脚手架，检修工器具、备品备件、材料要摆放整齐有序，检修使用照明及电动工具电源必须安装合格的漏电保安器，如进入磨室内检修还要准备好 36V 以下的电源变压器。

2. 检修

（1）减速机对轮解列

拆除减速机联轴器防护罩，做好中间轴、弹簧连接片及紧固螺栓、电动机的位置记号。测量中间轴和电机侧、减速机侧半联轴器的轴向、径向偏差，对所有数据做好记录。安装中间轴支撑架，拆除中间轴和电机侧、减速机侧半联轴器的连接螺栓，取下中间轴妥善放置。如果电机需要拆除检修，则配合电气专业工作，并妥善放置底脚螺丝和垫片。

（2）磨辊装置翻出

打开磨煤机分离器体和刮板室人孔门，并清理磨煤机内存煤及刮板室内的石子煤，检查人孔门密封垫片，如有破损、老化现象则更换。应该注意的是磨煤机侧机体内温度必须降到60℃以下才能打开人孔门，以防止磨辊炸裂。

测量并记录磨辊与磨碗及磨辊加载头的间隙。拆除磨辊和弹簧加载装置密封风进口软管，并对各密封风管进行封口。拆下磨辊油室放油螺塞，放净磨辊油，装复放油螺塞，放油也可在磨辊翻出后从加油管处放出。从磨辊拉杆螺栓上松开拉杆限位螺母，退出拉杆螺栓直到磨辊搁置在磨碗上为止。在磨辊门盖上的两个起吊孔和吊车之间挂上钢丝绳，然后稍微收紧钢丝绳。拆除所有磨辊检修门螺栓，从分离器体上吊走磨辊检修门，并放置在检修空闲场地里垫好的枕木上。拆除磨辊头衬板和裙罩装置，并做好标记，安装翻磨辊专用工具，利用单轨吊、导链将磨辊组件缓慢往外倾翻（注意倾翻时不应有卡涩）至辊套处于水平位置。

检查磨辊套磨损情况，辊套表面应无裂纹，磨损超过1/3原厚度时应更换。

（3）耳轴装置检修

利用吊车、导链将磨辊拉紧固定。

拆除固定磨辊与耳轴的螺栓，并拆除耳轴座及耳轴盖螺栓，把两端耳轴座连同耳轴衬套一起拉出，如较紧，可用拉马拉出或使用专用长螺杆将耳轴顶出。

检查耳轴表面是否光滑无毛刺，轴弯曲度应小于0.04mm/m，如合格则不用将整个耳轴拉出，如不合格应更换耳轴。检查耳轴衬套是否有变形、磨损现象，如不合格应更换。

清理分离器体耳轴孔及耳轴，用适当的工具将耳轴衬套压入两侧耳轴座内，将耳轴座装入分离器体上的耳轴孔内，装好定位螺栓，再拧紧耳轴座螺栓。将耳轴先初步敲入耳轴座套孔内，然后安装耳轴盖，拧紧螺栓，再缓慢地将耳轴敲入耳轴座套孔内，当一端耳轴靠紧耳轴盖时，另一端耳轴与耳轴盖之间的间隙允许在1.95～3.95mm范围内。

耳轴装好后，往耳轴盖上的加油孔中注满润滑脂。

（4）磨辊装置解体检修

拆除耳轴。利用单轨吊、导链将磨辊总成吊出运至检修间进行解体检修。

拆除磨辊前端盖，安装好吊具，用轨吊垂直吊住磨辊，辊套朝上安放在固定台上。

拆除辊套挡圈和套键，用行车和专用吊具垂直吊住辊套。

磨辊套检查、磨损测量，当磨辊套磨损超过1/3时应更换。用专用工具顶出辊套，必要时可以加热（顶辊套液压千斤顶压力不得超过40MPa；加热应确保均匀，升温速度小于0.5℃/min，且不应超过90℃）。

拆除下轴承座盖板及磨辊轴上的六角螺栓和螺栓止退板、磨辊轴挡板和垫片组，拆除上轴承座盖板螺丝，使其滑下，搁置在密封耐磨环上，再提升轴承座，将磨辊轴承座从磨辊轴上吊离。上轴承座盖板和密封耐磨环从磨辊轴上吊出，用白布和煤油清理辊芯内壁、轴和轴承等部件，检查、测量轴承游隙并做记录。

检查磨辊组件，辊芯内壁清洁光滑无裂纹，轴光滑无毛刺，磨辊轴磨损小于0.02mm，轴承转动灵活无卡涩，滚柱无麻点、锈蚀、裂纹，弹夹完好，轴承游隙在0.28～0.38mm之间；油封、O型圈无老化、龟裂，弹性良好；密封耐磨环光滑无凹痕，磨损小于0.2mm。

（5）磨辊总成组装

在上轴承盖上装上三道油封，第一道油封唇口朝轴承座孔内，第二、三道油封唇口朝外，将上轴承盖装于磨辊轴上就位，在上轴承盖油封槽内装好 O 型密封圈。

将辊轴擦拭干净后涂磨辊用润滑油，将上轴承内圈和上轴承加热（温度小于 90℃油浴）装于磨辊轴上，将轴承外圈装配于轴承座两端的孔内，然后将轴承座吊装至磨辊轴上，落在上轴承上，转动磨辊轴承座使其就位。

将上轴承盖装于轴承座上，然后检查、测量，调整轴承端隙至合格范围，端面窜动间隙为 0.28～0.38mm。

往轴承座内加磨辊用润滑油至标准油位，润滑油量约为 125L。

用专用吊具吊住新辊套（或堆焊后），调整到水平位置，将用烘把加热后（辊套均匀加热100℃，注意温度偏差小于±5℃）的辊套吊至水平放置的磨辊上方，找正后缓慢落下，辊套落实后，将吊具撤去，待辊套冷却后安装固定辊套的套键。

测量磨辊轴端面与下轴承内圈端面的高低差值，选择一组厚度能保证轴承轴向间隙为0.025～0.076mm 的垫片组，然后依次安装垫片组、磨辊轴挡板、螺丝止退板和磨辊轴上的六角螺栓。

安装下轴承座盖板，盘动磨辊，检查运转是否灵活、平稳，如有卡涩则需重新调整垫片组厚度。装上辊套挡圈，将事先做过标记的磨辊头衬板和裙罩装置安装好，这样磨辊总成组装完成，等待回装磨煤机。

（6）磨碗衬板的检修

检查磨碗衬板磨损情况，衬板磨损超过 1/3 原厚度时应更换。

拆下衬板夹紧环固定螺丝及吊装螺丝闷头，安装吊装螺丝，吊出夹紧环。

取出磨碗衬板，清理磨碗及夹紧环固定螺丝孔内的杂物、煤灰，割除延伸环上的衬板端部垫片，并打磨平整，在延伸环磨损严重必须更换时，就可在不拆除夹紧环的情况下更换衬板。

安装时将 1 号带键槽衬板首先放入，使其嵌入衬板止动键槽内，新磨碗衬板按编号顺时针方向一块一块放进磨碗内，衬板应紧密排列。

调整磨碗衬板间隙，在衬板整圆方向紧密后，再使衬板在径向紧密，并在衬板端部垫入适当的垫片及在衬板扇形面上垫入调整垫片。磨碗衬板安装质量标准是：衬板端面与垫片间隙0mm～0.38mm，衬板之间的间隙小于 1mm；相邻衬板表面误差小于 1.5mm，整组衬板表面误差小于 3mm；相邻衬板间垫片小于 1 片，整组衬板间垫片总厚度小于 25.4mm。

（7）叶轮装置及空气节流环的检修

检查叶轮导叶及空气节流环的磨损情况，叶轮导叶及空气节流环磨损超过 2/3 原厚度时应更换。

拆下叶轮与磨碗的承托块，利用导链事先将叶轮固定好，然后拆除叶轮螺栓，割断空气节流环使叶轮分为六件，依次将叶轮吊出侧机体。

将新叶轮吊入侧机体，依次安装固定好，并调整好叶轮之间间隙，使之小于 2mm，高度偏差小于 1.5mm。

三道节流环应错开接口紧靠叶轮导叶内侧焊牢，上下分别要与叶轮导叶焊牢。

调整密封环与叶轮扇形体的间隙，使两者间隙在 9±2mm 之间，调整好后将密封环焊接到分离器体上。

（8）分离器体的检修

检查分离器体导向装置衬板磨损情况，衬板磨损超过 2/3 原厚度时应更换。

割除所需更换衬板焊塞，取下衬板，用角向磨光机打磨平整，新衬板就位，焊塞满焊，衬板与衬板间隙用硅橡胶填入，焊塞孔填入硅橡胶，表面刮平，贴上陶瓷塞。

用敲击法、测厚仪分别对分离器体、落煤管等部件检查磨损情况，落煤管磨损超过 2/3 时进行挖补或整段更换。

（9）旋转分离器检修

检查减速机带轮的位置，如有偏差则进行调整。

拆除防护罩，检查驱动带，驱动带如有破裂、老化迹象应更换。

松开并抬高落煤管的接头，将减速机向磨煤机中心线移动约 51mm，取出旧带，清理带轮，安装新带，从水平及垂直两个方向检查落煤管迷宫气封间隙，要求水平间隙为 0.64～0.89mm，垂直间隙为 12.7±0.76mm，调整带的张紧力，在皮带的中跨处施加 840N 的力，皮带的平面偏移量不大于 20.8mm，紧固减速机地脚螺栓，安装防护罩。

拆除驱动带和带轮，检查上油封，如有破损或进煤粉则更换，拆除油封后，检查上轴承，轴承滚道及滚珠应无蚀斑、麻点、磨损、划痕等现象。检查下油封和轴承时需拆除一个出粉管，以便能进到转子里面去，然后检查下油封和轴承，如果需要更换轴承，则需要拆除驱动装置润滑油管路、密封风管路，并在焊缝处将两段落煤管割开，利用行车将转子和转子支承装置下放到磨碗上。

安装轴承和油封时需涂上润滑脂，注意油封唇口须背对轴承，检查下部气封环与下部密封环的间隙，要求为 0.2～0.4mm，下部密封环与轴承内座的间隙小于 0.127mm。

检查转子体叶片磨损情况，磨损超过原厚度的 1/3 需更换叶片。

升高落煤管的下半部分，与上半部分点焊起来，检查落煤管的垂直度不超过 1.5mm，再将两部分完全焊好。升高转子和转子支承装置到合适位置，将其固定在驱动装置上，用手转动转子，检查转子支承与中心落煤管之间的间隙，要求圆周间隙均等，在 ±3.084mm 范围内。

检查转子外径的间隙，密封环和转子外径的间隙在 3±1.5mm 范围内。检查减速箱的润滑油和轴承的润滑脂，如不合格则更换。

（10）侧机体（刮板室）的检修

检查侧机体耐磨衬板的磨损，视情况更换，检查耐磨衬板是否有移位、松动、弹出，视情况修理并电焊加固。检查磨碗毂裙罩的磨损，当裙罩磨损超过 2/3 时更换。

拆除裙罩各连接螺栓，拆除缝隙环下轨道，拖出侧机体，用增减垫片的方法调整缝隙环与磨碗毂的间隙，密封间隙为 0.5±0.25mm。

检查石子煤刮板的磨损，刮板装置磨损超过 2/3 时更换。新刮板安装就位后，调整刮板装置与隔热板间隙至 6～8mm，刮板与侧机体底板间隙至 8±1.5mm，然后将刮板的耐磨板固定螺栓电焊固定。

（11）密封装置（外气封）检修

拆除护罩螺丝，取下四块护罩妥善放置。拆除密封压盖，并在压盖和磨碗毂上做好配对标记。挖出密封环内的盘根，检查密封环与磨碗毂的间隙，四周间隙必须相同。将新盘根填入密封环，然后按照压盖和磨碗毂上的配对标记组装密封压盖，然后再装复护罩。

（12）磨辊回装

将磨辊组件运至磨煤机旁，并用轨吊水平地吊起磨辊组件，缓慢地吊至磨辊检修门，在磨辊进入检修门时，将磨辊头端面法兰对准耳轴端面法兰，放入螺栓后缓慢收紧耳轴螺栓，再按规定编号顺序紧固螺栓，使磨辊紧固于耳轴上。通过轨吊缓缓放下磨辊，直至磨辊完全翻入分离器体并碰触到磨碗衬板为止，拆卸吊具。

检查磨辊润滑油位，使油位符合标准，装复加油孔门盖。

清理磨门盖结合面并涂上密封胶，起吊磨门盖就位，紧固螺栓。安装磨辊拉杆螺栓，旋进拉杆限位螺母逐渐抬起磨辊，直至磨辊与磨碗衬板的间隙符合标准（间隙为 6~8mm），注意，三个磨辊间隙要调整一致。

（12）弹簧预载力调整及磨辊头间隙调整

打开弹簧加载装置端盖，拆除锁紧螺母开口销，安装弹簧预紧工具。使用液压缸预紧弹簧，将液压缸打压至 20.1MPa，此时弹簧总压缩量约为 25.4mm，拧紧弹簧柱上的锁紧螺母，检查锁紧螺母上的槽口是否对准弹簧柱上的开孔销孔，如果对不准则后退锁紧螺母直到对准（后退不大于 1/4 圆周），然后释放液压缸压力。

通过液压缸重新加压检测弹簧预紧力，检查锁紧螺母可转动时的压力变动是否在 1MPa 范围内。

拆除弹簧预紧工具，装上锁紧螺母开口销，安装弹簧加载装置端盖。

进入分离器体内，在磨辊头端部与弹簧头端面间预置一块 1.5mm 厚度的垫板。然后调整弹簧加载螺栓，使弹簧头端面与磨辊头端部间隙在 0.5~1.5mm 范围内，用木块敲击加载螺栓可使其移进。调整弹簧柱座上的所有 8 个螺栓，要求均匀顶紧，测量所有螺栓露出弹簧座盖的长度，检查螺栓拧入的深度是否一致，相差须小于 1mm。

拆下磨辊头垫块与弹簧柱间预置的垫块，用塞尺复核间隙。安装弹簧加载装置端盖。

（13）磨煤机出口气动插板检修

检查插板组件，插板无明显磨损变形，汽缸活塞杆无磨损，气缸与插板连接牢固。拆除插板密封压紧端盖，将老化损坏的密封盘根取出并清理盘根室，安装新密封盘根。调试插板，应开关灵活、无卡涩，密封严密无漏风、漏粉现象，位置正确；插板开启时间不大于 6s，关闭时间不大于 5s 为合格。

（14）减速箱检查

打开减速机箱体观察门，盘动减速机检查齿轮有无断齿、裂纹、点腐蚀，齿面磨损小于 0.2mm。

检查减速机驱动端及箱体各测点、油管连接点有无渗漏，发现漏点必须处理。在减速机侧半联轴器上安装拉马，可以利用火烤均匀加热拆下联轴器。检查减速机高速轴端密封情况，此项工作需要放尽减速箱内的润滑油，拆除高速轴迷宫室端盖两侧的顶丝，拉出端盖，检查迷宫室回油孔是否堵塞，检查迷宫密封片和内侧密封圈是否有老化变形及间隙偏大现象，若有则更换。

检查高速轴有无弯曲变形，轴颈表面应光滑无毛刺、剥皮、锈蚀和麻点，联轴器键槽和键应无损坏变形。

按拆除时的相反顺序和相关的位置记号安装所有部件。

联轴器中心找正，标准为轴向、径向偏差不超过 ±0.05mm，联轴器的插口间隙不超过 3mm，所有测量数据做好记录，并装复联轴器防护罩。

（15）减速机润滑油系统检修

取样化验润滑油站润滑油油质，如不合格则更换。

打开油箱加油孔盖，用油泵把油箱内的润滑油抽尽，同时放尽减速箱内的润滑油。打开油箱人孔门，清理剩油及油污，然后清洗油箱，不得使用回丝、回丝布，要用白棉布。

检查油泵主动、从动螺杆是否弯曲，有则更换；检查螺杆和机械密封件以及对轮连接块磨损情况，如磨损严重须更换。拆卸双筒网式过滤器，检查滤网和密封垫圈，将拆下来的零部件放到干净的容器内进行清洗，如有损坏须更换。拆卸冷油器检查冷油器管束有无破裂，管壁内外表面不能结垢，堵死管束不超过总数的 3%，必要时对冷油器进行水压试验，试验压力为 1.0MPa，时间为 5 分钟，检查有无渗漏水。

利用滤油机往油箱内加油至满油箱，押工作票试转油泵，检查油泵运行是否平稳，有无过大噪声和振动，检查有无渗漏，发现漏点必须处理，并记录润滑油流量和油泵出口压力及滤网差压，检查油箱油位，当油位低于标准时，停止油泵运行再补充润滑油。

（16）石子煤系统检修

打开石子煤斗出口插板，清理斗内的石子煤及杂物。出口插板阀的检修与磨煤机出口气动插板的检修相同。

（17）磨煤机内部清理

侧机体、分离器体内部检查，清理遗留工具、铁块等杂物，然后封闭人孔门。

（18）磨煤机试转、调整

磨旋转分离器试转，检查电机及减速机运行是否平稳无异声，分离器运转平稳，与磨煤机本体无异常碰擦声。磨煤机空载试转 2 个小时以上，检查各部分是否有异常碰擦声，测量主电机及减速机轴承的振动、温度值是否符合标准（轴向、径向振动值≤0.05mm，温度≤65℃）。检查润滑油系统运行情况，各处应无渗漏油，磨煤机减速机入口供油压力为 0.15MPa～0.35MPa，润滑油流量符合标准。

3. 检修标准

系统无漏风、漏油、漏粉和积粉点。及时进行磨煤机内部清扫，避免内部积粉及堆积石子煤。

磨辊套无裂纹，磨损小于 1/3 原厚度。磨辊润滑油无变质、油内无煤粉、无机械杂质。磨辊与磨碗间隙为 6～8mm。磨辊盘车转动灵活、轴密封严密无渗漏油现象。磨辊头与加载间隙为 1.5mm。

叶轮装置及节流环无缺失，磨损小于 2/3 原厚度。磨碗衬板无裂纹，磨损小于 1/3 原厚度。磨煤机分离器导向衬板防磨陶瓷塞无缺失，衬板磨损小于 1/3 原厚度。刮板装置间隙为 8±1.5mm。磨煤机出口气动插板密封严密无漏粉。密封环与磨碗毂密封盘根完好，无老化、破损情况。出口煤粉直管道及弯头磨损小于 2/3 壁厚。分离器驱动带的张紧情况适中，在皮带的中跨处施加 840N 的力，皮带的平面偏移量为 20.8 mm。分离器转子叶片磨损小于 1/3 原厚度。

齿轮减速箱运行平稳无异声，油温、油压、过滤器、流量和油位在标准值范围内。润滑油油量加到 2000L，至少加到油位视窗的中部，最多不能超过视窗上沿，润滑油牌号为 ISO-VG320。润滑油无变质、无杂质，油质不合格应更换。

旋转分离器运行平稳无异声。旋转分离器减速箱润滑油油量加到 27L，至少加到油位视窗的中部，最多不能超过视窗上沿，润滑油牌号为 Tribol 800/220。润滑油无变质、无杂质，油质不合格更换。减速箱轴承润滑油油量每次加 20g，润滑脂牌号为 Renolit H443-HD88。旋转分离器轴承润滑油所加量为初次所加量的 1/3（0.655L），润滑脂牌号为 Synthetic Mobilith SHC 220，红色，锂皂复合基。

（三）E型磨煤机碾磨部件的检修

1. 碾磨部件的检查

检查钢球、上下磨环有无裂纹、重皮、破碎。钢球和上下磨环应无裂纹、破碎。当发现有重皮时，应根据重皮大小和位置判断其对运行有无重大影响，以确定是否更换。

测量钢球直径，求得每个球的平均外径，再求得各个球平均值并做好记录。测量上下磨环的磨损程度，通常是在磨环弧形滚道上选择 4～6 个点，测量断面形状，取最小壁厚并做好记录。

上磨环的降落量实际上是钢球和上下磨环磨耗的总和，测量上磨环降落量，通常以人孔盖开口部或壳体凸缘面为标准，装料设备所带指示装置的批示值可作为降落量的参考。对于弹簧加载装置，在两次加紧弹簧的间隔中，该上磨环降落量即为弹簧松弛高度，即为该次需加紧的弹簧的压缩数值。

如果钢球和上下磨环的磨损以及下磨环的降落量中有一项超过标准，则须更换，其标准均按制造厂的规定进行。

检查测量壳体和轴瓦、控制杆和活塞的间隙。当上磨环降落到制造厂规定值时，壳体和轴瓦、控制杆和活塞杆的间隙便开始接触，实际上由于存在着制造、安装上的误差，因此需要检查测量其间隙，间隙应大于零。

检查测量旋转体的磨损情况，当旋转体磨损量大于 5mm 时须进行更换。更换旋转体时必须同时更换与其相配合的拉条盖板挡板。并测量拉条盖板挡板与拉制杆之间的间隙，其间隙不小于 10mm。

2. 碾磨部件的更换

碾磨部件的拆卸顺序：将加载装置与碾磨部件解列；从分离器检修孔进入磨煤机内部，拆卸分离器上下漏斗（即内锥体）连接螺栓；拆卸煤粉出口管、落煤管法兰螺栓并将其吊下；按次序拆出磨煤机出口挡板、分离器外壳和分离器内部的上下漏斗、上磨环的十字压紧环、上磨环、钢球、风环、下磨环。

新钢球、磨环的检查：新钢球、磨环应符合图纸尺寸及公差的要求；新钢球、磨环表面应光洁，无裂纹、重皮等缺陷；新钢球、磨环表面硬度应符合要求，磨环表面硬度应略低于钢球表面硬度；必要时应检验新钢球材质及金相组织并符合要求。

更换钢球或当钢球磨损到接近填充球直径需要补充填充球时，必须注意钢球的排列顺序。因为钢球直径彼此之间总是存在差异，钢球排列于磨环滚道上的顺序：直径最大的一只钢球（1号）置于中间，其次一只（2号）置于其右侧，再次一只（3号）置于左侧，第四只（4号）在右侧，第五只（5号）在左侧，依此类推。这样排列，直径就从最大一只钢球，逐渐向右或向左减小，因此最小的一只钢球就在最大的一只钢球的对面，使钢球与磨环均匀接触。当顺序排列错时，会造成某些钢球与磨环不接触，从而造成严重的不均匀磨损，并影响磨煤效率。

碾磨件回装顺序与拆卸顺序相反。回装时，要注意以下配合：当下磨环重新组装时，下磨环与上轭的结合面应配合良好，结合面内侧防止煤粉窜入，其间的密封圈应换新。上下磨环键与磨环的配合公差应符合制造厂要求，键与键槽两侧不允许有间隙，其顶部间隙应不大于 0.3～0.6mm。下磨环应保持水平，其偏差应符合制造厂要求。上磨环与十字压紧环应接触良好，其接触面积不小于 80%。碾磨部件回装后，上下磨环应转动灵活，钢球在上下磨环滚道上能任意滚动。

（四）中速磨煤机常见故障及处理

中速磨煤机常见故障及处理方法如表 5-2 所示。

表 5-2　中速磨煤机常见故障分析表

故障	原因	处理
磨煤机运行不平稳、振动	煤床厚度不适宜	增加煤量，检查给煤标尺，检查管道是否堵塞
	碾磨力过大	减少弹簧压缩量
	煤粉过细	调节分离器叶片开度
	原煤粒度太大	控制原煤粒度
	三角压力架与减速机中心不对中或防磨损间隙大	减速机调中心，调防磨板间隙
轴承温度高	轴承故障	测听噪声、检查
	油位低	检查油位
	冷油器失灵	检查冷却水温度、流量
齿轮箱油温高	冷油器的水流量低	增加水流量，并清理冷油器
	冷油器堵塞	检查、清理冷油器
	低油位	检查油位、加油
润滑油系统故障	切换阀滤网堵	切换清扫
	油泵不工作	停磨检修油泵
	油量不足	检查油位并加油
	冷油器断水	检查冷却水系统
轭密封漏灰	密封风机风力不足	检查密封风机并调整
	轭密封损坏	停磨检修轭密封
煤从石子煤排出口溢出	磨煤过载，给煤量过大	降低给煤率，检查给煤标记、硬度
	磨辊或磨环磨损	调节弹簧压力油缸加载，停磨检修
	碾磨力不够大	油缸加载
	通过磨盘气流速度低	检查通风量并调整
	磨喉环通道面积太大	添加叶轮空气节环
	磨辊不转动	停磨检查磨辊转动，长时间暖磨，检查磨辊油黏度，增大原煤粒度
无煤粉	煤粉管道堵塞（堵塞时间延长会导致着火）	关闭给煤机、检查磨风机通风量。轻敲管道，如果仍不畅通，就要拆除处理
	给煤机堵塞，中心给煤管通风量低，堵塞节流孔或格条分配器	检查、清理给煤机或中心给煤管，检查一次风挡板，检查、清理给煤插板等
煤粉细度不合格	分离叶片调整有误	重新调整
	分离器叶片与标定不一致	重新标定、调整
	折向叶片磨损或损坏，内锥体或衬板磨穿	检查、修理或更换

续表

故障	原因	处理
噪声来自磨碗之上	在磨碗上有异物	停磨处理
	碾磨辊、磨瓦故障	停磨检查、检修或更换
	弹簧压力不均匀	如有需要，进行调整
	大块异物	停磨检查
噪声来自齿轮箱	轴承和齿轮损坏	停止磨煤机，检查零件
	油系统故障	检查油位、油质
噪声来自磨盘之下	喉环压盖开裂	停磨检修
	喉环碎裂	停磨更换
	煤刮板损坏	停磨检修
磨碗压差高	磨碗周围通道面积不够	拆除一块叶轮空气节流环
	磨煤机通风量大	检查通风量控制系统
	磨煤机压力接头堵塞	检查清扫空气，清理压力接头
	煤粉过细	调整分离器叶片（开）
磨碗压差低	磨煤量减少	检查给煤机工作情况
	磨煤机通风过低	检查通风控制系统
磨煤机出口温度高	磨煤机着火	按步骤灭火
	热风挡板失灵	关热风门，停磨检修
	给煤机失灵或给煤管堵塞	停磨煤机检修
	冷风挡板失灵	手动开冷风挡板，停磨检修
磨煤机出口温度低	磨煤机煤湿	降低给煤率，保持出口温度
	热风门没打开	检查风门位置，停磨检修
	热风挡板或冷风挡板失灵	停磨检修
	一次风温低	降低给煤率
	低风量	重新检验通风控制系统

三、风扇磨检修

风扇磨既是磨煤机又是排粉机，其结构类似离心式风机。目前大型锅炉使用较少，这里只做简单介绍。

1. 风扇磨本体检修项目

叶轮检查、调换；护甲检查、调换（大护甲随叶轮一起调换）；本体衬板、出口衬板、大门衬板检查或调换；护甲隔板检查、更换；大门伸缩节的齿轮、填料检修；大门圈检修；轴封装置检查，消除漏粉；轴封压缩空气检修；测量叶轮各部间隙。

2. 风扇磨本体检查、检修方法

提起落煤管伸缩节，打开本体大门、检修小门。拆除叶轮紧固螺栓的防松件，拆下叶轮紧固螺栓，将叶轮拉松。用专用叶轮拆装小车，拆除叶轮。

检查叶轮、护甲、机壳衬板、出口衬板、大门衬板、护甲搁板等磨损情况。中护甲磨薄 1/2 以上换新，小护甲磨薄 2/3 以上换新，出口衬板、机壳衬板、大门衬板、护甲搁板磨损 2/3 以上必须换新。

装好护轴套，防止检修中碰坏主轴及轴颈表面。

拆护甲首先把中护甲用撬杆或大锤松动，然后把中护甲从检修门一块块拆除，防止护甲窜出压伤手脚。

装复衬板、搁板时螺丝必须加垫料打紧，防止漏粉。衬板装复应平整，无凸凹现象，平面误差不超过 1mm，接缝之间的间隙最大不超过 3mm。

装复叶轮前，轴孔、轴、紧固螺栓要清理干净后，加黑铅粉和油的混合物；叶轮装复后紧固螺栓必须打紧，上保险铁丝；叶轮后筋与机壳衬板的间隙为 3~8mm，转动叶轮无碰壳声，叶轮与大护甲的间隙为 25~40mm。

大门、伸缩节、检查门、检修门的填料硬化必须调换，结合处不漏粉，大门圈、门框磨损严重时必须更换或修补，大门圈的螺栓应完整并拧紧。

试转中不得有振动等现象，振动值不得超过 0.1mm。如发现振动、碰壳，一定要查清原因，找出问题，否则不能再转。

3. 叶轮的检修

检查叶轮铆钉旁板螺栓，应无严重磨损。检查撑筋板与旁板焊缝的焊接质量，叶轮撑筋板、旁板有磨损时应修补，发现铆钉和螺丝松动时必须更换，铆钉、螺栓头应平整，不高出叶轮旁板 0.5mm。

冲击片应无裂纹、薄厚均匀，牢固地固定在叶轮上，不得有松动。冲击片磨损不均匀，运行中振动超过 0.1mm 时应拆下重校平衡。

旁板表面磨损不应超过 10mm，边缘磨损不超过 15mm，超过 15mm 时应镶环。焊接必须牢固，接口应打坡口。

找静平衡时平衡铁分布一定要均匀，不允许集中在一点，固定在一点的平衡铁重量应小于 1000g。叶轮停止在任何一点，静止倒回次数不超过 2 次，倒回角度不超过 15°，残余的不平衡重量不超过 300g。

第四节　给煤机检修

目前大型锅炉使用的给煤机大都是电子称重式给煤机。

电子称重式给煤机的检修项目：端门和侧门、观察窗密封垫检查更换；给煤机托辊、滚筒及其转动轴承检查；给煤机皮带、张紧装置检查检修；给煤机清扫装置检查检修；皮带驱动、清扫链减速机检查检修；给煤机进出口煤闸门检修，传动试验行程调整；给煤机称重系统标定等。

电子称重式给煤机检修的专用工具：水平校验杆、定度探测器（标定探头）、探测器电缆、反光板；标定砝码、辊轮拆卸座、辊轮提升杆、辊轮接长杆（延伸导轨）、反转卸煤槽等。

下面就以 EG3690 电子称重式给煤机为例介绍给煤机的检修工艺。

一、电子称重式给煤机检修的准备工作

记录设备检修前的运行数据，统计设备检修前存在的缺陷。办理检修工作票、风险预控

票及动火工作票，检修负责人与运行人员共同确认检修设备安全隔离措施是否全部落实。设备备品备件准备及检修专用工具准备。检修场地布置及搭设脚手架，检修工器具、备品备件、材料要摆放整齐有序，检修使用照明及电动工具电源必须安装合格的漏电保安器。

二、电子称重式给煤机检修

1. 皮带机构解体检修

打开机体两端的检修门和侧门，清理给煤机皮带上和机体内的剩煤。检查端门密封垫和观察窗密封垫，如有老化、断裂现象则进行更换。

在张力滚筒臂下垫上木块，使滚筒支承在木块上并与皮带脱离，拆除滚筒张力指示板，拆除与张力滚筒相连接的润滑油管。

拆除负荷传感器下称重辊的连接板和连接拉杆。拆除并取出负荷传感器下的称重辊，并从机体侧门取出，然后取出称重校准量块。

旋松张紧滚筒螺杆使皮带达到最松状态，在旋转张紧螺杆时，应交替地旋动两螺杆，以免损坏螺纹，切勿使用冲击扳手。

在张力滚筒下插入辊轮拆卸座，并以螺栓固定在门框上，将张力滚筒从张紧滚筒臂上拆开，从拆卸座上拉出张力滚筒，拆除并取出辊轮拆卸座、称重跨距托辊。将皮带清洁刮板支撑起，使其脱离皮带。

在机体排料端门装入辊轮提升杆，利用螺钉调节杆的位置使驱动滚筒非传动一侧支承在杆上。拆除驱动滚筒非传动侧的轴承端盖，轴承座仍留在滚筒轴上。在驱动滚筒与皮带间插入辊轮拆卸座，将拆卸座一端推至机体上，用螺栓将拆卸座固定在机体上。将减速机内润滑油放尽。拆卸连接减速机过渡法兰与给煤机机体的螺栓，将减速机连同驱动滚筒一起吊出，并按顺序拆除辊轮提升杆、辊轮拆卸座。拆卸减速机法兰与驱动滚筒之间的传动连接销，将减速机与驱动滚筒分离。

拆除入煤口的后堵板和侧裙板，拆除皮带支承板上的螺栓。拆除紧固上下导轨与张紧螺杆座的螺栓，拆除张紧螺杆座与张紧拉杆，将导轨延长板安装固定在下导轨上，并拆除连接在张紧滚筒上的润滑油管。将皮带从入口端检修门拉出约 1.5m 长，将被动滚筒和张紧螺栓装置从导轨延长板上滑出来并一同从皮带侧面抬出。取出皮带支撑板，然后取出皮带的剩余部分。检查皮带有无过重磨损及明显划痕和老化现象，皮带裙边磨损不超过其高度的 1/3，皮带磨损超过其厚度 1/2 时应更换。

从各轴上取下轴承和油封。检查轴承，轴承内外套、滚动体和保持架应无裂纹、剥皮及严重磨损，轴承径向游隙应为 0.06～0.12mm。检查、测量各滚筒轴、托辊轴。各配合表面应光洁，无严重磨损现象；键槽、螺纹完好，各部位符合图纸要求。检查骨架油封，如有老化、断裂等损坏，应更换。对张力滚筒、张紧滚筒、驱动滚筒的内部和表面进行清理，对称重托辊、跨距托辊的表面也进行清理。

对所有部件进行妥善放置等待回装。按拆卸步骤的相反顺序组装给煤机皮带机构。

2. 给煤机清扫装置解体检修

检测清扫链条的下垂度并记录，出厂时从链轮到托链板之间约有 50mm 的下垂量，当下垂量超过 130mm 时应拆除一节链杆。盘动链条，找出合适的链节进行拆卸，打开链节，拉出链条组件。

拆除驱动链轮固定端的轴承端盖。将减速机内润滑油放尽。拆卸连接减速机过渡法兰与给煤机机体的螺栓，松开联轴节，拉出减速机。

从给煤机出料口取出清扫链驱动轴组。松开清扫链张紧链轮，从给煤机入口端取出张紧链轮轴组。从各轴上取下轴承和油封，检查轴承，轴承内外套、滚动体和保持架应无裂纹、剥皮及严重磨损松动现象，骨架油封如有老化、断裂等损坏，应更换。

对所有部件进行妥善放置等待回装。

3. 减速机检修

拆下减速机法兰和过渡法兰。拆卸减速机上电机侧端盖螺栓，将电动机和驱动斜齿轮一起取出。拆卸蜗杆轴端弹性挡圈，取下从动斜齿轮。依次拆下蜗杆、输出轴、骨架油封、轴承和蜗轮等零部件。

检查齿轮、蜗轮、蜗杆。蜗轮、齿轮啮合良好，轮齿磨损不超过原厚度 1/4，齿轮的啮合区在中间部位，啮合线沿齿长不得小于 75%，沿齿高接触不少于 60%。检查轴承，轴承内外套、滚动体和保持架应无裂纹、剥皮及严重磨损松动现象，轴承径向游隙应为 0.06～0.12mm，骨架油封如有老化、断裂等损坏，应更换。

按拆卸步骤的相反顺序组装减速机。

4. 给煤机进出口煤闸门检修

将给煤机煤闸门切换至手动位置。打开煤闸门的观察孔，通过观察孔消除门柄滑动轨道上的积煤。转动手链检查开关过程中有无卡涩现象，如有卡涩则进行处理。装好观察孔，将切换手柄移至电动位置。

做传动试验、行程调整，并确认煤闸门开关灵活到位。

5. 设备整体回装及调整

所有部件内部和表面进行清理，传动部件加入适量的润滑脂。按拆卸步骤的相反顺序组装给煤机，并给减速机加入规定牌号的润滑油。

在安装驱动滚筒时，使滚筒联轴器端与驱动轴上的半联轴器间保留有 3mm 的间隙。利用水平校验杆调整称重辊与两个称重跨距辊的水平。称重辊与两侧称重跨距辊应在同一平面内，其平面度误差不大于±0.05mm，以保证称重的测量精度。

在张紧皮带之前进行皮带对中调整，使皮带背面的 V 型导轨嵌入所有的滚筒和托辊的凹槽中，调整被动滚筒使其两端的滑块到导轨末端的距离保持一致。入煤口的侧裙板应该垂直安装，保持与皮带平行，不能与皮带接触。裙板和皮带表面之间的间隙必须沿着物料流动的方向逐渐增加，入口端的间隙应为 5mm 至 10mm，出口端的间隙逐渐增加到 10mm 至 15mm，从而防止物料掉落到裙板和皮带之间卡住。

皮带支撑板前沿与煤层挡板（整形板）应对齐或稍稍超前一些，以便皮带平稳、连续地运行。调整清扫链条张力，使链轮到托链板之间约有 50mm 的间隙。在皮带表面的宽度方向上用粉笔做出记号，以指明皮带转过完整的一周。

启动并低速运行给煤机，利用张紧调整螺栓调整皮带运行轨迹，将皮带对中到主动滚筒和被动滚筒上，至少转五圈，仔细观察皮带的隆起迹象，再以最大转速让皮带至少转过 20 圈，如果不出现隆起，就认为皮带的轨迹合适。完成轨迹调整之后，检查调整皮带的张力，利用皮带调整螺栓以调整张力，使张紧滚筒中心在张紧高度指示器刻度中线上下作相同幅度的摆动。

注意：调整皮带的张力时应保证两侧调整螺栓转动方向及圈数相同，否则容易引起胶带再度跑偏。一条新皮带应在全张紧状态下至少运行一小时以便消除其初始延伸量。如果给煤机必须立即投入使用，则要对皮带密切观察至少一小时。每运行 15 分钟就要对皮带张力调整一次。

最后做给煤机称重系统标定。

6. 给煤机试运行标准

试运 4 小时，测量振动、温度值，振动值＜0.05mm、温度＜75℃，运行各部件无异声。皮带及清扫链运行轨迹正常，无跑偏现象。检查泄漏情况，系统无漏风、漏粉、漏油现象，各管路通畅。

三、设备维护标准

系统无漏风、漏油、漏粉和积粉点。皮带运行轨迹平直，各部件运行无异声。检查皮带应无过度磨损、划伤、破损。检查皮带张力，皮带在称重辊和称重跨距辊间无隆起。减速机内油位在规定范围内。

齿轮无磨损，油位在规定范围内，运行无异声。手动盘车无卡涩、无异音；油封和轴承无损坏。托辊无明显弯曲、磨损，轴承无损坏。清扫链张紧合适，链节销轴转动灵活。无堵塞和外漏现象。

四、故障处理

电子称重式给煤机的故障处理如表 5-3 所示。

表 5-3　电子称重式给煤机的故障原因及处理表

序号	故障	原因	处理
1	皮带跑偏	皮带两侧张力偏差太大	调整拉紧螺杆
2	皮带打滑	1.张力偏小 2.煤太湿引起滚筒上有水	1.拉紧螺杆 2.查找煤湿的原因，对症处理
3	电流高跳闸	大块煤或异物卡在导向挡板和皮带中间	1.清理大块煤或异物 2.使燃料的碎煤机运行稳定
4	底板上积煤	1.皮带破裂 2.煤量过大 3.链条刮板损坏	1.修复或更换皮带 2.调整煤量 3.链条刮板机构修复
5	称重精度不准	1.称重辊与两侧称重跨距辊平面度误差偏大 2.热控称重精度不准	1.调整平面度 2.热控重新标定
6	出口堵煤	1.出口挡板门没完全打开或异物堵塞 2.煤太湿，出口管堵塞	1.调整挡板开度 2.清理异物 3.振打管道
7	入口断煤	1.入口挡板门没打开或异物堵塞 2.煤太湿，入口管堵塞 3.入口挡板门处蓬煤	1.调整挡板开度 2.清理异物 3.振打管道
8	托辊不转	1.轴承卡涩 2.托辊断裂	1.更换轴承 2.修复托辊

序号	故障	原因	处理
9	减速机振动	1.轴承损坏 2.齿轮磨损 3.减速机与给煤机客体连接螺栓松动	1.更换轴承 2.修复齿轮 3.紧固螺栓
10	减速机漏油	1.油封损坏 2.结合面密封损坏	1.更换油封 2.更换结合面密封
11	转动部件声音异常	1.轴承损坏 2.齿轮磨损	1.更换轴承 2.修复齿轮
12	轴承发热	1.油位低 2.轴承损坏	1.加油到合适油位 2.更换轴承
13	端门漏粉	1.紧固螺栓松动 2.密封损坏	1.均匀紧固螺栓 2.更换密封
14	观察窗漏粉	1.紧固螺栓松动 2.密封损坏	1.均匀紧固螺栓 2.更换密封

第五节　回转式空气预热器检修

现在大型锅炉采用的回转式空气预热器大都是三分仓容克式受热面回转空气预热器。现就以与 1000MW 机组配套的由上海锅炉厂引进 ALSTOM 技术生产制造的 2-34VI（50°）-2350（96″）SMRC 型空气预热器为例介绍空气预热器的检修，其他空气预热器检修可参照进行。

一、检修项目

空气预热器的检修项目有：清除空气预热器各处积灰和堵灰；空预器冷热端扇形板、轴向板检查调整；冷热端径向密封片、旁路密封片检查更换调整间隙；轴向密封片检查、轴向密封间隙调整；导向、支撑轴承清理检查；减速机检查、清理、换油、密封更换；空气预热器传动耦合器检查、渗漏点处理、换油；空预器扇形板提升装置检修；空预器围带检查；测量转子水平度、晃动度；检查、修理进出口挡板、膨胀节；检查修理冷却水系统、润滑油系统；检查冲洗水及消防系统；红外线火灾报警装置检查、检修；空预器转子外壳漏风检查处理；检查转子隔板、换热元件；检查蓄热元件的腐蚀和磨损情况等。

二、检修准备

根据运行状况和前次检修的技术记录，明确各部件磨损、损坏程度，确定重点检修技术计划和技术措施安排。为保证检修时部件及时更换，必须事先准备好备件。准备各种检修专用工具、普通工具和量具。所有起吊设备、工具按规程进行检查试验。施工现场布置施工电源、灯具、照明电源。设置检修时设备部件平面布置图。准备整套检修记录表、卡等。清理现场，按照平面布置图安排所需部件、拆卸及主要部件的专修场所。准备足够的枕木、板木及其他的物件。办理热机工作票。

三、检修工艺

1. 传热元件检修

拆除空预器的检修孔门，在检修孔门处安装好吊装活动平台，并固定导轨和起吊传热元件用的电动葫芦单轨吊。

使用空气马达转动空预器转子，对准转子外仓和检修孔门。

割除转子上传热元件固定压板处的固定焊点，拆除压板和轴向密封片底板，调整环向密封角钢。用专用吊钩把传热元件箱拉出并吊至零米层，检查腐蚀情况，并做记录。

吊出全部传热元件，根据具体实际的腐蚀和磨损程度，确定是否应予以更换。当每个传热元件的腐蚀和磨损量达到总数的 1/3 时，必须更换新的传热元件。不需要进行更换的传热元件利用高压水进行冲洗。

2. 径向密封装置的拆装和调整

拆除原有的径向密封片、密封压板、外侧密封补隙片和径向隔板密封片，但不可拆除径向隔板间的垫板，为了拆除密封片，允许将锈死的螺栓用火焊割断。

当安装新的密封片时，从转子外侧端开始，在外侧端密封片的外侧和内侧的螺栓孔装入螺栓与垫圈以及径向隔板密封。螺栓的插入应顺着径向隔板的旋转方向，然后装径向密封片、外侧端补隙片和压板，用螺母和垫圈固定，但先不要旋紧，最后根据调整要求，定好高低后再紧牢固。安装这个区段其余螺栓和垫片，按上述程序安装其余的径向密封片，安装内侧端密封片时，为了匹配转子中心筒密封片，可能需要对内端密封片端部进行修割，但注意不应修割过大，否则会造成漏风。

在模件块和径向隔板上安装完新的密封后，安装径向密封直尺组件，先将内、外侧支承板焊妥在热端或冷端的连接板的烟气侧，然后用螺栓将密封直尺固定在槽钢上。

转动转子，使某一径向隔板或模件块上的密封片处在扇形板的边缘，用塞尺检查内侧和外侧径向密封间隙，在调整到规定间隙后紧固螺母。然后，安装中间密封片，使之与内侧和外侧密封片在一直线上，并紧固螺母。再转动转子，使调好的密封片转到扇形的另一边缘，检查扇形板的内侧端和外侧端的间隙，间隙误差不得大于±0.5mm。转动转子，使根据扇形板定位好的径向密封片位于径向密封直尺的下面，调整直尺边缘恰好接触密封片，并固定。再转动转子，使每块径向隔板上的密封片位于直尺边缘的下面，并逐一调整密封片，使其恰好接触直尺，并在所有径向密封片均按直尺调整和固定后，拆除直尺，收起来以备今后使用。

清理内部杂物，关闭检修人孔门。

3. 轴向密封装置的拆装和调整

打开主支座两侧的检修人孔门，清理轴向密封板两侧的积灰。拆除原有的轴向密封片和轴向密封片压板，注意不需要拆除固定模件块的螺栓、螺母垫圈和轴向垫隙片。

安装轴向密封直尺组件，用螺栓将直尺固定在角钢上，并将角钢焊在热端和冷端邻近轴向密封板的外壳板内侧。

直尺正确的安装位置在距离冷端和热端转子 T 字钢的水平偏摆最高的点的 6mm 处。该点可以用固定指针，通过转动转子来确定。直尺定位后，须检查直尺和围带扁钢之间的间隙，使之不小于 6mm。

安装轴向密封片和轴向密封压板，并用螺母和垫圈临时固定。转动转子，使轴向密封片位于直尺下面。调节密封片，使其恰好接触直尺，并固定。在其余径向隔板上安装轴向密封片和轴向密封压板，并按直尺逐一调节密封片。待所有的轴向密封片都按直尺调装和固定后，拆去直尺，收起来以备今后使用。

检查和调整轴向密封板，转动转子，使轴向密封片处在轴向密封板边缘处，用塞尺检查冷端处和热端处的轴向密封片和轴向密封板间的间隙，对照标准间隙误差不应大于±0.5mm，如果大于±0.5mm，则需要调节密封板外部的调节螺母，使得轴向密封板与轴向密封片之间的间隙达到规定的要求。转动转子，使调好的轴向密封片转到其他轴向密封板处，检查其密封间隙，如需要的话，可调节轴向密封板。

清理内部杂物，关闭检修人孔门。

4. 转子中心筒密封装置的拆装和调整

一般情况下是不需要更换转子的中心筒密封片的，如必须要更换时，可拆除（气割）密封焊在径向隔板、凸板和耳座上的密封片，并磨去多余的焊缝。

检查新的转子中心筒密封片，冷端的密封片应比热端的密封片宽些。每端的密封片由4块90°的圆弧板组成，并在径向隔板的内侧配合处开槽。

当装好新的转子中心筒密封片时，应保证与水平密封面之间的间隙为6mm，与垂直密封面之间的间隙为1.5mm，然后焊接密封片之间的接缝，并将密封片密封焊于径向隔板与凸耳座上。

5. 空预器变速箱解体

预热器的变速箱，一般不需要解体，只需打开上部、前部和右侧检查孔进行外观检查和清理工作。

解体时，清理现场卫生，做好防止灰尘下落的保护措施。

放净主电动机变速箱中的润滑油。拆除主电机和液力耦合器，应注意在拆前做好记号，以便装复时能顺利进行。折卸过程中，电机的垫子以及液力偶合器的键要保管好并做好记录。拆除主电机的支座。拆除所有检查孔的封盖、轴承盖和变速箱，应将所有螺钉做好记录并放在专用的箱子里。抽出箱体法兰定位销，拆卸所有紧固螺栓，并放在专用的箱子里。

用两个1t的手拉葫芦拉紧起吊钢丝绳，进行全面检查，确认所有紧固螺栓全部拆除、上箱体与预热器外壳板的定位螺钉拆除，检查吊耳及起吊装置处于良好状态。缓慢拉起倒链，并用紫桐棒用力敲击输出主轴的顶部，使其缓慢脱离箱体，当主轴脱开上箱体后，可以加快起吊速度，并用外面的一个手拉葫芦向外斜拉，放在专用的小车上，运到事先安排好的地方。

清洗所有的齿轮和轴承，清洗干净后，用肉眼和放大镜进行全面的检查。检查齿轮的轮齿是否有明显的磨损和腐蚀现象。检查轴承的滚柱表面是否有麻点和腐蚀，检查轴承的内外环有无裂纹。检查各飞溅润滑集油盘中有无沉积物。取出油筒铜管，检查是否畅通。用手触摸减速箱底部，检查是否有沉积物和铁粉。如发现轴承、齿轮有缺陷需要更换时，可对各齿轮轴承、轴承座等需要拆除的部件进行间隙测量，做相对位置记号，并做好记录，然后由上至下，由外至里进行拆卸，并做好拆卸顺序记录，以保证装复顺利进行。如检查无问题并经技术人员同意可回装。回装时，可用白布和海绵清理下箱体中的油污和沉积物。更换主传动输入轴的油封，并在各轴承上加入润滑脂。

按拆卸时顺序反方向回装所有部件，回装结束，加入润滑油。

手动盘车试验，通过观察孔检查各齿轮啮合情况，手感应无卡涩和费劲现象。如有问题，应查明原因。检查回装过程，有无异物或工具遗忘在里边。气动盘车试验合格后，才能电动试车。

6. 输出大齿轮的检修

拆开减速箱下部支承座密封板，清理内部积灰，清理大齿轮浮灰和浮锈。

外观检查轮齿啮合情况。用游标卡尺或其他工具测量轮齿的磨损情况，磨损不超过 10% 可不拆卸，如磨损量超过 10%，但不超过 20%，可进行 A、B 预热器大齿轮的更换。

用专用手动叉车或其他工具将大齿轮拖住，拆除轴套下部的托板，卸掉轴套与大齿轮的紧固螺栓。用专用叉车用力托住大齿轮，用专用顶丝将大齿轮顶起，使大齿轮脱离轴套。拧松轴套上的顶紧螺栓，利用 10t 拉马拆下轴套，利用专用叉车将大齿轮落下运出。

检查新大齿轮，整个齿轮应无裂纹凹坑等缺陷。先将大齿轮和轴套预先配合，并将轴套与大齿轮连接紧，大螺栓拧上，但不要拧紧。用专用叉车将大齿轮连同轴套一起托起并对准大轴放好键，利用千斤顶将轴套顶上与大轴和键配合，将轴套顶至原来拆前状态，利用轴套和小齿轮的紧固螺栓将小齿轮拉至原来的位置，利用轴套上的顶紧螺栓紧固轴套。测量大齿轮与围带的配合间隙，应符合下列标准：大齿轮与围带间隙为 27mm，大齿轮与下围带扁钢间隙为 18mm。

7. 支承轴承检修

打开轴承底板放油孔，将支撑轴承座内的润滑油放净，倒入废油桶。拆除油系统装置及其他外部设备，清除支撑轴承上部及周围积灰。拆去防尘罩下压圈、盘根及防尘罩，解开轴承的热电偶和热动开关。拆除轴承的进回油管路。

利用热端连接板中间梁上的密封调节装置将热端扇形板提高约 100mm。

在拆下轴承组件之前再次检查支撑平面的牢固性和承载能力。顶起以后，在起顶部位周向均匀安置 4 个合适等高的垫块备用。用起顶螺栓顶起轴承座，抽出垫板和垫片，并放下轴承座，利用其两侧吊耳移动轴承座通过中间梁开孔处至检修点拆支撑端径向轴承。在轴承座、垫板上做好复位标记，并在梁上焊接两块垫板的定位板，以便装复。

卸下轴承座与下梁的连接螺栓，利用轴承座上的吊耳，用起吊工具将轴承座抬高 2～3mm，然后卸下垫板与垫片，放下轴承座，移至检修点。对轴承进行清洗、检查、测量，并清理轴承的法兰面。利用轴承垫板上的 4 只螺孔，将轴承下圈吊出轴承座，起吊时用尼龙绳，检查轴承圈及轴承座。检查轴承无缺陷后，清洗干净各部件，准备回装。

在安装的整个过程中注意防尘、防水和防异物进入轴承，焊接电流不允许经过轴承。

按拆卸的相反顺序，将下轴承、垫片等依次装于轴承座相应位置。安装垫片，确保原有垫片正确安装于原有位置。利用垫片调整轴承座的水平度，复较轴承座的水平，要求符合质量要求。

用转子起顶装置，慢速降低转子中心筒使其坐实于轴承的过渡垫上。卸下四支千斤顶。

连接油系统装置及测温器等热工元件，加油至规定油位，待稀油站启动后再次检查油位，如油位不够，添加润滑油至规定油位。

拆除辅助定位板，进行试运。

8. 导向轴承检修

采用双列向心球面滚子轴承的导向轴承，运行中一般无特殊的管理要求，主要为定期的油位高度检查、油质检查。

把安装起吊装置如手拉葫芦等装于导向轴承上方，用来起吊、拆卸和更换该组件的零件。

将轴承座内的润滑油放尽，倒入废油桶。脱开进油软管与轴承座盖的连接，拆开轴承出油管，将油管口堵好，防止灰尘进入。

拆除轴承座盖与轴承座连接螺栓。利用轴承座盖上的吊环螺钉和吊链，将轴承座盖连同油循环装置以及内部连接的吸油管、进油管一起吊起，并利用一侧的倒链安放在安全的地方。

在卸下轴承座上部固定轴承用的压圈之前，必须先用木材在轴承座下垫实，然后再拆下该压圈。

去除重端轴上部的锁紧盖上锁紧螺栓的止动块，旋松螺栓并退出 10mm。拆下端轴中心的管堵，接上具有 35MPa～70MPa 的高压油，利用液力将连接套管松动。连接套管松动后，可用吊具将连接套管和轴承一并从轴承座中卸下。

经检查如需要更换轴承，可按下列步骤进行：卸下拧在轴承座套上的轴承压盖。拆下止动块，并将锁紧螺母回旋约 5mm。将液力软管与连接套管端部的螺孔相连，利用液力使轴承从轴套中松脱开。拆下锁紧螺母。用紫铜棒轻轻敲击轴承，使轴承脱落下来。

用洁净的轻质油清洗轴承和连接套管，并用无毛软布擦净待装。检查轴承，测量原始间隙。将轴承竖直放在平台上，使轴承的内外环平行，测量并记录新轴承的直径和原始间隙。将一滚子处于上方位置，在轴承无负荷的情况下，用塞尺测量滚子与外环的间隙。

将新换的轴承装入连接套上，用锁紧螺母压紧，使原来的径向间隙减少到 0.203mm，然后用止动块固定锁紧螺母。检查端轴锥面，清除污物和表面任何突起，然后擦净端轴和轴承的锥面待装。将轴承座套装在轴承座上，并用轴承压盖固定。在端轴的锥形面上涂上黄油。用倒链通过轴承座套上的吊环螺钉将导向轴承组件就位于端轴上方，并注意保证轴承座套上的孔与支吊螺孔对准。

安装轴承座盖组件和油循环装置，要保证盖下端的密封盘根放在合适的位置。安装过程中要注意防止灰尘、雨水等异物进入。重新接好所有管子及电机电源线。

向轴承座内注入新的经过滤的 680 号合成工业齿轮油，并加至适当的油位（高出轴承上端 7～10mm）。起动油循环系统观察油压，如压力下降说明油位低，停泵将油加至合适的位置。重复上述程序，直到压力维持恒定为止。

9. 壳体、支撑、挡板门的检查、检修

检查所有进、出口段烟风道、烟风道支承管或角钢、槽钢的磨损、腐蚀情况，并做好记录。准备材料，检查挡板及密封片的损坏情况。

烟风道支承加固和更换要求：磨损轻微的用角钢加固，磨损严重的进行更换。烟风道挡板门根据挡板密封损坏的情况和位置，一般是采用更换的方法处理。更换烟风道挡板门的方法是：首先拆除旧的密封片，密封片固定螺栓拆不动，可用气割割掉。但密封片压板需要保留，以回装新的密封片。

挡板门的密封片是成型的部件，很薄，容易碰撞变形，因此在安装时应注意不能随便弯曲，以防造成安装后关闭不严。

安装后要进行全关试验，以检查密封片的密封情况。

10. 油系统检修

空预器油循环系统由稀油站、管道以及阀门等组成。而稀油站又由油泵、网片式过滤器、安全阀、单向阀、双金属温度计和压力表等组成。网片式过滤器为双筒式，投运时一筒工作，一筒备用。工作时导向轴承油温为 60～70℃，支承轴承油温为 50～60℃。当导向轴承油温高于 60℃、支承轴承油温高于 70℃时，所对应的油泵自动投运。

OCS-8B 型稀油站的拆卸：停止油泵运行，油泵电机停电，挂"禁止操作"提示牌。关闭油泵的进油阀和出油阀，拆开泵装置的固定螺栓，把泵从传动装置上卸下来，取回班组或在现场解体。

拆下联轴器及联轴器键。卸下轴承挡板固定螺栓和挡板，将泵大盖拆下，同时将主动轮组件从泵壳中拆出，整个组件包括主动轮、油封、轴承挡圈。并将主动轮从轴承中压出来，将轴承从大盖中拆下，把油封从油封圈中拆出。拆下后盖螺栓，卸下后盖和垫子，将从动轮从壳体中卸下。但没有必要拆下主动轮上的从动轮挡圈，也没有必要从大盖上拆下油封护圈。

清洗解体后的所有部件。更换油封、大盖、后盖的垫子。检查主螺杆、从螺杆有无裂纹、变形及腐蚀等缺陷。如无缺陷或更换新的螺杆后进行回装。

装配前，检查全部转动零件，清洗并擦干净。将油封装入主轴的轴套上，用棉纱擦净轴承座挡圈，并将轴承装入盖中。将大盖装入主动轮组件上，在泵前的前后结合面上抹一层薄薄的黄油，放上垫片。在大盖和后盖的结合面处抹上黄油，把后盖按原来位置装好并紧固好螺栓，把主动轮及从动轮一起装入泵壳，并使轴承外侧面与轴承挡圈凹槽平齐。装上挡圈，使大盖按原来位置装正，并安装螺栓予以紧固。

装泵的联轴器键前进行检查，如无缺陷可装上联轴器，并将泵安装在传动位置上。

当油系统停止运行时，在过滤器底座中伸出的两根管子上把管帽卸下，将过滤器中的油放尽，拧松过滤器上部盖的螺栓并将过滤器盖和罩卸下，把滤筒向上移，将滤筒和中心弹簧夹卸下，清洗过滤器的罩壳及过滤器底座和盖上的填料槽，在底座和盖上装上新的 O 型环。把新的滤芯平稳地滑至中心支杆上并装好定中心弹簧夹，将罩壳套在滤芯上。要保证罩壳正确地定位在底座的槽上，装上过滤器盖并用螺栓将其固定，要保证过滤器盖中的 O 型环正确就位。起动油系统，卸下过滤器盖上的管堵对过滤器放气，并加油至标准油位。

11. 水冲洗及灭火装置的检修

全面检查水冲洗和灭火系统的喷嘴、阀门等，检查过滤器的堵塞情况。如发现喷嘴堵塞，首先将喷嘴拆下，投水冲洗系统，经过一段时间，如不畅通，需要将喷管端部用气割割开，投水冲洗系统，然后恢复。

大修时应检查供水系统中的过滤器的滤网是否清洁，必要时更换滤网。检查滤网首先拆除过滤器封盖的紧固螺栓，用撬棍将填充盖抬起，在填充盖与过滤器筒体脱开后，二人抬下或用手拉葫芦吊下，轻轻地取出滤网，检查滤网是否有损坏或堵塞。如有堵塞可用水管反向冲洗至干净，如有较大的损坏，必须更换滤网。回装时，应先将过滤器法兰结合面清理干净，过滤器的垃圾颗粒用油泥粘出。放入滤网、石棉垫片，放上封盖，拧紧所有螺栓。

12. LCS 跟踪装置调试及检修

检查传感瓣、探头的磨损情况。解体减速箱及千斤顶。更换润滑油并检查蜗杆、蜗轮。调换已损坏的零件，加高温锂基脂后回装。千斤顶装复后，配合热工人员做试验。清点工具、人数，检查内部无杂物后关闭所有人孔门。

13. 烟风道检修

准备好照明用具，照明电压为 12～24V。电动工具绝缘良好，外部搭好脚手架。

　　冷热风道检修：打开冷热风道人孔门进行通风；检查漏风情况；拉筋应完整、无开焊、裂纹、损坏现象；防震装置完整，无损坏现象；中间隔板无裂纹、开焊；补焊冷热风道时，先将损坏部分割下，新钢板和割下钢板应大小相同，并进行对焊；如果防震装置开焊，须加固焊好；检查后，将人孔门的结合面加垫关好人孔门，上紧螺母后，应严密不漏。调整冷热风道拉杆。

　　烟道检修：打开烟道人孔门进行通风；检查漏风情况；拉筋应完整、无损坏现象；防震装置完整，无损坏现象；中间隔板无裂纹、开焊；补焊烟道时，应先将损坏部分割下，新钢板和割下钢板大小相同，并进行对焊；如果防震装置开焊，须加固焊好；检查后，将人孔门的结合面加垫关好人孔门，上紧螺母后，应严密不漏。调整冷烟道拉杆。

　　烟风道挡板检修：打开烟道人孔门进行通风；拆开传动杆连接螺栓；拆开挡板轴两端轴套；拆除挡板两端小轴，用倒链吊下挡板检修。

四、试验标准

　　空预器检修全部结束后进行试转。要求达到以下标准：电机电流稳定，无明显大幅度波动，无卡涩现象；导向轴承油站及支撑轴承油站滤网压差小于 0.02MPa；导向轴承温度不大于 70℃，支撑轴承温度不大于 65℃。

五、故障处理

　　空气预热器的故障原因及处理见表 5-4。

表 5-4　空气预热器的故障原因及处理表

故障	原因	处理方法
空预器差压高	传热元件积灰	进行水冲洗并加强空预器吹灰
轴承油系统漏油	1.由于长时间运行，轴承油系统油泵的机械密封磨损泄漏 2.轴承油系统管路螺纹连接处渗油	1.更换机械密封 2.在停机检修时，改造油管路部分，尽量减少螺纹连接部分
导向、支承轴承温度高	1.轴承油位过高或过低 2.油泵故障 3.润滑油失效 4.轴承故障	1.调整油位至正常 2.油泵解体检修 3.更换润滑油 4.轴承检修调整或更换
转子卡涩停转	1.空预器停转时，扇形板未能及时退到高位，导致扇形板与转子磨擦而卡涩 2.围带销过度磨损以致传动失效，围带销与传动齿轮间隙配合不良 3.外来物件进入空预器转子	1.首先用手摇方式把扇形板退至高位，然后检修漏风控制系统，确保扇形板能动作正常 2.检查调整围带销和传动齿轮的配合间隙，更换磨损过量的围带销 3.在每次空预器检修完成后，检查转子，清理进入空预器内部的杂物
空气马达失效	1.空气马达失去气源或气压不足 2.空气马达叶片磨损严重或空气马达轴承损坏	1.检查气源和进口电磁阀工作是否正常 2.解体空气马达，更换叶片和轴承
主减速箱漏油	减速箱轴封渗油	更换轴封

续表

故障	原因	处理方法
电机电流摆动，声音过大	密封装置摩擦	将 LCS 装置往上抬升，加大间隙
减速器马达振动过大	1.找正误差 2.联轴器有问题 3.部件松动 4.离合器缺油	1.重新找正 2.维修或更换联轴器 3.对所有部件进行重新检查加固 4.及时补油

复习思考题

1．发电厂轴承可以分为哪些？分析各种轴承的特点、使用场合及检修特点。

2．目前发电锅炉常用什么风机？试分析其特点及检修过程。

3．试分析磨煤机的作用、分类、工作过程。目前大型锅炉常用哪些磨煤机？分别分析其检修工艺及质量标准。

4．试分析电子称重式给煤机的特点、工作过程、检修特点。

5．分析空气预热器的分类、作用、结构。介绍目前大型锅炉使用的磨煤机的检修项目、工艺及质量标准。

6．分析辅机振动的危害、处理方法及如何对辅机进行故障诊断。

7．分析锅炉辅机常用的防磨技术。

8．简述转子晃动、瓢偏产生的原因、测量方法。

9．简述转子找静平衡、转子找动平衡的方法，能用其中一种方法进行转子的找静平衡和找动平衡。

10．简述联轴器的检修方法，能进行联轴器找中心的操作。简单介绍激光准子仪找中心的工艺过程。

第四篇 管阀检修

第六章 管阀检修相关知识

第一节 管道系统概述

发电厂的热力管道系统包括蒸汽、给水、凝结水、循环水、空气、疏水、排污等管道系统。在这些繁杂的管道系统中，要做到不滴、不漏并非易事。管道的泄漏不仅影响人身和设备的安全，而且也会造成能源损失。对于高温高压的蒸汽和给水管道，则更不允许在有泄漏的状态下运行。要做到管道系统的不滴、不漏，就必须靠平时的精心维护和高质量的检修。

锅炉热力系统中承压汽水管道，是指锅炉炉墙外的最高工作压力大于等于 0.1MPa 的蒸汽管道和最高工作温度高于等于标准沸点的水管道，包括主蒸汽管道及相应母管、再热蒸汽管道、主给水管道及相应母管、启动系统管道、导汽管、联络管、下降管、旁路管道、供热管道、辅助蒸汽管道、吹灰蒸汽管道及各种自用蒸汽管道、排污管道、加药管道、减温水管道、反冲洗管道、疏放水管、取样管、排汽管、放空气管、仪表管。

一、锅炉管道系统材质

锅炉管道及其附件的材质选用要与系统的参数相对应。

锅炉水系统及中低压管道一般使用碳钢管道，常用材质为 20g、#20 钢；过热器、再热器系统选用合金钢管，常用材质为 T11、T22，国产材料为 15CrMoV、12Cr1MoV，一些特殊要求的管道，如取样管、加药管、仪表管等系统选用不锈钢管，常用材质为 1Cr18Ni9Ti。

锅炉水冷壁、省煤器、减温水等水系统相连管道，当设计压力＜32.2MPa、设计温度＜454℃时，管道材质选用 SA210C、SA213-T12、SA106-C、SA335P12、SA335P22 等合金钢。

锅炉过热器系统，当设计压力＜28.9MPa、设计温度＜613℃时，材质选用 SA-106B、SA335P22、SA335P23、SA335P91、SA213T12、SA213T22、SA213TP301HCbN 等合金钢。

锅炉再热器系统，当设计压力＜6.0MPa、设计温度＜617℃时，材质选用 SA-106B、SA335P22、SA335P23、SA335P91、SA213T12、SA213T22、SA213TP301HCbN 等合金钢。

吹灰器、辅汽、暖风器、锅炉放空气管等中低压系统选用管道材质按要求一般选用碳钢。

管道的口径与系统的要求相对应，常用的管道外径有 $\phi10$、$\phi12$、$\phi14$、$\phi17$、$\phi21$、$\phi28.6$、$\phi32$、$\phi38$、$\phi38.1$、$\phi42$、$\phi45$、$\phi48$、$\phi48.6$、$\phi50.8$、$\phi54$、$\phi57.1$、$\phi60$、$\phi63.5$、$\phi76$、$\phi89$、$\phi108$、$\phi114$、$\phi121$、$\phi133$、$\phi159$、$\phi168$、$\phi219$、$\phi273$、$\phi325$、$\phi356$、$\phi406$、$\phi457$、$\phi482.6$、$\phi508$、$\phi558.8$、$\phi559$、$\phi762$、$\phi813$ 等。

二、管道系统主要附件

1. 弯头、弯管

弯头是最重要和最多的管件，既是管道走向布置所需要的管件，又是对管道的热胀冷缩补偿有重要作用的管件。

弯管是指轴线发生弯曲的管子，弯头是指弯曲半径小于 2D，且管段小于 1D 的弯管。

弯头根据制造方法的不同，可分为冷弯弯头、热弯弯头、热压弯头、电加热弯头和焊接弯头等。

（1）冷弯弯头。冷弯弯头是在常温下用人力和机械将钢管弯成的弯头，管径一般在 DN50 以下，其优点是制造简单。

（2）热弯弯头。将钢管进行加热后再弯制而成的弯头叫热弯弯头。热弯弯头管径一般在 DN400 以下。现场常用的方法是充砂加热弯管法。钢管在加热弯制以前必须向管内充以经过筛分、洗净、烘干的砂子，而且要保证管子内部各处的砂子均匀、密实，充砂的目的是尽量减少弯头处的变形。

（3）电加热弯头。又称中频电源感应加热弯头，这种加热方法是利用中频（400～1200Hz）电源，通过一个感应线圈将钢管局部加热。

（4）热压弯头又叫热冲压弯头，它是工厂专门生产的弯头。弯曲半径 R 有 1.5DN 和 1DN 两种，最常用的是 90°的热压弯头。由于热压弯头弯曲半径小，在电厂中使用也较为广泛。热压弯头一般不带直管段。

管子弯制后，管壁表面不应有裂纹、分层、过烧等缺陷。有疑问时，应做无损探伤检查。高压弯管、弯头一律进行无损探伤，需要热处理的应在热处理后进行探伤。如有缺陷，允许修磨，修磨后的壁厚不应小于直管的最小壁厚。

合金钢管弯制、热处理后应进行金相组织和硬度检验，高压弯管应提供产品质量检验证明书。

弯管产品标记符号如下：外径 D_W（或内径 D_n）×壁厚-弯曲半径-弯曲角度-材质。例如 D1368.5×90.9-R2400-90°-P22。

2. 三通

在汽水管道中，需要有分支管的地方，就要安装三通，三通有等径三通、异径三通。

三通按其制造方法的不同又可分为铸造三通、锻造三通和焊接三通，按材质分有碳钢三通、合金钢三通等。

3. 法兰

法兰连接是管道、容器最常用的连接方式，法兰的结构形式可分为整体式法兰、松套式法兰和螺纹法兰。

4. 流量测量装置

中低压汽水管道的流量测量装置，采用法兰连接的流量孔板，高压汽水管道多为短管焊接式并内装标准流量喷嘴。文丘里管和长颈喷嘴也可用于流量测定。

5. 堵头、封头、管座、异径管

堵头又称闷头，用于管道各部位的封堵。具有平滑曲线或锥形的称封头。封头由于其造型特征改善了应力条件，多用于压力容器、联箱及高压管道的封堵。

　　管座用于疏水、放水、放空气及旁路等小管与主管的连接。由于接管座部位的应力特点，其厚度比连接小管的壁厚大，并有各种过渡到与小管等径的造型。接管座易于产生焊接应力，粗糙割口焊渣易引起腐蚀，所以高压管道的接管座孔洞必须采用机械钻孔。对于较大的接管座孔，可在割孔后用角磨机磨削出光滑的孔壁。在小管常处于关闭状态时，接管座部位有温差应力。由于主管带动接管座热位移，当小管的支架安装不当时，将使接管座受到交变低周疲劳损伤，因此不应在靠近管座的部位设小管固定支架。

　　异径管俗称大小头，是管道连接中的一段变换流通直径的管件，它以一定的直线锥度或以弧形曲线从某一规格的管径过渡到另一规格的管径。高、中压异径管是锻造或热挤压成型的。

　　6. 各种专用补偿器

　　在管系中装设专用补偿器的目的是：以其弹性变形性能来补偿和承受由于热态引起的管道位移，把位移值约束在限位点之间，保证管段有足够的位移可能性，在容许和吸收位移值的同时不产生过大的强制力。

　　补偿器有各种形式，包括 Ω 型补偿器、波形补偿器、填料套筒式补偿器、柔性接头补偿器等。

三、管道表面缺陷处理

　　1. 划痕和凹坑

　　管道表面有尖锐的划痕，其处理的方式是用角向磨光机把划痕圆滑过渡、棱角磨平。如果划痕很深，则进行补焊处理，然后磨平。有凹坑时先把表面磨光，然后用电焊焊满。

　　2. 裂纹

　　管道表面出现裂纹，应会同有关工程技术人员，进行分析，查找出现裂纹的原因，制定处理方案。

　　如果裂纹不深，打磨掉以后的剩余壁厚还可保证继续使用的强度，则只采用打磨补焊的措施即可；如果裂纹较深，则必须更换一段新管。

　　管道对接焊口出现裂纹时，应会同有关技术人员分析、制定处理方法。如果裂纹较短，用火焊挖补的方式把裂纹部分挖掉，然后用角向磨光机把挖补部分打磨光亮，最后用电焊焊满，合金管焊后须经热处理。

　　如果裂纹占整圆周的二分之一以上，就要把焊口切割开，用起重工具把焊口两端拽开，重新坡口、打磨、对口、焊接。如果是合金钢管，焊接完后须经热处理消除应力。

第二节　管道系统金属监督

　　在高温高压工况下运行的系统设备，随着运行时间的增长，一些在短期内未出现的潜伏着的缺陷会逐渐发生，其中以设备材质问题最为严重。现代的检修技术不能仅满足于对已发生的问题的处理，而且要在未出问题之前就能发现，并能及时处理，做到防患于未然。要做到这些，就必须对处于高温高压下的设备进行金属监督。

　　所谓管道系统金属监督，就是对管道系统金属材料，用现代的测试手段进行定期检查和监视，及时发现材质的细微变化和潜在的问题，为检修提供可靠的依据。

一、管道系统金属监督的范围和任务

1. 范围

电力行业标准《火力发电厂金属技术监督规程》规定：凡工作温度≥450℃的高温管道和部件（如蒸汽管道、阀门、三通等），工作温度≥400℃的螺栓，工作压力≥6MPa的承压管道和部件（如水冷壁管、给水管道等）工作压力＞3.9MPa的锅筒，100MW以上机组低温再热蒸汽管道，当工作压力大于10MPa的主给水管（含下降管、联络管）运行达5万小时时，对三通、阀门进行宏观检查，弯头进行宏观和壁厚测量，焊缝和应力集中部位进行宏观和无损探伤检查，阀门后管段进行壁厚测量，以后检查周期为3～5万小时。这些都属于管道系统金属监督的范围。同时，高温高压蒸汽管道各种引出管当出现裂纹、管径有明显胀粗、腐蚀减薄超过1/3以上、运行时间超过10万小时时应更换。

2. 任务

管道系统金属监督的任务就是做好监督范围内的各种管道和部件在检修中的材料质量和焊接质量的监督及金属试验工作；检查和掌握受监部件服役过程中金属组织变化、性能变化和缺陷发展情况，发现问题及时采取防爆、防断、防裂措施，并参加受监部件事故的调查和原因分析，提出处理对策并实施；逐步采取先进的诊断或在线监测技术，以便及时和准确地判断、掌握受监金属部件寿命损耗程度和损伤状况；建立健全金属技术监督档案。

二、管道监督内容

管道监督的具体内容较多，现将与检修人员工作有关的内容分述如下：

（1）新装机组的主蒸汽管道，如实测壁厚小于理论计算壁厚时，就不许使用。

（2）与主蒸汽管道连接的疏水、放水、放汽及旁路管道，不得采用直插式。已投入运行的直插式连接应换成管座（漏斗式）连接。

（3）对主蒸汽管道可能积水的部位，如压力表管、疏水管附近、较长的死管及不经常使用的联络管，应加强内壁裂纹的检查。

（4）新管子在使用前应逐段地进行外观、壁厚、金相组织、硬度等检查。焊口应采用氩弧焊打底，焊后应进行100%的无损探伤检查。

（5）蒸汽管道要保温良好，严禁裸露运行。保温材料不应引起管材腐蚀，运行中严防水、油渗入保温层。管道保温层表面应有焊缝位置的标志。严禁在管道上焊接固定保温拉钩。

（6）制作弯头、三通的管子，应选用加厚管或用壁厚有足够裕度的管子。弯管段上的壁厚不得小于直管的理论计算壁厚。当弯曲部分不圆度大于7%，或内外表面存在裂纹、分层、重皮和过烧等缺陷时，不许使用。

（7）铸钢阀门存在裂纹或严重缺陷（如粘砂、缩孔、折叠、夹渣、漏焊等降低强度和严密性的缺陷）时，应及时处理或更换。若发现阀门外壁有蠕变裂纹时，则不许采用补焊修理，应及时更换。

（8）应定期检查管道支吊架和位移指示器的工作状况，特别要注意机组启停前后的检查，发现松脱、偏斜、卡死等现象时，应及时修复并做好记录。

三、管道蠕变监督

在高温作用下，金属的伸长量不单取决于负载，还取决于加负载的时间。随着时间的推

移，金属发生越来越大的变形，这种现象叫蠕变。蠕变只有在温度超过极限值时才会发生。每种钢材都具有其特定的温度极限，普通钢材的蠕变温度极限为 300～350℃。蠕变的基本特征是部件在高温作用下，即使应力大大低于材料的屈服极限也会发生永久变形。

制造高温高压管道及设备的金属材料蠕变温度极限都高于其工作温度，但随着时间的推移，金属材料的品质也在发生变化，因此必须对高温高压下运行的管道及设备进行蠕变监督。

蠕变监督是在蒸汽温度较高（包括波动温度），应力具有一定代表性，管壁较薄的同批钢管水平段上进行。监督的长度不得小于 5.1m，在这段管路上，不允许开孔和安装仪表插座，也不许安装支吊架及其他临时装置。在所需监督的管段上，装上用不锈钢制作的蠕变测点装置，如图 6-1 所示。测量时，用外径千分尺测量其相对测点的距离，运行前测记一次，作为原始数据，运行中视具体情况定期测记，并将测量结果及时进行计算。通过计算，即可求出管道钢材的蠕变变形量和蠕变速度。

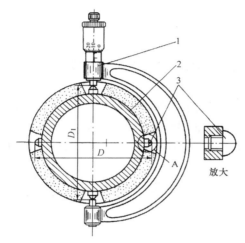

1—外径千分尺（分厘卡）；2—管子；3—不锈钢测头
图 6-1　蠕变测点装置及其测量

四、高温高压管道螺栓特殊要求

1. 螺栓要求

高温高压管道上的螺栓，由于受到金属蠕变作用及管道、法兰膨胀产生外力的影响，要求螺栓具有优良的机械性能及抗蠕变性能。因而螺栓均采用优质合金钢制造，并经过热处理。

在加工时，对螺栓、螺帽的加工精度、表面粗糙度及螺纹配合均有严格要求。为了保证螺纹的良好配合，螺栓与螺帽应配套使用，为此可在螺栓、螺帽的侧面打上钢号。

重要的螺栓应建卡，卡片上注明材质、经何种热处理、无损探伤结论、用于何处及日期。

2. 螺栓副润滑

为了防止螺栓副（螺栓与螺帽配对后的简称）在紧固和拆开时不发生螺纹部位被拉伤、卡死的现象，以及防止经长期运行产生锈蚀，在检修时必须对螺栓副进行认真的清洗，并在螺纹部位涂上润滑剂。常用的润滑剂有铜基润滑膏、片状黑铅粉、二硫化钼（温度不超过 400℃）。

3. 螺栓紧固

大部分螺栓可在常温下进行紧固，不需加热。对于大直径螺栓因螺纹之间及螺帽与法兰的接触面存在很大的摩擦力，要使螺栓副达到要求的紧力，仅靠扳手的力量不可能达到，需采用加热紧固。

第三节　管道的膨胀与补偿

热力管道从停运到运行，温度变化很大，如蒸汽管道温差可达 500℃以上，给水管也可达 250℃。这种温度变化使管道产生极大的热应力，特别是与主要设备相连的管道，如果对管道的热胀、冷缩量补偿不够，不仅影响正常运行，甚至会使设备遭到破坏。因此检修时应对管道支吊架进行检查、调整，以免影响管道的膨胀，同时，对于由于热补偿不够而损坏的法兰与管道要及时进行检修。

一、热膨胀量的计算

管道受热后的膨胀量可用线膨胀公式进行计算：

$$\Delta L = aL\Delta t$$

式中：ΔL 为受热后管段的膨胀量，mm；a 为钢材线膨胀系数，1/℃；L 为管段长度，mm；Δt 为温差（工作温度与室温之差），℃。

在使用此公式时应注意 a 的单位，a 通常是指温度升高 1℃每 mm 的伸长量（单位 mm/(mm·℃)），简化为 1/℃），取 $(1.1\sim1.2)\times10^{-5}$。若管段以 m 为单位则应将 m 换为 mm。

【例】一蒸汽管的工作温度为 550℃，室温 30℃，测试管段长 10m，则该管段的膨胀量为

$$\Delta L = \frac{(550-30)\times10\times10^3}{1.1\times10^5} \approx 50\text{mm}$$

二、热补偿

在管道系统中利用弹性管道来吸收热膨胀，以减小或消除因膨胀而产生的应力，工程上称为热补偿。热补偿的方法如下：

1. 利用管道自然走向进行补偿

在布置管道时，应尽量利用管道的走向，优化固定支架的位置，使管道有自然补偿的能力。当管道的布置受到现场条件的限制，自然补偿不能解决时，应采用补偿器对管道的膨胀问题作彻底地解决。

2. U 形弯补偿器

U 形弯补偿器是用管子弯曲制成。常见的有如图 6-2 所示的两种形状。

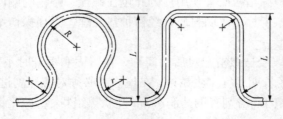

图 6-2　U 形弯补偿器

U 形弯补偿器具有补偿能力大、运行可靠、制造容易的优点，适用于任何压力和温度的管道；缺点是尺寸大、弯头阻力大。U 形弯补偿器的弯头弯曲半径应大于 4 倍的管径，其补偿能力取决于管径和管段长度。

在安装 U 形弯补偿器时必须进行冷拉，冷拉值不应小于补偿能力的 1/2，如图 6-3 所示。

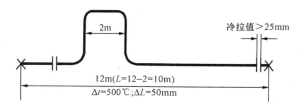

图 6-3　U 形弯补偿器冷拉值举例

3. 波纹补偿器

波纹补偿器是用 3～4mm 厚的钢板压制而成，如图 6-4 所示。其补偿能力不大，每个波纹约 5～7mm，一般波纹数不超过 6 个。适应压力取决于钢板厚度及钢种，多用于中低压汽水管道。它主要的优点是外形尺寸小。

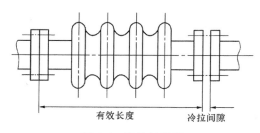

图 6-4　波纹补偿器

三、冷补偿（冷紧）

冷补偿是在管道冷状态时，预加以相反的冷紧应力，使管道在运行初期受热膨胀时，能减小其热应力对设备的危害。

冷紧的数值一般不用绝对值表示，而用相对值——冷紧比来表示，即

$$冷紧比 \beta = \frac{冷紧值}{热伸长值 + 端点附加位移}$$

端点的附加位移表示当计算管段的端点不是固定支架，而是方向性支架时，在该端点所产生的位移。

在蠕变条件下工作的管道，其冷紧比应大于 0.7，其他管道的冷紧比一般采用 0.5。

第四节　阀门基本知识

发电厂热力系统是由热力设备和汽水管道及各种附件连接而成的有机整体，在这个有机整体中，汽水管道和阀门不仅是生产系统中不可分割的一部分，而且占有十分重要的地位，因

为发电厂生产过程的进行和工质的输送，都必须通过管道来实现。阀门是管道的重要附件，起到接通或切断介质、调节介质流量、改变介质流动方向以及保证管道系统安全等作用，只有在管系中布置各类阀门，使介质的运动受到控制，才能发挥管道的作用，满足生产流程的需要，保证系统的安全。

现今，发电厂机组都在向大容量、高参数方向发展，阀门也随介质参数的提高，不断向高温、高压方向发展。随着介质工作压力的提高，阀门也在不断地改进密封结构，采用新型密封材料，提高密封性能。随着机组自动化水平不断提高，阀门的驱动装置和执行机构都得到了快速发展，并向着便于集中控制和遥控的方向发展。

对阀门性能的整体要求：①要有足够的强度。能在工作参数下长期运行而不发生破损泄露；②在保证基本性能要求的前提下，结构力求简单；③工质流经阀门时，阻力小、严密性高；④操作、维护方便；⑤调节性能好，能根据工作需要迅速地开启与关闭。

一、阀门分类

1. 按用途分

（1）关断阀门。其作用是切断或接通管道介质，如闸阀、截止阀、球阀、蝶阀、隔膜阀等。

（2）调节阀门。其作用是调节介质压力、流量、温度、水位等，如调节阀、减温减压阀、节流阀等。

（3）保护阀门。其作用是保护设备的安全，如超压保护、截止倒流保护、事故工况保护等，如安全阀、泄压阀、止回阀、高加联成阀等。

（4）分流类阀门。其作用是分配、分离或混合介质，如三通阀、分配阀、疏水阀等。

2. 按公称压力（PN）分

（1）低压阀门，$PN \leq 1.6MPa$。

（2）中压阀门，$2.5MPa \leq PN \leq 6.4MPa$。

（3）高压阀门，$10MPa \leq PN \leq 80MPa$。

（4）超高压阀门，$PN \geq 100MPa$。

（5）真空阀，PN 低于大气压力。

3. 按工作温度（t）分

（1）低温阀门，$t < -30℃$。

（2）常温阀门，$-30℃ \leq t < 120℃$。

（3）中温阀门，$120℃ \leq t \leq 450℃$。

（4）高温阀门，$t > 450℃$。

4. 按驱动方式分

手动阀、电动阀、气动阀、液动阀、电液阀、电磁阀。

二、阀门选择

发电厂管道系统的安全稳定、经济运行与正确合理地选用阀门是分不开的。管道上的阀门，可以根据用途、介质种类及介质的工作参数（压力、温度及流量）等因素来选择。选择时，应使所选阀门的公称压力、公称直径、阀门允许的工作温度及使用范围等，均与该阀门所在管道系统中的工作压力、管道口径、工作温度和介质种类等相适应。同时，还应考虑到安装、运行、维护和检修的方便，以及经济上的合理性。

三、国产阀门型号编制

阀门的型号，主要表明阀门类别、作用、结构特点以及所选用的材料性质等。一般用 7 个单元组成阀门型号，其排列顺序如下：

（1）第 1 单元为阀门类别，用汉语拼音表示，如表 6-1 所示。

表 6-1　阀门类别代号

闸阀	截止阀	止回阀	节流阀	球阀	碟阀	隔膜阀	安全阀	调节阀	旋塞阀
Z	J	H	L	Q	D	G	A	T	X

（2）第 2 单元为传动方式代号，用数字表示，如表 6-2 所示。

表 6-2　阀门传动方式代号

电液动	电磁－液动	电－液动	蜗轮	正齿轮	伞齿轮	气动	液动	气－液动	电动
0	1	2	3	4	5	6	7	8	9

对手动传动以及安全阀、减压阀、疏水器等可省略本代号，对于气动或液动常开式用 6K、7K 表示，常闭式用 68、78 表示，气动带手动用 6S 表示。

（3）第 3 单元为连接形式代号，如表 6-3 所示。

表 6-3　阀门连接形式代号

连接形式	内螺纹	外螺纹	法兰	焊接
代号	1	2	4	6

（4）第 4 单元为结构形式代号，以数字表示，同一数字表示的结构形式与阀门类别有关，如表 6-4 至表 6-8 所示。

表 6-4　闸阀结构形式代号

闸阀结构形式	明杆楔式		明杆平行式		暗杆楔式	
	弹性闸板	刚性单闸板	刚性双闸板	刚性单闸板	刚性双闸板	刚性单闸板	刚性双闸板
代号	0	1	2	3	4	5	6

表 6-5　截止阀和节流阀结构形式代号

截止阀和节流阀结构形式	直通式	角式	直流式	平衡直通式	平衡角式	三通式
代号	1	4	5	6	7	9

表 6-6　碟阀结构形式代号

碟阀结构形式	杠杆式	垂直板式	斜板式
代号	0	1	3

表 6-7　疏水阀结构形式代号

疏水阀结构形式	浮球式	钟形浮子式	脉冲式	圆盘式
代号	1	5	8	9

表 6-8　止回阀结构形式代号

止回阀结构形式	升降		旋启		
	直通式	立式	单瓣式	多瓣式	双瓣式
代号	1	2	4	5	6

（5）第 5 单元为密封面或衬里材料代号，用汉语拼音字母表示，见表 6-9。

表 6-9　阀座密封面或衬里材料代号

阀座密封面或衬里材料	代号	阀座密封面或衬里材料	代号
尼龙塑料	SN	合金耐酸或不锈钢	H
皮革	P	渗氮钢	D
橡胶	J	硬质合金钢	Y
黄铜或青铜	T	无密封圈	W
衬胶	CJ	搪瓷	TL

由阀体直接加工的阀座密封面用 W 表示，当阀座与阀瓣或闸板密封面材料不同时，应用低硬度材料代号表示。

（6）第 6 单元为阀门的公称压力等级，以数字表示，单位为 MPa，是阀门公称压力值的 10 倍。

（7）第 7 单元为阀体材料，用汉语拼音字母表示。PN≤1.6MPa 的铸铁阀体和 PN≥2.5MPa 的碳素钢阀体，可省略本代号，阀体材料代号见表 6-10。

表 6-10　阀体材料代号

阀体材料	代号	阀体材料	代号
灰铸铁	H	铬钼合金钢	I
球墨铸铁	Q	铬镍钛钢	P
碳钢	C	铬钼钒钢	V

注：在阀门型号的第 5 单元和第 6 单元之间有一横杠。

例如：Z948W-10 型含义为闸阀、电动机驱动、法兰连接、暗杆平行式双闸板、密封面由阀体直接加工、公称压力为 1MPa、阀体材料为灰铸铁，全称为电动暗杆平行式双闸板闸阀。

四、阀门涂漆和标志识别

1. 阀件标志识别

在阀件的壳体上，有带箭头的横线，横线上部的数字表示公称压力的等级，有的则表示温度参数和工作压力，如 PN10、PT510 表示在 10MPa 和 510℃工作参数下使用。在横线下部的数字，表示连接管道的公称直径。

→：表示阀件是直通式的，介质进口与出口的流动方向，在同一或相平行的中心线上。

⌐：表示阀件是直角式的，介质作用在关闭件上。

←→：表示阀件是三通式的，介质有几个流动方向。

2. 阀件材料涂漆色

阀件材料涂漆色如表 6-11 所示。

表 6-11　阀件材料的涂漆色

项目	涂漆部位	涂漆颜色	材料
阀体材料	阀体	黑色	灰铸铁、可锻铸铁
		银色	球墨铸铁
		灰色	碳素钢
		浅蓝色或不涂色	耐酸钢或不锈钢
		蓝色	合金钢
密封圈材料	驱动阀门的手轮、手柄、扳手，或自动阀门的阀盖上、杠杆上	红色	青铜或黄铜
		黄色	巴氏合金
		铝白色	铝
		浅蓝色	耐酸钢或不锈钢
		淡紫色	渗氮钢
		灰色周边带红色条	硬质合金
		灰色周边带蓝色条	塑料
		棕色	皮革或橡胶
		绿色	硬塑料
		与阀门涂色相同	直接在阀体上做密封面
衬里材料	阀门连接法兰的外圆柱表面	铝白色	铝
		红色	搪瓷
		绿色	橡胶或硬橡胶
		黄色	铝锑合金
		蓝色	塑料

第五节　阀门密封材料

密封性能是评价锅炉设备及其辅助设备健康水平的重要标志之一。阀门是锅炉的重要附件，做到不滴不漏，必须从各个方面考虑，其中采用合适的密封材料很关键。

锅炉各类阀门和辅助设备机械上的密封都是为了防止汽、水、油等介质的泄漏而设计的。起密封作用的零部件，如垫圈、盘根等，称为密封件，简称为密封。

密封分为静态密封和动态密封两类。凡处于相对静止的两结合面之间的密封称为静态密封，如法兰的垫圈、阀门的阀体与阀盖结合面的垫圈，均属静态密封；凡处于两结合面之间有相对运动的密封称为动态密封，如阀门用的盘根、泵类轴颈用的填料、活塞用的皮碗、胶圈等，均属动态密封。

正确地选用密封对保证设备检修质量、保证设备安全运行极为重要。检修人员应能根据介质的理化性质及工作参数正确地选用密封件。

表 6-12 列出的是常用的静态密封垫料。

表 6-12　常用的垫料

种类	材料	压力（MPa）	温度（℃）	介质
纸垫	软钢纸板	＜0.4	＜120	油类
橡皮垫	天然橡胶	＜0.6	-60～100	水、空气、稀盐（硫）酸
夹布橡胶垫	普通橡胶板（HG4－329－1966）		-40～60	水、空气
	夹布橡胶（GB583－1965）	＜0.6	-30～60	水、空气、油
橡胶石棉垫（JB1161－1973）（JB87－1959）	高压橡胶石棉板（JC125－1966）	＜6	＜450	空气、蒸汽、水、＜98%硫酸、＜35%盐酸
	中压橡胶石棉板（JC125－1966）	＜4	＜350	
	低压橡胶石棉板	＜1.5	＜200	
	耐油橡胶石棉板（GB539－1966）	＜4	＜400	油、氢气、碱类
O 型橡胶圈（GB1235－1976）（JB921－1975）	耐油、耐低温、耐高温的橡胶	＜32	-60～200	油、空气、蒸汽
	耐酸碱的橡胶	2.5	-25～80	浓度 20%硫酸、盐酸
金属平垫	紫铜、铝、铅、软钢、不锈钢、合金钢	＜20	600	蒸汽、水、油、酸、碱
金属齿形垫、异形金属垫（八角形、梯形、椭圆形的垫）	10（08）钢、（0Crl3）铝、合金钢	＞4 ＞6.4	600 600	

表 6-13 列出的是常用的动态密封盘根。

表 6-13　常用盘根

种类	材料	压力（MPa）	温度（℃）	介质
棉盘根	棉纱编结棉绳、油浸棉绳、橡胶棉绳	＜20～25	＜100	水、空气、油类
麻盘根	麻绳、油浸麻绳、橡胶麻绳	＜16～20	＜100	
普通石棉盘根	油和石墨浸渍过的石棉线；夹铝丝石棉编织线，用油、石墨浸渍；夹铜丝石棉编织线，用油和石墨浸渍	＜4.5 ＜4.5 ＜6	＜250 ＜350 ＜450	水、空气、蒸汽、油类
高压石棉盘根	用石棉布（线），以橡胶为粘结剂，石棉与片状石墨粉的混合物	＜6	＜450	水、空气
石墨盘根	石墨做成的环，并在环间填充银色石墨粉，掺入不锈钢丝，以提高使用寿命	＜14	540	蒸汽
碳纤维填料（盘根）[1]	经预氧化或碳化的聚丙烯纤维，浸渍聚四氟乙烯乳液	＜20	＜320	各种介质
氟纤维填料[2]（可制成标准形状）	聚四氟乙烯纤维，浸渍聚四氟乙烯乳液	＜35	260	各种介质

种类	材料	压力（MPa）	温度（℃）	介质
金属丝填料	铅丝 铜丝	<35	230 500	油 蒸汽
PSM-O 型柔性石墨密封圈	（成品为矩形截面圆圈）	<32		用于高压阀门

注：表中①碳纤维盘根具有良好的自润滑性、密封性，对轴颈磨损轻微（仅为石棉盘根的 1/50），适用转动机械的轴封。②与①相同，并能在强腐蚀介质中应用，寿命达 2500h 以上。

一、阀门密封与工艺的关系

1. 阀体与阀盖结合面的密封

（1）普通密封面。它是低、中压阀门普遍采用密封结构。对密封垫的选料，只要其理化性质符合要求，无其他特殊规定（包括垫料的厚度）。

（2）沟槽密封面。它是高压阀门阀体、阀盖结合面普遍采用的结构。在沟槽内用何种材质的垫料虽然无严格规定，但在检修规程中有具体要求。垫料的厚度应满足：在结合面的螺栓拧到标准扭矩后，两密封面不能接触。若已接触无间隙，则有两种可能：一是密封垫已达到所需的密封紧度，而另一种更大的可能性是垫料尚未达到密封紧度。后一种现象是危险的，故要求密封垫的厚度在螺栓拧紧后，还未将垫子全部压入槽内，两密封面尚有一定间隙。这一要求同样适用于管道法兰连接。

由于现在各种专业使用的密封垫片大都有成品垫片，一般不需要现场现做，但在紧急情况下，有可能还要人工现场做垫，具体做法可参考管道检修法兰垫片的做法。

2. 盘根密封

（1）盘根用料的优选。阀门盘根的密封性能优劣，除依靠正确的填加工艺外，还取决于所选用盘根的材质性能。例如：过去最常用的石棉石墨盘根，它与碳纤维编制的盘根相比，后者在严密性、耐磨性及润滑性等明显优于前者。发现新材料、选用新材料是提高密封性能的重要方向。

（2）膨胀问题。盘根密封同样存在着膨胀问题。例如一个 100mm 直径的阀杆在 500℃时，其直径会增大 0.50mm。虽然盘根、阀盖也在膨胀，但存在着温差与膨胀系数的差异。多次反复升温降温，使得非弹性的盘根与阀杆之间形成间隙，造成泄漏。解决途径：①选用具有一定弹性的盘根，如金属丝填料、O 型柔性石墨密封圈等；②加强阀盖的保温，减少阀盖与阀体的温差；③改进盘根根部衬套设计。

二、盘根

阀门的阀杆是一个活动部件，它与阀盖之间的密封方法均采用盘根密封法，即用填料围着阀杆装入盘根室内，并将填料压紧达到密封目的。随着阀门工作介质参数的提高，对阀杆的密封也作了改进，如阀杆反向密封装置，它是把盘根室的下方加工成一反向阀门座，当阀门全开时，靠门芯的背部与反向门座密封，从而使内压不致作用于盘根上，但只有在阀门全开时才起到密封作用，而且在阀门启闭的过程中还是依靠盘根密封，故有它的局限性；又如迷宫式密封装置，是将阀杆加工成很多环状槽，高压流体每流过一道槽即降一次压，流至出口时高压就变成低压，达到密封目的。此装置使阀门结构变得复杂，阀体高度增加很多，而且其构件的加工精度要求极高，用料也有特殊要求，除极少数特殊阀门采用此结构外，一般均不宜采用。

尽管盘根密封法有不少不足之处，如泄漏、阀杆易磨损、腐蚀、运行中检修困难等缺陷，但它经济、使用方便、适应性强、技术上成熟，至今仍无其他方法能与它相比。

1. 更换盘根的方法及注意事项

（1）根据流体参数、理化性质及盘根盒尺寸，正确地选用盘根。

（2）阀杆与阀盖的间隙不要太大，一般为 0.10～0.20mm。阀杆与盘根的接触段应光滑，以保证其密封性能。

（3）破裂或干硬的盘根不能使用。盘根的宽度与盘根盒的径向空隙相差不大时（2mm 左右），允许将盘根拍扁，但不得拍散。汽水阀门在加盘根时，应放入少量鳞状干石墨粉，以便取出。

（4）盘根的填加圈数应以盘根压盖进入盘根盒的深度为准。压盖压入部分应是压盖可压入深度的 1/2～2/3。

（5）加盘根时，应对每圈盘根进行压紧，以防止盘根全部加好后再用压盖一次加压产生上紧下松的现象。压盖压紧后与阀杆四周的径向间隙要求一样。

（6）新加入的盘根接头，应切成 30°～45° 的斜口，相邻两圈的接头错开 120°～180°，盘根切口要整齐，无松散。

为了增强盘根的密封性能及改进在现场制作盘根圈的繁琐工艺，目前一些主要系统上的阀门均已采用用密封材料制成的各种规格的密封圈。这类密封圈可单独使用，通常在密封圈的上下加上用不锈钢材料制作的保护垫圈，并要求阀杆的表面粗糙度达到规定值，阀杆不同心度控制在 0.05mm 以下。为了便于安装，密封圈开有切口，在安装时不可将密封圈切口沿径向拉开，而应沿阀杆轴向扭转，使切口错开。密封圈套进阀杆后，不能作多次往复扭转。

2. 盘根密封装置主要缺陷及处理方法

盘根密封装置的主要缺陷、发生原因及处理方法如表 6-14 所示。

表 6-14　盘根密封装置的主要缺陷、发生原因及处理方法

缺陷	原因	处理方法
安装盘根时盘根断裂	盘根过期、老化或质量太差；盘根断面尺寸过大或过小，在改型时锤击过度	更换质量合格及与盘根盒规格相符的新盘根
阀门投入运行即发生泄漏	盘根压紧程度不够；加盘根方法有误；盘根尺寸过小	适当拧紧压盖螺丝（允许在运行中进行），若仍泄漏，就应停运，取出盘根，重新按工艺规范添加合格的盘根
阀门运行一段时间后发生泄漏	由于盘根老化而收缩，使压盖失去原有的紧力，或因盘根老化、磨损，在阀杆与盘根之间形成轴向间隙；因阀杆严重锈蚀而出现泄漏	若泄漏很严重，则应停运检修；若泄漏量不大，允许在运行中适当拧紧压盖螺帽；对锈腐的阀杆必须进行复原及防锈处理
阀门运行中突然大量泄漏	多属突然事故，如系统的压力突然增加或盘根压盖断裂、压盖螺栓滑丝等机械故障	检查系统压力突增的原因，凡发生大量泄漏的阀门盘根应重新更换；有缺陷的零部件必须更新

续表

缺陷	原因	处理方法
阀杆与盘根接触段严重腐蚀	阀杆材料的抗腐能力太差，密封处长期泄漏；盘根与阀杆接触段产生电腐蚀	重要阀门的阀杆应采用不锈钢制造，对已腐蚀的阀杆，可采用喷涂工艺解决抗腐问题；抗电腐蚀处理，应采用抗电腐蚀的材料加工阀杆，在加盘根时，应注意清洁工作，做水压试验时要用凝结水以减小电解作用
盘根与阀杆、盘根盒严重粘连及盘根盒内严重锈腐	长期泄漏或阀门长期处于全开或全关状态；工作不负责任，未认真清理旧盘根和盘根盒，加盘根时不加干黑铅粉	阀门不允许发生长期泄漏；在检修时必须认真清理盘根盒，加盘根时在盘根盒内抹上干黑铅粉或抗腐蚀的涂料

第六节　阀门研磨

阀门门芯与门座密封面研磨是防止阀门内漏的主要处理措施，是阀门检修的重要内容。

一、研磨材料及规格

阀门的研磨材料有砂布、研磨砂、研磨膏。

（1）砂布。砂布根据布上砂粒的粗细分为 00 号、0 号、1 号、2 号等，00 号最细。

（2）研磨砂。研磨砂的规格根据砂粒的粗细分为磨粒、磨粉、微粉三种。一般磨粒、磨粉作为粗研磨用。当表面粗糙度要求低于 Ra0.2 时，应选用微粉研磨。常用研磨砂的种类及其用途如表 6-15 所示。

表 6-15　常用的研磨砂

名称	主要成分	颜色	粒度号数	适用于被研磨的材料
人造刚玉	Al_2O_3　92%～95%	暗棕色淡粉红色	$12^{\#}$～M5	碳素钢、合金钢、可锻铸铁、软黄铜等（表面渗氮钢、硬质合金不适用）
人造白刚玉	Al_2O_3　97%～98.5%	白色	$16^{\#}$～M5	
人造碳化硅（人造金刚石）	Si_2C　96%～98.5%	黑色	$16^{\#}$～M5	灰铸铁、软黄铜、青铜、紫铜
人造碳化硅	Si_2C　97%～99%	绿色	$16^{\#}$～M5	
人造碳化硼	B　72%～78%　C　20%～24%	黑色		硬质合金、渗碳钢

（3）研磨膏。研磨膏是用油脂（石蜡、甘油、三硬脂酸等）和研磨粉调制成的，一般作为细研磨用。

二、手工研磨与机械研磨

1. 手工研磨专用工具

手工研磨阀门密封面的专用工具，也称为胎具或研磨头、研磨座。开始研磨密封面时，不能将门芯与门座直接对磨，因其损坏程度不一致，直接对磨易将门芯、门座磨偏，故在粗磨阶段应采用胎具分别与门座、门芯研磨。研磨门芯用研磨座，研磨门座用研磨头。

在制作和使用研磨专用工具时，应注意以下几点：

（1）研磨胎具的材料硬度要低于门芯、门座，通常选用低碳钢或生铁制作。胎具的尺寸、角度应与被研磨的门芯、门座大小一致。

（2）在研磨时要配上研磨杆。研磨杆与胎具建议采用止口连接，这种连接便于更换胎具，并使研磨杆与胎具同心。

（3）在研磨过程中，研磨杆与门座要保持垂直。研磨杆用嵌合在阀体上的定心板进行导向，使研磨杆在研磨时不发生偏斜。当发现磨偏时，应及时纠正。

研磨杆的头部也可安装锥度铣刀头，直接对门座进行铣削，以提高研磨效率。

2. 机械研磨

目前市场上可以买到适用于各式阀门密封面研磨的研磨机，分别介绍如下：

（1）球型阀电动研磨。研磨小型球型阀时可用手枪电钻夹住研磨杆进行。电钻研磨效率很高，如研磨门座上 0.2～0.3mm 深的坑，只要几分钟就能磨平。电动研磨完后还需再用手工细研磨。

（2）闸板阀研磨装置。闸板阀门座的研磨采用手工研磨，不仅费时，而且很难保证质量，故多采用机械研磨。

双磨盘电动研磨装置，如图 6-5 所示。这种装置以手电钻为动力，经减速带动磨盘转动。研磨时，在磨盘上涂上研磨砂或在压盘上压上环形砂布进行。因研磨速度快，故需随时检查研磨情况。

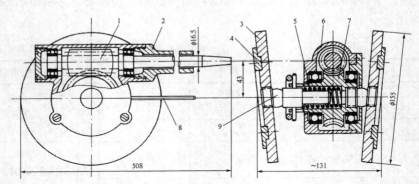

1—蜗杆；2—套筒；3—磨盘；4—压盘；5—弹簧；6—外壳；7—蜗轮；8—拉杆；9—万向接头

图 6-5 双磨盘电动研磨装置

手动研磨机，如图 6-6 所示。这种手动研磨机用于 $\phi25～\phi80$ 的闸板阀门座的研磨。

（3）振动式研磨机。如图 6-7 所示，研磨板 1 为圆盘形，用生铁铸造，上平面精车。弹簧 2（4～6 只）起支撑研磨板作用，并使其产生弹性振动，弹簧的张力可用螺栓进行调整。研磨板的振动是靠偏心环所产生的离心力，该环装在电动机的轴颈上，其偏心距可以调整。

使用振动式研磨机时，在研磨板上涂上一层研磨砂，将闸板阀门芯要磨削的一面放在研磨板上，然后起动电动机，根据振动情况调整偏心环的偏心距。正常的振动现象：门芯自身受研磨盘的振动作用产生自转，并沿着研磨盘圆平面位移（但不允许门芯产生跳动）。门芯通过振动与旋转达到研磨的目的。

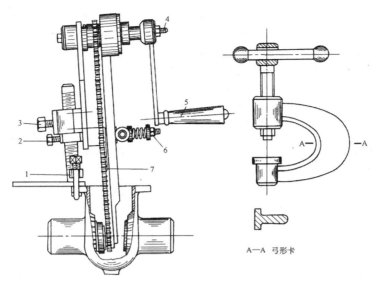

1—弓形卡；2—微调螺栓；3—锁紧螺钉；4—偏心调整螺杆；5—手柄；6—压力调整装置；7—链条

图 6-6　手动研磨机

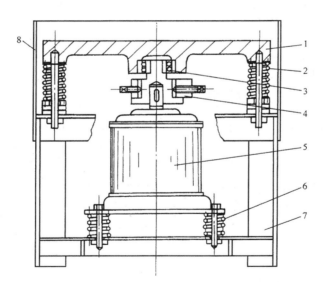

1—研磨板；2，6—弹簧；3—向心球面滚珠轴承；4—偏心环；5—电动机；7—机架；8—安全罩

图 6-7　振动式研磨机结构示意图

研磨盘磨损到一定程度后应上车床进行精车。

三、球型阀门的研磨步骤及方法

1. 用研磨砂研磨

用研磨砂研磨球型阀密封面可分为以下 4 个步骤：

（1）粗磨。阀门密封面锈蚀坑大于 0.5mm 时，应先车光，再进行研磨。在密封面上涂一层 280 号或 320 号磨粉，用约 15N 的力压着胎具顺一个方向研磨，磨到从胎具中感到无砂颗粒时把旧砂擦去换上新砂再磨，直至麻点、锈蚀坑完全消失。

（2）中磨。把粗磨留下的砂擦干净，加上一层薄薄的 M28～M14 微粉，用 10N 左右的力压着胎具仍顺一个方向研磨，磨到无砂粒声或砂发黑时就换新砂。经过几次换砂后，密封面基本光亮，隐约看见一条不明显、不连续的密封线，或者在密封面上用铅笔划几道横线，合上胎具轻轻转几圈，铅笔线被磨掉，就可以进行细磨。

（3）细磨。用 M7～M5 微粉研磨，用力要轻，先顺转 60°～100°，再反转 40°～90°，来回研磨，磨到微粉发黑时，再更换微粉，直到有一圈又黑又亮的连续密封线，且占密封面宽度的 2/3 以上时，就可以进行精磨。

（4）精磨。这是研磨的最后一道工序，为了降低粗糙度和磨去嵌在金属表面的砂粒。磨时不加外力也不加磨料，只用润滑油研磨。具体研磨方法与细磨相同，一直磨到加进的油在磨后不变色为止。

2. 用砂布研磨

用研磨砂研磨质量虽好，但效率太低，费时费力。用砂布研磨速度快，也比较干净，尤其是代替研磨砂进行粗磨和中磨效果更佳。研磨时把砂布固定在胎具上，对有严重缺陷的密封面，先用粗砂布把大的缺陷磨掉，再换细砂布研磨，最后用抛光砂布磨一遍。研磨时可按一个方向旋转胎具，且用力要轻而均衡。在研磨的过程中应注意不要使砂布皱叠而把密封面磨坏。砂布的剪裁与压装，如图 6-8 所示。

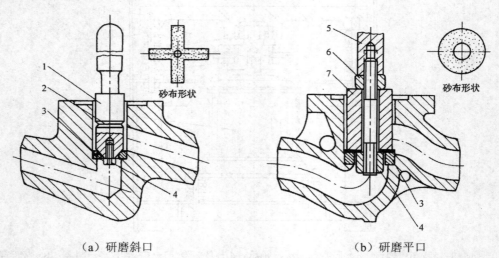

（a）研磨斜口　　　　　　　　　　（b）研磨平口

1—导向胎具；2—扎砂布的槽；3—门座；4—压砂布螺帽；5—研磨杆；6—螺母；7—导向套

图 6-8　砂布的剪裁与压装

阀门的密封面经研磨后，还会有泄漏的可能，这主要是由于在研磨过程中有可能被磨偏。研磨工作也不一定必须从粗磨开始，可视密封面损坏程度来确定。

第七节　阀门水压试验及质量标准

阀门检修好后，应及时进行水压试验，合格后方可使用。未从管道上拆下来的阀门，其水压试验可以和管道系统的水压试验同时进行。拆下来检修后的阀门，其水压试验必须在试验台上进行。

一、低压旋塞和低压阀门试验

（1）低压旋塞（考克）的试验。可以通过嘴吸，只要能吸住舌头1min，就认为合格。

（2）低压阀门的试验。可将阀门入口向上，倒入煤油，经数小时后，阀门密封面不渗透，即可认为严密。

（3）最佳试验法。将低压阀装在具有一定压力的工业用水管道上进行试压，若有条件，用一小型水压机进行试压则效果更佳。

二、高压阀门水压试验

高压阀门的水压试验分为材料强度试验和气密性试验两种。

1. 材料强度试验

试验的目的是检查阀盖、阀体的材料强度及铸造、补焊的质量。其试验方法如下：

把阀门压在试验台上，打开阀门并向阀体内充满水，然后升压至试验压力，边升压边检查。试验压力为工作压力的1.5倍，在此压力下保持5min，如果没有出现泄漏、渗透等现象，则强度试验合格。

需要做材料强度试验的阀门，必须是阀体或阀盖出现重大缺陷，如变形、裂纹，并经车削加工或补焊等工艺修复的。对于常规检修后的阀门，只需做气密性试验。

2. 气密性（严密性）试验

试验的目的是检查门芯与门座、阀杆与盘根、阀体与阀盖等处是否严密。其试验方法如下：

（1）门芯与门座密封面的试验。将阀门压在试验台上，并向阀体内注水，排除阀体内空气，待空气排尽后，再将阀门关闭，然后加压到试验压力。

（2）阀杆与盘根、阀体与阀盖的试验，经过密封面试验后，把阀门打开，让水进入阀体内并充满，再加压到试验压力。

（3）试压质量标准，试验压力为工作压力的1.25倍，并恒压5min，如没有出现降压、泄漏、渗透等现象，气密性试验就为合格。如不合格，就应再次进行修理，修理后重做水压试验。对于试压合格的阀门，要挂上"已修好"的标牌。

复习思考题

1. 锅炉管道系统材质如何选用？管道系统的主要附件有哪些？
2. 管道系统金属监督的范围和任务是什么？分析管道监督内容。
3. 分析热补偿的方法有哪些？各有什么特点？

4．阀门性能的整体要求是什么？

5．阀门是如何分类、标注的？

6．阀门的密封材料有哪些？分析其特点。

7．简述手工做盘根、更换盘根的方法和质量标准。

8．分析球型阀门的研磨步骤及方法。

9．分析盘根密封装置的主要缺陷、发生原因及处理方法。

10．高压阀门水压试验的合格标准是什么？

第七章 管阀特殊检修工艺

第一节 弯管

管子的弯制是管道检修的一项重要内容。弯管工艺大致可分为加热弯制与常温下弯制（即冷弯）。无论采用哪种弯管工艺，管子在弯曲处的壁厚及形状均要发生变化，这种变化不仅影响管子的强度，而且影响介质在管内的流动。因此，对管子的弯制除了解其工艺外，还应了解管子在弯曲时的截面变化。

一、弯管的截面变化及弯曲半径

管子弯曲时截面的变化，从图7-1中可以看出，在中心线以外的各层线段都不同程度地伸长；在中心线以内的各层线段都不同程度地缩短。这种变化表示了构件受力后的变形，外层受拉，内层受压。接近中心线的一层在弯曲时长度没有变化，即这一层没有受拉，也没有受压，称为中性层。

实际上管子在弯曲时，中性层以外的金属不仅受拉伸长、管壁变薄，而且外弧管壁被拉平；中性层以内的金属受压缩短、管壁变厚，挤压变形达到一定极限后管壁就会出现突肋、折皱；中性层也会内移，横截面出现如图7-2所示的情况。这样的截面不仅管子的截面积减小了，而且由于外层的管壁被拉薄，管子强度直接受到影响。为了防止管子在弯曲时产生缺陷，要求管子的弯曲半径不能太小，弯曲半径越小，上述的缺陷就越严重。弯曲半径大，对材料的强度及减小流体在弯道处的阻力是有利的，但弯曲半径过大，弯管工作量和装配的工作量及管道所占的空间也将增大，管道的总体布置也更困难。

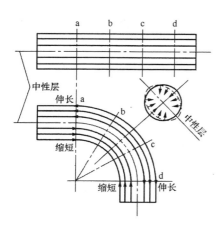

图 7-1　管子弯曲时截面的变化图

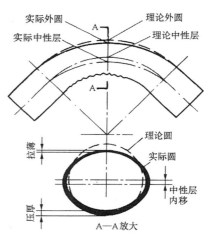

图 7-2　管子弯曲后截面形状

综上所述，平衡利弊，在工艺上以管子外层壁厚的减薄率作为确定弯曲半径值的依据。壁厚的减薄率可按下式计算：

$$\delta = \frac{100D}{2R + D}$$

式中：δ 为相对于原壁厚的减薄率，%；D 为管子外径，mm；R 为弯曲半径，mm。

【例】管径 $\phi100$，弯曲半径 300mm，则减薄率：

$$\delta = \frac{100 \times 100}{2 \times 300 + 100} = 14.3\%$$

按规程规定管壁的减薄率一般控制在 15% 以内。根据这一数值，即可计算出弯曲半径的最小值。同时弯管的方法不同，管子在受力变形等方面也有较大的差别，故最小弯曲半径也各异。弯管时最小弯曲半径有以下规定：①冷弯管时，弯曲半径不小于管子外径的 4 倍；用弯管机弯管时，弯曲半径不小于管外径的 2 倍；②热弯管时（充砂），弯曲半径不小于管外径的 3.5 倍；③高压汽水管道的弯头均采用加厚管弯制，弯头的外层最薄处的壁厚不得小于直管的理论计算壁厚。

二、热弯管工艺

目前现场已很少用加热法弯制弯头。钢管弯头的制作已专业化，各式的弯头在市场均有销售，即使是用于高温高压的合金钢弯头也可在专业厂订制。但作为一种工艺还是有必要给予简要介绍。

1. 充砂加热弯制弯头工艺

（1）制作弯曲样板。为了使管子弯曲准确，需制作弯曲形状的样板，样板用圆钢按实样图弯制。为防止变形应焊上拉筋。

（2）管子灌砂。灌砂是为了将管子空心弯曲变为实心弯曲，从而改善弯曲质量。灌砂所用的砂要经筛选并炒干，除去砂里水分。灌砂前，将管子一端用木塞封堵。灌砂时，管子竖立，边灌砂边振实（用榔头敲打管壁），直到灌满为止，再用木塞封口。

（3）确定加热弧长。根据弯曲半径计算弯曲弧长。按图纸尺寸，将弧长、起弯点及加热长度用粉笔在管子上标示（须沿圆圈标出）。

（4）管子加热。少量小直径管子可用氧乙炔焰加热。通常都采用在地炉上用焦炭进行加热。加热时要随时转动管子，调整风门，使管子加热均匀。

（5）弯管。将加热好的管子放在弯管台上，如果是有缝管，则应将管缝置于最上方。用水冷却加热段两端非弯曲部位，把样板放在管子中心线上对其施力，使管子弯曲段沿着样板弧线弯曲。对已到位的弯曲部位可随时浇水冷却。

（6）除砂。待管子稍冷后，即可除砂。将管内砂全部排空（可用锤子振击）。为清除烧结在管壁上的砂粒，可选用钢丝绞管器或用喷砂工艺进行除砂。

2. 可控硅中频弯管机

可控硅中频弯管机是利用中频电源感应加热管子，使其温度达到弯管温度并通过弯管机弯管。可控硅中频弯管机如图 7-3 所示。

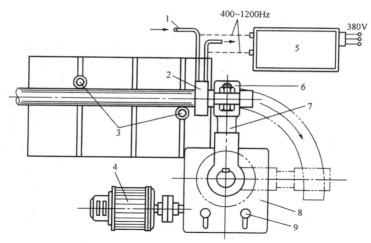

1—冷却水进口管；2—中频感应圈；3—导向辊轮；4—调速电动机；5—可控硅中频发生器；6—管卡；

7—可调转臂；8—变速箱；9—变速手柄

图 7-3　可控硅中频弯管机示意图

弯管的过程：首先把钢管穿过中频感应圈 2，再把钢管放置在弯管机的导向辊轮 3 之间，用管卡 6 将钢管的端部固定在转臂 7 上。然后启动中频电源，使在感应圈内部宽约 20～30mm 的一段钢管感应发热。当钢管的受感应部位温度升到近 1000℃时，启动弯管机的电动机 4，减速轴带动转臂旋转，拖动钢管前移，同时弯制已红热的钢管。管子前移、加热、弯曲是一个连续的同步过程，直到弯至所需的角度为止。

在这样的弯管设备上，能弯制各种金属材料制成的薄壁和厚壁管子。如果在弯管过程中保持着相应的加热条件，则如同管子处于热处理过程，就可省去随后的调质处理。

用这种弯管机弯管，还可以选用一种外加的冷却装置，使用冷却装置的优点在于可以利用冷却液的最佳冷却速度来调整弯管的不圆度。

用这种弯管机弯管，由于管子加热只在一小段管段上，其成型是在加热段逐步形成，故无需任何模具、胎具及样板。改变弯曲半径时，只需调整可调转臂的长度（即改变旋转半径）和导向辊轮的相应位置即可。弯管质量优于其他任何一种弯管方式，尤其是在弯制大直径（直径在 500mm 以上）的厚壁管及各类型的合金钢管时，更显示出它的突出性能。

三、冷弯管工艺

1. 冷弯管原理

冷弯管大都采用模具弯制，通过施力迫使管子按模具的弧形产生变形，如图 7-4 所示。图 7-4（a）所示为小辊轮定位，大轮转动；图 7-4（b）所示则是小辊轮沿着大轮滚动。从图中可看出，管子是在两轮中心连线处开始弯曲（A—A 剖面）。一副大小轮（相当于模具）只能弯制同一管径、同一弯曲半径的管子。

2. 冷弯机

（1）辊轮式弯管机，其结构如图 7-4 所示。若将大轮装上电动装置，则就成为电动弯管机。

（2）液压式弯管机，其结构如图 7-5 所示。这类弯管机不足之处是它的模具只有半片，靠半片模具顶着管子内侧使管子弯曲。而管子弯曲部的外侧，由于无模具控制，会产生严重的拉平现象（断面成偏圆）。该机配有用于不同管径的模具，使用时应根据管径选用相应规格的模具。

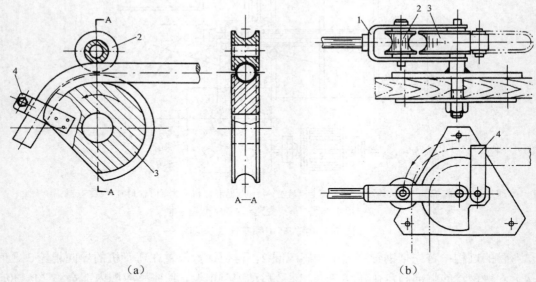

（a）　　　　　　　　　　（b）

1—滚动架；2—小辊轮；3—大轮；4—管卡

图 7-4　弯管机的工作原理

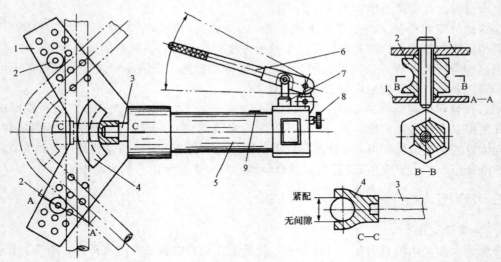

1—定位孔板；2—限位导向模块；3—工作活塞杆；4—弯管模具（多种规格）；5—机体；6—手压杆；
7—柱塞式油泵；8—工作缸回油阀；9—加油螺孔（也作放油、排气用）

图 7-5　手动液压弯管机

3. 冷弯后的热处理

管子经冷弯后，在弯曲部位的金属内部产生较大的内应力，故在冷弯后要对弯曲部位进行回火处理，一般情况下采用低温回火处理即可。

四、管内壁除锈与除渣

凡是新配制的管子，在组装前必须对新管内壁进行除锈、除渣工作（特别是油系统管道）。清除工作不限于充砂的热弯头，包括各类弯头及直管。除锈、除渣的工具可选用钢丝绞管器，但该工具能力有限，对锈蚀较重、管径较大的管子，应选用喷砂除锈工艺。该工艺是用压缩空气通过喷砂枪，将细砂吸入枪内，再从枪口喷出。靠高速的气流带着砂子冲刷管壁，达到除锈、除渣的目的。冲刷要从管子两端反复地进行，待管壁出现金属光泽时方可停止。为了防止喷砂灰尘的飞扬，可在管子的端头出口处布置一个负压装置（如吹尘器），靠装置的负压作用阻止砂尘外逸。

五、铜管的弯制与连接工艺

1. 铜管的弯制

铜管的弯制指的是小口径铜管，如仪表管、小口径油管等。弯制时，管材可在退火或不退火状态下进行。铜管的退火方法与钢管相反。其工艺是：将铜管加热至 450℃ 左右（外表颜色发生改变）后，再将加热部位放入水中，冷却后取出即可，也可以在加热后置于空气中冷却。铜管的弯制方法如下：

（1）用模具弯制。弯管时铜管可不退火，不用填充物，与冷弯钢管的方法相同。若为黄铜管且弯制半径又很小，为防止弯管时铜管破裂，就应进行退火处理。

（2）用弹簧弯制。将弹簧放入铜管需要弯制部位的内部，以限制管子弯曲时的挤压变形。弹簧的长度应超过弯曲段的弧长，其外径应略小于铜管内径。弯管时，可将铜管紧靠在圆柱体上进行。

（3）充填弯制。先将铜管退火，然后把熔化后的充填物（树脂、沥青）灌入铜管内，待充填物冷凝后，再将铜管靠在模具上进行弯曲。充填物也可用细砂，但弯制后必须将铜管内的砂全部清除干净。

2. 铜管与设备的连接

（1）用密封胶圈进行挤压密封连接，如图 7-6（a）所示。这种连接仅适用于液压不太大的管道。

（2）平头接头连接，如图 7-6（b）所示。平头的制作工艺如图 7-7 所示。

（3）锥形接头连接，如图 7-6（c）所示。为防止铜锥头损伤，应加装一锥套，如图 7-6（d）所示。

（4）车制接头，如图 7-6（e）所示。为保证接头牢固可靠，多采取在铜管上焊接上一个车制的强度高的接头，代替在管端制作接头的工艺。

3. 铜管的焊接连接

铜管的接头应尽量避免直接对接，应采用如图 7-8 所示的连接法。重要的焊口要用银焊或铜焊，低压无振动的铜管允许采用锡焊，也可采用密封胶。

接头无论是套管式或承插式，其管孔与管头的配合均不许松动，否则将影响接头施焊后的强度。

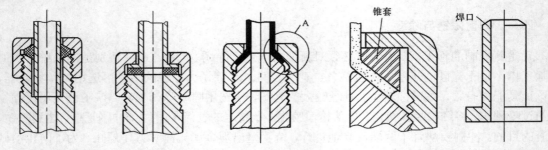

（a）密封胶圈连接　（b）平头接头连接　（c）锥形头连接　（d）锥形头连接 A 部改进　（e）车制接头

图 7-6　铜管与设备的连接

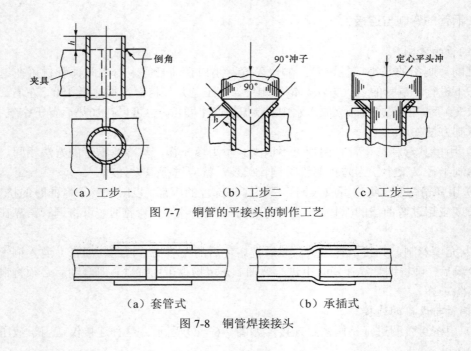

（a）工步一　　　　　　（b）工步二　　　　　　（c）工步三

图 7-7　铜管的平接头的制作工艺

（a）套管式　　　　　　　　　（b）承插式

图 7-8　铜管焊接接头

第二节　管道检修

管道的连接方式有焊接、法兰连接和螺纹连接三种。在高压管道系统中，除了与设备连接采用法兰连接外，大都采用焊接，以减少泄漏。其他管道系统，在不影响设备检修和管道组装的前提下，也应尽量少采用法兰连接。螺纹连接主要用于工业水管道系统及其他低温低压管道系统。

一、焊接管道检修

焊接管道检修的重点是检查焊缝和管子的锈蚀程度。高压管道必须按金属监督规程的规定进行检查。低压管道只需查看焊缝是否有渗漏、裂纹及其锈蚀程度。

更换管道时，首先要对选用的管材进行材质鉴定，查看管材的出厂化验单和质检证书，必要时应在现场用光谱分析仪进行测试，检查无误后，方可施工。管子的配制步骤如下：

1. 割管

割管一般用手锯、电锯、气割进行。管距很小时可用如图 7-9 所示的可调手锯锯割，割管较多时可选用如图 7-10 所示的电动锯管机。

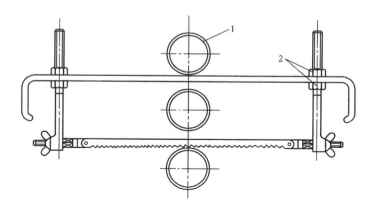

1—管子；2—可调螺帽

图 7-9　可调手锯

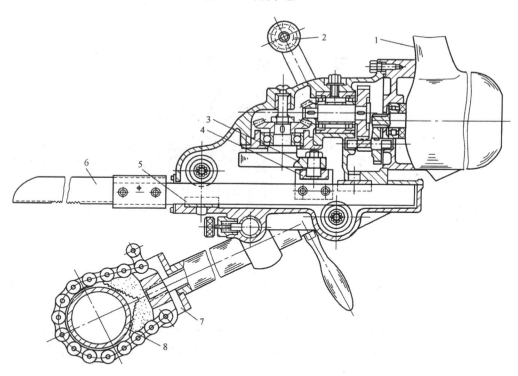

1—电动机；2—把手；3—偏心轮；4—滑块；5—导向滑块；6—锯条；7—锯钳；8—管子

图 7-10　电动锯管机

图 7-11 所示为气割割管工具。它适用于切割大直径的管子，在割管的同时也割出了坡口。

2. 制作焊接坡口

所有焊接的管子均需制作坡口，坡口制作是否规范对施焊及焊缝质量有着直接的影响。

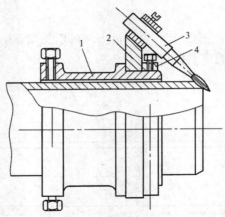

1—管套；2—割嘴环；3—割嘴；4—挡环

图 7-11　气割割管工具

（1）坡口的制作。少量的管子，其坡口制作可用钳工工具加工或用角相磨光机磨制。当管子数量较多时，应选用坡口机加工坡口。坡口机种类甚多，每种坡口机只能适应一定管径的管子。内塞式电动坡口机是一种小口径电动坡口机，如图 7-12 所示。

（2）焊接坡口可按表 7-1、表 7-2、图 7-13 所示的尺寸加工。

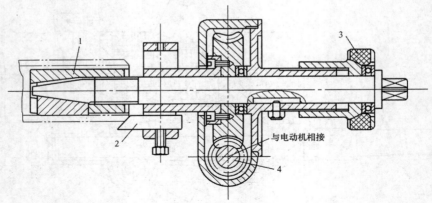

1—内塞；2—车刀；3—进刀螺帽；4—蜗杆

图 7-12　内塞式电动坡口机

表 7-1　管子坡口尺寸

焊口形式	对口图	焊接种类	管壁厚度 s（mm）	焊口尺寸		
				α	a（mm）	b（mm）
V 型		气焊	≤6	30°～45°	1～3	0.5～1.5
		电焊	≤16	30°～35°	1～3	0.5～2

表 7-2　管道焊缝坡口型式

坡口形式		图形	焊件厚度 δ	接头结构尺寸（mm）				
				α	β	b	P	R
双V型	水平管		16～60	30°～40°	8°～12°	2～5	1～2	5
双V型	垂直管		16～60	$\alpha_1=35°～40°$ $\alpha_2=20°～25°$	$\beta_1=15°～20°$ $\beta_2=5°～10°$	1～4	1～2	5
U型			≤60	10°～15°		2～3	2	5

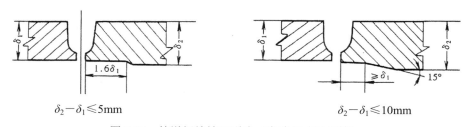

$\delta_2-\delta_1 \leqslant 5mm$　　　　　　$\delta_2-\delta_1 \leqslant 10mm$

图 7-13　管道焊缝坡口型式（内壁尺寸不相等）

（3）检查坡口平面的偏斜。坡口制作完后要检查平面偏斜，检查方法如图 7-14 所示。平面偏斜值 δ 应小于 1mm。

3. 管子对接

管子焊接前，必须要将焊口对正。同时还要保证在焊接后，两管中心的偏差不超过表 7-3 所示的允许值。因此在对接时，要选用适当的卡具将管子卡牢。常用的卡具如图 7-15 所示。

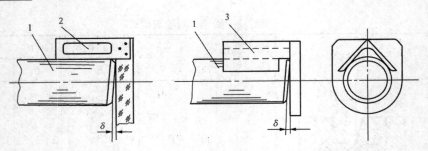

（a）用角尺检查　　　　　　　　（b）用专用样板检查

1—管子；2—角尺；3—管角尺

图 7-14　检查管口平面偏斜

表 7-3　　管子对口中心线的允许偏差

检查方法	管子直径（mm）	偏差值（mm）
	＜100	α＜1
	＞100	α＜2

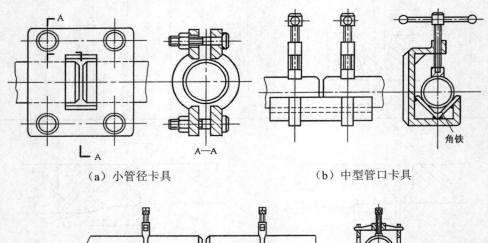

（a）小管径卡具　　　　　　　　　（b）中型管口卡具

（c）大型管口卡具

图 7-15　管子对管口卡具

4. 有关管子对口的技术要求

（1）管子的弯曲段不允许有焊口。

（2）在焊缝的热影响区域内不允许有油漆、油污及铁锈，并需将此段打磨出金属光泽。

（3）除设计允许的冷拉对接焊口外，对接不允许强行对口。

（4）两对口管子的壁厚差不得超过 15%，最大不超过 3mm。

（5）用卡具将管段卡牢后，沿焊口等距点焊 3～4 点，点焊长度为管壁厚的 2～3 倍，待冷却后，再卸下卡具。管子对口时所用的起吊工具，必须在整个焊口焊完后方可松掉。

二、法兰连接管道检修

1. 法兰密封面的形式

法兰密封面的形式、特性和适用范围如表 7-4 所示。

表 7-4　法兰密封面的形式、特性和适用范围

名称	简图	特性和适用范围
普通密封面		结构简单，加工方便。多用于低中压管道系统中。但在放置垫子时，垫子不易放正
单止口密封面		密封性能比普通密封面好，安装时便于对中，能防止非金属软垫片由于内压作用被挤出。配用高压石棉垫时，可承受 6.4MPa 的压力；当配用金属齿形垫时，可承受 20MPa 的压力
双止口密封面		密封面窄，易于压紧，垫子不会因内压或变形而被挤出，密封可靠。法兰对中困难，受压后垫子不易取出。多用于有毒介质或密封要求严格的场合。使用的垫料与可承受的压力与单止口密封面基本相同，但不宜采用金属齿形垫
平面沟槽密封面		安装时便于对中，不会因垫子而影响装配尺寸基准，耐冲击振动。配用橡胶 O 型圈时，可承受压力达 32MPa 或更高，密封性好。广泛用于液压系统和真空系统
梯形槽密封面		与八角形截面或椭圆形截面的金属垫配用，密封可靠。多用于压力高于 6.4MPa 的场合

2. 法兰管道的组装要求

（1）在组装前必须将法兰密封面上原有的旧垫铲除干净，但不得把密封面刮伤，同时要用划针清理密封面上的密封线，如图 7-16 所示。

（2）密封面受损的法兰及变形的法兰，不允许继续使用。

（3）在组装时，若发现两法兰面不平行、错位、歪斜、螺孔不同心等现象，则不允许强行对口或用螺栓强行拉拢。应采取校正管子的方法，或对管道的支吊架进行调整。总的要求是法兰及螺栓不应承受因法兰对口而产生的附加应力。

（4）安放垫子时必须保证垫子不挡住管孔，正确安放垫子的方法：按法兰上的方位记号将螺孔对准，并穿上位于下面两个螺栓；将垫子放入，并紧靠在两螺栓上；装上其他螺栓，并用手将螺帽拧到与法兰接触，然后对称、多遍将螺栓拧紧；要求各螺栓扭矩一致，四周的间隙

相等，可用游标卡尺或塞尺测量。

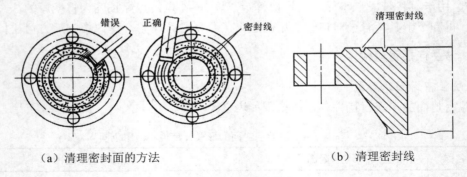

（a）清理密封面的方法　　　　　　　（b）清理密封线

图 7-16　法兰密封面的清理

（5）法兰组装好后，要用钢尺或游标卡检查两法兰之间的间隙，要求四周间隙一致。

（6）拧螺栓时，其扭矩到达允许值即可，不允许为防止法兰泄漏而任意加大螺栓扭矩。加大螺栓扭矩会造成法兰变形，反而增加泄漏的可能，同时螺栓还会因扭力过大而滑丝，甚至拉断。

（7）法兰的垫子宜薄不宜厚，垫厚只会增加泄漏机会。但对于低压、大口径管道，且法兰的密封面极其粗糙的情况下，可选用厚而软的材料作为垫子。

三、螺纹连接管道检修

1. 螺纹连接管道的检修工艺

用螺纹连接的管道，其管径一般不超过 80mm，其管件如弯头、接头、三通等均为通用的标准件。这些标准件通常用可锻铸铁（马铁）或钢材制作。管端螺纹用管子板牙扳制，扳好的外螺纹有一定的锥度。这种锥形螺纹紧后不易泄漏，因而在装配时螺丝不需拧入过多，一般有 3～4 扣即可，同时也不宜将管件拧得过紧，过紧会使其胀裂。

螺纹管道的配制及其装配顺序：

（1）用管子割刀将管子截取所需的长度。

（2）用管子板牙扳丝。

（3）在螺纹部位抹、缠密封材料，通常只在外螺纹上加密封材料。其方法有二：一是在管螺纹部位抹上一层白铅油或白厚漆，再沿螺纹的尾端向外顺时针方向缠上新麻丝（也可以将麻头压住由外向内缠）；二是用生胶带缠绕在螺纹上，一般缠两层即可。生胶带是新型密封材料，使用方便、清洁、可靠，已替代老的工艺。

（4）管道安装到一定的长度后，必须装个活接头。若有阀门，则在阀门前或阀门后装活接头。活接头俗称油任。安装的目的是便于管道检修。在油任的接口面要放置环形垫料，油任对口时应平行，不许强行对口。

2. 螺纹连接管道检修常用工具

（1）管子割刀。管子割刀是切割管材的专用工具，其使用方法如下：将管子割刀套在管子上，用两辊轮压住管子，滚刀刃口对准割线；拧紧进刀手柄，每次旋进 180°左右，进刀后，握住进刀手柄，将管子割刀体旋转一圈（大于 360°）；进刀并旋转，直至管子割断。由于切割时割口受挤压，故割口有缩口现象并在内口出现锋边。缩口利于扳丝时起扣，锋边则应用半圆锉锉平。

（2）管子板牙。管子板牙是扳制管螺纹的专用工具。常用的有以下几种：管螺纹圆板牙、可调式管子板牙、电动扳丝机。无论哪种套丝工具，在套丝时均应注意以下事宜：

1）正确选用管子，要求管子丝板的板牙尺寸应与管子外径相吻合。

2）套丝时，应先将工具的定心三爪卡住管子（不可过紧），方可套丝。起扣时，应用力推住管子板牙，以利于起扣。

3）使用组合式丝板时，板牙块（一般为四块）必须按序、对号入座。若装错，则必乱扣。

4）套丝长度不宜过长，只要管端露出两牙即可。

在使用各类扳丝机具时，必须定时向板牙上注入机油，以保证刀具刃口的冷却，提高板牙的使用寿命，并可提高螺纹的精度。

（3）管子钳。管子钳是拆装螺纹管子的专用钳具，其规格与活动扳手相同。在使用时，钳口开度要适度，并将活动钳头向外翘起，使两钳口形成一个角度 θ，将管子紧紧地卡住。只有这样，用力时，管子钳才不打滑。

另外，还有一种专门用于大口径管子拆装的管子钳，称为链钳。它是用板链代替活动钳头，由于链子很长，故可适应大口径管子的拆装。

3. 管螺纹的技术规范

目前管螺纹采用英制标准，而且对套制管螺纹的管子规格也有统一规定。这点应注意，不要与其他管子的规格相混淆。管螺纹及管子的公英制对照如表 7-5 所示。

表 7-5　管螺纹及管子的公英制对照

公称口径		管子（mm）		管螺纹	
mm	英寸	外径	壁厚	基面处外径（mm）	每英寸牙数
15	1/2	21.25	2.75	20.956	14
20	3/4	26.75		26.442	
25	1	33.50	3.25	33.250	11
32	$1\frac{1}{4}$	42.25		41.912	
40	$1\frac{1}{2}$	48.00	3.50	47.805	
50	2	60.00		59.616	
70	$2\frac{1}{2}$	75.50	3.75	75.187	
80	3	88.50	4.00	87.887	

四、管道检修注意事项

（1）在拆卸管道前，要认真检查管道与运行中的管道系统是否断开，在确认已断开并采取了有效的安全措施后，即将检修管段上的疏水、排污阀门全部打开，排除管内汽水，待汽水排尽后，方可拆卸法兰螺栓或进行割管。

（2）在割管或拆法兰前，必须将管子拟分开的两端临时固定牢，以保证管道分开后不发生过多的位移。

（3）在拆卸有保温层的管道时，应尽量不损坏保温层。

（4）在改装管道时，管子之间不得接触，也不得触及到设备及建筑物。管道之间的距离应保证不影响管子的膨胀及敷设保温层。在改装管道的同时应将支吊架装好。在管道上两个固定支架之间，必须安置供膨胀用的U形弯或伸缩节。

（5）在组装管道时，应认真冲洗管子内壁，并仔细检查在未检修的管子内是否有异物。

五、密封垫的制作与密封垫料的选用原则

1. 密封垫的制作

密封垫的制作方法，如图7-17所示。在制作密封垫时应注意以下几点：①垫的内孔必须略大于工件的内孔；②带止口的法兰，其垫应能在凹口内转动，不允许卡死，以防产生卷边影响密封；③对设备上密封面所用的垫子不允许用榔头在工件上敲打，以防损伤其工作面；④制垫时必须注意节约，尽量从垫料的边缘起线，并将大垫的内孔、边角料留作制小垫用。

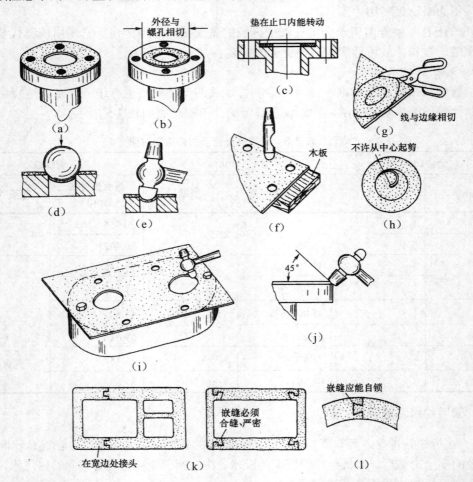

（a）带螺孔的法兰垫；（b）不带螺孔的法兰垫；（c）止口法兰垫；（d）用滚珠冲孔；（e）用榔头敲打孔；（f）用空心冲冲孔；（g）用剪刀剪垫；（h）剪内孔的错误做法；（i）用榔头敲打内孔；（j）用榔头敲打边缘；（k）方框形垫的镶嵌方法；（l）圆形垫的镶嵌方法

图7-17　密封垫的制作方法

2. 法兰密封垫料的选用原则

密封垫料应满足的条件是：①与相接触的介质不起化学反应；②有足够的强度，当法兰用螺栓紧固后，能承受管内的压力，并且在管温影响下强度值变化不大；③材质均匀，无裂纹及老化现象，厚薄一致；④在选用密封垫材时，应力求避免选用很昂贵的材料。密封垫的厚度应尽可能选得薄些，因厚的垫料并不能改善密封性能，且往往适得其反。

六、高压管道检修

下面以某 1000MW 机组直流锅炉的汽水管道的检修为例，介绍高压管道的检修工艺。

高温高压管道检修一般在机组检修时进行，大修通常为 6 年至 8 年，小修通常为 2 年，但还需根据管道的使用情况、工作环境等因素确定。

根据压力管道检验要求，对人员经常经过的部位、弯管、弯头、三通、焊缝、易腐蚀、易冲刷减薄的部位以及汽水系统中的高中压疏水、排污、减温水管座角焊缝等，应重点检查。对于腐蚀、冲刷严重的排污管、疏水管应及时进行更换。

工作温度大于 450℃ 的主蒸汽管道、高温再热管道（含相应的导汽管、抽汽管、联络管）的检验，应按《火力发电厂金属技术监督规程》的要求进行。工作压力大于 10MPa 的主给水管（含下降管、联络管）运行达 5 万小时时，对三通、阀门进行宏观检查，对弯头进行宏观和壁厚测量，对焊缝和应力集中的部位进行宏观和无损探伤检查，对阀门后管段进行壁厚测量，检查周期为 3～5 万小时。高温高压蒸汽管道引出管的管座角焊缝要做宏观检查、无损探伤，3～5 万小时抽查 30%；5～10 万小时抽查 50%。高温高压蒸汽管道一次阀门前的弯管、直管必须进行宏观检查、管径测量、壁厚测量、无损探伤，3～5 万小时抽查 30%；5～10 万小时抽查 50%。

大口径高温高压蒸汽管道要做蠕变监督。

高温高压蒸汽管道上各种引出管出现下列情况之一的应更换：发现有裂纹、管径有明显胀粗、腐蚀减薄超过 1/3 以上、运行时间超过 10 万小时。

压力管道的支吊架在机组投入运行时，需做一次全面的冷热态检验、调整，以后结合机组的检修进行。锅炉四大管道及导汽管、下降管等重要管道的支吊架一般每个大修周期都要进行检验、调整，通常为 6 年至 8 年进行一次。其他管道的支吊架在没有改变管系布置、载荷等因素的情况下，一般每 2 至 3 个机组大修周期进行检验、调整一次。压力管道的支吊架一般不进行小修。

1. 检修前的准备工作

管道及支吊架检修符合安全措施要求，并落实到位。技术方案已编制完成，图纸资料记录卡准备齐全。检修工器具、专用工器具、试验工器具准备就绪，脚手架搭设完成。备品材料已准备就绪，备品验收合格，并有相关的材质、质保、试验等合格证。新管道到厂后必须进行宏观检查，并对所有管子进行光谱检验，确认材质与质保书相同。特殊工种包括起重、焊接、金属试验等工种必须持证上岗。高压焊工必须考核合格。检修人员的已经落实，并经安全、技术交底，明确检修的目的和任务。

2. 过热蒸汽管道、再热蒸汽管道检修

对过热蒸汽、再热蒸汽管道的焊缝、弯头、弯管、三通、大小头、阀门、阀体和其他应力集中的部位，应进行宏观和无损探伤检查。焊缝、弯头、三通检查的抽查比例为 10%，运

行超过 20 万小时必须进行寿命评估。检查应合格。

若切割管子，要安装适当的堵板，防止异物进入管内。

取出温度计、检查温度计插座，温度计插座应无损伤。

膨胀指示器应齐全、完好、无变形、破损。管道膨胀指示器指针应位于指示中心，否则应调整。

蠕变测量准确，并按规定时间定期进行检查。运行 5 万小时后，应进行第一次检查，以后检查周期为 3 万小时。经检查应无蠕变裂纹、无严重蠕变损伤、无明显不圆度复原等缺陷，其表面无划痕。

消声器及其管道无裂纹和其他超标缺陷。

对管道弯头、阀门两侧管道冲蚀减薄情况和壁厚按规定进行测量，并做好记录。管道壁厚应符合强度要求。

更换新管时，其材质和规格要符合原设计要求。没有材质证明的管材在使用前应做材质鉴定。有重皮、裂纹的管材不得使用。管道的制作及安装，应符合规定。更换合金钢管前应检查材质证明，并进行光谱复查。

进行管系严密性试验时，焊缝及其他应进行检验的部位应去除保温层。管系试验压力为锅炉本体水压试验压力。试验后，阀门及焊缝等应无渗水、漏水现象。试验合格后应完善保温层。

管道保温层完好，保温质量符合要求。禁止在管道上焊接保温拉钩。当更换大面积保温材料时，如果容重发生变化，则须进行支吊架的计算和调整。

3. 给水管道检修

对给水管道的焊缝、弯头、弯管、三通、大小头、阀门、阀体和其他应力集中的部位，应进行宏观和无损探伤检查。焊缝、弯头、三通检查抽查比例为 10%。给水管道的弯头应重点检查其冲刷减薄和中性面的腐蚀、裂纹情况。若切割管子，要安装适当的堵板，防止异物进入管内。

取出温度计、检查温度计插座，温度计插座应无损伤。

消声器及其管道无裂纹和其他超标缺陷。

对管道弯头、阀门两侧管道冲蚀减薄情况和壁厚按规定进行测量，并做好记录。管道壁厚应符合强度要求。

更换新管时，其材质和规格要符合原设计要求。没有材质证明的管材在使用前应做材质鉴定。有重皮、裂纹的管材不得使用。管道的制作及安装应符合规定。更换合金钢管前应检查材质证明，并进行光谱复查。

进行管系严密性试验时，焊缝及其他应进行检验的部位应去除保温层。管系试验压力为锅炉本体水压试验压力。试验后，阀门及焊缝等应无渗水、漏水现象。试验合格后应完善保温层。

管道保温层完好，保温质量符合要求。禁止在管道上焊接保温拉钩。当更换大面积保温材料时，如容重发生变化，则须进行支吊架的计算和调整。

4. 下降管、导汽管、再循环管、减温水管检修

对下降管、导汽管、再循环管、减温水管焊缝和应力集中部位进行宏观检查和无损探伤，并按有关规定进行处理。

下降管管口部位及弯管内壁应无裂纹。

导汽管表面无严重腐蚀，无损探伤符合要求。导汽管无裂纹、变形、损伤，蠕变不超标。

导汽管不圆度、硬度不超标。导汽管石墨化达到四级时应更换。

根据检查情况,对有超标缺陷的部位或管子进行适当的处理或更换。管道更换的质量应符合有关规定。

检查三通、弯头、阀门后管道有无裂纹,管道内壁有无冲蚀减薄情况。

下降管、导汽管、再循环管、减温水管管系检修后应做严密性试验。试验压力为锅炉本体水压试验压力。试验时,焊缝及其他应进行检验的部位的保温层应拆除。试验的合格标准是阀门及焊缝等处无渗水、漏水现象。试验合格后应完善保温层。

管道保温层完好,保温质量符合要求。禁止在管道上焊接保温拉钩。当更换大面积保温材料时,如容重发生变化,则须进行支吊架的计算和调整。

5. 排污、疏水、加药、充氮、放气管道检修

排污、疏水、加药、充氮、放气管道检修时,首先进行外观检查。要求管子外壁无裂纹、无严重腐蚀;非加强管座必须更换为加强管接管座,管道零件无异常;管道壁厚应符合强度要求;焊缝无超标缺陷,弯头石墨化达到四级时应更换。

其次进行内部检查。要求管子内壁无裂纹,无严重锈蚀,清洁;接管座畅通;母管焊缝无超标缺陷,探伤检查合格。

排污、疏水、加药、充氮、放气管道装复时,合金钢管道安装前应做光谱分析并合格。联箱、接管座及管道内部已清理干净。拆卸部位对口焊接应按有关规定进行。

更换合金钢管前应检查材质证明,并进行光谱复查。更换新管道时,其材质和规格要符合原设计要求。没有材质证明的管道在使用前应做材质鉴定,有重皮、裂纹的管道不得使用。

管系检修后应做严密性试验。试验压力为锅炉本体水压试验压力。试验时,焊缝及其他应进行检验的部位的保温层应拆除。试验的合格标准是阀门及焊缝等处无渗水、漏水现象。试验合格后应完善保温层。

管道保温层完好,保温质量符合要求。禁止在管道上焊接保温拉钩。当更换大面积保温材料时,如容重发生变化,则须进行支吊架的计算和调整。

6. 安全阀连接管、排汽管检修

安全阀连接管、排汽管检修首先进行外观检查。要求管子及管道零部件外壁无裂纹和严重腐蚀;管子壁厚应符合强度要求;法兰、螺栓套完好,无损伤。

拆下安全阀,切断脉冲管与汽包、联箱、安全阀的连接部位,拆开排汽管进行内部检查。要求管道及接管座内壁无腐蚀、无结垢、畅通不堵塞;对管道焊缝及管座角焊缝进行无损探伤抽查,要求无超标缺陷;抽查合金钢金相组织,要求合格;修刮、研磨法兰结合面,法兰结合面应平整无径向沟,法兰无变形;清除管内锈垢、腐蚀物,用压缩空气吹扫脉冲管。

安全阀连接管、排汽管检修合格装复时,管内应无异物,主安全阀管、脉冲管、排汽管固定牢固,膨胀畅通,按规定热紧螺栓。

7. 管道支吊架检查、调整

(1)管道支吊架检查

检查螺栓连接部位是否松动。检查焊缝无裂纹和脱焊。检查管夹、管卡和套管是否松动、偏斜。检查吊杆、法兰螺栓连接螺母是否弯曲、损伤。检查吊杆、弹簧是否卡涩,安装销子是否拆除。检查导向支座和活动支座有无卡涩、活动件是否断裂磨损、支承面是否接触、支承面

接触是否均匀。检查弹簧有无歪斜、失效。查看、敲击根部埋件有无松动、脱落。检查吊架冷热态是否到位，并校对与设计值是否有偏差。

（2）管道支吊架调整

修理螺栓连接件。修理管夹、管卡、套筒，使其牢固地固定管子，不偏斜。修整吊杆、法兰螺栓、连接螺母。按设计调整有热位移管道支吊架的方向和尺寸。顶起导向支座、活动支座的滑动面、滑动件的支承面，更换失效活动件。调整弹簧支承面与弹簧中心线垂直，调整弹簧的压缩值。更换弹簧时，做弹簧全压缩试验、工作载荷压缩试验。修补焊缝，处理埋件。

8. 高压管道故障处理

高压管道故障处理如表 7-6 所示。

表 7-6　管道故障原因、处理分析表

序号	故障现象	原因分析	处理方法
1	管道泄漏	1.焊口泄漏 2.管道腐蚀引起泄漏 3.管道吹损引起泄漏 4.热应力或膨胀受阻引起泄漏	1.补焊 2.更换管道 3.消除热应力及膨胀受阻 4.系统无法隔离时，可采用带压堵漏技术
2	管道法兰泄漏	1.法兰螺栓紧固力矩偏差 2.垫床老化 3.密封面吹损	1.紧固法兰螺栓 2.更换垫床 3.补焊密封面，并打磨 4.系统无法隔离时，可采用带压堵漏技术
3	管道膨胀受阻变形	1.管道安装错误 2.管系布置不合理	1.增加管道膨胀节 2.改变管道布置
4	恒力吊架卡涩	1.机械卡涩 2.载荷过大	1.调整吊杆螺栓 2.校验管系载荷，核对吊架是否选用合理
5	弹簧吊架过载	1.弹簧调整过紧 2.载荷过大	1.调整弹簧螺栓 2.校验管系载荷，核对吊架是否选用合理
6	恒力、弹簧吊架冷热态未到位	1.安装后调整不到位 2.管道膨胀与设计值存在偏差	根据管系设计要求，合理调整吊架冷热态位置，使其达到或接近设计值
7	限位支架卡涩、脱位	1.安装错误，超出管道膨胀范围 2.支架脱焊、变形	1.调整安装位置 2.补焊、加强支架焊缝

第三节　支吊架检修

支吊架作为管道系统的重要附件，对保证管道系统的安全运行起到较大的作用，也越来越得到电力企业的重视。

支吊架的作用：①承受管道的自重载荷，包括管子、管件、阀件的重量，承受管道内部介质的重量，承受管道保温材料的重量，对于每一个支吊架而言，其承受的载荷是该支吊架管道所分配给的那一部分重量载荷；②增强管道抗变形刚度，使水平挠度和因此引起的振动得到控制；③具有限位作用，并引导和控制管道管线热位移的大小和方向（弹性支吊架无此作用）；④对管道流动介质的冲击力、激振力、排气反作用力以及由设备传递的振动、风力、地震等起到缓冲减振的作用；⑤控制由管道施加给设备的荷重和热位移推力、力矩，以保护设备的安全运行；⑥承受管道冷拉施加的力和力矩。

对管道支吊架的基本要求：在保证承受管道全部重力（管道、管道上的附件、保温材料、管内流体）的条件下，管系胀缩变形受到最低限度的限制、连接点受到的作用力及管道的内应力达到最低值。

压力管道的支吊架在机组投入运营时，需做一次全面的冷热态检验、调整，以后检修结合机组的整体大修进行。锅炉四大管道及导汽管、下降管等重要管道一般每个大修周期都要进行检验、调整，周期通常为 6 年至 8 年。其他管道在没有改变管系布置、载荷等因素的情况下，一般每 2 至 3 个机组大修周期进行一次检验、调整。压力管道的支吊架一般不进行小修。

常见的管道支吊架可分为固定式支吊架、半固定支架、弹簧支吊架及恒力吊架，现对其分别介绍。

一、固定支吊架

固定支吊架分为固定支架与固定吊架两种。

1. 固定支架

固定支架是管系中的定点（不动点，也称死点），管道以此点为基准向其他方向膨胀。固定支架除承受管道的部分重力外，还要承受管道的热胀冷缩的推力、拉力和扭力，故要求这种支架有足够的强度和刚性，其基本结构如图 7-18 所示。

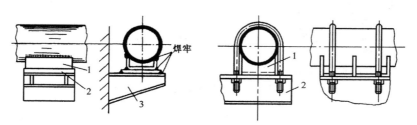

（a）焊接固定支架　　　　　　　　　（b）包箍固定支架
1—管枕（焊接在管子上）；2—台板（与管枕、支架焊接）；3—支架

图 7-18　固定支架

2. 固定吊架

固定吊架用在温差变化很小的管道上，主要是承受管道的重力，如图 7-19 所示。

二、半固定支架

半固定支架对管道起着导向的作用，只允许管道的膨胀沿着预定的方向位移。因此，在结构和安装上必须保证管子在支架上沿位移方向活动自如。半固定支架分为滑动支架、滚动支架和其他半固定支架。

1. 滑动支架

滑动支架多为允许管子沿轴向位移的结构，如图 7-20（a）所示。为了防止出现啃边现象，应将管枕的边、角进行倒棱处理。在运行中管枕的位移并不一定沿台板平行滑移，可能会出现如图 7-20（b）所示的情况。此时应查找其原因，找查出原因后，再进行处理。

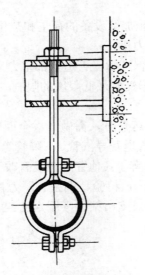

图 7-19 固定支架

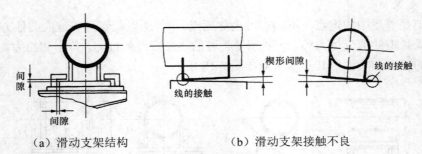

（a）滑动支架结构 　　　（b）滑动支架接触不良

图 7-20 滑动支架及其缺陷

2. 滚动支架

滚动支架与滑动支架的不同之处，就是将滑动改为滚动，以适应较大的位移，如图 7-21 所示。其结构有以下要求：

（1）滚动支架的滚柱尺寸（直径、长度）应一致。

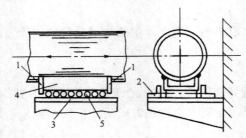

1—限制块；2—导向板；3—台板；4—管枕；5—滚柱

图 7-21 滚动支架

（2）为了防止滚柱滚出支架，在管枕和台板上应焊有限制块，但限制块不应影响支架的正常位移。

3．支架的安装位置

在安装支架时应留出热位移量，即在冷态时管枕中心线与支架中心线不重合，其具体位置如图 7-22 所示。

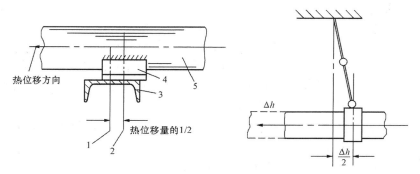

1—支架中心；2—管枕中心；3—支架；4—管枕；5—管子；Δh—管子的热位移量

图 7-22　支架的安装位置

三、弹簧支吊架

弹簧支吊架除承重外，还应满足管系的胀、缩位移要求。弹簧支架只允许管道沿弹簧的轴线作轴向位移。弹簧支吊架均采用压簧，因压簧的变形量与载荷成正比，故其变形量不允许超过设计值，否则会造成支吊架超载和脱空现象。超载不仅是支吊架本身，而且管道也要受到弹簧超压缩的作用力。脱空就是支吊架处于不受力的状态。一个支吊架发生脱空，就意味着其他支吊架产生超载。因此，支吊架的超载与脱空都是不允许的。

1．弹簧支吊架主要类型

常见的弹簧支吊架有普通弹簧吊架、盒式弹簧吊架、双排弹簧吊架和滑动弹簧支架，如图 7-23 所示。

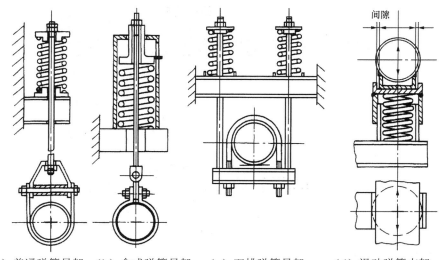

（a）普通弹簧吊架　（b）盒式弹簧吊架　（c）双排弹簧吊架　（d）滑动弹簧支架

图 7-23　弹簧支吊架

2. 弹簧支吊架弹簧常见缺陷及产生原因

弹簧支吊架弹簧常见缺陷及产生的原因如下：

（1）弹簧钢丝断裂。现象：钢丝已断或有裂纹尚未断开。原因：①钢丝材质不均匀；②在轧制钢丝的过程中产生夹砂、分层及裂纹；③热处理不当，如淬火过度或回火不够；④使用时超载造成弹簧压缩过量；⑤长期振动造成材料疲劳。

（2）弹簧弯曲变形。现象：弹簧中轴线弯曲成弧形或两端面严重歪斜。原因：①热处理不当，如加热不均匀或回火操作不当；②修磨弹簧端面时造成退火；③弹簧长期倾斜受力。

（3）弹簧失去弹性。现象：①完全失去弹性，整根弹簧压缩成永久变形；②弹簧中一圈或几圈失去弹性。原因：①用料发生错误，即所用的材料不是制造弹簧的专用材料，或所用的弹簧刚性达不到使用的要求；②热处理发生技术性错误；③弹簧长期处于高温区运行。

支吊架压簧凡出现上述缺陷之一，就应更换。同时也要分析出现缺陷的原因，若属于支吊架布局不合理或选型上的问题，则应在检修时改正。

四、恒力吊架

用普通弹簧吊架来支承管子，只有在其膨胀位移值不是很大时，方可适用。因为弹簧的行程与弹力成正比关系，对应于垂直的位移量，就有相应的弹簧反作用力，此反作用力有可能导致管道支点及管道本身产生不能允许的高应力，因此，这种吊架的使用是有限制的。

在温差很大且有较大热位移的管道上，宜采用恒作用力吊架，简称恒力吊架。因恒力吊架的承载能力不随支吊点的位置升降而变动，所以在管道产生热位移时，不会引起管各吊点的荷载重新分配的问题，管系也不会产生附加应力。恒力吊架结构如图 7-24 所示。

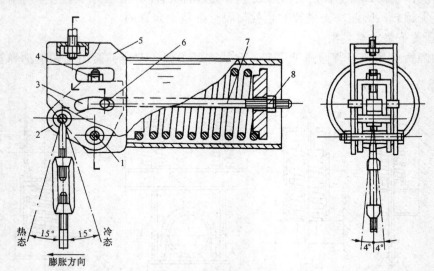

1—支点轴；2—内壳；3—限位孔；4—调整螺帽；5—外壳；6—限位销；7—弹簧拉杆；
8—弹簧紧力调整螺帽

图 7-24 恒力吊架结构

1. 恒力吊架的机械原理

恒力吊架的弹簧是间接承受管道载荷的。管道下移时，位能作为弹性能储存起来；管道上移时，弹性势能又以同值释放出来。

2. 恒力吊架的调整

（1）若采用如图 7-24 所示结构恒力吊架，则弹簧中心线应处于水平位置，其吊杆的冷态位置和热态位置应与吊杆垂线对称。

（2）固定在内壳上的限位销，在冷态时（弹簧处于最小压缩状态）应位于外壳限位孔的右端，留有间隙，如图 7-25 所示；在热态时应位于外壳限位孔的左端，同样留有间隙。若达不到上述要求，就应对吊架的弹簧紧力或弹簧的拉杆位置进行调整。

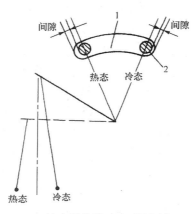

1—外壳限位孔；2—限位销

图 7-25 限位销冷热状态位置

五、管道支吊架主要检修项目

管道支吊架的主要检修项目：①螺栓连接件；②管夹、管卡、套筒；③吊杆、法兰螺栓、连接螺母；④按设计调整有热位移的管道支吊架的方向和尺寸；⑤顶起导向支座、活动支座的滑动面、滑动件的支承面，更换失效活动件；⑥调整弹簧支承面与弹簧的中心线，使之垂直，调整弹簧的压缩值；⑦更换弹簧时，做弹簧全压缩试验、工作载荷压缩试验；⑧修补焊缝；⑨埋件处理等。

六、支吊架检修注意事项

（1）各连接件如吊杆、吊环、卡箍无锈蚀、弯曲等缺陷。

（2）所有的螺纹连接件无锈蚀、滑丝等现象，紧固件不松动。

（3）导向滑块、管枕与台板接触良好，无锈蚀、磨损缺陷，沿位移方向移动自如，无卡涩现象。

（4）支吊架受力情况正常，无严重偏斜和脱空现象；支吊架的冷热状态位置大致与支吊架中心线对称。

（5）弹簧支吊架的弹簧压缩量正常，无裂纹及压缩变形。

（6）对支吊架冷热状态位置变化应做记录，为检修、调整提供必要的资料。

（7）水压试验时，所有的弹簧支吊架应卡锁固定；试验结束后立即将卡锁装置拆除。

（8）在拆装管道前，必须充分考虑到拆下此管后对支吊架会产生什么样的影响。无论何种情况，均不允许支吊架因拆装管道而超载及受力方向发生大的变化。

（9）在检修工作中，不允许使用支吊架作为起重作业的锚点，或作为起吊重物的承重支架。

第四节　阀门检修

锅炉汽水系统阀门主要类型有闸阀、截止阀、止回阀、球阀、安全阀、调节阀等。为保证锅炉安全运行，防止受压部件超压，锅炉主蒸汽出口管道上配有高压旁路阀，再热器出口管道上装有再热器出口安全阀，并且排放量必须满足设计要求。

阀门的操作类型有手动、电动、气动。

阀门的选型应与系统的参数相对应：锅炉水冷壁、省煤器、减温水等水系统，设计压力 <34.15MPa，设计温度<490℃，阀门材质一般选用碳钢；锅炉过热器系统，设计压力<31.33MPa，设计温度<613℃，阀门材质一般选用合金钢；锅炉再热器系统，设计压力<7.8MPa，设计温度<612℃，阀门材质一般选用合金钢；吹灰器、辅汽、暖风器、服务水、闭式水、厂用气、仪用气等中低压系统，阀门常用 PN16、PN25、PN64 等型号，材质一般选用碳钢或不锈钢；锅炉水系统及中低阀门一般均使用碳钢阀门；过热器、再热器系统选用合金钢阀门；一些特殊要求阀门，如取样、加药等系统选用不锈钢阀门，常用材质为 1Cr18Ni9Ti。

阀门的口径与系统管道口径相对应，常用口径有 DN15、DN20、DN25、DN32、DN40、DN50、DN65、DN80、DN100、DN150、DN200、DN250、DN300、DN400、DN500 等。

高压阀门的大修周期一般为 4 年至 6 年，小修周期一般为 2 年至 3 年。中低压阀门大修周期一般为 6 年至 8 年，小修周期一般为 3 年至 4 年，但还需根据阀门的操作特点、使用情况、工作环境等因素确定大小修周期。锅炉安全阀的大修周期一般为 6 年，一般不进行小修，但每年要根据规程要求做一次排放试验。

一、通用阀门检修

锅炉阀门种类繁多，其中以闸阀和球阀占多数。现以常见的闸阀和球阀为例，介绍通用阀门的检修工艺。

阀门检修前应做好以下准备工作：阀门检修符合安全措施要求，并落实到位；技术方案已编制完成，图纸资料、记录卡准备齐全；检修工器具、专用工器具、试验工器具准备就绪；备品材料已准备就绪，备品验收合格，并有相关的材质、质保、试验等合格证；特殊工种包括起重、焊接、金属试验等工作人员必须持证上岗；检修人员已经落实，并经安全、技术交底，明确检修的目的和任务。

（一）闸阀检修

闸阀属于截断类阀门，用来截断或接通工质。因阀瓣呈闸板式，所以通称为闸阀。闸阀种类很多，按阀门密封形式分为自密封式闸阀、法兰式闸阀，每种形式又有单闸板、双闸板之分。

闸阀的结构主要由阀体（阀壳）、阀座、阀杆、阀芯（阀瓣）、阀盖、密封件、传动机构等组成。

1. 自密封式闸阀检修

（1）结构

自密封式闸阀的结构如图 7-26 所示。

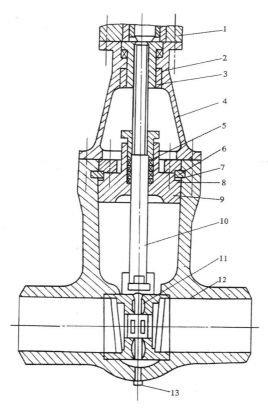

1—传动装置；2—止推轴承；3—阀杆螺母；4—框架；5—填料；6—四合环；7—密封垫圈；
8—密封环；9—阀盖；10—阀杆；11—阀芯；12—阀壳；13—螺塞

图 7-26 自密封式闸阀

阀盖放入阀壳中，阀盖的边缘上有密封环、密封垫圈和四合环。密封环与阀盖的边缘以斜面接触，阀盖被托在阀体中，使之压紧密封环和密封垫圈，这一预紧力通过四合环再传到阀壳上。当阀门内部受工质压力时，这一压力由于与螺栓预紧力方向相同而被叠加到阀盖的预紧力上，使密封环受到更大的挤压力，因而起到牢固的密封作用，工质压力越大，挤压力也越大，使阀盖更严密，产生自动密封作用，故称自密封式闸阀。

（2）解体

清除脏物，拆除保温。检查阀体外部缺陷。解体前做好配合记号。解体时阀门应处于开启状态。注意拆卸顺序，不要损伤零部件，对合金钢阀门的内部零件应进行光谱复查。

拆除阀盖上部框架的固定螺栓，旋下提升阀盖上的螺母，按逆时针方向转动阀杆螺母，使阀门框架脱离阀体，然后用起吊工具将框架吊下，放至合适部位，阀杆螺母部位需解体检查。

取出阀体密封六合环处的挡圈，用专用工具将阀盖压下或用铜棒对准阀盖，用大锤击打，使阀盖与六合环处产生间隙，然后将六合环分段取出。最后用起吊工具将阀盖连同阀杆、阀瓣一起吊出阀体，放在检修场地，注意防止损伤阀瓣密封面。

清理阀体内部，检查阀座密封面情况，确定检修方法。将解体的阀门用专用盖板或遮盖物盖好，贴好封条。

将阀盖上填料箱的铰链螺栓松开，填料压盖松活，将阀杆旋下。

将阀瓣框架的上下夹板解体，左、右阀瓣取出，并保管好其内部的万向顶及垫片，测量垫片厚度并做好记录。

（3）修理

闸阀阀座密封面用专用研磨机进行研磨。研磨的同时随时检查阀座是否有裂纹，阀座焊接部分是否击穿。

阀瓣密封面可用手工在平台上研磨或用磨床研磨。

清理阀盖及自密封填料，除去填料压圈内外壁锈垢，使压圈能顺利套入阀盖上部，便于压紧密封填料。清理阀杆填料箱内盘根，检查其内部填料座圈是否完好，其内孔与阀杆间隙应符合要求，外圈与填料箱内壁应无卡涩。清理填料压盖与压板的锈垢，表面应清洁、完好。压盖内孔与阀杆间隙应符合要求，外壁与填料箱应无卡涩，否则应进行修理。

将铰链螺栓松活，检查丝扣部分应完好，螺母完整，用手可轻旋至螺栓根部，销轴处应转动灵活。

清理阀杆表面锈垢，检查有无弯曲，必要时校直。梯形螺纹应完好、无断口及损伤。将六合环或四合环清理干净，表面应光滑，平面不得有毛刺或卷边。各紧固螺栓应清理干净，螺母完整且转动灵活，丝扣部分应涂以防锈剂。

清理阀杆螺母及内部轴承。取出阀杆螺母、轴承及盘形弹簧，用清洗剂进行清洗，检查轴承转动是否灵活，盘形弹簧有无裂纹，如有缺陷应处理或更换。将阀杆螺母清洗干净，检查内部衬套、梯形螺纹是否完好。将轴承涂以黄油，套入阀杆螺母。盘形弹簧按要求组合，依次进行回装，最后用锁紧螺母锁紧，再用螺钉固定牢固。

（4）组装

将研磨合格的左右阀瓣或单阀瓣装复在阀杆夹圈上，并用上下夹板固定，其内部应放入万向顶或弹簧，根据阀瓣阀座研磨量的多少，增加调节垫片，如果阀瓣磨去的量非常大，造成密封不严，应更换新阀瓣或堆焊阀瓣密封面。

将阀杆连同阀瓣一起插入阀座进行试验检查，其阀瓣与阀座密封面全部接触后应保证阀瓣密封面高出阀座密封面 3～5mm，并符合质量要求，否则应调整万向顶处垫片厚度，直到合适为止，并用止退垫封死防脱。

将阀体内部清理干净，阀座及阀瓣擦净，然后将阀杆连同阀瓣放入阀座内，并装复阀盖。在阀盖自密封部位按要求加装密封填料，填料规格与圈数应符合质量标准，填料上部用压圈压紧，最后用盖板封闭。

将六合环或四合环依次装复，并用挡圈涨住防脱，旋紧阀盖提升螺栓的螺母。将填料按要求填满阀杆密封填料室，套入填料压盖及压板，并用铰链把螺栓紧好。将阀盖框架装复，旋转上部阀杆螺母使框架落在阀体上，并用连接螺栓紧固防脱。装复阀门电动装置，连接部位顶丝应旋紧防脱。

手动试验阀门，阀门开关应灵活。阀门标示牌应清晰、完好、正确，检修记录应齐全、清楚并验收合格。管道及阀门保温应完整，检修场地应清扫干净。

2. 法兰式闸阀检修

（1）结构

法兰式闸阀的结构如图 7-27 所示。

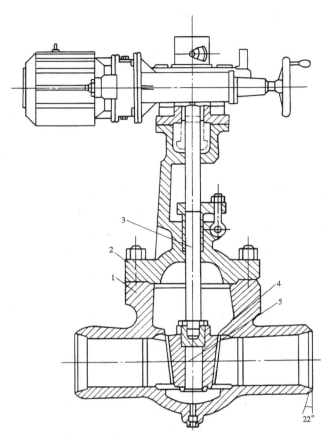

1—阀体；2—阀盖；3—阀杆；4—阀瓣；5—万向顶

图 7-27　法兰式闸阀

法兰式闸阀阀盖与阀体依靠法兰螺栓的紧力来连接，所以称为法兰式闸阀。法兰式闸阀阀盖与阀体之间有密封圈，一般为成形的金属缠绕垫和相对较软的材料制成的齿形垫。这种阀门的结构特点是阀内工质的压力与螺栓的紧力方向相反，压力越大，密封性能越差，越易泄漏。因此，为了防止泄漏，通常采用较大的螺栓紧力，以抵消内部工质的压力。所以必须选用较大的螺栓和较厚的法兰，因而阀门变得笨重，但结构简单，此阀门适用于中低压管道上。

（2）解体

清除脏物，拆除保温层。检查阀体外部缺陷。解体前做好配合记号。解体时阀门应处于开启状态。注意拆卸顺序，不要损伤零部件，对合金钢阀门的内部零件应进行光谱复查。

将阀门驱动装置卸下，用起吊工具吊下，放至合适部位。用敲击扳手或电动扳手把法兰螺栓全部拆下，把六角螺母用铁丝穿起来，放在一边，将阀盖上填料压板螺栓松开，填料压盖松开。按逆时针方向转动阀杆螺母，连同阀盖一起提起，然后用起吊工具将阀盖吊下，放在检修场地。将阀杆连同阀瓣一起抽出，放在检修场地，卸下阀瓣，保管好万向顶、垫片、弹簧，测量垫片厚度并做好记录。

清理阀体的内部，检查阀座密封面情况，确定检修方法，取下法兰密封垫，检查止口情况，将解体的阀门用专用盖板或遮盖物盖好，贴好封条。

（3）修理

阀座密封面用专用研磨机进行研磨，研磨的同时随时检查阀座是否有裂纹，阀座焊接部分是否击穿，否则应进行更换。阀瓣密封面用磨床研磨，然后放在平台上研平抛光，阀瓣如果磨削量大，阀瓣应进行堆焊或者更换新阀瓣。

清理阀杆填料箱内盘根，检查其内部填料座圈是否完好，内孔与阀杆间隙是否符合要求，外圈与填料箱内壁有无卡涩。

清理阀杆表面锈垢，检查有无弯曲，必要时校直，梯形螺纹部分应完好，螺纹无断裂及损伤。清理填料压盖与压板的锈垢，表面应清洁、完好，压盖内孔与阀杆间隙应符合要求，外壁与填料箱应无卡涩，否则应进行修理。清理各法兰螺栓并检查是否有裂纹、断口等缺陷，螺母应完整且转动灵活，螺纹部分应涂以防锈剂。清理阀杆螺母及内部轴承，取出阀杆螺母及轴承，用清洗剂清洗，检查轴承转动是否灵活，有缺陷应处理或更换。检查阀杆螺母梯形螺纹是否完好，将轴承涂以黄油，套入阀杆螺母，最后用锁紧螺母锁紧。

（4）组装

将研磨合格的左右阀瓣装复于阀杆上，并用上下夹板固定。将阀杆连同阀瓣一起插入阀座进行试验检查，阀瓣阀座涂上红丹粉，看密封面是否全接触，否则应重新研磨，阀瓣结合面至少应高出阀座结合面 3～5mm。

将阀体内清理干净，阀座及阀瓣擦净，连同阀杆一起装入阀座内。将法兰止口擦干净，放入密封齿形垫或金属缠绕垫，用起吊工具将法兰盖吊起穿入阀杆上，同时放入填料压盖及压板，最后落在阀体上。将紧固螺栓涂上防锈剂，并把螺母旋上，用敲击扳手或电动扳手将螺母拧紧，并用大锤打牢。将填料按要求填满阀杆密封填料室，并用铰链把螺栓紧好。

装复阀门电动装置，手动试验阀门，阀门开关应灵活。阀门标示牌清晰、完好、正确，检修记录齐全、清楚，并验收合格。管道及阀门保温层完整，检修场地清扫干净。

3. 电动执行器拆装方法

（1）电动装置拆卸

准备工具，包括专用工具、起吊工具（如葫芦、钢丝绳等）及有关材料。确认电源切断，外部接线解开。用手轮将阀门轻轻关闭，检查开度指针位置和阀门实际位置是否一致，并做好记录。拆下电动头与阀门的连接螺丝，一边吊起电动装置一边将转换杆换成手动，然后逆时针方向慢慢旋转手轮，便可将电动装置从阀门上拆下。

（2）电动装置安装

吊起电动装置时，要使阀杆螺母或传动内套与阀杆的中心一致。使阀杆螺母与阀杆的螺纹啮合，或电动装置的内套和阀门框架的阀杆螺母直接啮合。

顺时针方向旋转手轮，便可将电动装置安装在阀门上。确认电动装置与阀门框架安装面的间隙为零时，再拧入连接螺栓。稍开阀门，将连接螺栓拧紧。调整阀门，确认指针位置和拆卸前一样。用手开关阀门，查看是否灵活。

接上外部电缆，接通电源，重新校验阀门开关位置。

（二）截止阀检修

截止阀属于截断类阀门，用来截断或接通管道内的工质。通过截止阀的工质从阀瓣下部引入，称为正装；从阀瓣上部引入，称为反装。正装时，阀门开启省力，关闭费力；反装时，阀门关闭严密，但开启时费力，且填料承压。截止阀一般均是正装。

截止阀一般使用在 DN≤100mm 的管道上，直径较大的截止阀阀体一般都做成流线型，以尽可能减少流动阻力损失。通常截止阀阀体与阀盖的密封方式有法兰密封式和自密封式。截止阀阀座和阀瓣的密封面（阀线）形式一般分为平面式密封面和锥面式密封面两种。

1. 结构

（1）平面式密封面截止阀结构

平面式密封面截止阀的结构如图 7-28 所示。

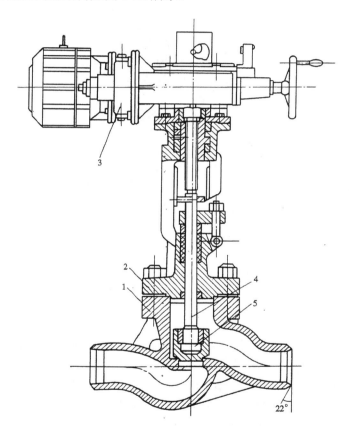

1—阀体；2—阀盖；3—电动执行机构；4—阀杆；5—阀芯

图 7-28　平面式密封面截止阀

平面式密封面截止阀的密封面运行中擦伤少，检修时易研磨，但严密性比锥面式差，开关用力大，大多用于公称通径较大的截止阀，并采用电动或液动等执行机构。

（2）锥面式密封面截止阀结构

锥面式密封面截止阀的结构如图 7-29 所示。

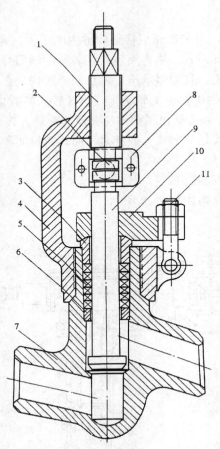

1—上阀杆；2—连接珠；3，填料压盖；4—阀盖；5—填料；6—填料座圈；7—阀体；8—连接卡；
9—下阀杆；10—填料压板；11—活节螺栓

图 7-29　锥面式密封面截止阀

　　锥面式密封面截止阀的密封面在使用中较易发生挤伤现象，检修时需特制研磨工具，但它的结构紧凑，开关用力小，一般用在小通径截止阀中。手动截止阀的阀杆与阀芯也有两种形式：一体式和分开式。一体式阀杆的端头就是阀芯，结构简单，但对阀门零部件的加工要求高。分开式阀杆与阀芯为两个零件，通过一定的方式连接在一起，阀杆与阀芯采用球面接触，当阀杆的弯曲度、密封面平面的垂直度及阀座的同心度不完全符合要求时，采用这种结构具有自动调整作用，能够克服误差，保持密封面的严密性。

　　2. 检修

　　电动截止阀的检修可参照法兰式电动闸阀的检修进行。现以手动截止阀为例，介绍其检修工艺，其结构如图 7-30 所示。

　　（1）解体

　　拆下定位螺栓和定位器，检查阀盖与阀体接合部位有无焊点固定，发现后用锯割或用角向砂轮机将焊点除去，同时防止损坏其内部螺纹。

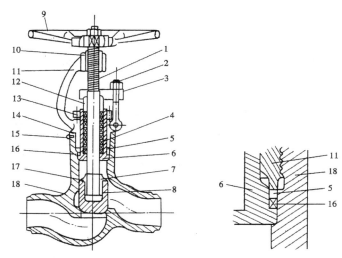

1—阀杆；2—活节螺栓；3—填料压板；4—填料；5—阀盖垫圈；6—阀盖；7—阀柱护套；
8—阀瓣；9—手轮；10—轭架套环；11—轭架；12—填料压盖；13—阀盖固定螺母；
14—限位器；15—定位螺栓；16—自密封填料；17—点焊；18—阀体

图 7-30　手动截止阀

　　稍开阀门，松开填料压盖。手动将框架沿逆时针方向旋转，并将阀盖、阀杆、框架周围的组合件从阀体上取出。拆卸阀杆时，先拆卸手轮，将阀杆一边向顺时针方向转动，一边向下拔出。从阀杆上拆卸阀瓣时，除去防止转动的点焊，将阀瓣止回帽退下，便可卸下。

　　清理阀体的内部，检查阀座密封面情况，确定检修方法，将解体的阀门用遮盖物盖好。

　　（2）修理

　　将阀瓣（锥面或平面）密封面用车床车光，阀座密封面用专用研磨工具研磨，并仔细检查阀体是否有缺陷。

　　清理阀杆表面锈垢，检查有无弯曲，必要时校直，阀杆螺纹部分应完好。清理阀杆填料箱内盘根，清理填料压盖与压板的锈垢，压盖内孔与阀杆间隙应符合要求。清理阀体连接螺纹，使阀盖框架和阀体旋转灵活自如。

　　（3）组装

　　检查阀体内有无异物，将阀体内部擦净。将阀瓣、阀杆、阀盖装进阀体内，填加填料。

　　旋紧阀盖框架到垫片为止，紧固阀盖固定螺母，旋紧填料压盖螺栓，使之密封完好，符合质量要求。安装手轮，将阀门操纵在关闭状态。挂好该阀门铭牌，将场地清扫干净。

　　（三）通用阀门拆装注意事项

　　1．阀门拆卸注意事项

　　对于焊接在管道上的高压阀门，如属一般性缺陷，则通常就地检修；若损坏严重，则应把阀门从管道上切割下来，运到修理车间进行检修。对于法兰连接的阀门，也要视其缺陷情况和阀门大小，决定是否需要从管道上拆卸下来修理。

　　阀门拆卸前必须检查确认其连接管道已从系统中断开，管道内已无压力。阀门从系统隔断后，应将这段管道上的疏水阀、排污阀全部打开，直到检修完毕投入运行时方可关闭。若此段无疏水、排污装置，就可用阀门自身的排放孔进行排放，或将旁路管卸下进行排放。

　　在系统上拆装较重的阀门时，要有可靠的起吊设备，检修部位应有足够强度的工作平台或脚手架。在拆卸阀门前，应考虑此阀门拆下后两端管道会产生的位移变化，采取相应的固定措施。

　　在解体前，应将阀门开启少许，以防门芯与门座锈蚀或卡死。阀门拆除后，用布或堵头将管口封住。

　　2. 阀门组装注意事项

　　在装阀门时，应注意将阀杆上的套装件按顺序地套在阀杆上。在装阀盖时，阀杆的位置必须处于开启的状态，以防阀盖与阀体紧固后将门芯与门座压伤或将阀杆顶弯。

　　在管道上焊接阀门时，应先点焊，然后把阀门开几圈，再进行接口全焊，以防温度过高卡住门芯或顶弯阀杆；在安装带法兰的阀门时，阀门应全关，以防杂屑落入密封面。阀门法兰的螺孔与管道法兰的螺孔必须对正，不允许强行对口。

　　弄清楚介质流向，防止装反阀门。除普通闸板阀可不考虑方向外，其他阀门都有方向性。

　　阀门的驱动装置应在阀门本体安装完后进行安装，以防损坏传动部件。根据动力驱动装置的结构，准确调整行程开关位置，要求能将阀门关严和开足；同时根据技术规定进行过扭力保护试验。

　　更换新阀门时，除制造厂有特殊规定外，在安装前均应进行解体检查，并按技术标准重新组装。阀门在安装前必须做水压试验，并有试验合格证明方可使用。

　　（四）通用阀门常见故障及处理方法

　　通用阀门常见故障及处理方法如表 7-7 所示。

表 7-7　通用阀门常见故障及处理方法

故障现象	原因	处理方法
阀体渗漏	主要是制造问题，阀体的坯件有砂眼、夹层、裂纹	一般的阀门可作更换处理；重要的阀门可采取补焊的办法进行修复
阀杆与螺母的螺纹发生滑丝	长期使用螺纹严重磨损；螺纹配合过松；操作有误，用力过大	更换阀杆或螺母；不许随意加长力臂进行关阀
阀杆弯曲或阀杆头折断	阀杆弯曲多为关阀的扭力过大；阀杆头折断多发生在开启阀门时由于门芯卡死或门已开至最大，还继续用力开阀	若阀门已关紧还有泄漏，则只能说明密封面已经受损，此刻再用加力的方法使其不漏，是错误的作法；阀门用正常扭力打不开时，应解体检修
阀体与阀盖之间的结合面泄漏	螺栓的紧力不够、螺栓滑丝或断裂；结合面的垫子损坏；结合面不平	在任何情况下，都不允许在运行中紧螺栓，应在停机后进行检查修理
阀门关闭不严	阀门没有真正关紧；门芯与门座的密封面没有研磨好或受损；阀体内有异物，门芯下落后不能到位	将阀门开启再重新关，并适当加力，若加力后还是泄漏，待停机后解体检查
门座与阀体的配合处泄漏	装配紧力不够；门座环（密封环）的强度不够，因热变形而松动；阀体的配合处有砂眼或裂纹	取下门座环进行堆焊或镀铬，再按过盈配合标准精车；更换新门座环（密封环）；阀体的砂眼、裂纹可进行补焊修复
开启阀门时阀杆在动，但阀门没有打开	此类故障多发生在阀杆头与门芯的连接处的部件上：阀杆头折断；阀杆头与门芯的连接销脱落或折断；阀杆头与门芯的卡口磨损；门芯上的螺母滑丝（注：若是球型阀，则有可能阀门装反）	阀杆头与门芯的连接处是阀门故障的多发区，因该处一直受到介质的冲刷、腐蚀，并在启闭阀门时，该处受力最大。检修时将其零件换成抗腐蚀的材料

故障现象	原因	处理方法
运行中的阀门突然自行关闭	其原因同上	处理方法同上。某些重要管道上的阀门，如油系统的阀门，要求阀门横装或倒装，以防此类事故的发生
启闭阀门用力超常或启闭不动	盘根压得过紧或压盖紧偏；阀杆螺纹与螺母螺纹锈死；阀门长期处于全开或全关状态，其活动部件锈死；阀杆严重弯曲；冷态下阀门关得太紧，受热后胀住；阀门开启过头被卡死	适当拧松压盖螺帽，再试开；在检修时对阀门的活动零件应采取润滑和防锈处理，如抹润滑脂，抹干黑铅粉；阀门应定期进行启闭活动，预防因长期不动而锈死；阀门全开后再回关 1/2～1 圈

二、特殊阀门检修

（一）调节阀检修

调节用阀门是指调节工质流量和压力的阀门，它包括节流阀、减压阀、调节阀和疏水器等。调节用阀门主要用在汽轮机热力系统上。锅炉调节阀是用来调节蒸汽、给水或减温水的流量，其流量大小随着调节阀开度的大小而变化。调节阀可分为节流式、回转式、挡板式等。

1. 单级节流调节阀检修

单级节流调节阀又叫针形调节阀，其结构如图 7-31 所示。

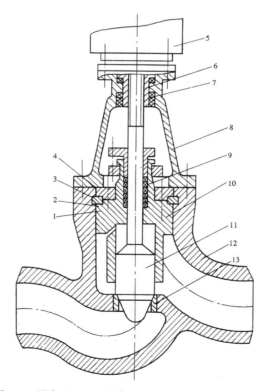

1—密封环；2—垫圈；3—四合环；4—压盖；5—传动装置；6—阀杆螺母；7—止推轴承；
8—框架；9—填料；10—阀盖；11—阀杆；12—阀壳；13—阀座

图 7-31　单级节流调节阀

单级节流调节阀的阀芯与阀座密封面为锥面密封，阀杆与阀芯为一体式，通过改变阀杆的轴向位置来改变阀线处的通流面积，从而达到调节流量的目的。这种调节阀使用在压差较小的管道上。

（1）解体

阀门开启少许，然后将传动装置卸下。松开框架和阀体连接螺栓并松开填料压盖螺栓，顺时针旋转阀杆螺母，将框架提起使之脱离阀杆，用起吊工具吊下，放在检修场地。

用专用工具压下自密封阀盖，使阀盖与四合环接触部位产生间隙，依次取出四合环。

重新安上框架，顺时针旋转阀杆螺母，连同阀杆、自密封阀盖一起提起，并用起吊工具吊下，放在检修场地。将阀盖、阀杆、框架分解，旋转阀杆螺母，使阀杆与阀杆螺母分离，然后抽出阀杆。旋下阀杆螺母止动螺母，依次取下轴承、盘形弹簧和阀杆螺母。

（2）修理

检查阀杆锥形密封面有无坑点、沟槽，如有应按原锥度用车床车出新密封面，加工量应限制在最小范围以内。检查阀座密封面有无坑点、沟槽及冲刷腐蚀等缺陷，如有应用专用胎具研磨消除。将处理好的阀座、阀瓣对研，接触阀线应达到锥面的 2/3 以上。

检查阀芯部位针形端有无断裂和严重冲刷现象，必要时更换新阀杆。清理阀杆表面锈垢，检查阀杆弯曲度是否符合要求，必要时进行校直或更换。检查阀杆填料接合部位，应无明显的腐蚀或划痕现象，否则应进行更换。检查阀杆梯形螺纹，应完好、无断裂、咬齿等缺陷。

清理阀盖及自密封填料，将填料室内外壁打磨光洁、清理干净。将四合环清理干净，表面应光滑，不得有毛刺或卷边。各紧固螺栓应清理干净，螺母应完整且转动灵活，螺纹部分涂上锈防剂。用清洗剂清洗阀杆螺母及内部轴承，然后涂以黄油，套入阀杆螺母，装回框架内，用止动螺母锁紧。

（3）组装

将阀瓣及阀座密封面擦净，然后将阀杆放入阀体内。将阀盖穿入阀杆放入阀体内，填料按要求填入自密封室。将四合环依次装复，旋紧阀盖提升螺栓螺母。按要求填满阀杆密封填料室，套入填料压盖及压板，并用铰链把螺栓紧固好。将阀盖框架回装，旋转上部阀杆螺母使框架落在阀体上，并用连接螺栓紧固。装复阀门传动装置，紧固连接螺栓。

手动试验阀门开关灵活情况，挂好阀门标牌，检修场地清扫干净。检修完毕后，联系电气人员，一起做开关校正试验。投入运行后，联系运行人员做漏量、调节性能试验。

2. 多级节流调节阀检修

多级节流调节阀的结构如图 7-32 所示。

多级节流调节阀的特点是工质要经过 2～5 次节流才能达到调节的目的。阀座和阀芯上有 2～5 对阀线，调节时阀杆做轴向移动，工质经过几次节流。此种调节阀适用于有较大压降的管道，并能达到较高的调节灵敏度。缺点是结构复杂。

多级节流调节阀的检修可参考单级节流调节阀的检修进行。

3. 回转式窗口节流调节阀检修

回转式窗口节流调节阀的结构如图 7-33 所示。

回转式窗口节流调节阀的阀瓣为圆筒形，阀座也为圆筒形，阀瓣和阀座上均开有窗口，阀门流量的调节是靠圆筒形的阀瓣相对阀座回转，从而改变阀瓣上的窗口面积来实现的。阀门的开关范围是 60°，由装在阀门上方的开度指示板指示。此阀在调节时，阀杆不做轴向位移，只做回转运动。这种调节阀以国产居多，结构较为简单。

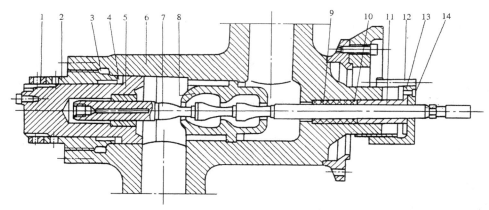

1—自密封螺母；2—压紧螺栓；3—填料螺栓；4—自密封填料圈；5—自密封闷头；6—阀体；7—阀杆；
8—阀座；9—导向垫圈；10—填料；11—法兰压盖；12—附加环；13—法兰螺帽；14—锁紧螺钉

图 7-32　多级节流调节阀

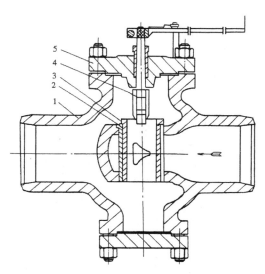

1—阀体；2—阀座；3—阀瓣；4—阀杆；5—阀盖

图 7-33　回转式窗口节流调节阀

（1）解体

旋开拉杆螺母，取下销轴，卸下拉杆。用敲击扳手旋下阀盖螺母，吊出阀盖和阀杆，取下圆筒阀瓣，并测量阀瓣与阀座的间隙，以备装复。用敲击扳手旋下后阀盖螺母，卸下后阀盖。检查前后阀座圆筒与阀体的焊接情况，如有击穿应补焊。卸下填料压盖，取出阀杆。

（2）修理

用砂布清理圆筒阀瓣内外表面和阀座内表面，应无毛刺、划痕、沟槽及磨损，达到光滑无卡涩。圆筒阀瓣与阀座配合间隙在 0.20～0.30mm 之间，椭圆度不得超过 3%，否则应更换新阀瓣。

阀座结合处焊口，如发现有磨损、开焊、裂纹等缺陷应进行补焊处理。

清理法兰螺栓和盘根压盖螺栓，各螺栓螺纹应完好，并涂以防锈剂。

检查阀盖及阀盖法兰结合面，清除原垫片，结合面应清理干净，发现缺陷应进行刮研并用平板找平，使之符合质量要求。

对阀盖填料室进行清理，取出旧盘根，并将填料室内壁、压盖、座圈用砂布清理干净。盘根座圈与阀杆的间隙不超过 0.2mm。

清理阀杆表面锈垢，检查阀杆弯曲度，阀杆弯曲度应不大于阀杆总长度的 1‰。

（3）组装

检查阀体，阀体内应无异物，并将内部清理干净。阀瓣擦净后，将阀杆与阀瓣装配好，转动应灵活。

将阀体与阀盖法兰结合面清理干净，放入齿形垫片，将阀盖装上并紧固好全部螺栓，紧固螺栓时应对称分次，并保证阀盖处四周间隙一致。

将填料按要求填好，填料压盖紧固后应平整，并留有 1/3 的压紧余隙。

确定全开全闭位置，并在阀杆端面做好标记。

装复电动装置和传动连杆等部件。

4. 柱塞式调节阀检修

柱塞式调节阀的结构如图 7-34 所示。

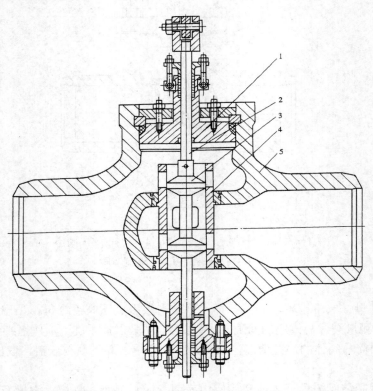

1—自密封阀盖；2—阀杆；3—阀瓣；4—阀座；5—阀体

图 7-34　柱塞式调节阀

柱塞式调节阀的阀座为圆筒式，阀座上有可供流体通过的圆筒孔眼，工质是靠阀瓣在阀座中作轴向移动时改变阀座流通面积来进行调节流量的。

（1）解体

将调节阀的传动装置或拉杆取下，连接销、轴和螺栓保存好。利用专用工具压下自密封阀盖（自密封式），使阀盖与六合环接触部位产生间隙，然后取出六合环挡圈，最后分段取出六合环。

用专用工具和起吊设备将阀杆连同阀盖、阀芯一起吊出阀体。利用扳手旋下螺母（法兰式），吊下阀盖和阀杆。

退出销轴，旋下阀杆，使阀杆与阀瓣分离，测量阀瓣柱塞与阀座套的间隙，做好记录，以备装复。

（2）修理

检查阀体内阀座圆套和阀瓣有无击穿、沟痕、变形等缺陷。检查阀座结合处焊口有无磨损及裂纹，发现磨损、开焊等缺陷时应进行补焊处理。

清理阀盖密封部位盘根，除去填料压圈锈垢，打磨干净。将阀杆密封填料室清理干净，清除填料压盖锈垢，使其表面清洁，用砂布将填料室内壁和压盖座圈清理干净。

检查阀杆弯曲度，不能大于1‰，清除表面锈垢，使之符合质量标准，否则应更换。检查阀盖及阀杆密封部位螺栓的螺纹，应无断裂、咬齿等缺陷，螺母螺纹旋转灵活，螺纹部分应涂以防锈剂。检查阀盖结合面，清除原垫片，结合面应清理干净，发现缺陷时应进行刮研并找平。用砂布清理阀瓣、阀座表面，阀瓣在阀座中上下移动自如。检查阀杆与阀芯连接轴销是否完好、各连接件是否完好、传动是否可靠。

（3）组装

阀体内应无异物，并将内部清理干净。将阀瓣擦干净后装复，试验上下运动是否灵活。将阀杆与阀瓣装配好。装复柱塞式盘形弹簧和卡块。将阀座与阀盖法兰结合面清理干净，放入合适垫片，将阀盖吊装并紧固好全部螺栓。将自密封阀门装入阀盖，然后装入密封填料和六合环，最后紧固自密封螺栓。装复电动装置或连接拉杆。

5. 挡板式调节阀

挡板式调节阀的结构如图7-35所示。

挡板式调节阀内部结构与闸阀相似，阀瓣为一实心矩形闸板，阀座呈平行式，阀体为直通式。阀瓣上部与阀杆用挂接方式联动，阀体内侧附有两条平行滑道，闸板可沿其滑道上下滑动。阀内出口侧阀座为圆形孔板，采用焊接方式进行密封，依靠工质压力紧贴于孔板，全部遮盖孔为关闭状态。在闸板提升时，露出的孔眼数增加，使工质流量逐渐增加；在闸板下降时，工质流量逐渐减少，使之达到调节流量的作用。挡板式调节阀阀瓣开孔的形式不同，有圆孔、方孔或三角形孔等不同形状。

（1）解体

开工作票切断电源，拆掉电源接线，管道水放净。挂好起吊工具，将传动装置吊住，拆下传动装置与框架连接螺丝，将传动装置吊到一边妥善放好。

将阀盖上部框架与阀体螺栓取下，然后按逆时针方向旋转阀杆螺母，使框架与阀杆脱离，然后用起吊工具将整个框架吊下，放置在合适场地。

将阀杆顶部梯形螺纹衬套固定螺钉或销钉取下，旋下衬套。

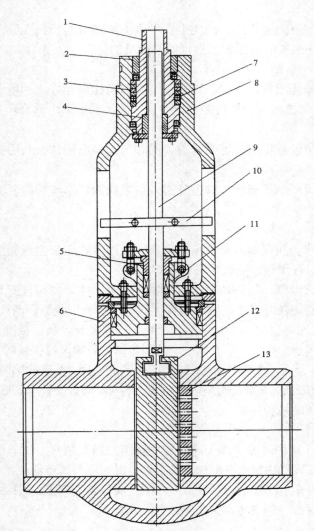

1—阀杆螺母；2—制动螺母；3—盘形弹簧；4—衬套；5—填料压盖；6—阀体；7—轴承；
8—阀盖框架；9—阀杆；10—开度板；11—阀盖；11—闸板；13—出口网板

图 7-35　挡板式调节阀

　　用专用工具将自密封阀盖压下，使阀瓣与六合环接触部位产生间隙，然后取出六合环挡圈，再分段取出六合环。

　　用专用工具和起吊设备将阀杆连同阀盖、阀芯一起吊出阀体，注意应及时将阀芯挡板取下，防止脱落伤人。

　　检查阀座磨损情况，确定检修方法，并将阀体用盖板盖好，加封条。

　　将阀盖与阀杆解体，填料室清理干净，填料座圈取出，连同压板、填料压盖一起保存好。

　　（2）修理

　　检查阀座出口孔眼的磨损情况，做好检修记录，表面清理干净，孔眼畅通，表面毛刺用砂纸或油石磨光，必要时用研磨机研磨。检查阀瓣挡板密封面，上磨床磨光，如有较深的沟槽，用电焊进行补焊后机加工到原尺寸，并用磨床磨光，将粗糙度加工到标准。

挡板侧面凹槽与阀体内轨道应光滑、牢固、完整，不得有卡涩现象，否则应进行修复。

检查阀瓣闸板与阀杆连接凹槽处有无裂纹及损坏，如果有应进行修复。

阀盖密封部位盘根填料清理干净，填料压圈除去锈垢后打磨干净，压圈套入阀盖密封凸台间隙应符合要求。阀杆密封填料室应进行清理，内壁清理干净，填料压盖及压板要清除锈垢，表面应清洁，压盖内孔与阀杆间隙应符合要求，否则应进行修理。

检查阀盖及阀杆密封部位螺栓的螺纹应无断裂、咬齿等缺陷，螺母螺纹旋转应灵活，活节螺栓连接轴应能自由活动，各螺栓的螺纹部分应涂以防锈剂。检查阀杆弯曲度，阀杆弯曲度不能大于 1‰，超过标准应校直或更换。

清理阀杆表面锈垢，阀杆填料处表面腐蚀麻点不能成片，其深度不能超过 0.5mm，否则应更换新阀杆。检查阀杆衬套连接螺纹是否完整，与衬套配合是否光滑、无卡涩，固定部分应装配可靠。将阀杆下端凸台推入闸板凹形连接槽中，要求灵活、无卡涩，向下动作应与端部圆形凸台面接触，肩部不得受力。检查阀杆螺母螺纹是否完整，应无断裂、咬齿等现象，否则应进行更换。将轴承及阀杆螺母用清洗剂清洗干净，检查轴承应无锈蚀、裂纹等缺陷，转动应无异常声响，如果有缺陷应进行修理或更换。

清洗盘形弹簧，发现有裂纹和明显变形时应更换。止动螺母的螺纹应完好，凹槽应平整，旋入外壳应灵活，且固定螺钉齐全，封闭后无松动现象。

（3）组装

用阀杆凸形挂钩挂好挡板，在阀体中沿轨道放入，检查接触面与孔眼是否贴紧，测量两侧轨道与闸板侧面滑槽的间隙，并做好记录。

将密封阀盖套入阀杆，放入阀体中，并按要求加密封填料，最后用填料压圈压紧，上好盖板。将六合环分段依次装复，并用挡圈涨住防脱，旋紧阀盖，提升螺栓螺母。将填料按要求填满阀杆密封室，上部用填料压盖压好，将螺栓拧紧。将阀杆端部梯形螺纹衬套装复，并用盖板或连接螺栓紧固防脱。把阀杆螺母及内部零件装复。框架顶部壳体、轴承涂以黄油，盘形弹簧按要求配合，最后将锁紧螺母锁紧，用固定螺钉封死防脱，阀杆螺母间隙应符合要求。

用起吊工具吊起阀盖框架，套入阀体上部阀杆，旋转阀杆螺母，使框架与阀体压紧，并用螺栓紧住。装复阀杆行程指示夹板，指示板应贴于阀盖框架上有加工平面的一侧。

将阀门电动装置装复，旋紧连接螺栓。手动将阀门关闭，并试验开关是否灵活，挂好阀门标牌，检修场地清扫干净。

最后，联系电气人员一起定好阀门极限，并联系运行人员操作阀门电动装置，检查开关位置是否准确。

（二）止回阀检修

止回阀归属保护类阀门，能自动动作。阀门的开启和关闭完全借助于工质的流动，当工质按规定方向流动时，阀芯被工质冲开，离开阀座；当工质停止流动或倒流时，阀芯关闭通道。止回阀通常布置在水平管道上，主要用途是防止管道内的介质倒流。止回阀的用途很广，在锅炉机组中常用于给水系统、启动旁路系统等，凡是要防止工质倒流的管道都要用到止回阀。

止回阀可分为旋启式和升降式两种。旋启式止回阀的开关是通过阀瓣围绕垂直于本体通路中心线的中心轴旋转来实现的；升降式止回阀的开关是通过阀瓣沿着本体门座的中心线上、下自由移动实现的。

1. 旋启式止回阀检修

旋启式止回阀的结构如图 7-36 所示。

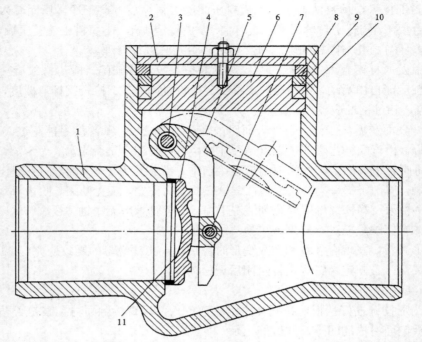

1—阀体；2—盖板；3—销轴；4—阀瓣；5—连接架；6—阀盖；7—小轴；8—六合环；
9—填料压圈；10—填料；11—阀座

图 7-36 旋启式止回阀

旋启式止回阀的阀瓣为旋启式。阀瓣用连接架固定，连接架一端固定在阀体内壁上。工质流入时，冲开阀瓣，最高位置可与阀座平面呈直角状态，工质倒流时，阀瓣借助工质压力紧贴在阀座上而起到密封作用，从而达到防止工质倒流的目的。

（1）解体

当所有准备工作做完后，用专用工具取下盖板，将六合环挡圈取出。用专用工具将阀盖密封体向下压，使六合环与阀盖产生间隙，分段取出六合环。用起吊工具将阀盖密封体吊出阀体。取下连接架的固定销轴，将阀瓣从连接架上取下，检查密封面情况，确定研磨修理方法。将阀体盖好，贴好封条，整理好各部件，以免丢失。

（2）修理

阀体部分应无砂眼、裂纹及冲刷腐蚀等缺陷，如有采用补焊处理。

阀座密封面用研磨机消除表面坑点、沟槽，密封面粗糙度符合标准。阀瓣密封面上磨床磨光，粗糙度符合标准。

清理阀盖密封体的密封填料，将填料压圈、六合环表面打磨干净。检查阀盖密封体间隙应符合要求，提升螺母螺纹部分完好，保证灵活好用。阀瓣与定位套全部用砂布打磨干净，除去表面锈垢，应配合灵活。固定端销轴应完整、平直，与固定端连接可靠，垂直方向能自由抬起和下落，轴端不应有卡涩现象。

（3）组装

将阀瓣置于阀体内，阀瓣与连接架用销轴连接可靠，然后将连接架与阀体内固定端用轴连接。将阀盖密封体放置阀体内，填加密封填料，填料压圈套在阀盖密封部位，将填料压好。六合环分段装复，各部间隙应均匀，用挡圈防脱。将压盖套入阀盖密封体，旋紧压盖上的大角螺母，使密封部位填料压紧。最后，清扫检修场地。

2. 升降式止回阀检修

升降式止回阀又叫弹簧式止回阀，其结构如图 7-37 所示。

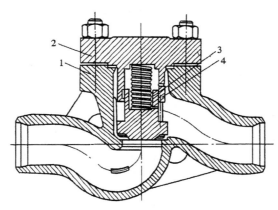

1—阀体；2—阀盖；3—阀芯；4—衬套

图 7-37　升降式止回阀

工质流经升降式止回阀的阀座时，克服弹簧的作用力，把阀瓣顶起，工质通过。当工质倒流时，阀瓣借助弹簧力紧贴在阀座上将阀门严密关闭，阀瓣只作上下移动，故称升降式止回阀。

（1）解体

当所有准备工作做完后，卸下阀盖螺栓螺母，将阀盖取下。取出弹簧和阀瓣，检查阀瓣与阀座密封面情况，确定修理方法。

（2）修理

检查阀体，阀体应无砂眼、裂纹等缺陷，如有应进行补焊处理。阀座密封面可用研磨方法消除表面坑点、沟槽，使密封面粗糙度符合标准。阀瓣密封面经研磨后粗糙度达到标准要求。拆下阀盖密封垫片，法兰结合面应清理干净，有麻点、沟槽应进行刮研并用平板找平。清理法兰螺栓，螺纹部分应完好、无断裂、咬齿现象，螺母旋合无卡涩。

（3）组装

将阀体清理干净，阀瓣置于阀座上，放入弹簧。放入法兰密封垫片，将阀盖防在阀体上。对称分次紧固好全部螺栓，并保证法兰四周间隙均匀。最后清扫检修场地。

（三）安全阀检修

安全阀是保护类阀门，广泛应用于各种压力容器和管道系统，以防止压力超限。当系统内工质的压力超过规定数值时，能自动开启，排放工质；当压力降到规定数值时，又能自动关闭，用以保证设备的安全运行。

在发电厂中，安全阀用在锅炉、过热器、再热器、高压加热器、除氧器、蒸发器、抽汽和供汽等压力容器和管道上。

　　安全阀的种类很多,有重锤式、脉冲式、弹簧式,现代大型锅炉一般都采用弹簧式安全阀。弹簧式安全阀根据外形的不同也有很多种。这里就以某 1000MW 机组直流锅炉再热器安全阀为例介绍弹簧式安全阀的检修工艺,其他安全阀的检修可以参考进行。

　　1. 弹簧式安全阀的结构

　　弹簧式安全阀的结构如图 7-38 所示。

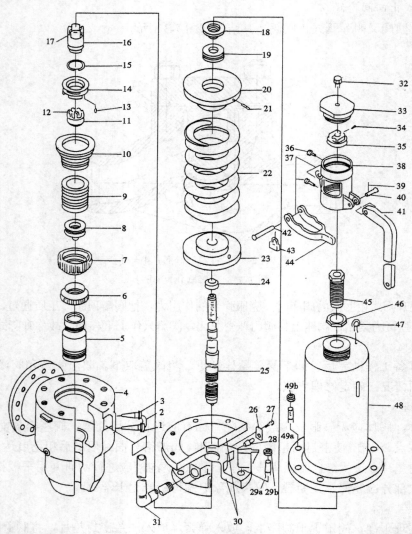

1—下部调整环锁紧螺钉;2—止动钢丝;3—上部调整环锁紧螺钉;4—阀体;5—阀座;6—下部调整环;7—上部调整环;8—阀瓣;9—阀瓣圆筒部;10—阀导;11—阀杆定位螺母;12—开口销;13—销钉;14—定位盘;15—垫圈;16—阀杆定位套;17—开口销;18—轴承盖;19—轴承;20—弹簧压板;21—定位锁;22—弹簧;23—弹簧座;24—轴承座套;25—阀杆;26—螺栓限位垫片;27—调整螺栓;28—固定螺栓;29a—法兰紧固螺栓;29b—法兰紧固螺母;30—弹簧压盖法兰;31—疏水管;32—丝堵;33—顶盖;34—开口销;35—止动螺母;36—止动螺钉;37—止动螺钉;38—帽盖;39—铅封;40—销钉;41—杠杆;42—销钉;43—锁;44—叉杆;45—弹簧调整螺栓;46—固定螺母;47—起吊环;48—弹簧压盖;49a—法兰紧固螺栓;49b—法兰紧固螺母

图 7-38　安全阀结构图

2. 检修前的准备

安全阀检修前应做好安全措施，并落实到位，将技术方案编制完成，图纸资料、记录卡准备齐全，检修工器具、专用工器具、试验工器具准备就绪。备品材料准备就绪，备品验收合格，并有相关的材质、质保、试验等合格证。特殊工种包括起重、焊接、金属试验等工种必须持证上岗。检修人员已经落实，并经安全、技术交底，已明确检修的目的和任务等。

3. 解体

清除杂物，拆除保温。拆下铅封，拔下销钉，将上部杠杆从帽盖上取下。松开止动螺钉，将帽盖连同下部一起取出，同时将插入止动螺母的开口销取下来，从阀杆取下固定螺母。取下防止转用的定位销。

在弹簧调整螺栓保持固定的状态下，卸下弹簧压盖。将弹簧压板在轴承装入的状态下向上方取出，放在没有灰尘等杂物的清洁场所。将弹簧从阀杆上端方向取出，从阀杆的上部方向取出弹簧座。卸下弹簧压盖法兰紧固螺母，将弹簧压盖法兰从阀杆上端抽出。

只要将阀杆向上拉出，便可将阀瓣和阀瓣圆筒部一起拔出。由于阀瓣是精密加工件，操作时要特别注意保护，不要使阀瓣受伤。在阀瓣圆筒部将阀瓣提升起来的同时，向左转动便可以将阀瓣圆筒部从阀杆上取下来。

取下上部调整环用的销。将阀杆和上部调整环一起从阀体中取出，并在这个状态下，给两者的相关位置打上标记，在测定阀杆的轴向总高度以后，将两者分解开。取下下部调整环用的销。在取下下部调整环以前，先将其和阀座的相对位置打上标记，并测定到阀座面的槽口数后再将其取出。

4. 检查、修理

拆下各零部件要清理好，并用清洗剂清洗，然后放在安全的地方以防丢失。

检修阀体内部，阀座通道是否有砂眼、裂纹等缺陷。用千分表检查阀杆是否弯曲，如有弯曲应校直，阀杆弯曲度不大于 0.15mm。阀杆应无裂纹和严重锈蚀。检查后把阀杆悬吊放置。必要时需进行弹簧性能试验。

检查阀瓣、阀座表面是否有裂纹、沟槽等缺陷，如果有裂纹应更换新阀瓣。沟槽、密封面上深度小于 0.40mm 的微小缺陷，可用研磨方法消除，大于 0.40mm 的缺陷可先车削，再研磨，对深度大于 1.40mm 的缺陷，应更换阀芯或阀座。

5. 组装

按解体时的有关数据和相关位置进行组装。在组装时与解体的顺序相反，并认真核对测量数据和位置标记。组装时，要使阀瓣圆筒和固定螺母之间的轴向间隙保持 0.6～0.8mm。

阀体内清理干净，不要有异物掉入，阀座和阀瓣周围要特别干净，密封面不能受伤。在阀杆上组装了阀瓣圆筒部和固定螺母以后，将阀杆轻轻向右转一转，以确定螺纹的旋向。

紧固法兰盖的螺母时，一定要交替对称缓慢地拧紧，决不可以单面紧固，确保阀杆上部的固定螺母和上部杆之间的间隙。确定上部和下部调整环的位置，特别是下部调整环的位置，它是在将阀瓣顶起的时候，容易造成泄漏等故障的原因。

安全阀检修好后，要做安全阀动作试验。要求安全阀密封面严密不漏，安全阀定值达到设计要求。

6. 弹簧式安全阀常见故障及处理

弹簧式安全阀常见故障及处理方法如表 7-8 所示。

表 7-8 弹簧式安全阀常见故障及处理方法

序号	故障	原因	处理
1	安全阀泄漏	1.整定值偏低 2.阀芯阀座密封面吹损 3.下调节环未调整到位 4.机械卡涩 5.加载气体压力没有完全起作用	1.重新调整整定值 2.解体检修，研磨阀芯阀座密封面 3.重新调整下调节环 4.解体检修，打磨、润滑零部件，消除卡涩 5.检查检修加载气体管路及气缸
2	安全阀不回座	1.弹簧失效 2.上下调节环未调整到位 3.机械卡涩	1.更换弹簧 2.解体检修，调整上下调节环 3.解体检修，打磨、润滑零部件，消除卡涩
3	安全阀响应过快	1.没有加载气体（电动—气动控制装置故障） 2.螺纹连接点出现泄漏 3.压力开关调节值发生变化（温度差）	1.消除电动—气动控制装置故障 2.消除螺纹连接点漏气 3.定值（温度差）调整

第五节 安全阀校验

一、安全阀的冷态校验

安全阀检修好后，要进行冷态校验，目的是缩短热态校验时间。

弹簧式安全阀的冷态校验可按下述方法进行：

将安全阀组装在校验台上，并与水压机接通。启动水压机、记录安全阀的动作压力 P_1。设弹簧式安全阀规定动作压力为 P，若 $P_1 < P$，则说明弹簧弹力不够，应拧紧弹簧的调整螺帽；反之 $P_1 > P$，应旋松调整螺帽。设调整圈数为 K，调整后，进行第二次试压，动作压力为 P_2。将上述试验数据代入螺帽调整圈数（K_x）的计算公式 $K_x = \dfrac{(KP - P_2)}{P_2 - P_1}$，即可求出螺帽再调整圈数。$K_x$ 值有正有负。得正值，说明第一次螺帽的调整圈数不够；得负值，说明第一次调整过量。

二、安全阀的热态校验

安全阀的热态校验早期普遍采用随锅炉启动时进行。这种方式缺点较多，校验时要求锅炉必须在超过正常工作压力下运行，并且校验一个安全阀往往要经过多次试跳，这不但增加了阀芯与阀座碰撞与磨损的机会，容易引起泄漏，而且还浪费能源、产生高噪声，产生许多不安全的因素。由于上述原因，现在已普遍采用安全阀校验器（助跳器）热态校验安全阀的方法。

安全阀助跳器实际上就是一只液压油缸，由手动油泵、压力表、油管和泄压阀等装置组成。使用时，将助跳器装在安全阀顶端，操作助跳器对阀杆产生一定量的提升力，使安全阀在低于整定压力下开启，并在开启时活塞上移，液压缸泄压，安全阀立即回座，达到无排放或少排放校验的目的。

具体校验方法如下：

依次拆下弹簧式安全阀的阀帽、扳手、提升螺母及叉杆。将座套平稳地放在调整螺杆上，并将连杆连接在阀杆上。装上助跳器，使连杆穿进助跳器内孔（活塞应处于低位），放上垫圈，拧上螺母，当螺母碰到垫圈后旋松半圈。插上油管的快装接头，使压力表指针在 0 位，关闭泄压阀。使锅炉压力维持在安全阀整定压力的 80%左右，尽可能使压力恒定，应以控制室表盘压力为准。计算油压数值。手动操作油泵，使助跳器油压缓慢上升，油压上升速度以 0.03MPa/s～0.04MPa/s 为宜。当听到安全阀开启声或看到压力表指针往回摆动时，说明安全阀已动作，应立即打开泄压阀泄去油压，同时记下油压数值。将所记录的油压数值与计算出的油压数值进行比较，如果相符（误差不超过规定数值），则说明校验合格。可拆下助跳器，装复安全阀的零部件，如果记录油压低于计算油压，则应调节调整螺杆，适当压紧安全阀弹簧，反之则应调松安全阀弹簧。再重复几次，直至校验合格。

复习思考题

1. 弯管时，最小弯曲半径是如何确定的？简述弯管机弯管的工艺过程。
2. 管道的连接方式可以分为哪几种？分析其检修特点。
3. 试分析高压管道的检修特点。
4. 试分析高压管道的常见故障及处理方法。
5. 试分析管道支吊架的作用、分类、基本要求、检修项目及检修注意事项。
6. 简述闸阀或球形阀的检修过程及注意事项。分析通用阀门的常见故障及处理方法。
7. 试分析各种调节阀的检修工艺。
8. 试分析各种止回阀的检修工艺。
9. 试分析弹簧式安全阀的检修工艺、常见事故及处理方法。
10. 分析火力发电厂安全阀的校验方法。

参考资料

[1] 尹立新. 锅炉设备检修[M]. 北京：中国电力出版社，2007.

[2] 赵鸿逵. 职业教育电力技术类专业培训用书[M]. 2 版. 北京：中国电力出版社，2014.

[3] 梁国安. 电站锅炉操作技术[M]. 北京：中国计划出版社，2012.

[4] 郭延秋. 锅炉分册[M]. 北京：中国电力出版社，2006.

[5] 姜锡伦，屈卫东. 锅炉设备及运行[M]. 北京：中国电力出版社，2005.

[6] 朱全利. 锅炉设备及系统[M]. 北京：中国电力出版社，2006.

[7] 张磊，李广华. 锅炉设备及运行[M]. 北京：中国电力出版社，2007.

[8] 华东六省一市电机（电力）工程学会. 锅炉设备及其系统[M]. 北京：中国电力出版社，2000.

[9] 李秀忠. 锅炉设备与安全技术[M]. 上海：上海科学普及出版社，2004.

[10] 樊泉桂. 超临界和超超临界锅炉煤粉燃烧新技术分析[J]. 电力设备，2006，7（2）.

[11] 山西省电力工业局. 锅炉设备检修初级工、中级工、高级工[M]. 北京：中国电力出版社，1997.

[12] 朱宝山. 锅炉安装手册[M]. 北京：中国电力出版社，2011.

[13] 国华电力锅炉防磨防爆管理手册. 2016.

[14] 国华电力风机典型故障案例汇编. 2016.

[15] 神华国华徐州发电有限公司 1000MW 机组锅炉检修规程 GHFD-05-03/XD-13.

[16] 神华浙江国华浙能发电有限公司 2×1000MW 机组锅炉专业检修维护规程 GHFD-/NDBC-QB-02.

[17] 广东国华粤电台山发电有限公司机组锅炉检修规程.

[18] 中华人民共和国电力工产部. 电力工业锅炉压力容器监察规程（DL 612－1996）.

[19] 中华人民共和国国家发展和改革委员会. 电站锅炉压力容器检验规程（DL 647－2004）.

[20] 中华人民共和国经济贸易委员会. 火力发电厂锅炉机组检修导则（DL/T 748－2001）.

[21] 中华人民共和国国家发展和改革委员会. 火力发电厂锅炉受热面管监督检验技术导则（DL/T 939-2005）.

[22] 中华人民共和国能源部. 防止火电厂锅炉四管爆漏技术导则（能源电〔1992〕1069 号）.

[23] 国家能源局. 防止电力生产事故的二十五项重点要求（国能安全〔2014〕161 号）.